全国职业技术院校模具制造/模具设计专业教材

高级模具钳工工艺与技能训练
（第二版）

人力资源和社会保障部教材办公室组织编写

中国劳动社会保障出版社

简　介

本书主要内容包括精密测量仪器及应用，精密、复杂、大型零件划线，特殊孔加工，高精度零件加工，复杂冷冲压模具的装配、调试与维修，复杂塑料成型模具的装配、调试与维修等。

本书由彭胜德主编，刘光万任副主编，夏士平、钟少华、欧海龙参编，赵孔祥主审。

图书在版编目(CIP)数据

高级模具钳工工艺与技能训练/人力资源和社会保障部教材办公室组织编写. —2 版. —北京：中国劳动社会保障出版社，2017

全国职业技术院校模具制造/模具设计专业教材

ISBN 978-7-5167-2926-7

Ⅰ.①高…　Ⅱ.①人…　Ⅲ.①模具-钳工-职业教育-教材　Ⅳ.①TG76

中国版本图书馆 CIP 数据核字(2017)第 038340 号

中国劳动社会保障出版社出版发行

(北京市惠新东街 1 号　邮政编码：100029)

*

北京市白帆印务有限公司印刷装订　　新华书店经销

787 毫米×1092 毫米　16 开本　18.5 印张　372 千字

2017 年 4 月第 2 版　　2022 年 5 月第 2 次印刷

定价：34.00 元

读者服务部电话：(010) 64929211/84209101/64921644

营销中心电话：(010) 64962347

出版社网址：http://www.class.com.cn

http://jg.class.com.cn

为了更好地适应全国职业技术院校模具类专业的教学要求，全面提升教学质量，人力资源和社会保障部教材办公室组织有关学校的骨干教师和行业、企业专家，对全国中等职业技术学校和高等职业技术院校模具类专业教材进行了修订和补充开发。教材的修订和开发以人力资源社会保障部颁布的《技工院校模具制造专业教学计划和教学大纲（2016）》与《技工院校模具设计专业教学计划和教学大纲（2016）》为依据，充分调研了企业生产和学校教学情况，广泛听取了教师对现行教材使用情况的反馈意见，吸收和借鉴了各地职业技术院校教学改革的成功经验。

教材体系

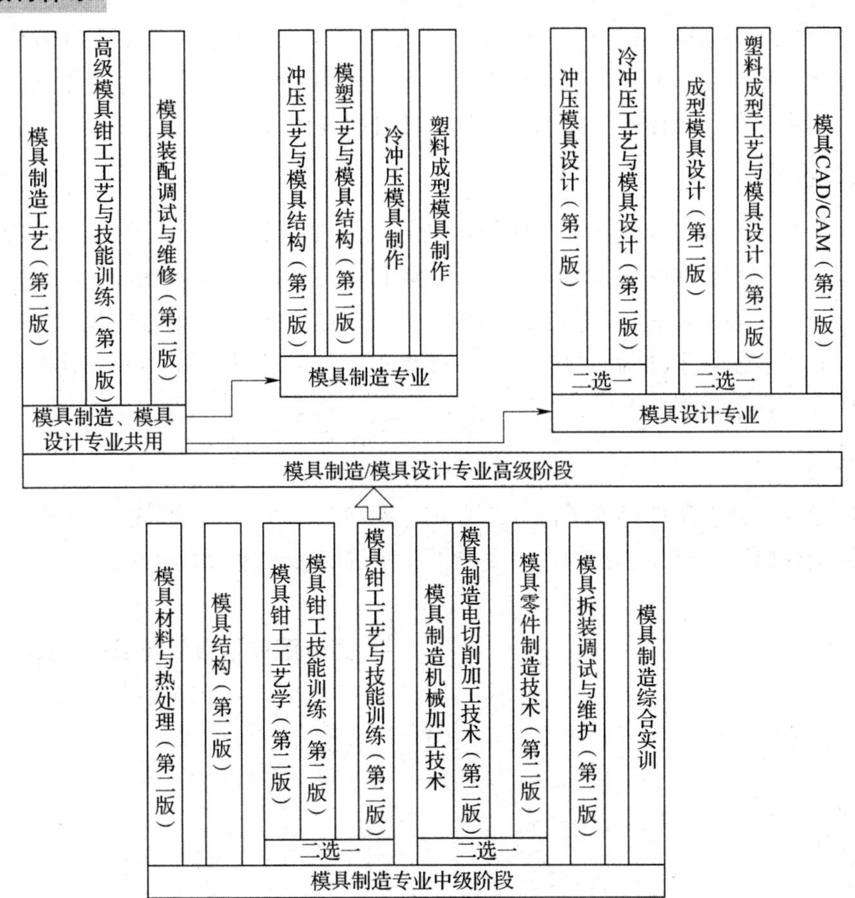

适用对象

模具制造/模具设计专业中级、高级两个层次和以下 3 种学制：

- 初中毕业生 3 年学制培养中级工
- 高中毕业生 3 年学制培养高级工
- 初中毕业生 5 年学制培养高级工

编写特色

◆ **紧贴国家职业标准** 紧密贴合《中华人民共和国职业分类大典（2015 年版）》中对模具工等职业的职业能力要求，同时参照了模具工、工具钳工等国家职业技能标准。

◆ **体现行业技术发展** 根据模具行业的最新发展，在教材中充实模具制造、设计方面的新技术，如模具 CAD/CAM/CAE 技术、快速成型技术、多轴数控加工技术、微细加工技术等，体现教材的先进性。

◆ **更新国家技术标准** 采用最新的国家技术标准，如《工模具钢》（GB/T 1299—2014）、《冲压件尺寸公差》（GB/T 13914—2013）、《冲压件角度公差》（GB/T 13915—2013）等，使教材内容更加科学和规范。

◆ **符合学生阅读习惯** 在呈现形式上，尽可能使用图片、实物照片和表格等形式将知识点生动地展示出来，力求让学生更直观地理解和掌握所学内容。尤其是在教材插图的制作中采用了立体造型技术，增强了教材的表现力。

教学服务

本套教材全部配有方便教师上课使用的电子课件，部分教材还配有习题册，电子课件等教学资源可通过职业教育教学资源和数字学习中心（http：//zyjy.class.com.cn）下载。在《模具结构（第二版）》等教材中引入了二维码技术，针对书中的教学重点和难点制作了动画、视频等多媒体素材，使用移动终端扫描书中相应位置处的二维码即可在线观看。

致谢

本次教材的开发工作得到了江苏、山东、湖南、广东、广西等省（自治区）人力资源和社会保障厅及有关学校的大力支持，在此我们表示诚挚的谢意。

人力资源和社会保障部教材办公室

2016 年 6 月

目 录
Contents

精密测量仪器及应用

课题一　合像水平仪的使用

合像水平仪是指具有一个基座测量面，以测微螺旋副相对基座测量面调整水准器气泡，并由光学原理合像读数的水准器式水平仪。合像水平仪主要用于机械设备安装时的水平找正以及较大零部件直线度和平面度误差的测量，如导轨在垂直平面内的垂直度、工作台的平面度等。在模具制造中，合像水平仪一般用来校正模具基准件的安装水平，测量较大零件的直线度误差和平面度误差、零部件间相对位置的倾斜度误差，是模具制造中常用的一种测量仪器。

一、合像水平仪的结构与特点

1. 结构

合像水平仪主要由测微螺杆、水准器、棱镜、目镜、杠杆及具有平面和 V 形工作面的基座等部件组成。如图 1—1—1 所示为合像水平仪的外观形状，图 1—1—2 所示为合像水平仪的结构原理，其主要技术参数见表 1—1—1。

图 1—1—1　合像水平仪的外观形状

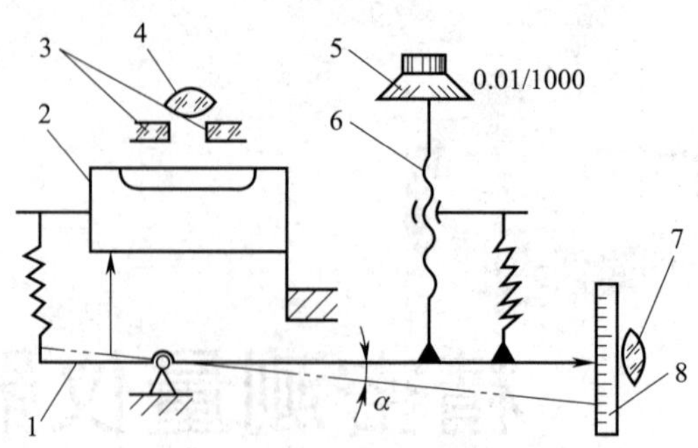

图 1—1—2　合像水平仪的结构原理

1—杠杆　2—水准器　3—棱镜　4—目镜　5—刻度盘

6—测微螺杆　7—侧窗　8—分度板

表 1—1—1　　合像水平仪的主要技术参数

项目		参数值	项目	参数值
分度值		0.01 mm/m	工作面平面性偏差	0.003 mm
最大测量范围		±（0～10）mm/m	水准器格值	0.1 mm/m
示值误差	±1 mm 范围内	±0.01 mm/m	工作面（长×宽）	166 mm×48 mm
	全部测量范围内	±0.02 mm/m		

2. 特点

与框式水平仪相比，合像水平仪具有以下特点：

（1）由于水准器可调，故量程范围大。

（2）因水准器曲率半径小，所以气泡稳定时间短。

（3）采用光学放大装置，其测量精度高。

二、合像水平仪的测量原理

合像水平仪因有气泡重合放大装置，所以比框式水平仪有更高的测量精度，并能直接读出测量结果。其工作原理是利用光学零件将气泡复合放大，通过杠杆机构传动，以提高读数的灵敏度，并利用棱镜复合法提高读数的分辨能力。水准器主要起指零作用。

水准器安装在水平仪内带有杠杆的特制底板上，其水平位置可用刻度盘通过测微螺杆调整获得。水准器内气泡两端的圆弧分别由三个不同方位的棱镜反射至目镜内，分成两半合像。如图 1—1—3 所示为水准器气泡，图 1—1—3a 表示水准器不在水平位置时，水准器内两串气泡圆弧（A、B）端部之间有 Δ 差值，不重合。图 1—1—3b 表示水准器在水平位置时，水准器内两串气泡圆弧（A、B）端部重合，称为合像。

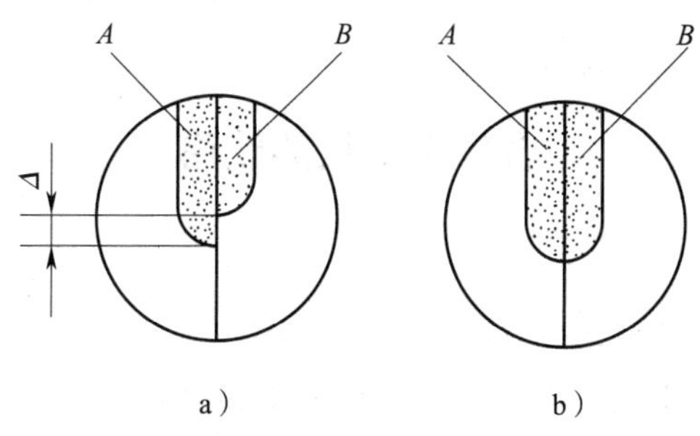

a） b）

图 1—1—3 水准器气泡

a）水准器不在水平位置（不合像） b）水准器在水平位置（合像）

三、合像水平仪的使用方法

合像水平仪的调整与测试过程如下：将合像水平仪安置在被检验的工作面上，由于被检验面的倾斜而导致两气泡不重合（见图 1—1—3a），转动刻度盘，一直到两气泡重合为止（见图 1—1—3b），此时即可读取刻度盘和分度板上的数值。其中，分度板上的 1 格代表刻度盘上的 100 格（即一圈）。然后，通过下式可计算出被测工件的实际倾斜度：

$$实际倾斜度 = 读取的总格数 \times 分度值 \times 支点距离$$

即 $\Delta = nil$

例如，分度板示值为 1 格，刻度盘示值为 10 格，合像水平仪支点距离为定值 166 mm，则：

$$\Delta = nil = (1 \times 100 + 10) \times \frac{0.01}{1\,000} \times 166 = 0.182\,6\ \text{mm}$$

式中 Δ——实际倾斜度，mm；

n——读取的总格数；

i——分度值；

l——支点距离，mm。

四、合像水平仪的维护与保养

1. 测量时合像水平仪与工件接触应适当，不可偏斜，要避免用手触及测量面，保护仪器。

2. 使用完毕应清洁干净，涂上防锈油，存放于柜内。

3. 拆卸、调整、修改及装配等应由专门管理人员实施，不可擅自施行。

4. 应定期检查所储存仪器的性能是否正常，并做好保养记录。

5. 应定期检查、校验尺寸是否合格，以作为继续使用或淘汰的依据，并做成校验及保养的记录。

技能训练

合像水平仪的使用

一、训练要求

1. 熟悉合像水平仪的使用方法。

2. 能利用合像水平仪测量大型模具零件的直线度误差。

二、工作准备

1. 合像水平仪使用前，用汽油把油污洗净，再用脱脂纱布擦拭干净。

2. 温度变化对水准器的位置影响很大，使用时必须与热隔离，以免产生其他误差。

3. 如发现合像水平仪的零位不准时，必须报送计量部门，由专业人员检修。

4. 测量前，应检查合像水平仪的零位是否正确。即调节刻度盘调整值为零时，水准器的两半气泡应重合。

三、测量步骤

1. 将合像水平仪放置在被检验工件的工作表面上。基座的工作平面用于检测平面的平面度和直线度误差；基座的 V 形工作平面用于检测圆柱形表面的直线度误差。

2. 由于被检验面的倾斜而导致两气泡不重合时，应转动刻度盘，直到合像为止。

3. 从刻度盘上读出毫米小数值，从侧窗内读出毫米整数值，将两读数相加，即得到该测量位置的测量结果。

4. 计算被检验工件的实际倾斜度。

四、使用注意事项

1. 合像水平仪的测量平面及 V 形工作面应认真清洗干净，避免黏附有粉尘或其他微粒，影响示值。

2. 合像水平仪在测量时应避免温度因素的影响。

3. 读取合像水平仪示值时，应在垂直于放大镜的位置；观察水准气泡位置时，也应在垂直于目镜的位置上进行。

4. 不可测量转动中的工件，以免发生危险。

5. 不可任意敲击、乱丢或乱放仪器。

6. 合像水平仪使用后，工作面必须擦净，涂上无酸、无水的防锈油，覆盖防锈纸，装入木盒，然后安置在清洁、干燥处。

课题二　万能工具显微镜的使用

工具显微镜可以精确地测量零件的角度、长度及检验零件的形状，主要用于检验模具型腔样板、样板刀、样板铣刀、冲模和凸轮的形状，测量螺纹的大径、中径、小径、螺距和牙型半角，测量螺纹车刀和螺纹铣刀的牙型角、各种样板铣刀和各种形状样板的轮廓角等。

一、工具显微镜的分类

工具显微镜是机械工业中常用的光学计量仪器，是一种以光学显微镜瞄准和坐标（工作台）测量为基础的光学机械式仪器。它利用显微光学系统，通过物镜将近处的小物体放大，成像在目镜的焦平面附近，通过目镜观察放大了的物体。

工具显微镜按其结构和测量范围不同，主要分为四类，具体见表 1—2—1。

表 1—2—1　　工具显微镜的分类　　mm

类型	测量范围	分度值
小型工具显微镜	纵向 0 ~ 50，横向 0 ~ 25	0. 01
大型工具显微镜	纵向 0 ~ 150，横向 0 ~ 75	0. 001
万能工具显微镜	纵向 0 ~ 200，横向 0 ~ 100	0. 001
重型万能工具显微镜	纵向 0 ~ 500，横向 0 ~ 200，竖向 0 ~ 200	0. 001

二、万能工具显微镜的结构与原理

表 1—2—1 所列的四种工具显微镜的结构原理基本相同。其中，万能工具显微镜配备有多种附件，扩大了使用范围，具有较高的测量精度和万能性，因而在机械工业生产中使用最为广泛，如图 1—2—1 所示。下面以国产 19JA 型万能工具显微镜为例进行介绍。

1. 结构

19JA 型万能工具显微镜的结构如图 1—2—2 所示，它由底座、纵向滑台、横向滑台、物镜和测角目镜、臂架、手轮、仪器调平螺钉、立柱、手柄、纵向和横向投影读数器、纵向和横向微动装置鼓轮等组成。

纵向滑台 18 用来安装顶针架、V 形架、分度台、水平工作台、测量刀和垫板等，它可在底座 15 的导轨上纵向移动。转动手轮 16 可使纵向滑台左右移动，并锁紧在任意位置。转动纵向微动装置鼓轮 17 可使滑台微动到测量位置。在纵向滑台上还安置了 200 mm 玻璃刻度尺 20，通过纵向投影读数器 2 可读得其移动量。横向滑台 11 上装有主显微镜（由物镜 4、测角目镜 5 和臂架 7 组成）、立柱 6 和主照明装置等。它可在底

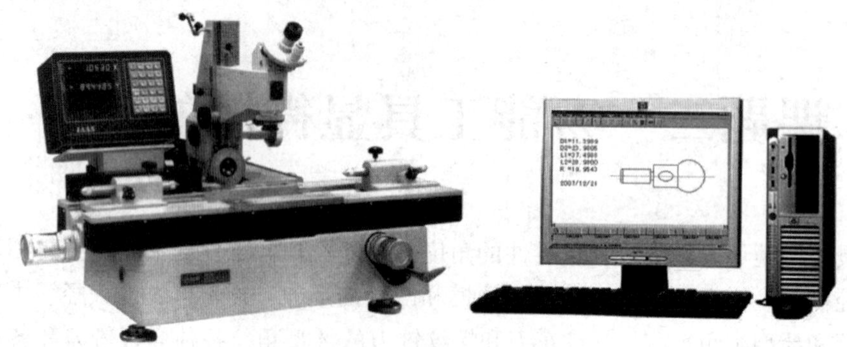

图 1—2—1　万能工具显微镜

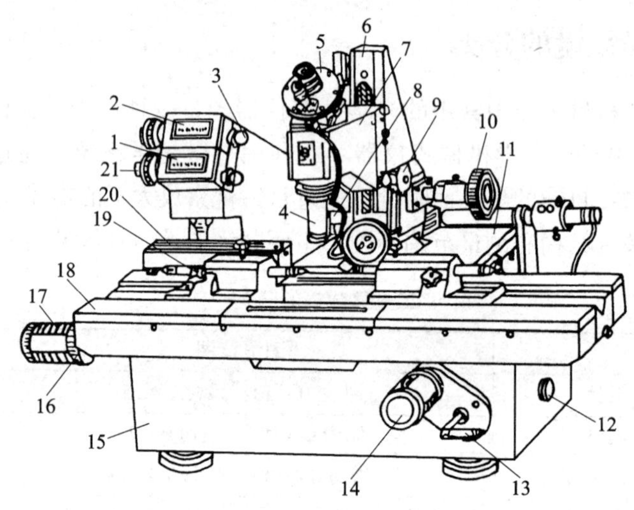

图 1—2—2　19JA 型万能工具显微镜的结构

1—横向投影读数器　2—纵向投影读数器　3—调零手轮　4—物镜　5—测角目镜　6—立柱　7—臂架　8—反射照明器　9、10、16—手轮　11—横向滑台　12—仪器调平螺钉　13—手柄　14—横向微动装置鼓轮　15—底座　17—纵向微动装置鼓轮　18—纵向滑台　19—紧固螺钉　20—玻璃刻度尺　21—读数器鼓轮

座 15 的导轨上横向移动。推拉手柄 13 可使滑台沿横向移动，并使其紧固在所需位置。微动时，转动横向微动装置鼓轮 14 即可。在横向滑台上还安置了 100 mm 玻璃刻度尺，滑台移动值由横向投影读数器 1 读出。主显微镜装在臂架 7 上，转动手轮 9 可使其沿立柱 6 的垂直导轨做上下移动。旋转手轮 10 可使立柱左右倾斜 15°。

纵向和横向投影读数器如图 1—2—3 所示，玻璃刻度尺上的刻线间隔是 1 mm，在投影屏上有数字显示。投影屏上具有 11 个光缝，相邻两光缝的间隙相当于 0. 1 mm，读数器鼓轮 21 旋转 100 个分度可带动投影屏移动一个光缝，因此，鼓轮上的分度值相当于 0. 001 mm。图 1—2—3 所示读数器的读数值为 53. 764 mm。

2. 光学系统

19JA 型万能工具显微镜的光学系统（见图 1—2—4）包括瞄准显微镜系统和投影读数系统两部分。

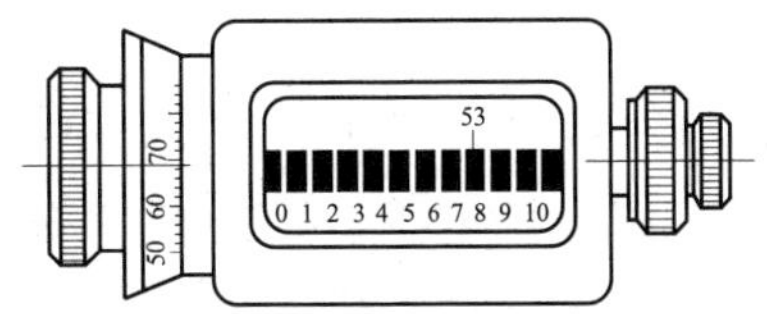

图 1—2—3 纵向和横向投影读数器的视场

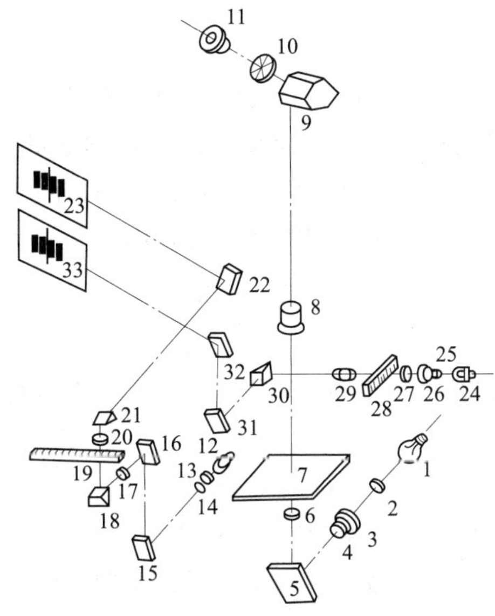

图 1—2—4 19JA 型万能工具显微镜的光学系统

1—照明灯 2、6、13、25—聚光镜 3—光阑 4—滤光片 5、15、16、22、31、32—反射镜 7—玻璃工作台 8、20、29—物镜 9、18、21、30—棱镜 10—分划板 11—目镜 12、24—光源 14、26—隔热片 17、27—主聚光镜 19、28—毫米分划尺 23、33—投影屏

(1) 瞄准显微镜系统

照明灯 1 通过聚光镜 2 和 6、可变孔径光阑 3、滤光片 4 和反射镜 5 照射放置于玻璃工作台 7 上的被测工件，由物镜 8 通过棱镜 9 转向，将工件清晰地成像于“米”字线分划板 10 上，最后通过目镜 11 进行观察。

(2) 投影读数系统

投影读数系统由纵向、横向投影读数系统两部分组成。

1) 纵向投影读数系统。由光源 12 发出的光经聚光镜 13、隔热片 14，再经反射镜 15 和 16、主聚光镜 17、棱镜 18，透过毫米分划尺 19，将分划尺上的毫米线通过投影物镜 20、棱镜 21、反射镜 22 成像在投影屏 23 上。

2) 横向投影读数系统。由光源 24 发出的光经聚光镜 25、隔热片 26、主聚光镜 27，透过毫米分划尺 28，将分划尺上的毫米线通过投影物镜 29、棱镜 30、反射镜 31 和 32 成像在投影屏 33 上。

3. 测量原理

万能工具显微镜可以用影像法或轴切法进行工作。

（1）影像法

影像法的测量原理是利用分划板上“米”字线中的一根分划线瞄准工件的影像边缘，并在投影读数装置上读出读数值，然后移动滑台，以同一根分划线瞄准工件影像的另一边，再进行第二次读数。因为毫米刻度尺固定在滑台上并与滑台一起移动，所以投影读数装置上两次读数的差值即为滑台的移动量，也就是工件的被测尺寸。

（2）轴切法

轴切法是指通过圆柱体工件的中心轴线安装两把测量刀，让测量刀的刃口分别与圆柱体直径两边的母线紧密接触（圆柱体工件用顶针架支承）。测量刀表面有一条平行于刃口的刻线，刻线至刃口的尺寸为特定值并做了严格的控制，因此，通过测量两把测量刀刻线间的距离，就可间接得到圆柱体的直径值。由于用显微镜瞄准刻线代替了对圆柱体影像轮廓的瞄准，故提高了测量精度。

4. 主要附件

19JA 型万能工具显微镜配置有多种附件，以提高仪器测量的万能性，常用附件的用途、原理和性能如下：

（1）测角目镜

如图 1—2—5a 所示为测角目镜的外形。平面反射镜 5 将光线反射，通过分度值为 19 的固定游标分划板 4 和玻璃刻度盘 1 到角度目镜 3 中。刻度盘 6 可使玻璃刻度盘转动，角度目镜 3 中的读数也随之变化。

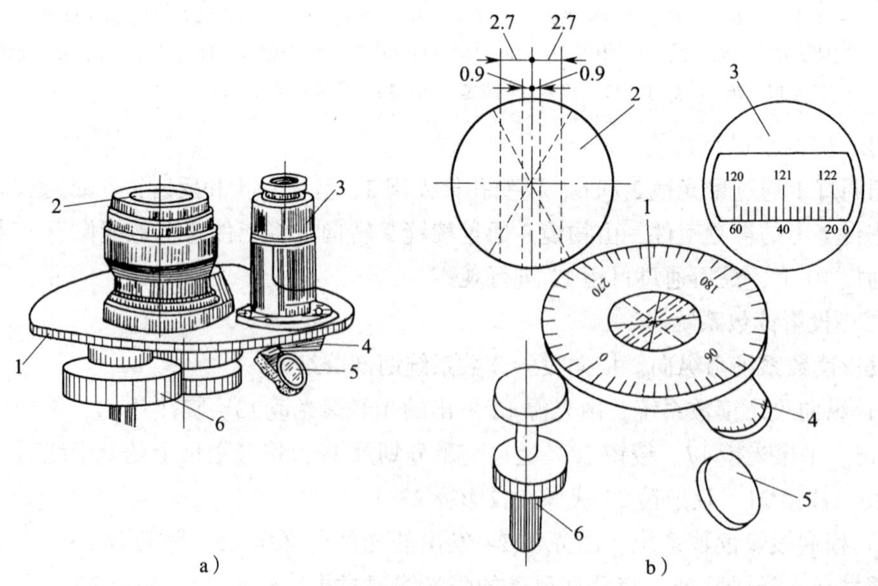

图 1—2—5　测角目镜

a）外形　b）内部结构

1—玻璃刻度盘　2—中央目镜　3—角度目镜　4—固定游标分划板　5—平面反射镜　6—刻度盘

如图 1—2—5b 所示为测角目镜的内部结构。中央目镜分划板（呈米字形）与玻璃刻度盘 1 同时转动。分划板上有下列刻线：十字中心虚线和与十字中心虚线纵线平行且对称分布的四条刻线，它们之间的距离分别为 0.9 mm 和 2.7 mm，两条成 60°交角的斜线与上述刻线成 30°角；在玻璃刻度盘的边缘有 0°～360°的刻度。图 1—2—5b 所示角度目镜的视场读数为 121°40′。

（2）轮廓目镜

如图 1—2—6 所示为轮廓目镜的外形。轮廓目镜上的轮廓分划板是被测工件轮廓的比较标准，通过比较被测轮廓与标准轮廓，可进行快速的测定。当然也可利用分划板上的刻线作为瞄准工件影像的基线。

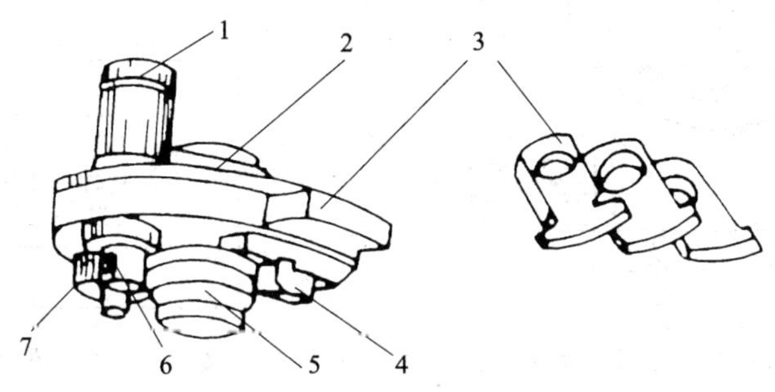

图 1—2—6 轮廓目镜的外形

1—读数显微镜 2—连接环 3—分划板插片 4—定位块 5—球形轴
6—照明灯插座 7—旋转手轮

轮廓目镜配有多种分划板插片，可迅速、方便地更换。分划板上分别刻有角度、螺纹（公制螺纹螺距为 0.25～6 mm，梯形螺纹螺距为 2～20 mm）和圆弧（半径为 0.1～100 mm）等图形。

为了测得被测轮廓对于标准轮廓的角度差值，通过旋转手轮 7 可使轮廓分划板连同一个分度值为 10′的分度盘做 ±7°的转动，其角度值由读数显微镜 1 中读出。

如图 1—2—7 所示为读数视场，读数值为 4°22′。由于轮廓分划板上的轮廓图形是按特定的物镜放大倍数刻制的，因此，在使用轮廓目镜时必须根据轮廓分划板上所标明的物镜倍数选用相应的物镜。

（3）圆分度台

圆分度台（见图 1—2—8）安置在纵向滑台上，使万能工具显微镜增加了一个绕工作台垂直轴转动的坐标，用于零件角度和极坐标的测量。

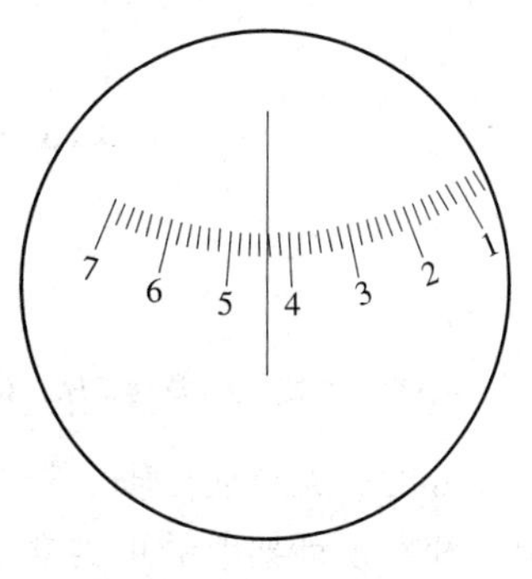

图 1—2—7 读数视场

圆分度台由壳体、回转机构和读数系统三个主要部分组成。壳体底面由经过刮研的支承面与纵向滑台面相接触，用紧固螺钉 13 固定。回转机构由精密轴系组成。转动微调手轮 5，转盘 1 连同玻璃台面 2 一起回转，到位后用锁紧手轮 3 锁紧。圆分度台上玻璃台面 2 的反面刻有十字双线，移动纵向滑台和横向滑台，使十字线中心与瞄准显微镜分划板中心重合，即分度台中心与光轴中心重合，这时便可开始测量工作。转动调节环 11 可使灯座 12（带照明灯）沿轴向做少量移动，以调节投影读数窗中亮度的均匀性。圆分度台的读数装置与纵向、横向读数装置类似，直读最小值为 10′。如图 1—2—9 所示为圆分度台的读数装置，其读数值为 7°20′10″。

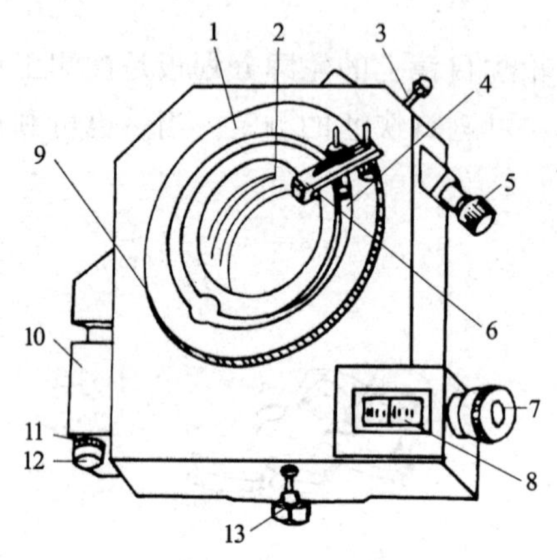

图 1—2—8　圆分度台

1—转盘　2—玻璃台面　3—锁紧手轮　4—环形槽
5—微调手轮　6—压板　7—读数鼓轮　8—投影屏　9—滚花环
10—灯室　11—调节环　12—灯座　13—紧固螺钉

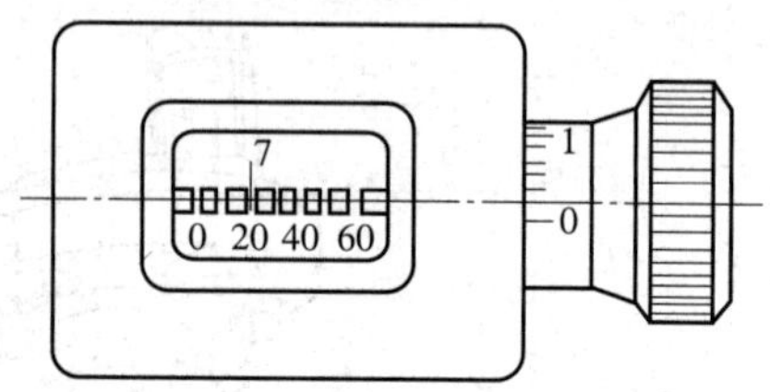

图 1—2—9　圆分度台的读数装置

（4）圆分度头

如图 1—2—10 所示为圆分度头，装上它后万能工具显微镜增加了一个绕水平轴转动的坐标，用它可对安装在顶针架上的工件进行圆周分度和测量。

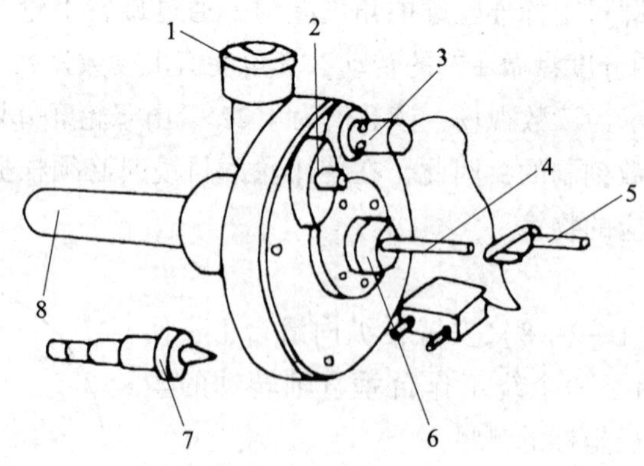

图 1—2—10　圆分度头

1—读数显微镜　2—旋转手轮　3—照明灯　4—拨杆　5—接长拨杆　6—短顶尖　7—长顶尖　8—连接轴

分度头通过连接轴 8 安装在万能工具显微镜的左顶针架中。被测工件由分度头的顶尖和右顶针架上的顶尖支承，由旋转手轮 2 通过拨杆 4 带动其转动，其读数原理与测角目镜完全相同，分度值为 1′。

三、万能工具显微镜的维护与保养

1. 光源的调节应从最小的亮度开始调节至合适。使用后将亮度调至最小后再关闭电源开关，以延长灯泡的使用寿命。

2. 定期用橡皮球将透镜表面的灰尘吹去，然后用脱脂棉蘸 95∶5 的乙醚和无水酒精混合液轻轻擦拭镜头表面，从中央到周边反复轻抹至干净，切勿擦拭镜头的内面，以免损伤透镜，勿用乙醇、乙醚、丙酮擦拭显微镜镜身。

3. 存放间应有空调控制温度和湿度，相对湿度不超过 65%，以保持万能工具显微镜的干燥，暂不使用的光学部分应放置于干燥箱或干燥瓶内，同时加入干燥剂硅胶。如果镜筒内受潮，应将目镜、物镜等卸下，置于干燥箱内干燥后再用。

4. 显微镜应防止振动和撞击，避免反复移动。每次使用完毕收拢各节横臂，拧紧制动旋钮，锁好底座的固定装置。

5. 光导纤维和照明系统保护不良或使用时间过久会使光通量下降，严重影响光照强度。使用时切勿强行牵拉和折叠，使用完毕应理顺线路，不要夹压或缠绕于支架上。光导纤维的两端应定期清洁，防止污染和积尘。

6. 保持各部位的密闭性，外界的潮气进入仪器内会造成内部发霉、生锈。使用完毕应用防尘罩盖住显微镜，保持光学系统清洁。

技能训练

万能工具显微镜的使用

一、训练要求

掌握万能工具显微镜的使用方法，能利用万能工具显微镜测量模具重要零件的长度、角度、圆柱体直径和孔间距等。

二、工作准备

1. 调光源

转动光阑调节轮，先将可变光阑调节到 25 mm 处，在工作台上放置灯泡定中器（见图 1—2—11），然后调整灯泡，使灯丝归心，即大部分灯丝成像在灯泡定中器的投影屏上，并应无明显的七色亮圈。最后将可变光阑调节至 2 ~ 3 mm 处，仍能看到灯丝的像，即表明光源已调整好。

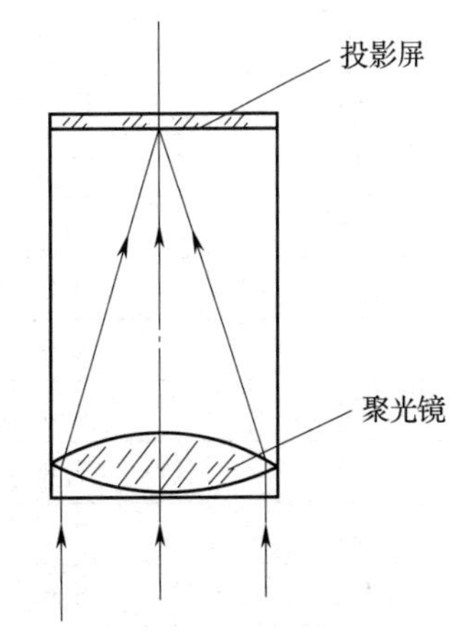

图 1—2—11　灯泡定中器

2. 调光圈

由于灯丝有一定的体积，除在光阑中心的灯丝像点一样发出平行于显微镜光轴的平行光束外，其他各点发出的是与光轴成一定角度的斜平行光束，如图 1—2—12 所示。由于斜平行光束的影响，在测量较厚的工件或圆柱体时，会导致工件的像变小。但当可变光阑的孔径即光圈减小时，可减小上述误差。所以，应找到一个恰当的光阑孔径，使误差减到最小，这一光阑孔通常称为最佳光圈。表 1—2—2 所列为最佳光圈直径。

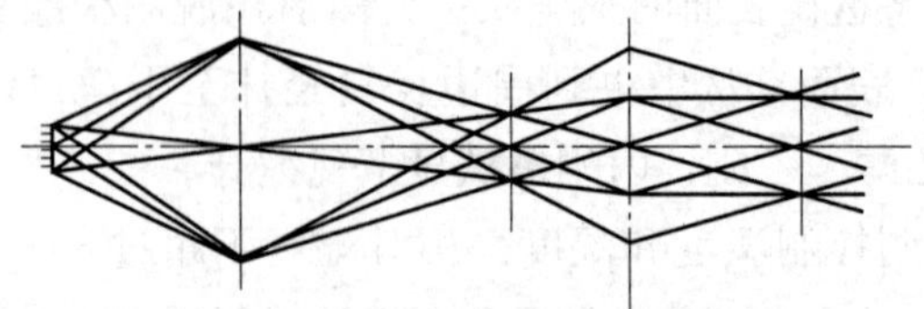

图 1—2—12　斜平行光束

表 1—2—2　　最佳光圈直径　　mm

光滑圆柱直径或螺纹中径	最佳光圈直径			
	测量光滑圆柱件的最佳光圈直径	螺纹牙型角		
		30°	55°	60°
0.5	—	24.5	29.7	30.5
1	30.5	19.5	23.6	24.2
2	24.2	15.4	18.7	19.2
3	21.2	13.5	16.4	16.8
4	19.2	12.3	14.9	15.3
5	17.8	11.4	13.8	14.2
6	16.8	10.7	13.0	13.3
8	15.3	9.7	11.8	12.1
10	14.2	9.0	10.9	11.2
12	13.3	8.5	10.3	10.6
14	12.7	8.1	9.8	10.0
16	12.1	7.7	9.4	9.6
18	11.6	7.4	9.0	9.2
20	11.2	7.2	8.7	8.9
25	10.7	6.7	8.1	8.3
30	9.8	6.3	7.6	7.8
40	8.9	5.7	6.9	7.1
50	8.3	5.3	6.4	6.6
60	7.8	5.0	6.0	6.2
80	7.1	4.5	5.5	5.6
100	6.6	4.2	5.1	5.2
200	5.2	3.3	4.0	4.1

3. **调焦**

一般调焦方法是首先进行目镜视度的调节，使在目镜视场里能观察到清晰的“米”字线分划板刻线的像。再通过调焦手轮移动瞄准显微镜，在目镜视场里得到清晰的物体轮廓的像。若测量者的眼睛在目镜前略做晃动，而在视场里没有发现物体像和“米”字刻线相对移动，则说明被测件准确地成像在“米”字线分划板上。若物体像与“米”字刻线有相对移动，则需进一步仔细调焦。

若开始测量就用物镜调焦，当调好物体焦距后再用目镜中的“米”字线进行对准测量，如果此时觉得“米”字线不够清晰，再对目镜进行调焦，这种次序是错误的。因为这样会造成前面被调焦后的被测物体的影像存在一定的虚影。正确的方法是先将目镜中的“米”字线调清晰，然后再对物体调焦，这样才能保证“米”字线和物体的像均是清晰的。

4. **调整测角目镜正确安装位置**

测角目镜在显微镜管上安装的正确位置应该是角度刻度盘读数为0°00′的位置。分划板上水平和垂直方向的刻线应分别平行于纵向和横向滑台的移动方向。

5. **清除被测件表面的毛刺和磕痕**

被测件在加工、使用和运输过程中均可能产生一些毛刺和磕痕，这些缺陷可能不易被觉察，但在测量中容易引起万能工具显微镜的对线错误或因测量面不在同一焦平面上而形成一定的局部虚影，从而影响测量结果的准确性。所以一定要彻底清除这些表面毛刺和磕痕。

需注意的是，为避免被测件表面产生毛刺和磕痕，在刚使用完被测件后，不能立即用酒精擦拭，使用完毕应将其放入清洁的玻璃柜中。

6. **安装被测工件**

万能工具显微镜上被测件的安装形式一般有以下两种：

（1）平面测件的安装

对于平面测件主要注意被测件的被测面应在同一焦平面上；否则容易形成局部虚影。对于被测面有倒角的零件，最好让倒角朝下；否则容易导致调焦不清晰，造成测量不准确。

（2）轴类测件的安装

轴类测件一般依靠中心孔定位，这就要求安装前一定要清洗干净顶尖孔，特别是要消除其中的泥沙和毛刺；否则，会造成被测件的轴线与仪器中心线不同轴，从而带来较大的测量误差。这种情况在日常测量中经常会遇到，最好的方法是在安装好后用仪器分划板中“米”字线的水平线检查被测轴外径的跳动误差，从而判断被测件是否安装好。

三、测量步骤

1. **平面件长度的测量（影像法）**

一般用平的工作台和测角目镜测量。

（1）测量时，将工件放于玻璃工作台上，先使其纵、横方向与纵向和横向滑台移动方向大体一致，再旋转工作台的调节螺钉做精细调整。

（2）利用“米”字线分划板瞄准第一被测边并读数。

（3）随后移动滑台，同样对第二被测边进行瞄准和读数，如图1—2—13所示。

（4）计算两次读数的差即为被测长度。

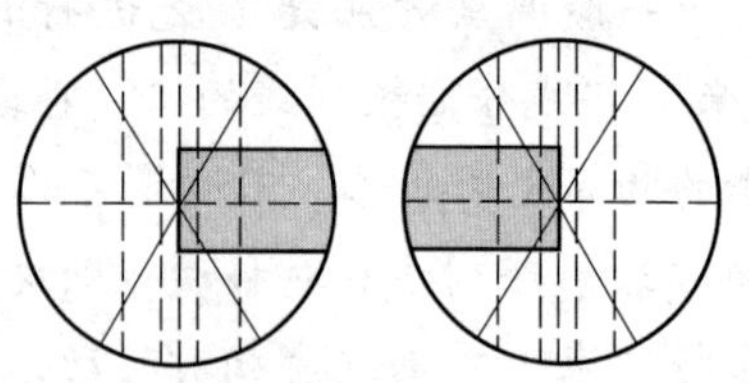

图1—2—13　用影像法测平面件的长度

2. 角度的测量（影像法）

（1）将被测件放于玻璃工作台上，利用纵向、横向滑台的移动和米字线的转动，使被测角第一边的影像与米字线分划板中的一条十字线对准，从测角目镜的读数显微镜中读数。

（2）再以同样的方法，用同一虚线对准第二被测边并读数，如图1—2—14所示。

（3）计算两次读数的差值即为被测角度。

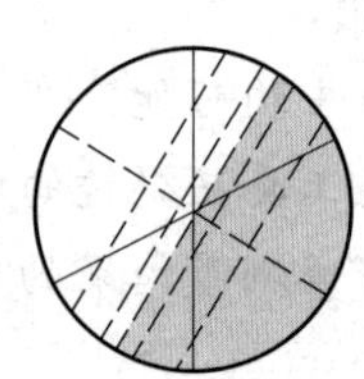

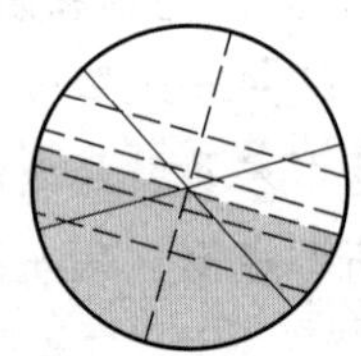

图1—2—14　影像法测角度

3. 圆柱体直径的测量（影像法）

（1）将定焦棒安置于顶针架上，上下移动瞄准显微镜，对定焦棒进行调焦，调好后换上被测件进行测量。

（2）移动横向滑台，使工件一边的影像与测角目镜中十字线分划板上的水平线对准，进行第一次读数。

（3）再移动横向滑台，使工件另一边的影像与水平线对准，进行第二次读数。

（4）计算两次读数的差即为实测直径。

4. 直角坐标的测量

直角坐标的测量主要用于检查形状复杂的各模具型腔样板或冲模，方法如图1—2—15所示。

（1）将被测件放于玻璃工作台上，调整测量基线 a 的方向，使其平行于纵向滑台的移动方向。

（2）移动纵向和横向滑台，以米字线交点先后瞄准基点0和各坐标点1、2、…、6，同时从纵向和横向投影读数装置中读数（本例中各坐标点的纵向和横向滑台方向增量为给定值5 mm，即从0点

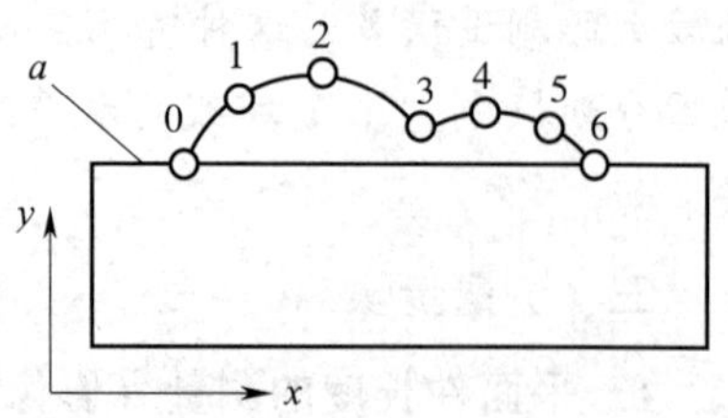

图1—2—15　用直角坐标法测样板

开始，每隔 5 mm 读出被测曲线纵向和横向滑台的数值)，见表 1—2—3。

(3) 计算各坐标点（1、2、3、…、6）与基点 0 的读数值之差，即为该点对基点 0 的坐标值，见表 1—2—4。

表 1—2—3 被测曲线各点的纵向、横向投影读数值

坐标值	读数值（mm）	
	纵向	横向
0	45. 3	74. 700 0
1	50. 3	79. 641 0
2	55. 3	84. 984 0
3	60. 3	77. 276 0
…	…	…

表 1—2—4 被测曲线各坐标点对基点 0 的坐标值

坐标值	读数值（mm）	
	x	y
0	0	0
1	5	4. 941 0
2	10	10. 284 0
3	15	2. 576 0
…	…	…

5. 极坐标的测量

用极坐标法测量工件如图 1—2—16 所示。

(1) 将被测件放在圆分度台上，使基点 0 与分度台的转动中心重合。

(2) 移动纵向滑台并转动分度台，以米字线交点先后瞄准基点 0 和各坐标点（1、2、3、…、6），并读出纵向读数和分度台的角度读数（本例中各坐标点的角度增量为给定值 5°，即从基线 01 开始，分度台每转过 5°，便读出各坐标点的纵向读数值），见表 1—2—5。

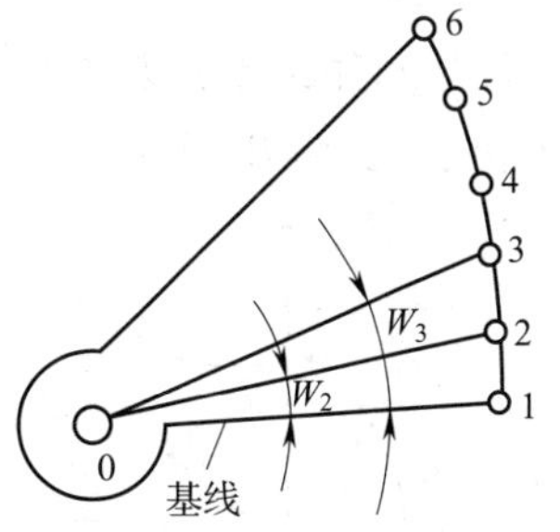

图 1—2—16 用极坐标法测量工件

(3) 计算各坐标点（1、2、3…）与基点 0 的纵向读数差，即为该点对于基点 0 的半径值 r；计算各坐标点（2、3…）的 W 值与 W_1 之差，即为该点与基点 0 连线对于基线 01 的角度值 W。(W_1 值是基线 01 相对应的分度台的读数值，见表 1—2—6)

表 1—2—5　　被测件的纵向及分度台角度读数值

坐标点	读数值	
	角度 W	纵向（mm）
0		104. 400 0
1	121°7′20″	147. 867 0
2	126°7′20″	149. 148 0
3	131°7′20″	152. 473 0
4	136°7′20″	156. 729 0
…	…	…

表 1—2—6　　被测件各坐标点对基点 0 的角度值

坐标点	读数值	
	W	r（mm）
1	0°	43. 467 0
2	5°	44. 748 0
3	10°	48. 073 0
4	15°	52. 329 0
…	…	…

6. 用双像目镜测孔间距

（1）如图 1—2—17a 所示，将被测件安置于工作台上，将点对称双像目镜安装在仪器上。

（2）调焦，直至在视场中出现被测件的清晰影像（此操作中还应移动纵向和横向滑台，使被测件孔的影像进入目镜视场），此时视场内将出现被测件孔的两个点对称影像（见图 1—2—17b 或图 1—2—17d）。

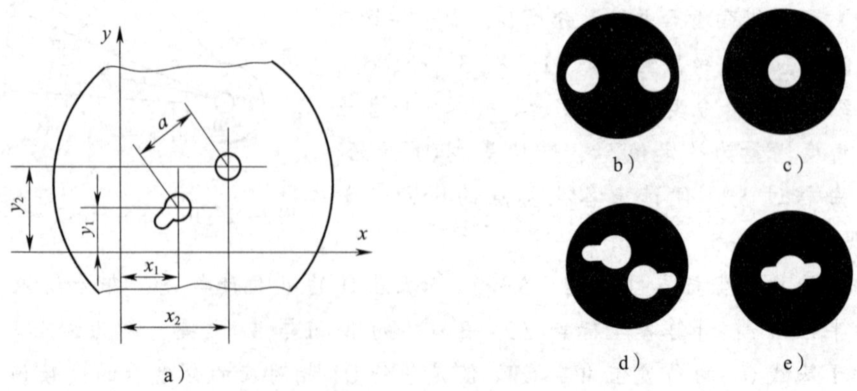

图 1—2—17　用双像目镜测孔间距

(3) 移动纵向和横向滑台，使其中一个孔的对称影像重合，此时该孔中心与物镜光轴重合（见图 1—2—17c 或图 1—2—17e），记下纵向、横向读数 x_1、y_1。

(4) 按上述过程对第二孔进行对准，记下纵向、横向读数 x_2、y_2。

(5) 孔间距 a 按下式计算：

$$a = \sqrt{(x_2 - x_1)^2 + (y_2 - y_1)^2}$$

四、使用注意事项

1. 注意目镜和物镜的调焦顺序。
2. 测量前应清除被测件表面的毛刺和磕痕。
3. 注意正确安装被测件。
4. 测量螺纹零件时，注意万能工具显微镜的立柱倾斜方向。
5. 注意温度变化对测量结果的影响。
6. 注意光圈调整为不同值时对圆柱形零件测量的影响。

课题三 光学自准直仪的使用

自准直是一种光学技术，它利用望远系统把视场光阑处分划板上的十字像投影到某一调焦位置的参考靶上，并使十字像中心与参考靶的中心重合，这种由两个中心所描述的参考直线称为自准直。

光学自准直仪是一种应用自准直原理，由自准直光管和平面反射量仪器制作的高精度测量仪器，又称自准直仪，广泛应用于直线度和平面度误差的测量。它与多面棱体配合可以检测分度机构的分度误差，此外，还可以测量零部件的垂直度和平行度误差等。

一、光学自准直仪的工作原理

1. 自准直光管的工作原理

如图 1—3—1a 所示，当位于物镜焦面上的分划板 2 被光源照亮后，从分划板上发出的光经过物镜 3 后即形成平行光，这样的光学系统结构称为平行光管。平行光被垂直于光轴的反射镜 4 反射回来，再通过物镜后在焦面上形成分划板标线像与标线重合。当反射镜倾斜一个微小角度 α 时，反射回来的光束就倾斜 2α 角，如图 1—3—1b 所示。

自准直光管的工作原理如下：由光源发出的光经分划板、半透反射镜和物镜后射到反射镜上。如反射镜倾斜，则反射回来的十字标线像偏离分划板上的零位。

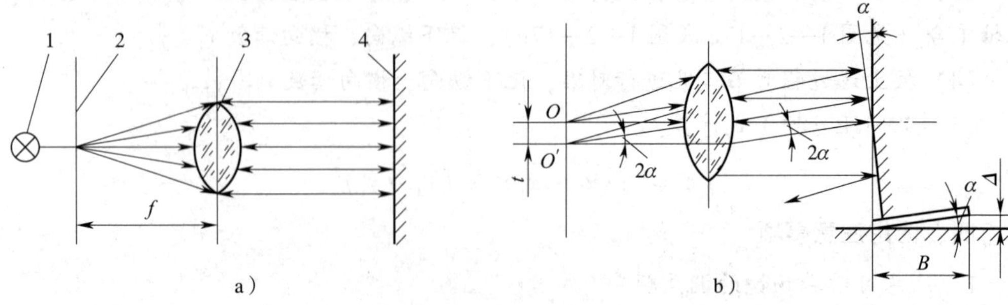

图 1—3—1　光学自准直原理

1—光源　2—分划板　3—物镜　4—反射镜

2．光学自准直仪的测微原理

光学自准直仪应用自准直光管的工作原理，再加上测微机构而设计及制造。只要用光学自准直仪的测微机构测出图 1—3—1b 所示的偏离量 t，就可得出反射镜的角度变化值。这就是自准直仪测量微小角度的基本原理。

二、常用的光学自准直仪

1．光学自准直仪的分类

常用的光学自准直仪主要分为以下两大类：

（1）光学式光学自准直仪

光学式光学自准直仪是以目镜观察、照准，光学计数装置和测微鼓轮计数的光学自准直仪。这类仪器有测微光学自准直仪、平直度检查仪等。

（2）光电式光学自准直仪

光电式光学自准直仪是以光电元件照准，指示表、测微鼓轮计数或数字显示计数的光学自准直仪。

其中，HYQ—03 型光学自准直仪是国产光学自准直仪中应用较多的一种，故以此为例进行介绍。

2．HYQ—03 型光学自准直仪

（1）结构

HYQ—03 型光学自准直仪常称为平直度检查仪，其基本结构由仪器主体和体外反射镜两部分组成。这种仪器的外形如图 1—3—2 所示，结构如图 1—3—3 所示。

图 1—3—3 中的件 1 ~ 件 4 组成了测微目镜部件，测量前可松开定位螺钉 5，由于两锥孔在圆周上互成 90°，可使整个目镜头精确地转过 90°。

体外反射镜 13 是仪器的重要组成部分，其结构如图 1—3—4 所示。调整三个调节螺钉 6 可将反射镜调整到垂直于反射镜座的位置上。

（2）主要技术参数

HYQ—03 型光学自准直仪的主要技术参数见表 1—3—1。

图 1—3—2 平直度检查仪的外形

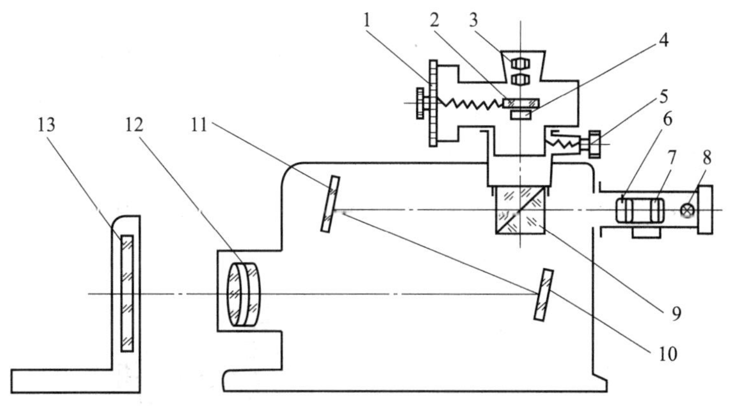

图 1—3—3 平直度检查仪的结构

1—测微鼓轮 2—活动分划板 3—目镜 4—固定分划板 5—定位螺钉
6—十字线分划板（带保护玻璃） 7—滤光片 8—光源 9—立方直角棱镜
10、11—体内反射镜 12—物镜 13—体外反射镜

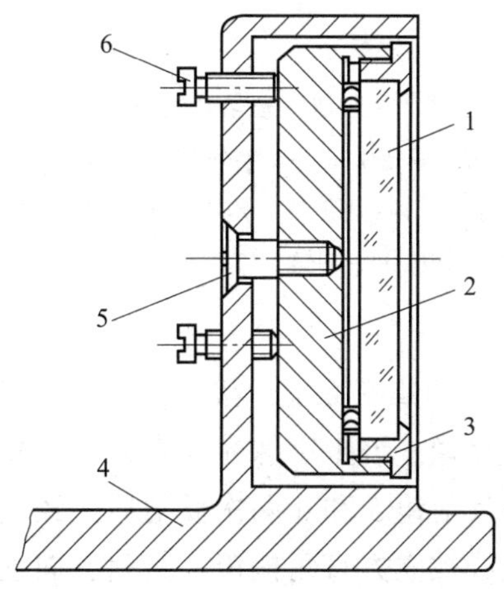

图 1—3—4 体外反射镜的结构

1—反射镜 2—可动板 3—压圈 4—反射镜座 5—球头螺钉 6—调节螺钉（三个）

表 1—3—1　　主要技术参数

项目	参数值
分度值	1
物镜焦距	400 mm
目镜放大倍数	20 倍
示值范围	±500 格
最大测距	5 000 mm
示值误差	当测微鼓轮转动不超过一圈时：$n=\pm(0.5+0.01n)$ 格 当测微鼓轮转动超过一圈时：$n=\pm(1.5+0.01n)$ 格 n——测量时测微鼓轮转过的格数

（3）光学系统

HYQ—03 型光学自准直仪光学系统的结构如图 1—3—5 所示。

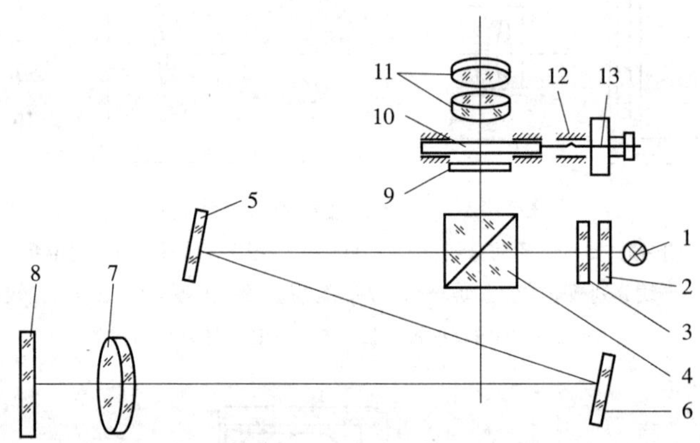

图 1—3—5　光学系统的结构

1—光源　2—滤光片　3—十字分划板　4—立方直角棱镜
5、6—反射镜　7—物镜　8—体外反射镜　9—固定分划板
10—活动分划板　11—目镜　12—测微螺杆　13—测微鼓轮

（4）求偏离量 t

十字分划板 3 位于物镜 7 的焦平面上，接通电源后由光源 1 发出的光经滤光片后照在十字分划板 3 上变成十字像。该十字像光线在立方直角棱镜 4 上分成两路，一路光线穿过立方直角棱镜 4 被反射镜 5 和 6 两次反射后，经过物镜 7 变成平行光线射到平面反射镜 8 上。另一路光线被立方直角棱镜 4 折射，向上到固定分划板 9 并成十字像于其上，人从目镜 11 上看到此十字像。

如果平面反射镜镜面与自准直仪的光轴垂直，则平面反射镜反射回来的十字像经原路到立方直角棱镜 4 上，其中一部分光线穿过该棱镜与第一路光线重合向上到固定分划板 9 上，与原来的十字像重合，在目镜 11 上看到的十字像如图 1—3—6a 所示。

如果平面反射镜镜面与自准直仪的光轴不垂直，则反射回来的十字像会偏移分划板的中央，这时在目镜上看到的十字像如图 1—3—6b 所示。十字像偏移分划板的距离可通过转动测微鼓轮 13 的旋钮移动活动分划板 10，使长刻线再次夹在十字线像的正中。如图 1—3—6c 所示长刻线移动的距离即为十字线像的偏离量。

偏离量 t 由自准直原理可得：

$$t = f_{物} \tan 2\alpha \approx 2f_{物} \alpha$$

式中 $f_{物}$——物镜焦距，mm；

2α——反射角，(°)。

十字像偏移分划板中央的距离 Δ 与平面反射镜的倾斜角 α、高度差 h 的关系如下：

$$\Delta = f_{物} \tan 2\alpha = f_{物} 2h/L = 2f_{物} h/L$$

式中 $f_{物}$——物镜焦距，mm；

L——平面反射镜的镜座长度，mm。

由以上可知，光学自准直仪中像的偏离量由反射镜转角所决定，而与反射镜的距离无关。因此，光学自准直仪可用来测量反射对光轴垂直方位的微小偏转。

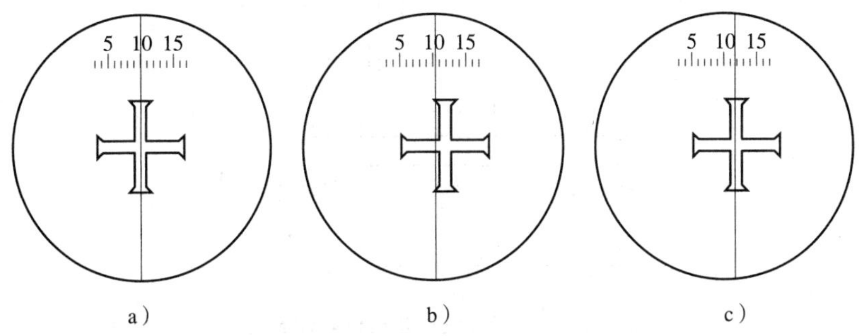

图 1—3—6 平直度检查仪目镜视场

(5) 测微原理

光学自准直仪的物镜焦距 $f_{物}$ 为 400 mm，测微螺杆 12 的螺距和固定分划板 9 上刻线的分度间隔都是 0.4 mm，即测微螺杆每转一圈，活动分划板 10 上的长刻线在固定分划板 9 的刻度上移动一格，其对应反射镜的倾角 α 为：

$$\alpha = \frac{t}{2f_{物}} = \frac{0.4}{2 \times 400} = \frac{1}{2\ 000} \text{ rad}$$

与测微螺杆 12 同轴相连的测微鼓轮 13 上有 100 格圆周刻度，每格代表反射镜的倾角 α 为 0.005/1 000 rad。当十字线像与刻度“10”偏离时，如图 1—3—6b 所示，可转动测微鼓轮 13，使长刻线再次夹在十字线像的正中，如图 1—3—6c 所示。长刻线移动的距离即为十字线像的偏离量。

三、光学自准直仪的操作与使用

1. 操作过程

（1）将光学自准直仪主体放置在被测件的一端或被测件以外稳固的基础上，反射镜座放在被测件上，并且要与仪器主体在同一水平面内。

（2）接通电源后，将反射镜座靠近光学自准直仪的主体，使反射镜正对物镜，使十字线像出现在目镜视场的正中或附近。

（3）仔细沿测量方向移动反射镜座，在各预定测量位置上读数，并进行数据处理。

2. 使用注意事项

（1）当体外反射镜安放在桥板上时，光学自准直仪的线性分度值与桥板长度有关，设桥板长度为 B，仪器的线性分度值为 S，如图 1—3—7 所示，则：

$$S \approx B\alpha$$

如 $B = 200\ \text{mm}$，$\alpha = \frac{0.005}{1\ 000}$，则 $S = 0.001\ \text{mm} = 1\ \mu\text{m}$。

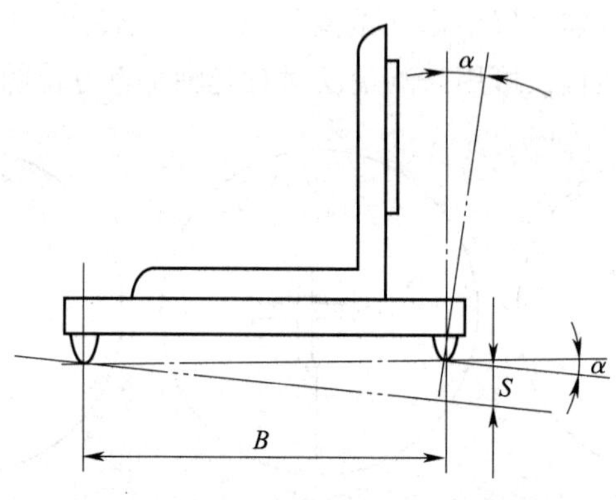

图 1—3—7　线性分度值的计算

（2）在测量过程中，光学自准直仪主体除在改变测量位置时需要移动外，不能有任何位移，否则将严重影响测量结果。

四、光学自准直仪的维护与保养

1. 操作者应了解仪器的原理、性能和使用方法。使用及存放应十分小心，防止碰撞及振动。应保持工作环境的清洁及温度稳定。

2. 仪器出厂时各部分均保证了良好的性能，除可调部分外一般不能随意拆开调整。如发生故障应送回制造厂家检修。

3. 镜头及目镜的外露玻璃部分切忌用手摸，应尽量少擦。如有灰尘可用软毛刷轻轻扫掉。如有印迹，可用脱脂棉或镜头纸蘸少量酒精、乙醚的混合物或丙酮等进行擦拭。

4. 镜管及其他外露表面可用溶剂汽油擦干净。仪器使用后应盖上护盖，若长时间不用应装入箱内并平放于干燥、温度适当的地方进行保管。

技能训练

光学自准直仪的使用

一、训练要求

熟悉光学自准直仪的使用方法，能利用光学自准直仪测量模具重要零件平面的直线度。

二、工作准备

1. 用汽油和脱脂棉或绸布清洁仪器主体和附件，清洁零件被测表面。

2. 将照明灯插入仪器主体，锁紧，接通电源。

3. 选择仪器的安放位置，仪器安放一定要稳固、可靠，位置合适，方便观察，测量过程中不得移动仪器主体。

4. 安装仪器主体，使其与水平调整板或被测表面接触良好，并尽量使物镜光轴与测量方向一致。

三、测量步骤

1. 松开测微器锁紧螺钉，转动目镜镜头，以使测微鼓轮的轴线方向平行于物镜光轴的方向，拧紧锁紧螺钉，锁住目镜镜头。

2. 将反射镜安置在专用的基座上固定，测量中两者不能相对移动。

3. 将视度调节至能看清分划板上的刻线和刻度为止。

4. 找像

（1）仪器主体与反射镜在同一被测面上

当反射镜离主体较近时，摆动反射镜，明亮的十字线就会出现在视场中，当反射镜离主体较远时，可以使用取景器快速找像。其方法如下：首先把取景器放在反射镜的前面，在取景器内找到由主体物镜出射光束所形成的绿色十字簇，然后摆动反射镜，这时在取景器内可以看见一簇随着反射镜摆动而移动的绿色十字，当两簇十字重合时，十字线像就会出现在主体目镜的视场中央。

（2）仪器主体与反射镜不在同一被测面上

仪器主体应放在水平调整板上，使主体物镜中心与反射镜中心大致处于同一高度，调整水平调整板，使主体和反射镜上的水准泡具有同一示值，然后重复步骤（1）的做法。

5. 读数

十字线像成在分划板之后，转动测微鼓轮，使指标线在视场内移动，直到指标线套在十字线内，即可从刻线分划板和测微鼓轮上的刻度读出数值。测微鼓轮一圈等分

100 格，相当于刻线分划板上的 1 格。如图 1—3—8 所示，将基座放在被测表面的 $O—L$ 位置上读数，然后按首尾相接的原则，每隔 L 距离依次移动反射镜座并读数，直至被测表面的末端。

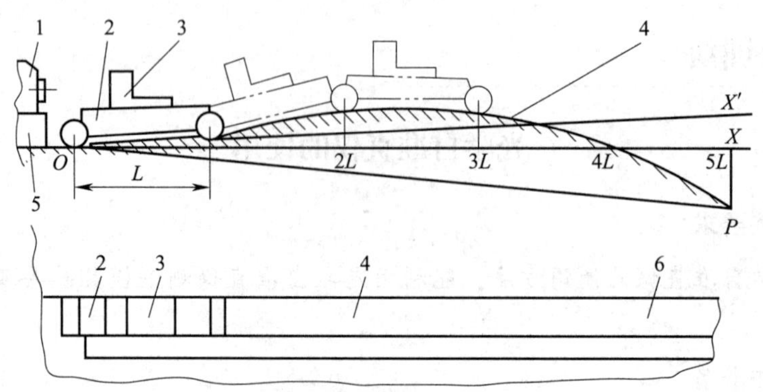

图 1—3—8　水平面直线度的测量

1—主体　2—反射镜基座　3—反射镜　4—被测表面　5—垫块　6—挡板

6. 处理测量数据

直线度误差通常是以被测表面测量方向上各点至某一参考线之间的距离来计量的。参考线一般是取被测表面的起始点和末端点的连线。但是，按照上述测量方法所得到的读数值却是以平行于主体物镜光轴的直线，即以平行于主体底面的直线作为参考线的，该直线通过测量的起点 O，相当于图 1—3—9 中的直线 OX，OX 称为测量参考线。为了求得被测表面的直线度误差，应对测量数据做以下处理：

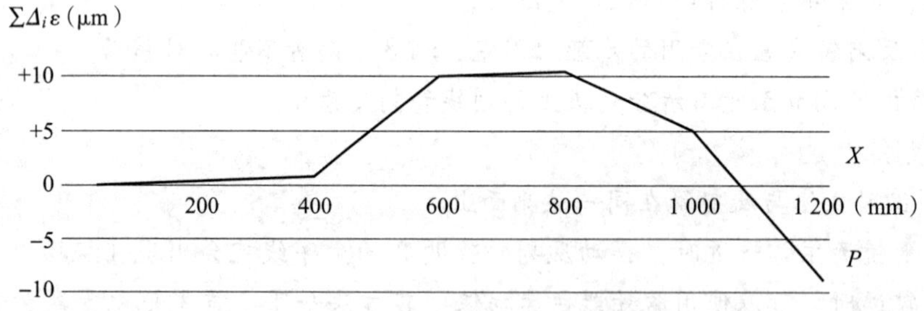

图 1—3—9　直线度误差计算表格图

(1) 首先计算出被测方向上各点至测量参考线 OX 之间的距离。从图 1—3—9 中可以看出，某个测量点到 OX 之间的距离是该测量点之前各点读数值的累计，表示为：

$$\sum \Delta_i \varepsilon$$

式中　i——被测点位置的顺序数，$i=1$、2、3…；

Δ_i——各被测点的读数值（测微鼓轮的分格值，其中 $\Delta_0=0$，而 Δ_1 为反射镜基座在 $O—L$ 位置的读数值）；

ε——测微鼓轮的分度值（线度值），对本仪器而言，当安放反射镜基座的有效

长度为 L 时，鼓轮格值所代表的分度值为 $L/200$ μm。当 $L=200$ mm 时，$\varepsilon=1$ μm。

（2）根据上式的计算结果，就可以用作图法求出被测表面的直线度误差，在测量方向上相对于测量参考线的形状曲线。

1）以测量参考线为横坐标，以各点至测量参考线之间的距离为纵坐标，作出被测表面在测量方向上相对于测量参考线的形状曲线。

2）把起始点与末端点连成一线，得到计量直线度误差的参考线。

3）各测量点到该参考线之间的距离即为直线度误差。

为计算和作图方便，通常使 $\Delta_0=\Delta_1=0$，可以这样处理：

如图 1—3—9 所示，若以通过 $i=0$ 和 $i=1$ 两测点的直线 OX 作为测量参考线，那么这个测量点的读数值 Δ_i 为：

$$\bar{\Delta}_i=\Delta_i-\Delta_1$$

式中 Δ_i——以平行于主体物镜光轴的直线（OX）作为测量参考线（$i=1$、2、3…）。

被测方向上任一测量点到测量参考线 OX 之间的距离为：

$$\sum\bar{\Delta}_i\varepsilon$$

表 1—3—2 所列为按照上式利用作图法计算直线度误差的计算表格，图 1—3—10 所示为根据表 1—3—2 的数据作出的直线度误差曲线，各点到参考线 OP 之间的距离就是直线度误差。如果要用计算方法直接得到各点的直线度误差值，只需将 OP 绕 O 点回转到 OX 的位置即可，这时曲线上各点到 OP 的距离［即各点的直线度误差 H_i（μm）］可以用下式表示：

$$H_i=\sum\bar{\Delta}_i\varepsilon-(i/n)\sum\bar{\Delta}_i\varepsilon\ (\mu m)$$

式中 n——整个测量长度上所分的段数。

表 1—3—2 直线度误差的计算

项目	代号或计算公式	数值						
被测点位置的顺序值	i	0	1	2	3	4	5	6
反射镜基座位置	L（mm）	0	200	400	600	800	1 000	1 200
各点的读数值	Δ_i（格）	0	78.8	79.3	88.0	80.0	72.5	65.8
	$\bar{\Delta}_i$（格）	—	0.0	+0.5	−9.2	−1.2	−6.3	−13.0
示值	$\bar{\Delta}_i\varepsilon$（μm）	—	0.0	+0.5	+9.2	+1.2	−6.3	−13.0
各点至参考线的距离	$\sum\bar{\Delta}_i\varepsilon$（μm）	—	0.0	+0.5	+9.7	+10.9	+4.6	−8.4
示值的算术平均值	$1/n\sum\bar{\Delta}_i\varepsilon$（μm）	（−8.4）/6 = −1.4						
参考线旋转修正值	$i/n\sum\bar{\Delta}_i\varepsilon$（μm）	—	−1.4	−2.8	−4.2	−5.6	−7.0	−8.4
直线度误差	$H_i=\sum\bar{\Delta}_i\varepsilon-(i/n)\sum\bar{\Delta}_i\varepsilon$（μm）	0.0	+1.4	+3.3	+13.9	+16.5	+11.6	0.0

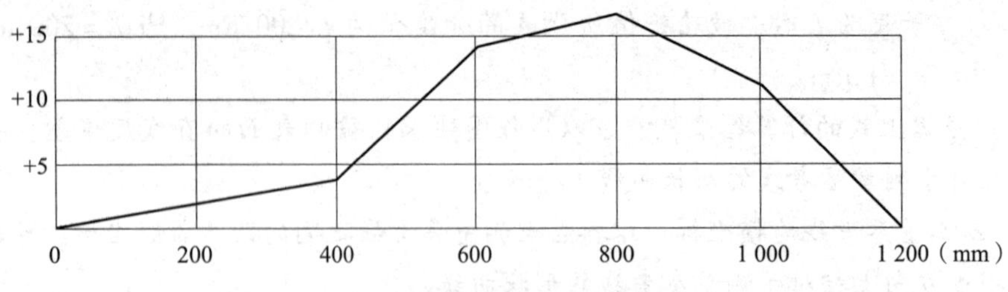

图 1—3—10　直线度误差曲线

注意：直线度误差定义为包容实际直线度误差曲线，且距离为最小的两平行直线之间的距离。而实际在评定直线度误差时，却是以被测表面的起始点和末端点的连线作为参考，取各测量点到该参考线之间的最大距离作为直线度误差。对于图 1—3—10 所示的只有一个最高点（或一个最低点）的曲线，其评定方法与定义并不矛盾。但对于具有多个最高点（或最低点）的曲线，若以起点和终点的连线作为参考线来评定直线度误差，则违背了直线度误差的定义。

四、使用注意事项

1. 在测量过程中，最好在反射镜基座侧面放置挡板，使基座始终紧靠挡板移动，有利于提高测量精度。

2. 如主体放在被测表面的一端，完成一次测量后，应将主体放在另一端，重新测一次，以得到被测表面在整个长度上的直线度误差。

3. 如果只需对直线度进行粗略测量，可将反射镜基座直接放置在被测表面上，按首尾相接的原则每隔 200 mm 依次移动反射镜基座。

课题四　圆度仪的使用

一、圆度仪的原理及应用

圆度仪是根据半径测量法，以精密旋转轴线作为测量基准，采用电感、压电等传感器接触被测件的径向形状变化量，并按圆度定义做出评定和记录的测量仪器，用于测量回转体内孔、外圆的圆度、同轴度等。若传感器能做垂直移动，还可测量直线度和圆柱度，则称为圆柱度测量仪。高精度圆度仪的旋转精度可达 0. 05 μm 左右。

圆度仪配备高精密回转工作台或高精密回转传感器，辅助稳定的仪器基座以及高精度线性运动轴系，通过一系列扫描运动，采集被测工件表面轮廓变化情况，通过计算机技术进行数据处理分析，自动评价被测工件的各种几何公差参数。

二、圆度仪的分类

圆度仪按轴系旋转方式的不同分为转轴式和转台式两种结构形式，即两种测量方式。

1. 转轴式圆度测量仪

转轴式圆度测量仪是指被测件固定在工作台上，传感器随主轴旋转的圆度测量仪，又称传感器旋转式圆度测量仪。测量时，被测件轴线与仪器主轴轴线对准，测量传感器连同其上与被测件圆轮廓接触的测头一起随主轴旋转并进行测量，被测件静止不动，如图 1—4—1 所示。

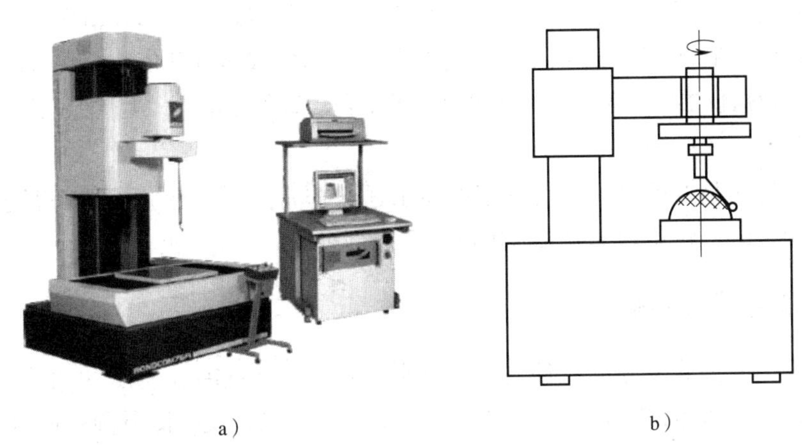

a）　　b）

图 1—4—1　转轴式圆度测量仪

a）外形　b）简图

2. 转台式圆度测量仪

转台式圆度测量仪是指传感器固定于立柱上，被测件安置在旋转工作台上并随其转动的圆度测量仪，又称工作台旋转式圆度测量仪。测量时，被测件轴线与可转工作台的轴线对准并一起旋转，与被测件圆轮廓接触的传感器测头静止不动，如图 1—4—2 所示。

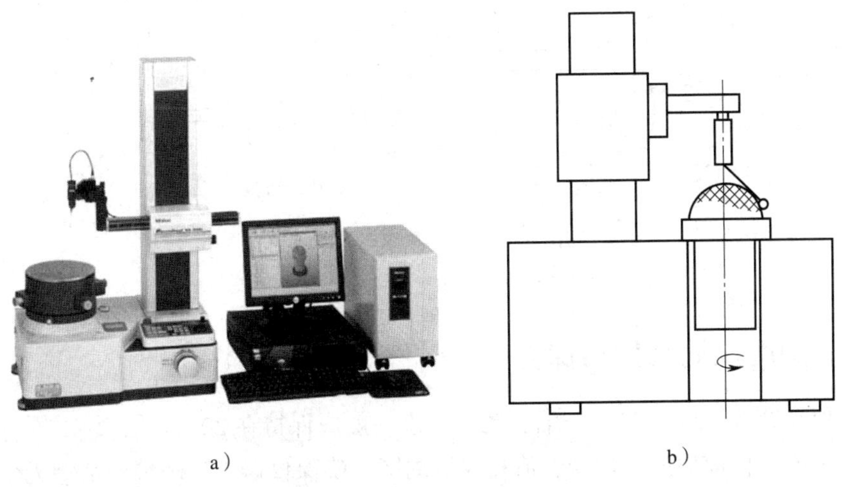

a）　　b）

图 1—4—2　转台式圆度测量仪

a）外形　b）简图

新型的圆度仪都配有计算机，除可在影屏上显示被测圆轮廓的图形外，还可用数显装置和打印机显示或打印出测得的圆度误差值、误差图形和有关数据。

三、圆度仪的特点

1. 优点

圆度仪的最大优点是具有极高的测量精度，由于仪器配备了超高精度的轴系，系统测量精度达到纳米级，借助于计算机评定软件，可以完成多种几何公差参数的测量与评价。同时，根据仪器的配置情况，还可以实现全自动编程测量，大大减少人员成本。

2. 缺点

由于圆度仪是专用设备，而且精度要求通常非常严格，台式仪器需要进行调心、调平等调整步骤，仪器效率相对通用仪器要低得多。

四、圆度仪的测头

测头是圆度仪最关键的部件之一，其形式包括图 1—4—3 所示的四种，即球形、斧形、圆柱形、卵形，因而需要选择测头的形式。一般来说，测量圆柱面时常用斧形测头，斧刃的长度方向与被测圆柱面的轴线平行，测量时有利于滤除被测面表面粗糙度对测量的影响，还可清除被测面上的灰尘和污物。对环形曲面，应用球形测头；对具有窄边和锐边的回转面，则应选用圆柱形或卵形测头。

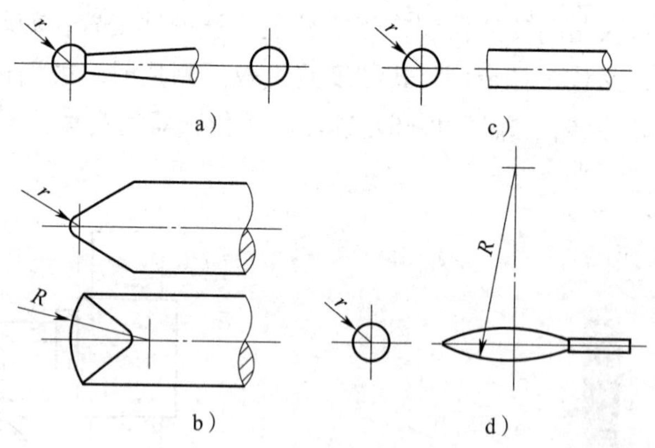

图 1—4—3　圆度仪的测头形式

a）球形　b）斧形　c）圆柱形　d）卵形

五、圆度仪的维护与保养

1. 仪器存放温度为 17 ~ 25℃，工作温度一般应保持在 20℃左右。

2. 每天工作前擦拭工作台，清扫仪器周围，确保仪器工作环境清洁、无尘。

3. 经常用万用表检查主轴的起浮情况，特别是当测量值变化很大时，首先应检查主轴工作是否正常。如发现有微型接触或不起浮等，应立即停止使用，将主轴拆下清洗或用原包装运回生产厂家进行检修。

4. 过滤器应经常放水、油等，至少三天一次，过滤器内装的过滤材料需定期烘干或更换，1~3 个月拆开过滤器检查一次。

5. 传感器测头需经常清理，擦掉测头上的油污。当测头磨损严重时，可以将测头卸掉修尖或更换。

6. 如发现传感器不灵敏或晶体片被撞断，必须送回生产厂家检修，重新鉴定后方可使用。

技能训练

圆度仪的使用

一、训练要求

熟悉圆度仪的使用方法，能利用圆度仪测量模具重要零件的圆度、圆柱度、直线度、平面度、平行度、跳动等常见参数，要求学会设置不同评定计算方法，完成测量程序的编制工作。

二、工作准备

1. 清洁被测工件。
2. 根据被测工件选择相应的测头和夹具。
3. 打开电源开关，打开计算机运行测量软件，初始化测量仪。

三、测量步骤

1. **装夹零件**

将零件装夹在工作台上。如图 1—4—4 所示为简单零件通过三爪自定心卡盘装夹在仪器转台上。

图 1—4—4 零件的装夹

2. **找正零件**

根据测量要求，零件的找正方法通常有以下三种：

（1）调心

调心是指把被测工件的中心调到与转台旋转中心重合，图标 为调心按钮。

（2）调平

调平是指把被测工件的平面调到与转台旋转端面平行，图标 为调平按钮。

（3）调心与调平

调心与调平就是上述步骤（1）、（2）的组合，图标 为调心与调平按钮。

通常，如果只需要测量圆度，进行调心找正即可；如果只需要测量轴向圆跳动和平面度，进行调平找正即可；如果需要测量比较综合复杂的参数，则必须进行调心与调平。

3. **选择测量参数**

根据实际要求选择要测量的参数进行测量。

此处不需要过多地理解功能的名称，基本上都是图标化操作。如图 1—4—5 所示为测量软件功能窗口界面。

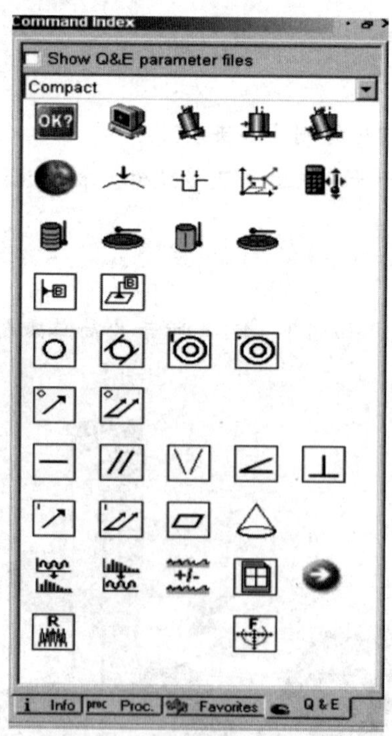

图 1—4—5　测量软件功能窗口界面

4. **输出结果**

根据需要选择输出的结果，保存或者打印。可以根据实际情况，将多个结果输出到一个报告上。

5. **保存测量程序**

仪器系统软件会自动将每一步测量步骤自动保存，测量完成后只需执行保存程序操作即可完成程序编写，保存后可以随时调出进行自动测量。

6. **测量结束**

卸载工件，关闭计算机和仪器。

四、使用注意事项

1. 每天开机后，用酒精（无水乙醇，99.97%）清洁大理石工作台及立柱的大理石部位。
2. 工件测量表面必须保持清洁。
3. 注意大理石工作台的T形槽、立柱丝杆和导轨（立柱后面金属部分）的防锈，定期涂防锈油。长期不用时一定要注意。
4. 在不使用时，应将探针拆下放置在专用的探针盒内。
5. 需要定期检查供电电源的电压。
6. 保证外部供电有不间断电源保护装置（UPS）。
7. 仪器的环境温度和湿度应在允许范围内。
8. 注意留意工件表面情况，避免不必要的碰撞。
9. 保证工件在工作台上是稳固的。

课题五　三坐标测量机的使用

一、三坐标测量机的应用

三坐标测量机根据绝对测量法，采用触发式、扫描式等形式的传感器随 x、y、z 等相互垂直的导轨相对移动或转动，并与固定于工作台上的被测件接触或非接触发讯、采样，计算机处理数据，显示、打印测量结果。三坐标测量机用于空间坐标尺寸的测量、定位等。其测量功能包括尺寸精度、定位精度、几何精度和轮廓精度等，已广泛应用于机械、电子、模具、汽车、航空、航天等制造行业。

任何形状都是由三维空间点组成的，所有的几何量测量都可以归结为三维空间点的测量。因此，精确地进行空间点坐标的采集是评定任何几何形状的基础。

二、三坐标测量机的工作原理

三坐标测量机的基本原理是将被测零件放入它允许的测量空间范围内，精确地测出被测零件表面的点在空间三个坐标位置的数值，将这些点的坐标数值经过计算机处理，拟合形成测量元素，如圆、球、圆柱、圆锥、曲面等，经过数学计算的方法得出其几何公差及其他几何量数据。所以，从被测零件上采集所需要点的过程是三坐标测量机最基本也是最关键的步骤，图 1—5—1 所示为三坐标测量机点的测量过程。

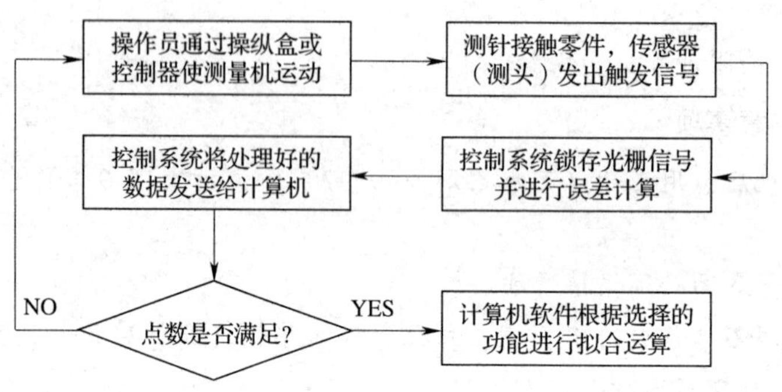

图 1—5—1　点的测量过程

三坐标测量机的原理主要归纳为以下几点：

1. 在坐标空间中，可以用坐标来描述每一个点的位置。

2. 多个点可以用数学的方法拟合成几何元素，如面、线、圆、圆柱、圆锥等。

3. 利用几何元素的特征，如圆的直径、圆心点、面的法矢、圆柱的轴线、圆锥顶点等，可以计算这些几何元素之间的距离和位置关系，进行几何公差的评价。

4. 将复杂的数学公式编写成程序软件，利用软件可以进行特殊零件（如齿轮、叶片、曲线、曲面）的检测和数据统计等。

三、三坐标测量机的分类

三坐标测量机的种类较多，按其结构形式不同，大体可分为桥式、龙门式、悬臂式和坐标镗式四类。

1. 桥式

桥式三坐标测量机可分为活动桥式和固定桥式两种。

（1）活动桥式

活动桥式三坐标测量机是使用最为广泛的一种机构形式，其结构形式如图 1—5—2 所示。这种机型的特点是开敞性比较好，视野开阔，取放零件方便，运动速度快，精度比较高，有小型、中型、大型几种形式。

（2）固定桥式

如图 1—5—3 所示为固定桥式三坐标测量机的结构形式，其桥架固定，刚度高，动台中心驱动，中心光栅阿贝误差小。以上特点使这种结构的测量机精度非常高，是高精度和超高精度测量机的首选结构。

图 1—5—2 活动桥式三坐标测量机

图 1—5—3 固定桥式三坐标测量机

2. 龙门式

如图 1—5—4 所示为龙门式三坐标测量机的结构形式，这种机型整体结构刚度高，三个坐标测量范围较大，测量精度较高。适用于航空、航天、造船行业的大型零件或大型模具的测量，一般都采用双光栅、双驱动等技术提高精度。

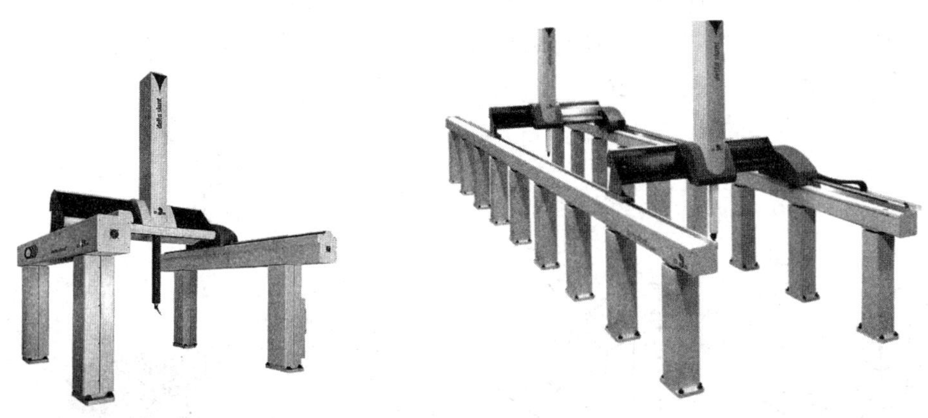

图 1—5—4 龙门式三坐标测量机

3. 悬臂式

悬臂式三坐标测量机可分为水平臂式和关节臂式两种。

（1）水平臂式

如图 1—5—5 所示为水平臂式三坐标测量机的结构形式，这种机型结构简单，敞开性好，测量范围大，可以由两台机器共同组成双臂测量机，尤其适合汽车工业钣金件的测量。但因横臂前后伸出时会产生较大变形，故测量精度不高。

（2）关节臂式

如图 1—5—6 所示为关节臂式三坐标测量机（又称便携式测量手臂）的结构形

式，这种机型轻便、易携带，具有非常好的灵活性，功能齐全，测量范围大，可与多种通用的商业软件配合使用，有温度补偿系统，对环境条件要求比较低。广泛应用于汽车整车及零部件、模具、航空、航天、造船、汽轮机、重机及其他机械加工行业。

图 1—5—5　水平悬臂式三坐标测量机

图 1—5—6　关节悬臂式三坐标测量机

4. 坐标镗式

坐标镗式三坐标测量机的结构形式如图 1—5—7 所示，这种机型结构牢靠，开敞性较好，但工件的质量对工作台运动有影响，同时，二维平动工作台行程较小，因此仅用于测量精度中等的中、小型测量机。目前这种机型较少使用，已被单悬臂式三坐标测量机（见图 1—5—8）代替。

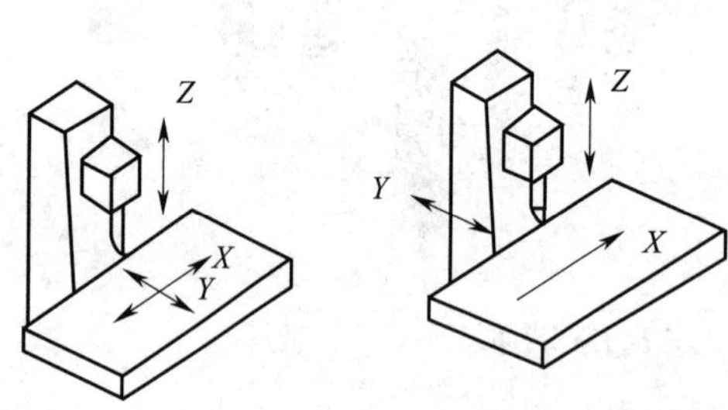

图 1—5—7　坐标镗式三坐标测量机的结构形式

图 1—5—8　单悬臂式三坐标测量机

四、三坐标测量机的结构

三坐标测量机是典型的机电一体化设备，它由机械系统、测量系统、电气控制系统、数据处理软件系统（测量软件）四大部分组成。

1. 机械系统

机械系统即测量机主机，是三坐标测量机的基本硬件。

2. 测量系统

测量系统是采集数据的传感器系统，主要由标尺系统和测头组成。

(1) 标尺系统

标尺系统是用来度量各轴坐标数值的，包括光栅尺、同步感应器、激光干涉仪等。

(2) 测头

测头的主要功能：测头传感器在探针接触被测点时发出触发信号；测头控制器控制测头工作方式的转换并根据命令控制测座旋转到指定角度。

测头的类型按测量方法不同可分为接触式（机械式、电气接触式）和非接触式（激光式、光学式）两类，按结构原理不同可分为机械式、电气式和光学式等。常用的几种测头如图 1—5—9 所示。

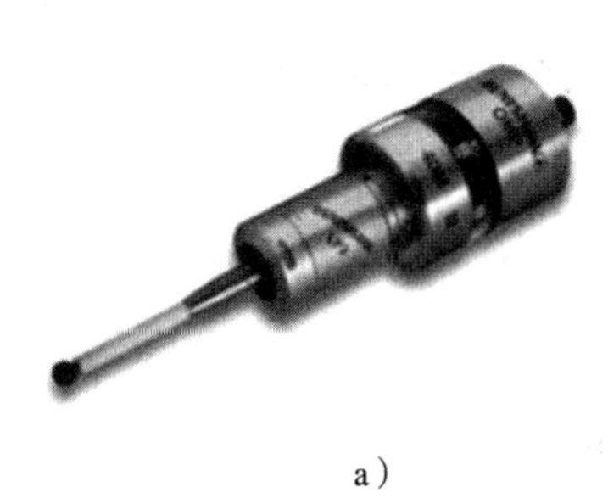

a)

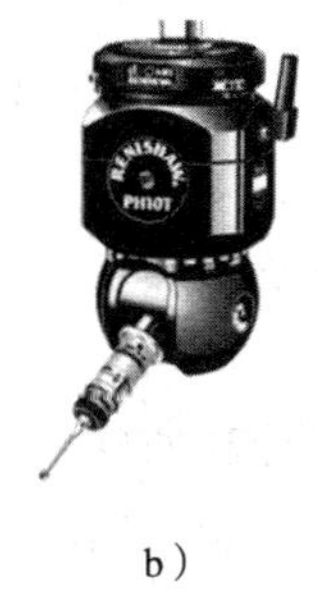

b)

c)

图 1—5—9 常用的测头

a) 机械式 b) 电气式 c) 光学式

1) 机械式测头。机械式测头分为具有各种形状（如锥形、球形等）的刚性测头、带千分表的测头及划针式工具。由于测量精度较差，效率低，目前较少使用。

2) 电气式测头。电气式测头又称触发式测头，其触端与被测件接触后可偏移，传感器输出模拟位移量信号，这种测头既可以用于瞄准，也可以用于测微。为了提高测量效率以及探测各种零件的不同部位，常需为测头配置一些附件，如测端、探针、连接器、测头回转附件等。

3) 光学式测头。光学式测头近年来发展较快，目前光学式测头在三坐标测量机上应用越来越多，这种非接触式测量突出的优点主要体现在以下几点：

①由于与被测物体没有机械接触，因此不存在测量力，适合测量各种软和薄的工件。

②可以对工件表面进行快速扫描测量。

③比接触式测头量程大。

④可以探测工件上一般机械测头难以探测到的部位。

3. 电气控制系统

电气控制系统是测量机的控制中枢，三坐标测量机可分为手动型、机动型和 CNC 数控型三种模式，其主要功能如下：

(1) 控制及驱动测量机的运动，进行三轴同步、速度、加速度的控制。

（2）在有触发信号时采集数据，对光栅读数进行处理。

（3）根据补偿文件，对测量机进行21项误差补偿。

（4）采集温度数据，进行温度补偿。

（5）对测量机工作状态进行监测（如行程控制、气压、速度、读数、测头等），采取保护措施。

（6）对扫描测头的数据进行处理，并控制扫描。

（7）与计算机进行各种信息交流。

早期的三坐标测量机以手动型和机动型为主，测量时由操作者直接手动或通过操作杆完成各点的采样工作，然后在计算机中进行数据处理。这两类控制系统结构简单，操作方便，价格低廉，在车间中应用较广泛。

4. 数据处理软件系统

数据处理软件系统（测量软件）是数据处理中心，其主要功能如下：

（1）对控制系统进行参数设置。

（2）进行测头的定义和校正以及测针半径的补偿。

（3）建立坐标系（零件的找正）。

（4）对测量数据进行计算、统计和处理。

（5）编程并将运动位置和触测控制通知给控制系统。

（6）输出测量报告。

（7）传输测量数据到指定网络或计算机。

五、使用注意事项

1. 三坐标测量机每天开机前应用酒精和干净、柔软的干毛巾（医用纱布或类似的物品）清洁空气轴承滑动轨道所有裸露的表面。

2. 电源要求为220 V ±10%，电压要稳定，频率为50 Hz ±2%。气源应无水、无油、无尘，经三级以上过滤，纯洁度≥95%；气压表在0.5 ~ 0.6 MPa范围内。

3. 室内应清洁、无尘，特别是导轨等不能有异物，操作台上不要堆放杂物，以防发生意外事故。要每天拖一次地，保证清洁卫生。

4. 温度要求为（20 ±2）℃，如果低于13℃或高于30℃不能开机；否则会影响三坐标测量机的使用寿命。湿度要求为50% ±10%，如果湿度小于20%，会产生静电；如果湿度大于80%，则会因受潮而漏电。

5. 用航空汽油（120或180号汽油）擦拭金属导轨，用无水乙醇擦拭花岗岩导轨。切记在保养过程中不能给任何导轨涂任何性质的油脂。

6. 开、关机时要按照规定的顺序操作，以免使主机因受到浪涌电流的冲击而影响使用寿命。关机前应换上简单且较轻的测头，以防机器回零点时产生碰撞，并将测头停在合适的位置。一般要求 Z 轴不暴露光栅尺，位于机器的右后上方，但避免退到极限位置。

7. 测量前要做好被测工件的清洁工作，并保证测针清洁，测针数据真实、有效。

8. 测量结束后要看测量结果，确认测量结果正确无误，如有疑虑应复检。

9. 对于一些大型、较重的模具、检具，测量结束后应及时吊下工作台，避免工作台长时间处于承载状态。

10. 精度要求较高的工件要先恒温再检测；否则，温差过大会影响测量精度。

技能训练

三坐标测量机的使用

一、训练要求

使用三坐标测量机测量如图 1—5—10 所示的零件。要求通过技能训练，熟悉三坐标测量机的使用、维护及保养方法，能利用三坐标测量机测量模具重要零件的尺寸精度和轮廓精度等。

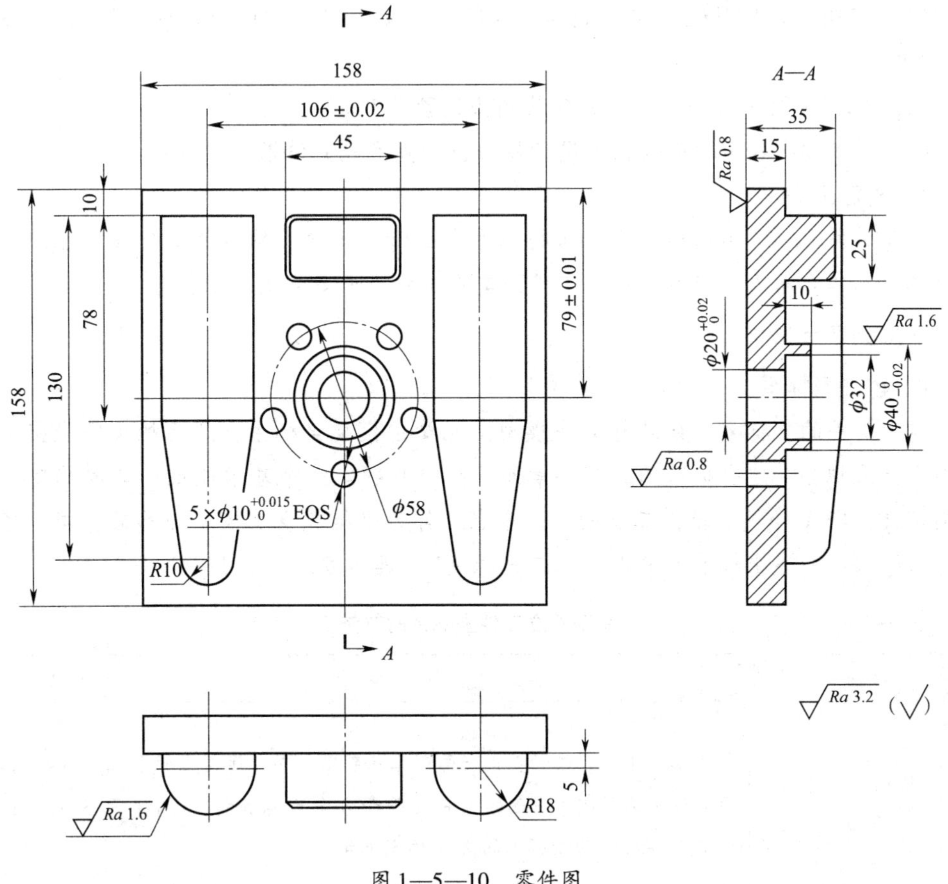

图 1—5—10 零件图

二、工作准备

1. 启动测量软件

选择型号为蔡司 CONTURA G3 的三坐标测量机，测量软件为 calypso。

（1）用酒精和医用棉花或软布擦拭导轨。

（2）检查是否有阻碍机器运动的障碍物。

（3）检查三坐标测量机（CMM）的气压表指示，应不低于 0.4 MPa。

（4）接通系统电源。

（5）开启计算机，进入 Windows 操作系统。

（6）开三坐标测量机控制柜。

（7）启动 calypso 测量软件，按提示使三坐标测量机回零，选择“文件”→“新建”创建新程序。

2. 校验测头

校验测头是三坐标测量机进行工件测量的第一步，也是很重要的一步。在校验测头的过程中，要根据工件形状、尺寸选择合适的测头和探针，在测量软件中会有匹配。选好后还要进行校准，以达到测量所要求的精度。

（1）将测头的类型设定为“tesastar - i”，测尖设定为“tip4by21mm”，状态设定为“JOG”。

（2）把测头置于安全位置，并安装测头校验精度球。

（3）选择 A0B0 角对测头精度进行校验，并查看校验结果。

3. 固定工件

清理工件毛刺，用酒精和无尘布将工件表面清洗干净，然后将工件固定在三坐标测量机的工作台面上，应尽可能将工件固定在工作台面最中央的位置。

三、测量步骤

1. 建立坐标系

建立工件的坐标系，如果有工件模型，也要建模型坐标系，然后把工件坐标系与模型坐标系拟合。建坐标系的三个要素如下：一要确定一个基准平面；二要确定一个平面轴线，即 X 轴或 Y 轴；三要确定一个点，作为坐标原点。校验合格后，手动建立工件坐标系。初建坐标系时采用“三二一原则”，具体方法见表 1—5—1。

表 1—5—1　　手动建立工件坐标系的方法

步骤	方法
三维元素测定：平面	手动测平面，手动在上平面测三点确定平面；建立坐标系 A_1，并将 Z 轴方向设定为所测定平面的方向（平面方向为其法向），将平面当前坐标系下的 Z 坐标设为坐标系的 Z 坐标零位置

续表

步骤	方法
二维元素测定：直线	手动测直线，在正平面测两点确定在工作平面中的投影直线；建立坐标系 A_2，并将坐标系 X 轴方向设为所测直线的方向（注意直线方向为先测点指向后测点），坐标系 Y 轴零位置设为当前坐标系中所测直线投影的 Y 值
一维元素测定：点	手动测点，选择零件左侧平面测一点以确定该点在工作平面中的投影点；建立坐标系 A_3，并将坐标系 X 轴零位置设定为所测点投影在当前坐标系下的 X 值

注意：在程序自动运行时，精建坐标系将自动完成，测头的移动将跟踪以上手动操作，在移动中必须设定足够的移动点以避开工件等障碍物。

2. 定义安全平面

根据工件实际尺寸大小定义安全平面，使测针的程序运行、角度转换及移动等都是在安全平面外进行的，避免测针碰到工件而损坏。

3. 手动提取测量元素

(1) 手动测量 $\phi40_{-0.02}^{0}$ mm 外圆柱及 $\phi20_{0}^{+0.02}$ mm 孔。

(2) 手动测量 5 个 $\phi10_{0}^{+0.015}$ mm 通孔。

(3) 手动测量两侧 $R18$ mm 半圆柱。

(4) 手动测量两侧半圆锥。

(5) 手动测量两侧半圆球。

注意：考虑程序自动运行，必须设定足够的移动点以避开障碍物；测圆时应设定 3 个以上测定点，测柱体和锥体时应设定 6 个以上测定点，测球时应设定 9 个以上测定点。

4. 评价几何公差

评价以下几何公差：

(1) 5 个 $\phi10_{0}^{+0.015}$ mm 通孔的尺寸公差。

(2) $\phi40_{-0.02}^{0}$ mm 外圆柱和 $\phi20_{0}^{+0.02}$ mm 孔的圆度及相对于上平面的垂直度（评价圆度时测点应选三个以上）。

(3) 两侧半圆柱、圆锥、圆球相对于中线的对称度（提示：利用特征组命令建立特征组后再评价对称度）。

(4) 两侧半圆柱的圆柱度。

5. 检查安全五项

在完成元素提取和评价设置后，为保证测量过程中测针的安全性，应对所有元素的安全平面、安全距离、回退距离、测头、探针五项一一进行检查。

6. 自动运行测量程序

自动运行程序时，程序中“手动”模式部分程序仍需手动完成，本程序为粗建坐标系部分。

7. 生成测量报告

程序运行完毕，打开报告窗口，系统自动生成测量报告。

8. 操作结束后的工作

(1) 移动 X 轴到右端，移动 Z 轴到上端，移动 Y 轴到 Z 轴下面没有工件的位置，避免探针撞到工作台。

(2) 工作完成后要清洁工作台面，按下操纵盒上的急停按钮，将机器电源和气源关闭。

四、使用注意事项

1. 工件吊装前，要将探针退回坐标原点，为吊装预留较大的空间；工件吊装要平稳，不可撞击三坐标测量机的任何构件。

2. 正确安装零件，安装前确保符合零件与测量机的等温要求。

3. 建立正确的坐标系，保证所建的坐标系符合图样的要求，才能确保所测数据准确。

4. 当编好程序自动运行时，要防止探针与工件的干涉，故需注意增加拐点。

精密、复杂、大型零件划线

课题一　精密、复杂零件划线

一、划线基准的选择

划线时，用来确定工件各部分尺寸、几何形状和相对位置的依据称为划线基准。选择划线基准时应将工件形状、加工工艺、设计要求、划线工具等综合进行分析，找出工件上与各方面有关的点、线或面作为划线时的尺寸基准、放置基准和找正基准。

1. 尺寸基准的选择

用以确定尺寸关系的基准称为划线的尺寸基准。尺寸基准是划线时所采用的尺寸起始线或面。具体选择原则如下：

（1）选择划线的尺寸基准时，应先分析图样，找出设计基准，使划线的尺寸基准与设计基准一致。这样才能直接量取尺寸，简化尺寸换算手续，提高划线质量和工作效率。

（2）当毛坯的尺寸、形状和位置存在误差或缺陷而使某些部位加工余量不够时，应通过借料调整划线尺寸的位置。

2. 放置基准的选择

划线时，工件所处合理的放置基准面称为划线的放置基准。正确选择工件的放置基准对于大型、畸形工件划线尤为重要。具体选择原则如下：

（1）选择能使工件上的主要中心线、待加工面平行于平台的面为放置基准面。这样可以提高划线质量，简化划线过程。

如图 2—1—1 所示为蜗杆蜗轮箱体，划线时箱体有 *A*、*B* 两个面可以作为放置基准。若以 *A* 面为放置基准，如图 2—1—1a 所示，可以划出装蜗杆孔的第一中心位置线和装蜗轮孔的第一中心位置线。这样就可以保证蜗杆与蜗轮的装配关系。若按图2—1—1b 所示，以 *B* 面为放置基准，则只能划出装蜗杆孔的第一中心位置线。虽然两种放置方法都能使中心位置线平行于平台面，但图 2—1—1a 以 A 面为放置基准可使主要中心线 Ⅰ—Ⅰ、Ⅱ—Ⅱ 平行于划线平台，能保证两条中心线的中心距要求，因此这样放置比较合理。

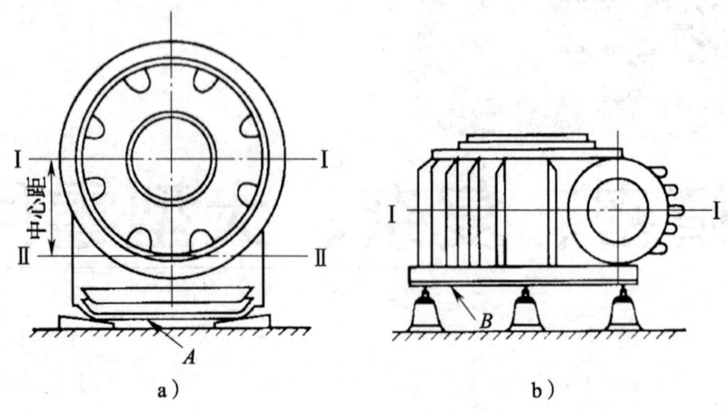

图 2—1—1　蜗杆蜗轮箱体

a）以 A 面为基准　b）以 B 面为基准

（2）当第一划线位置确定后，应选择大而平直的面为放置基准。这样可以保证划线时平稳、安全。

如图 2—1—2 所示为镗模板，当第一划线位置的水平线划完后，翻转 90°划第二位置线时，如果选择 P 面为放置基准，由于斜面大而 P 面很小，这样放置的稳定性差，工件容易倾翻。因此，只有选择 A 面为放置基准才能保证工件放置平稳，操作安全。

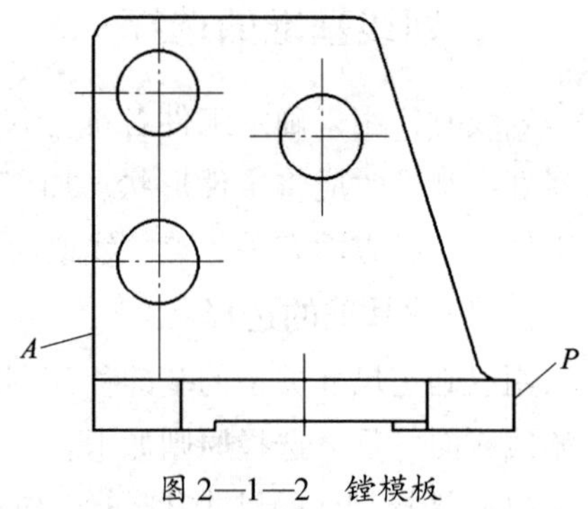

图 2—1—2　镗模板

（3）当第一划线位置确定后，若有两个基准可以选择时，应选择工件重心低的一面为放置基准。

如图 2—1—3 所示为大型蜗杆蜗轮副传动箱体，箱体大圆弧面 P 和小圆弧面 Q 均可作为第一划线位置的放置基准，将中心线 A—A、B—B 划出。但很明显，选择 P 面

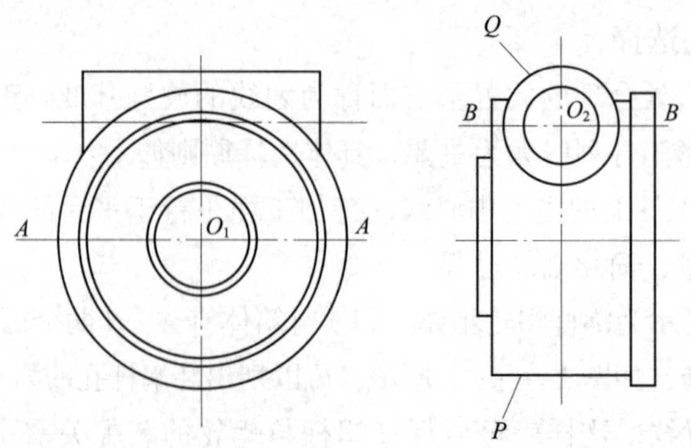

图 2—1—3　大型蜗杆蜗轮副传动箱体

为放置基准比选择 Q 面有利。因为此时箱体重心低，放置平稳、安全。

3. 找正基准的选择

用来找正工件在平台上正确位置的基准称为划线的找正基准。具体选择原则如下：

（1）选择工件上与加工部位有关、外观质量要求较高的非加工面，或比较直观的面（如凸台、非加工孔、对称中心和非加工的自由表面）作为找正基准。这样按划线加工后，能使非加工面与加工面之间厚度均匀，并且使非加工面的几何误差反映在次要的或不显著的部位。

如图 2—1—4 所示为车床尾座。由于存在铸造缺陷，致使毛坯 ϕ140 mm 外圆轴线与底平面产生偏斜。找正时，选择比较直观的 ϕ140 mm 外圆作为找正基准，使工件经划线和加工后，ϕ100 mm 孔与 ϕ140 mm 外圆之间的厚度均匀，外观质量良好，形状误差反映到 40 mm 厚底平面的不显著部位。如果以距底平面 40 mm 厚的非加工面作为找正基准，就不能达到上述效果，势必影响工件质量。

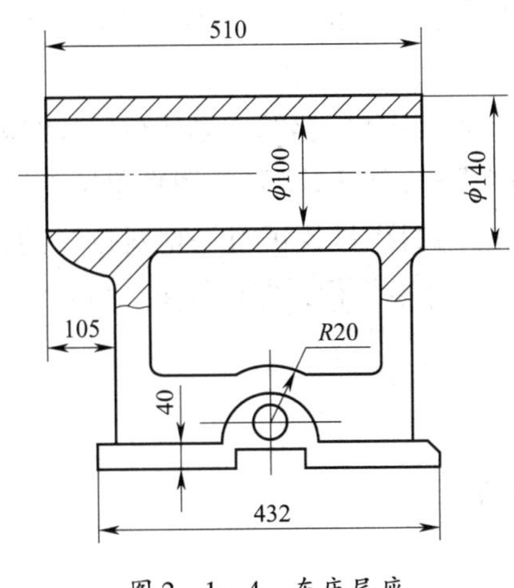

图 2—1—4 车床尾座

（2）选择有装配关系的非加工面作为找正基准。这样可以保证工件经划线和加工后能顺利地进行装配，而且也使该加工面与装配零件间保持正确的相对位置关系。

如图 2—1—5 所示为台虎钳活动钳身，通过分析图样可知，活动钳身 18 mm 槽内两侧面为不加工面，但 18 mm 槽不但要求与丝杆螺母间留有适当间隙，而且还要保证活动钳身 30 mm 的导向部分能够顺利地在固定钳身中灵活移动。因此，为了保证装配质量，在划 30 mm 和 50 mm 加工线时，应以 18 mm 槽两侧不加工面为找正基准。

（3）兼顾水平方向和垂直方向的非加工面。用划线盘找正工件水平方向上非加工面的同时，还要用直角尺（大件用线坠）找正工件垂直方向的非加工面是否与平台垂直，才能保证加工面与非加工面之间的厚度均匀。

如图 2—1—6 所示为毛织机轴承脚，按图示位置将其放置在平台上。首先分别校正非加工面 A、B，使其与平台面基本平行，然后用直角尺检查 C 面，看其是否与平台面垂直。如有差异，则应相互借正，使加工后 A、B、C 三面与各加工面之间壁厚均匀。

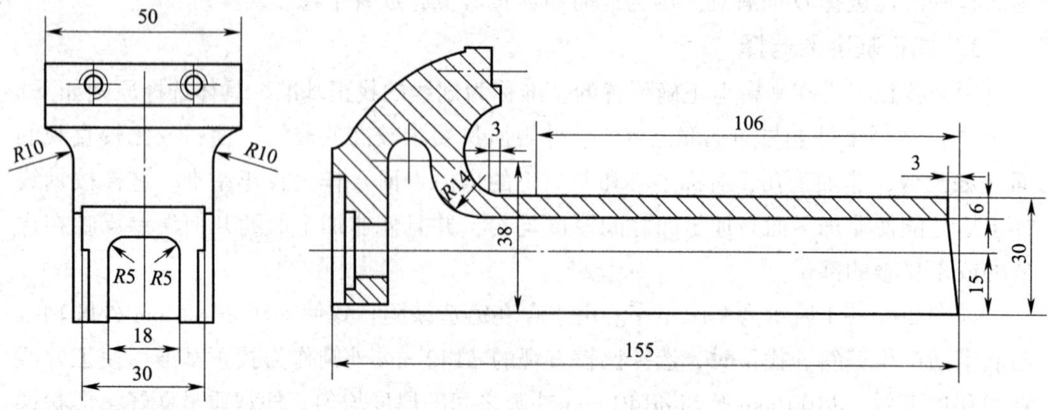

图 2—1—5　台虎钳活动钳身

（4）当工件划完第一划线位置，翻转划第二划线位置时，除了找正第一划线位置所划的最长线与平台垂直外，还应校正第一划线位置的找正基准与平台平行，以保证划线质量。

如图 2—1—7 所示为齿轮箱壳体，当第一划线位置的线划完，翻转 90°划第二划线位置的线时，通过调整斜垫铁 1（或千斤顶），用直角尺 2 找正第一划线位置所划的最长线 *A*—*A* 与平台面垂直，并用划线盘找正第一划线位置的找正基准（两端 ϕ100 mm 凸缘的垂直中心线）与平台面基本平行，即可划第二位置线。

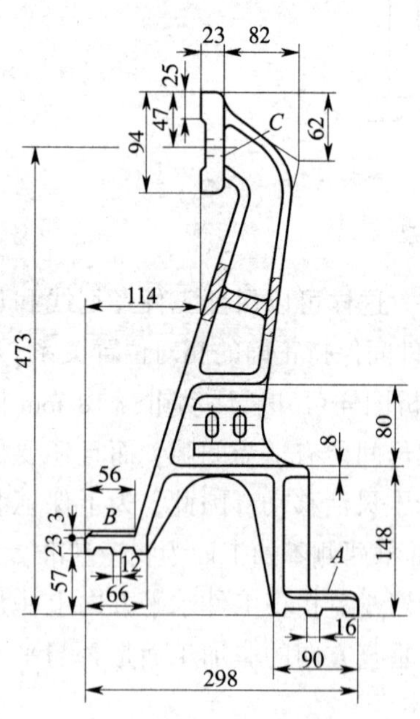

图 2—1—6　毛织机轴承脚

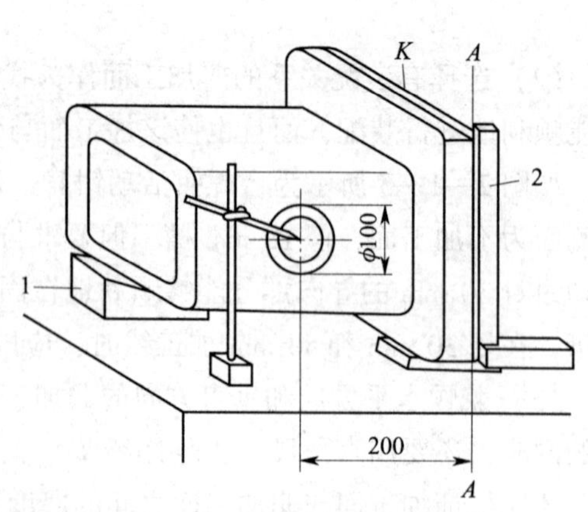

图 2—1—7　齿轮箱壳体

1—斜垫铁　2—直角尺

(5) 当工件上有已加工表面，而进行第二次划线时，已加工表面即为划线的必然找正基准。

二、划线的借料方法

借料能使某些铸造、锻造毛坯在尺寸、形状和位置上存在的较小误差或缺陷得到排除，从而提高毛坯的利用率。借料是一项复杂的划线工作，尤其当工件形状复杂、很难一次借料成功时，需要经过多次试划才能最后确定借料方案。

1. 借料的步骤

(1) 仔细研究图样，测量及确定毛坯件各部位尺寸的偏移量，看是否有挽救的可能性。

(2) 确定借料的方向和尺寸，合理地选择尺寸基准。

(3) 根据工件主要部位的尺寸，以尺寸基准线为依据进行试划线。当确认各加工面都有一定的加工余量，而非加工面误差又在允许范围内时，即可将加工线全部划出。

2. 常见工件毛坯的借料方法

(1) 轴类工件毛坯借料

如图 2—1—8 所示为一根有缺陷的轴类锻件毛坯，它的两端外圆柱面上各有明显的缺陷，若按正常方法加工，则两处均无加工余量，毛坯只能报废。如果按图 2—1—8 所示的细双点画线找正借料划线，则可加工出合格的产品。

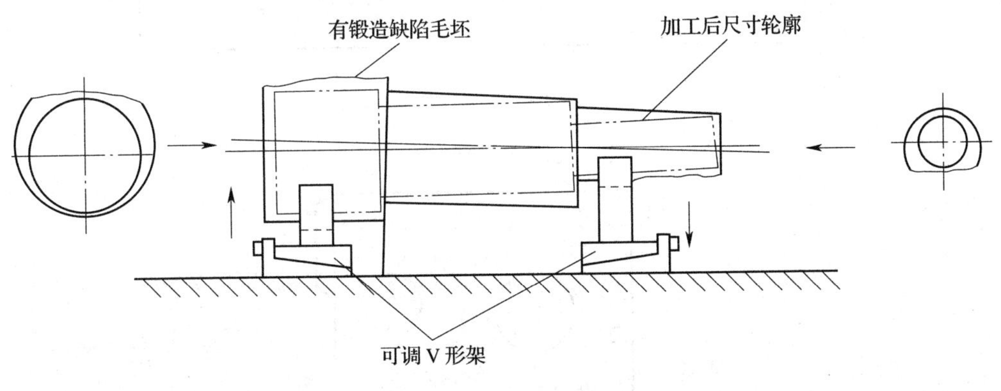

图 2—1—8 轴类工件借料

(2) 套类工件毛坯借料

如图 2—1—9 所示为套筒毛坯，因铸造中型芯偏移，使毛坯外圆与内孔产生了较大的偏心。若以外圆为基准加工（见图 2—1—9b），则内孔无加工余量；若以内孔为基准加工（见图 2—1—9c），则外圆无加工余量；如果按图 2—1—9d 所示内、外圆兼顾，合理调配它们的加工余量，即可使有缺陷的毛坯得到补救。

(3) 箱体类工件毛坯借料

如图 2—1—10 所示为孔有偏位缺陷的箱体毛坯。划线时如不通过借料将加工余量

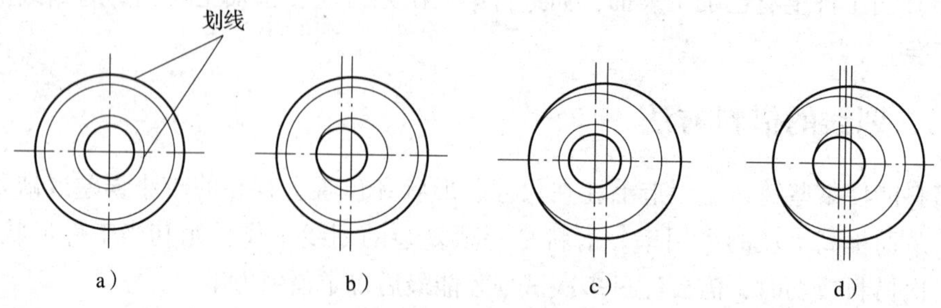

图 2—1—9　套类工件借料

a）合格毛坯划线　b）以外圆为划线基准　c）以内孔为划线基准　d）借料划线

平均分配，则两孔均无加工余量。若以任一毛坯孔的中心线为基准，其余加工面可能没有加工余量。如按图 2—1—10c 所示借料划线，通过调配使两孔都有适当的加工余量，使得孔有偏位缺陷的箱体毛坯得到合理的利用。

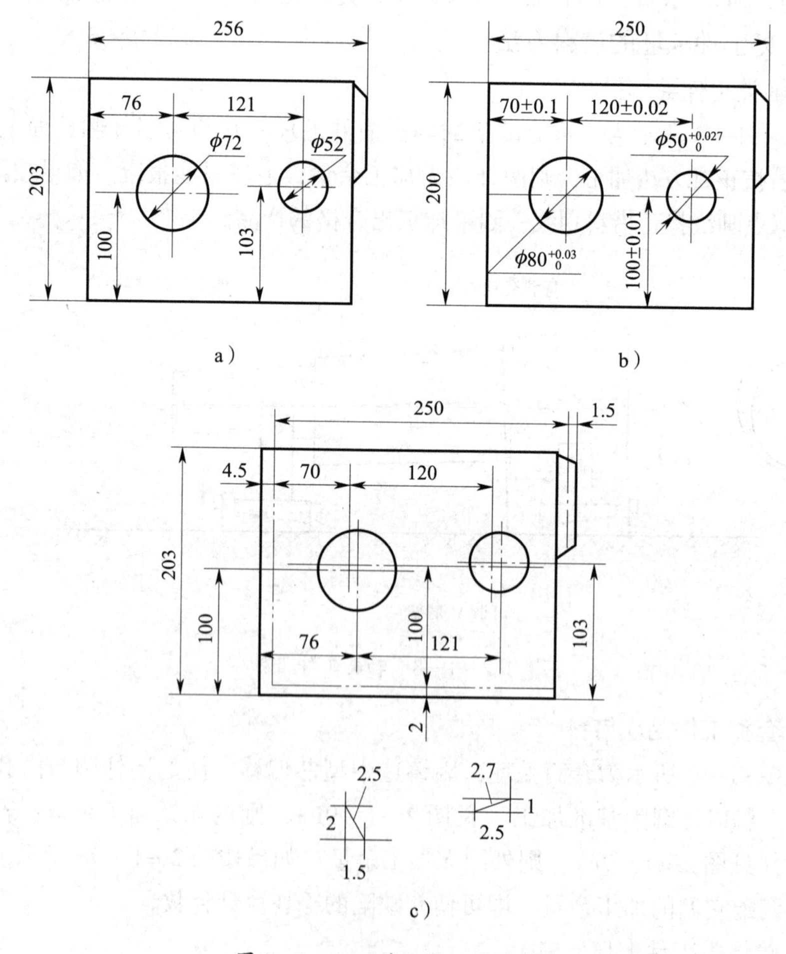

图 2—1—10　箱体类工件借料

a）实际毛坯尺寸　b）产品图样尺寸　c）借料划线尺寸

三、划线尺寸的计算

划线尺寸的计算是指根据图样要求和划线内容计算出所需划线内容的坐标尺寸，举例说明如下：

例 2—1—1 如图 2—1—11 所示，已知 $AC=36$ mm，$AB=50$ mm，$\angle ACB=60°$，试计算孔 B 的水平坐标。

解：由正弦定理可得：

$$\sin\angle ABC=\frac{AC\sin\angle ACB}{AB}=\frac{36\times\sin60°}{50}\approx0.623\,5$$

$\angle ABC\approx38°34'20''$

$\angle CAB=180°-60°-38°34'20''=81°25'40''$

由余弦定理得：

$BC^2=AC^2+AB^2-2AC\times AB\cos\angle CAB$

$$BC=\sqrt{AC^2+AB^2-2AC\times AB\cos\angle CAB}$$
$$=\sqrt{36^2+50^2-2\times36\times50\cos81°25'40''}$$
$$\approx57.09\text{ mm}$$

孔 B 中心的水平坐标为：

$x_B=20+57.09=77.09$

答：孔 B 的水平坐标为 77.09。

例 2—1—2 如图 2—1—12 所示为样板，试计算图中尺寸 a。

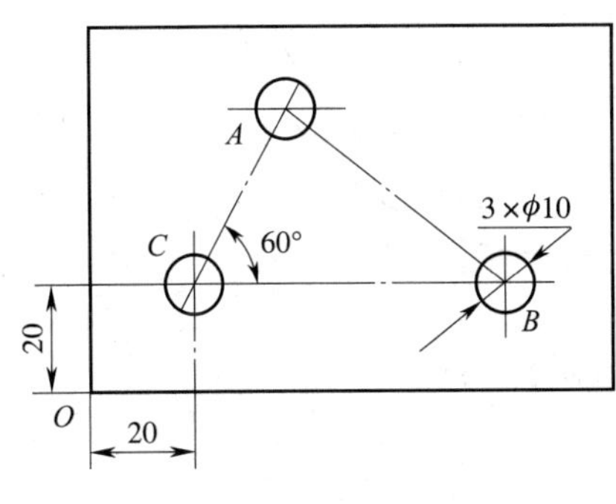

图 2—1—11 样板（一）

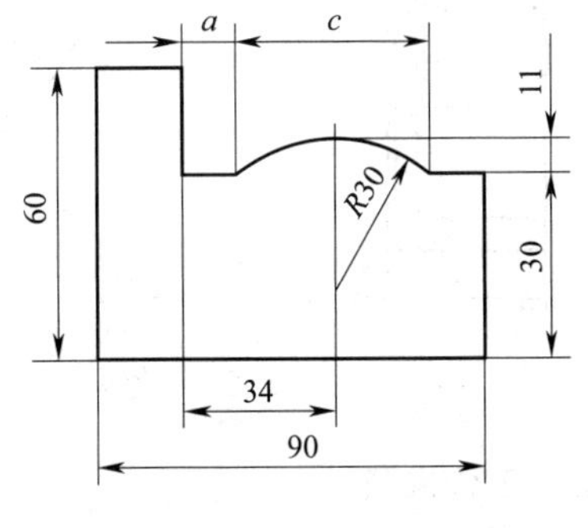

图 2—1—12 样板（二）

解：由图中已知条件，按弦长计算公式

$c=2\sqrt{h(2R-h)}$先求出尺寸 c。

$$c=2\sqrt{11\times(2\times30-11)}$$
$$\approx2\times23.22=46.44\text{（mm）}$$

然后由图中可知：

$a=34-c/2=34-23.22=10.78$（mm）

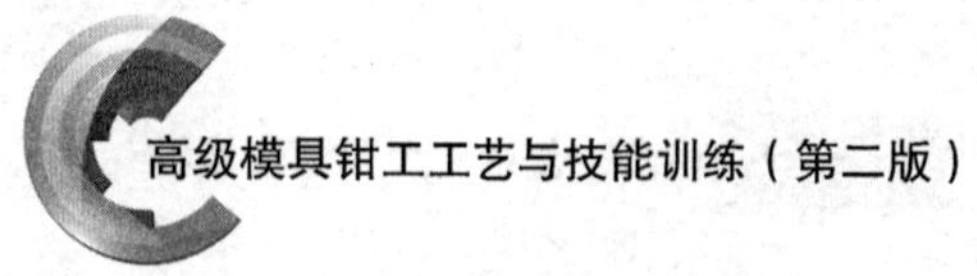

答：尺寸 a 为 10. 78 mm。

技能训练

精密凸轮的划线

一、训练要求

如图 2—1—13 所示为盘形端面沟槽凸轮零件图，现对其进行划线，要求正确选择划线辅助基准面，保证划线质量，使划线精度达到 IT12 级。通过技能训练，要求能熟练使用划线工具，掌握复杂零件借料方法；掌握精密、复杂工件的划线步骤、操作要点和注意事项。

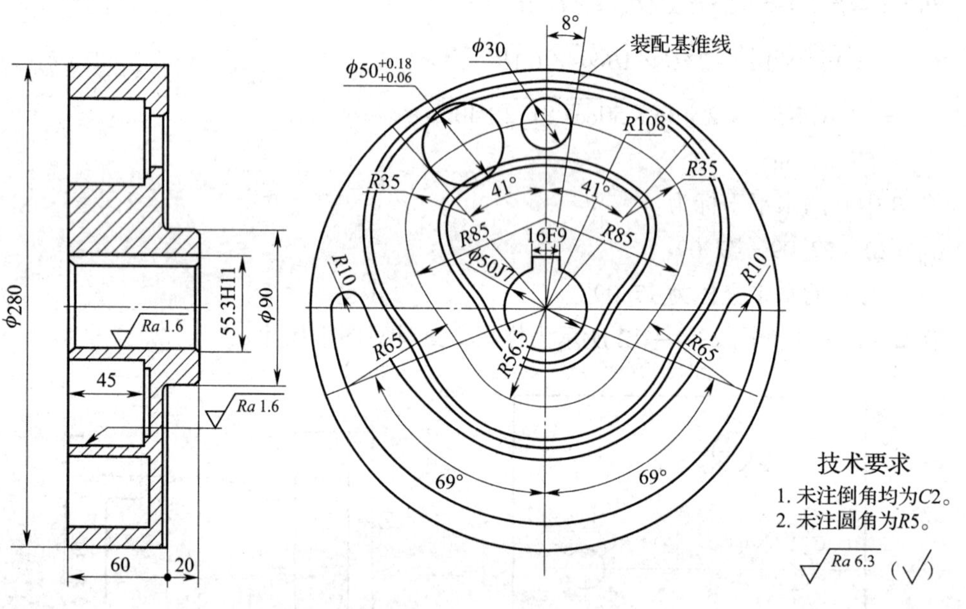

图 2—1—13　盘形端面沟槽凸轮

二、工作准备

1. 工件分析

由图 2—1—13 可知，凸轮的实际轮廓曲线由内槽曲线构成。从动件滚子沿内槽曲线轨迹运动，内槽曲线由数个不同的弧相切组成，每个圆弧的中心分别设在相关圆的半径线上。因此，划线时应先将内槽滚子中心运动曲线（即理论轮廓曲线）划出，然后划与滚子运动轨迹相关的圆弧相切曲线，也就是凸轮的实际（工作）轮廓曲线。

2. 毛坯准备

准备 ϕ280 mm × 80 mm 毛坯一件。

3. 工具、量具准备

工具、量具准备清单见表2—1—1。

表2—1—1　　工具、量具准备清单

序号	名称	规格	数量	精度
1	游标高度尺	0～500 mm	1	分度值为0.02 mm
2	游标卡尺	0～300 mm	1	分度值为0.02 mm
3	万能角度尺	0°～320°	1	分度值为2′
4	划规	150 mm	1	
5	钢直尺	0～200 mm	1	
6	样冲	自定	1	
7	划针	自定	1	
8	锤子	自定	1	
9	万能分度头	250 mm	1	

三、划线步骤

1. 将按图2—1—13制成的毛坯装夹在分度头上，校正ϕ50J7的内孔和端面。

2. 用游标高度尺确定分度头中心至平板平面尺寸a（即分度头中心高尺寸），划出中心十字线及8°装配基准线，转动分度头分别划出41°和69°的分度线。

3. 用划规划出$a+108$ mm的圆弧线，分别与两条41°的分度线相接。

4. 用划规划出$a-56.5$ mm的圆弧线，分别与两条69°的分度线相接。

5. 分别将R65 mm所在的69°两条分度线转至分度头中心下方垂直位置，用游标高度尺定出$a-56.5$ mm -65 mm尺寸，划出左、右两个R65 mm圆弧的圆心O_1、O_1'。

6. 分别以O_1、O_1'为圆心，65 mm为半径，用划规分别划出两条圆弧与R56.5 mm圆弧和水平中心线相接。

7. 转动分度头，分别将41°分度线转至分度头中心上方垂直位置，用游标高度尺定出$a+$（108－35）mm尺寸，在41°分度线上划出R35 mm圆弧的圆心O_2、O_2'。

8. 分别以O_2、O_2'为圆心，35 mm为半径，用划规分别划出两条与R108 mm圆弧相切的左、右两个圆弧。

9. R85 mm圆弧是外切于R65 mm、内切于R35 mm圆弧的过渡圆弧。划线时，先以O_1为圆心、（65＋85）mm为半径划圆弧，再以O_2为圆心、（85－35）mm为半径划圆弧，得交点O_3，即为R85 mm圆弧的圆心。以O_3为圆心、85 mm为半径，用划规划出与R65 mm、R35 mm圆弧相切的过渡圆弧。

10. 用同样的方法划出另一以O_3'为圆心、85 mm为半径，与R65 mm、R35 mm圆弧相切的过渡圆弧，完成凸轮全部理论轮廓线的划线工作，如图2—1—14a所示。

11. 划凸轮实际（工作）轮廓线时，以凸轮理论轮廓曲线为中心，滚子直径$50^{+0.18}_{+0.06}$ mm的1/2为半径，在已划出的理论曲线上均匀地取一系列点为圆心，划一系列圆。作与这些滚子圆相切的内、外两条包络连接切线，如图2—1—14b所示。

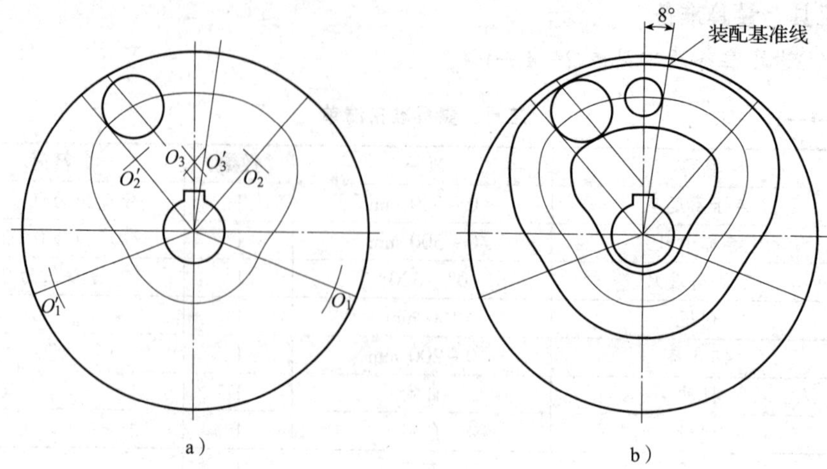

图 2—1—14　盘形端面沟槽凸轮划线（1）

12. 作凸轮轮廓曲线特殊点的标记，并在与键槽中心线偏移 8°的装配基准线上做标记。连接 O 与 O_2，O 与 O_2'，其延长线与轮廓曲线相交的 A、A'为公切点。连接 O_3 与 O_2，O_3'与 O_2'的延长线与轮廓曲线相交于 B、B'两公切点。连接 O_3 与 O_1，O_3'与 O_1'的延长线与轮廓曲线相交于 C、C'两公切点。连接 O 与 O_1，O'与 O_1'的延长线与轮廓曲线相交于 D、D'两公切点。如图 2—1—15 所示。

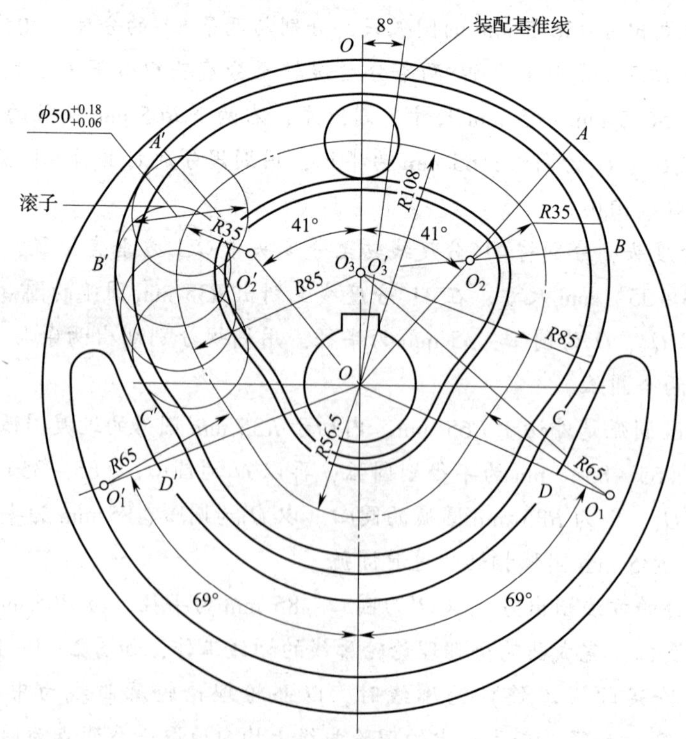

图 2—1—15　盘形端面沟槽凸轮划线（2）

13. 用样冲轻轻冲出 A、B、C、D 及 A'、B'、C'、D' 各公切点的标记。

四、注意事项

1. 在转动分度头前要调整好分度叉，手柄不应摇过应摇的孔数；否则必须把手柄多退回一些再正摇，以消除传动和配合间隙所引起的误差，保证划线的准确度。

2. 选择待加工孔和面最多的表面为最先的划线表面，以减少工件的翻转次数。

3. 划线完毕自检无误后，在装配基准线上打上样冲眼，以便为后面的工序提供校正依据。

4. 对于一些大型凸轮的划线，应选择正确的支承基准、可靠的支承件和有效的安全措施，以防发生工伤事故。

五、评分标准

加工项目配分表见表 2—1—2。

表 2—1—2　　加工项目配分表

序号	技术要求	配分	评分标准	检测结果	得分
1	8°	5	每超差 6′扣 2.5 分，扣完为止		
2	69°（2 处）	10	每超差 6′扣 2.5 分，扣完为止		
3	41°（2 处）	10	每超差 6′扣 2.5 分，扣完为止		
4	R108 mm	5	每超差 0.15 mm 扣 2.5 分，扣完为止		
5	R35 mm（2 处）	8	每超差 0.15 mm 扣 2 分，扣完为止		
6	R85 mm（2 处）	8	每超差 0.15 mm 扣 2 分，扣完为止		
7	R65 mm（2 处）	8	每超差 0.15 mm 扣 2 分，扣完为止		
8	R56.5 mm	5	每超差 0.15 mm 扣 2.5 分，扣完为止		
9	$\phi50^{+0.18}_{+0.06}$ mm	5	超差不得分		

续表

序号	技术要求	配分	评分标准	检测结果	得分
10	ϕ30 mm	5	每超差 0.15 mm 扣 2.5 分，扣完为止		
11	ϕ50J7	5	超差不得分		
12	55.3H11	5	超差不得分		
13	16F9	5	超差不得分		
14	外观	6	表面涂改、模糊不清、重线等扣 1 ~ 6 分		
15	安全文明生产	10	酌情扣 1 ~ 5 分，严重者扣 10 分		
总分					

课题二　畸形、大型零件划线

一、畸形零件的划线

对于畸形零件，因其形状奇特，一些待加工表面及孔往往都不在垂直、水平位置，其尺寸标注也比较复杂。所以，对畸形零件的划线来说很难找到其规律，只能根据具体零件而定，一般都借助一些辅助工具，如角铁、方箱、千斤顶、V 形铁等来实现。畸形零件划线工艺要点如下：

1. 划线的尺寸基准应与设计基准一致；否则，会增加划线的尺寸误差和尺寸几何计算的复杂性，影响划线质量和效率。

2. 零件的安置基面应与设计基面一致，同时考虑到特殊零件的特点，划线时往往要借助于某些夹具或辅助工具来校正。

3. 正确借料。由于零件形状不规则，划线时更需要重视借料这一环节。

4. 合理选择支承点。划线时，特殊零件的重心位置一般很难确定，即使零件重心与专用划线夹具的组合重心落在支承面内，往往也需加上相应的辅助支承，才能确保安全。

二、大型零件的划线

对于大型零件，其体积大、质量大，划线时吊装及调整不易，所以大型零件的划线不同于一般零件的立体划线。较突出的问题一是转位困难，超大、超高，无法借助平板的超大机体，划线时只能就地安放在水泥基础的调整垫块上，另设划线用导轨；二是选取划线参照基准困难等。因此，为保证划线质量、效率及安全因素，可按以下方法划线。

1. 拼装大型平台法

在进行大型零件划线时，一般都需用大型平台，如缺乏大型平台，则设法拼装，其方法有以下几种：

（1）零件移位法

当需要划线的零件长度超过平台长度的 1/3 时，可通过将零件移位的方法解决缺乏大型平台的困难。一般是先在零件中部划所有能够划到部位的线，然后将零件分别向左、右移位，按已划出的基准线进行找正，即可划出大件左、右两端剩余的所有线。

（2）平台接长法

如果划线平台长度比零件略短，则以最大的划线平台为基准，在大件需要划线的部位，用其他平台或平尺接在基准平台的外端，其工作面应低于基准平台工作面。校正各平面之间的平行度以及接长平台或平尺面与基准平台面之间的尺寸差。然后将零件放置在基准平台面上，用划线盘或游标高度尺在平台或平尺面上移动完成划线工作。

（3）导轨与平尺调整法

将大型零件置于坚实水泥地的调整垫铁上，用两根导轨相互平行地放在零件两端（导轨为平直的“工”字钢或经过加工的条形垫铁，其长度和宽度视零件而定），再用两根导轨的端部，靠近零件的两边分别放两根平尺，并将两平尺面调整成同一水平。然后以平尺面为基准，调整大型零件的位置，划线盘在平尺面上移动进行划线。在划线过程中，每划一条线都要认真检查及校对。划线结束后，应及时对两根平尺面进行检验，看是否仍在同一平面。

（4）水准仪拼装平台法

将待拼装的平台置于坚实水泥地面的可调支承座上，在其中的一块平台上放置高度尺（或标尺），将水准仪架设在待拼装的平台附近，其装置如图 2—2—1 所示。校正时，首先借助自身的水准器将水准仪 2 校正成水平位置，然后将水准仪 2 对准置于平台上的高度尺 12（或标尺），通过目镜 5 观察上面的刻度值，并将高度尺 12（或标尺）移至平台四个角的位置，使各位置观察的读数一致，即表示已将平台面校正水平。按照同样方法依次校正其他几块平台，使它们与第一块平台水平且读数一致。这样便可保证各平台面平行并等高，达到了拼装的要求。

2. 拉线与吊线法

拉线与吊线法适用于特大型零件的划线。只需一次吊装、找正就可以完成整个零件的划线工作，解决了特大型零件不易翻转的问题。

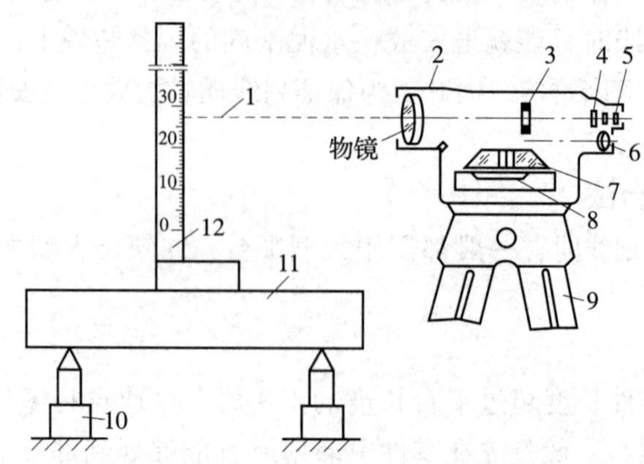

图 2—2—1　水准仪拼装平台法

1—水平视线　2—水准仪　3—调焦镜　4—分划板　5—目镜　6—放大镜　7—棱镜组　8—长水准器　9—三脚架　10—可调支承座　11—中间平台　12—高度尺

这种方法是采用拉线（用 $\phi0.5 \sim 1.5$ mm 的钢丝通过拉线支架和线坠拉成的直线）、吊线（尼龙线，用30°锥体线坠吊直）、线坠、直角尺和钢直尺互相配合，通过投影引线的方法完成划线工作。

其工作原理如图 2—2—2 所示。先在平台面上设一基准直线 O—O，将两个直角尺上的测量面对准 O—O，用钢直尺在两个直角尺上量取同一高度 H，再用拉线或直尺连接两点，即可得到平行线 O_1—O_1。若要得到距离线 O_1—O_1 的尺寸为 h 的平行线 O_2—O_2，可在相应位置设一拉线，移动拉线，用钢直尺在两个直角尺的 H 点到拉线量准 h，并使拉线与平台平行，即可获得平行线 O_2—O_2。若尺寸精度较高，则可用线坠代替直角尺。

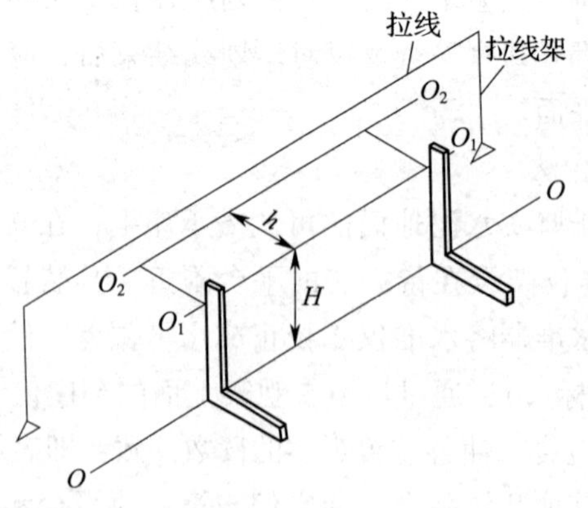

图 2—2—2　拉线与吊线法工作原理

三、大型零件划线的检查与校对

制造大型零件所需的材料和工时较多，加工工艺复杂，而划线是加工中找正的依据，线划得正确与否直接关系到产品的质量。所以，大型零件划线的检查与校对是非常重要的。因此，在划线过程中，每划一条线都要反复检查及核对，而且，当所有的线全部划完后仍需复查及校对一次，不可出现差错。

1. 要检查所划的基准线以及它与各有关面、孔的关系（包括平行、垂直和角度要求）是否正确。

2. 要检查各加工孔、槽、面所划的方向、角度、位置与各加工部位之间的尺寸是否符合图样要求。

3. 自行复查，绝不可单凭划线时留下的印象，必须重新看图样、查工艺。凡是经过计算的尺寸仍要复算一次，并按先后顺序一一认真复查。

4. 有些大型零件不具备复查条件时，应该随划随查。即每划完一个部位，需及时复查一次，对一些重要加工部位更需反复检查及校对。

技能训练

畸形、大型零件的划线

一、训练要求

根据传动机架零件图（见图 2—2—3），对传动机架毛坯进行划线。通过技能训练，要求了解畸形、大型零件的划线特点和工艺要求；掌握畸形、大型零件的划线方法、步骤、操作要点和注意事项。

二、工作准备

1. 工艺分析

由图 2—2—3 中可知该零件外形是不规则的，其中 $\phi40^{+0.025}_{0}$ mm 孔的中心线与 $\phi75^{+0.03}_{0}$ mm 孔的中心线成 45°角，而且交点不在零件本体上。由于两孔的交点在零件体外，给划线时的尺寸控制带来一定的难度。为此，划线时需要划出辅助基准线，并在辅助夹具的帮助下才能完成。为了尽量减少安装次数，在一次安装中应尽可能多地划出加工尺寸线，可利用三角函数解尺寸链的方法来完成工作。

2. 零件的找正与装夹

（1）将零件预紧在角铁上，如图 2—2—4a 所示。

（2）以划线平板平面为基准，将 A、B、C 三个凸缘部分的中心尽可能调整到同一条水平线上（用划规预先找出每个孔的中心点，减少立体划线时重复调整）。同时，用直角尺检查上、下两凸台上表面，使其与划线平板平面垂直。

（3）将零件和角铁同时转动 90°，使角铁大平面紧贴平板平面，如图 2—2—4b 所示，用划线盘找正 D、E 两凸缘部分毛坯表面与平板平面平行。

（4）经过以上找正后将零件与角铁紧固。

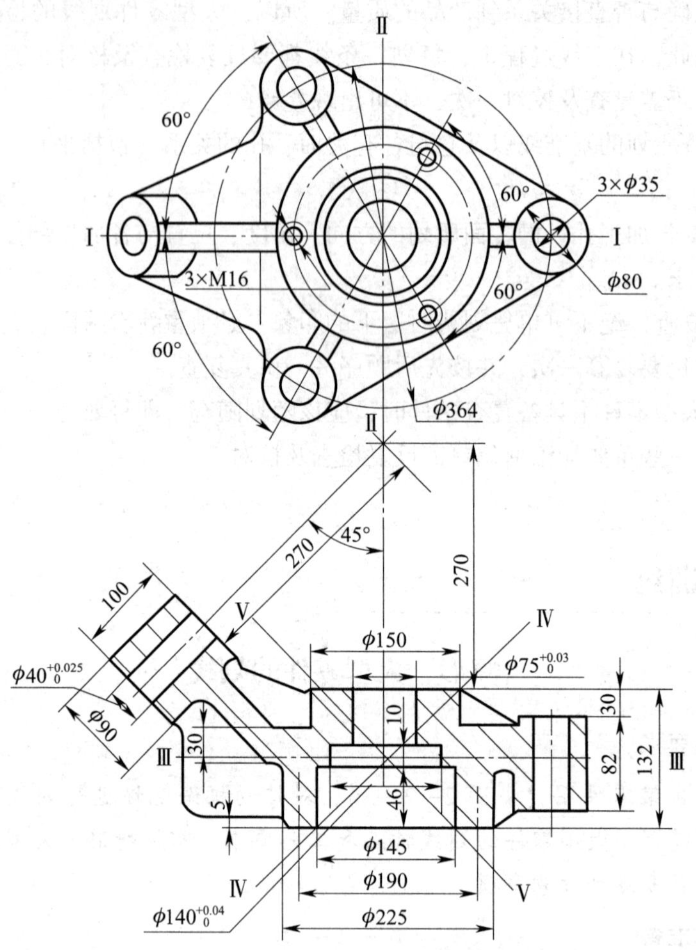

图 2—2—3　传动机架零件图

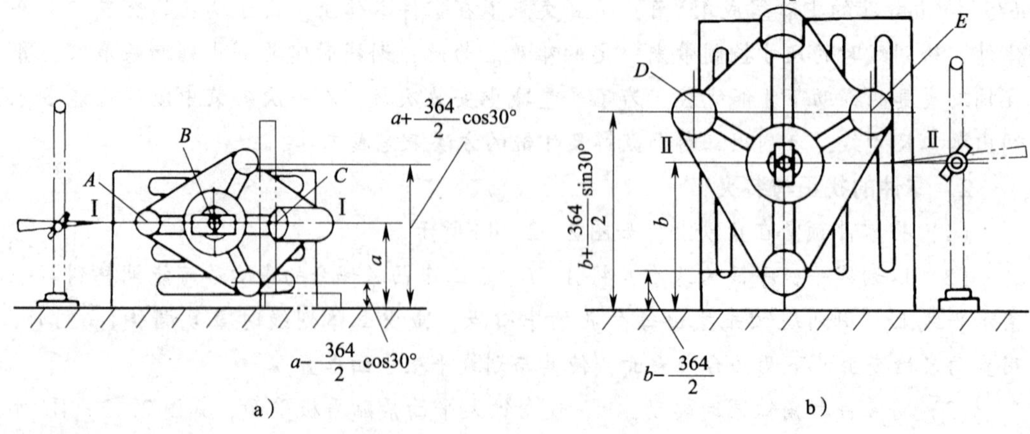

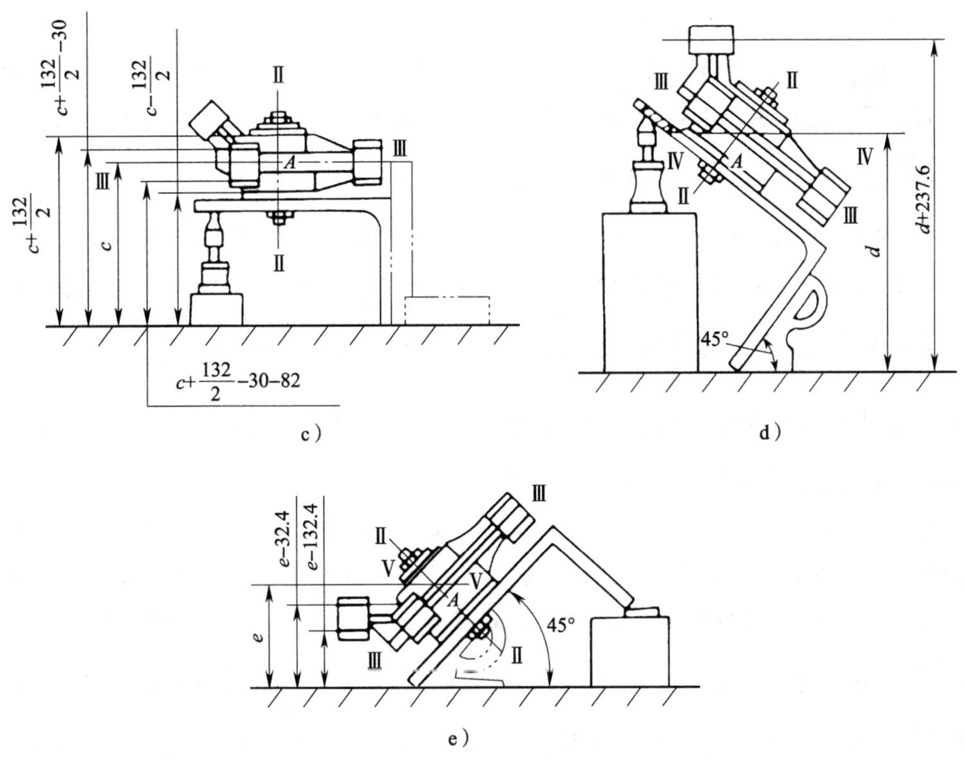

图 2—2—4 传动机架的划线

3. 工具、量具准备

工具、量具准备清单见表 2—2—1。

表 2—2—1　　工具、量具准备清单

序号	名称	规格	数量	精度
1	游标高度尺	0～500 mm	1	分度值为 0.02 mm
2	游标卡尺	0～300 mm	1	分度值为 0.02 mm
3	直角靠铁	500 mm×400 mm	1	2 级
4	划线盘	500 mm	1	
5	钢直尺	0～500 mm	1	
6	样冲	自定	1	
7	锤子	自定	1	
8	千斤顶	自定	3	

三、划线步骤

1. 图 2—2—4a 所示的安放位置为第一划线位置。通过 A、B、C 三个中心点划出中心线Ⅰ—Ⅰ基准线，同时建立划线基准尺寸 a，并按尺寸 $a+\frac{364}{2}\cos30°$ 和 $a-\frac{364}{2}\cos30°$

分别划出上、下两个 $\phi35$ mm 孔的中心线。

2. 图 2—2—4b 所示的安放位置为第二划线位置。首先找正 $\phi75^{+0.03}_{0}$ mm 孔的中心点，划出第二划线基准Ⅱ—Ⅱ（$\phi75^{+0.03}_{0}$）mm 孔的中心线，建立划线基准尺寸 b，并按 $b+\frac{364}{2}\sin30°$ 和 $b-\frac{364}{2}$ 分别划出上下共三个 $\phi35$ mm 孔的中心线。

3. 图 2—2—4c 所示的位置为第三划线位置。根据工件毛坯厚度，确定各凸台两端的加工余量，找正后划出中心线Ⅲ—Ⅲ，作为第三划线基准线，确立Ⅲ—Ⅲ与Ⅱ—Ⅱ的交点 A，同时建立划线基准尺寸 c。按尺寸 $c+\frac{132}{2}$ 和 $c-\frac{132}{2}$ 分别划出中部 $\phi150$ mm 凸台两端面的加工线，并按尺寸 $c+\frac{132}{2}-30$ 和 $c+\frac{132}{2}-30-82$ 分别划出三个 $\phi80$ mm 凸台的端面中心线。

4. 将角铁斜放，如图 2—2—4d 所示，并用 45°角铁或万能角度尺进行校正固定，按图样要求使角铁与平板平面成 45°倾角，为第四划线位置。通过Ⅱ—Ⅱ与Ⅲ—Ⅲ的交点 A，划出辅助基准线Ⅳ—Ⅳ，确立划线基准尺寸 d。按图样尺寸求出平板到 $\phi40^{+0.025}_{0}$ mm 孔中心线的划线尺寸，按尺寸 $d+\left[\left(270+\frac{132}{2}\right)\sin45°\right]=d+237.6$，划出 $\phi40^{+0.025}_{0}$ mm 孔的中心线，此中心线与已划出的Ⅰ—Ⅰ中心线的交点即为 $\phi40^{+0.025}_{0}$ mm 孔的圆心。

5. 将角铁向另一方向倾斜成 45°，用角铁或万能角度尺进行校正固定，如图 2—2—4e 所示，为第五划线位置。通过交点 A，划出第二辅助基准线Ⅴ—Ⅴ，确定划线基准尺寸 e，按尺寸 $e-\left[270-\left(270+\frac{132}{2}\right)\sin45°\right]=e-32.4$ 划出 $\phi90$ mm 凸台毛坯孔上端面的加工线；同样按尺寸 $e-\left[270-\left(270+\frac{132}{2}\right)\sin45°\right]-100=e-132.4$ 划出 $\phi90$ mm 凸台毛坯孔下端面的加工线。

6. 从角铁上卸下工件，在 $\phi75^{+0.03}_{0}$ mm 孔和 $\phi145$ mm 孔内装入中心塞铁（或嵌入铅块），用钢直尺连接已划出的中心线，相交找出圆心，并用划规划出各孔的圆周加工线。

7. 用样冲等距冲出各加工线及圆弧交接点。

四、注意事项

1. 对畸形工件划线时，应根据其装配关系、工作情况及其与其他零件的配合要求，选择合理的划线基准，保证加工后的工件符合装配要求。

2. 对于较小型的畸形工件，按基准类型不能满足划线基准需要时，可增划一条参考线作为辅助划线基准。

3. 对于大型的畸形工件，划配合孔或配合面的加工线时，应保证其加工余量均匀，并考虑其他部位的装配关系。

4. 选择待加工的孔和面最多的表面为最先的划线表面，以减少工件的翻转次数。

5. 对主要的配合孔，应有明确的加工界线、验证线和十字校正线，以便为后面的工序提供校正依据。

6. 对于大型工件划线，应选择正确的支承基准、可靠的支承件和有效的安全措施，以防发生工伤事故。

五、评分标准

加工项目配分表见表2—2—2。

表2—2—2 加工项目配分表

序号	技术要求	配分	评分标准	检测结果	得分
1	三位置垂直度找正误差 <0.4 mm	15	每超差一处扣5分		
2	三位置尺寸基准位置度误差 <0.5 mm	15	每超差一处扣5分		
3	余量分配合理、均匀	10	每超差一处扣2分，扣完为止		
4	划线尺寸误差 <0.3 mm	30	每超差一处扣2分，扣完为止		
5	无遗漏尺寸	5	遗漏尺寸不得分		
6	线条清晰、均匀	5	表面涂改、模糊不清、重线等扣1~5分		
7	样冲点位置正确、分布合理	10	一处不合格扣2分，扣完为止		
8	安全文明生产	10	酌情扣1~5分，严重者扣10分		
总分					

特殊孔加工

在模具制造中，常常会遇到各种不同类型孔的加工，例如，对硬金属材料或橡胶材料的钻孔，钻精密孔、斜孔、小孔、排气孔及一些形状复杂的异形孔等。对于这些特殊孔的加工，由于加工件的结构、材质和钻孔要求不同，其加工工艺也不相同。本模块主要介绍特殊孔钻削加工的技能和技巧、钻特殊材料孔钻头的刃磨要点等方面的相关知识。

课题一　小孔、深孔、斜孔、相交孔加工

一、小孔钻削

1. 加工特点

（1）钻孔直径小，在 3 mm 以下。

（2）排屑困难，钻削直径小于 1 mm 的小孔时排屑更加困难，且钻头易折断。

（3）切削液很难注入切削区，刀具冷却及润滑不良，使用寿命缩短。

（4）刀具刃磨困难，直径小于 1 mm 的钻头需在放大镜下刃磨，操作难度大。

（5）钻削小孔时要求转速高，故产生的切削温度也高，加剧钻头的磨损。

（6）在钻削过程中一般常用手动进给，进给量不易掌握均匀，且钻头细，刚度低，易弯曲、倾斜甚至折断；钻尖碰到高点或硬点时，钻头易引偏，造成孔位不符合要求。

2. 加工要点

（1）选择钻床。钻小孔时要选择主轴回转精度高、转速高、刚度高的钻床。钻削直径为 1 ~ 3 mm 的孔时，转速应达到 4 000 ~ 10 000 r/min；钻削直径小于 1 mm 的孔时，转速应达到 10 000 ~ 15 000 r/min；进给量要小而均匀，钻削过程中不能有振动，因此应采取减振措施。

（2）钻削时，可用钻模钻孔或用中心钻先钻引导孔，以免钻头滑移。如果直接钻孔，初始进给量要小而平稳，以避免钻头引偏或折断。

（3）修磨钻头。为改善排屑条件，可用小钻头研磨机适当修磨钻头切削部分的几何角度，如图 3—1—1 所示。

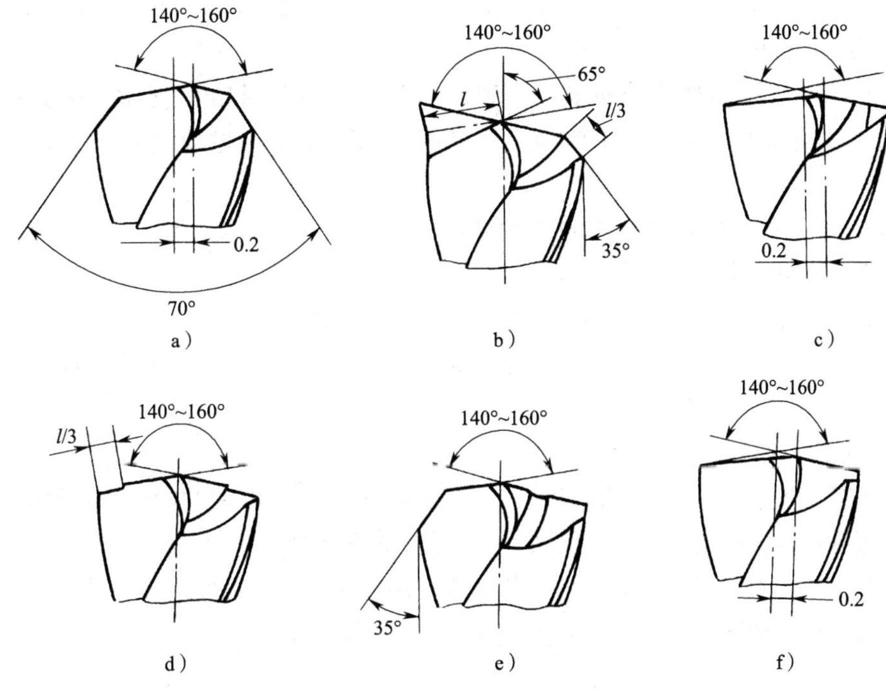

图 3—1—1 小钻头几何角度的修磨

a）双重顶角 b）单边第二顶角 c）单边分屑槽 d）台阶刃 e）加大顶角 f）将钻刃磨偏

（4）钻头的装夹、校正。采用对中夹头装夹钻头，可减小校正难度。有条件时，可配置放大镜或用瞄准对中仪校正。

（5）加入切削液。钻小孔时应加注适量低黏度的全损耗系统用油或植物油（菜籽油）进行润滑。

（6）钻削时应及时退出钻头排屑，防止切屑堵塞而折断钻头或擦伤孔壁。

二、深孔钻削

1. 加工特点

塑料模中的冷却水道孔、加热器孔及一部分顶杆孔等都需要进行深孔加工。一般冷却水道孔的精度要求不高，但要防止偏斜；加热器孔为保证热传导效率，对孔径及表面粗糙度有一定要求，孔径一般比加热棒大 0. 1 ~ 3 mm，表面粗糙度 *Ra* 值为 12. 5 ~ 6. 3 μm；而顶杆孔的加工要求较高，孔径一般为 IT8 级精度，并有垂直度和表面粗糙度的要求。

深孔钻削的特点如下：

（1）深孔加工刀具受孔径限制，一般较细长，刚度和强度低，钻削中钻头容易引偏，孔轴线易歪斜，故要解决合理导向问题。

（2）刀具进入工件深孔内时处于半封闭条件下工作，排屑和冷却散热成为突出问题。

（3）由于孔很深，钻头易磨损，又很难观察加工情况，故加工质量难以控制。

2. 加工方法

（1）中、小型模具的冷却水道孔和加热器孔常用普通钻头或加长钻头在立式钻床、摇臂钻床上加工，加工时应注意及时排屑、冷却，进给量要小，防止孔偏斜。

（2）中、大型模具的孔一般在摇臂钻床、镗床及深孔钻床上加工，较先进的方法是在加工中心机床上与其他孔一起加工。

（3）过深的低精度孔也可以采用划线后从两头对钻的方法。

（4）垂直度精度要求较高的孔应采取一定的工艺措施予以导向，如采用钻模等。

3. 注意事项

（1）钻孔时，一般钻孔深度达到直径的 3 倍时需将钻头退出排屑，以后钻头每钻进一定深度后均应退出排屑，以免钻头因切屑阻塞而折断。

（2）有的深孔深度超过钻头的总长度或更深一些，这时可使用加长钻头或加长套管的方法钻孔，如图 3—1—2 所示，这两种钻头可外购或自制。

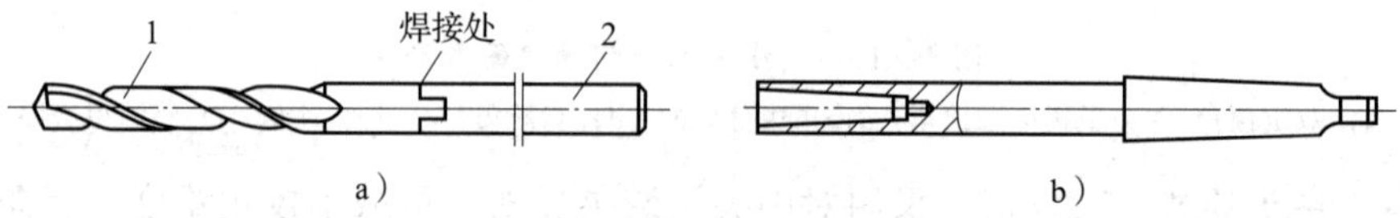

图 3—1—2　加长钻头和加长套管

a）加长钻头　b）加长套管

1—麻花钻　2—接长杆

（3）对于一些特殊的深孔，如直径在 3 mm 以上通孔的加工，一般采用枪钻等专用刀具，或在深孔机床上进行加工，此时需要特殊的深孔钻头。

三、斜孔钻削

1. 加工特点

钻斜孔分为在斜面上钻孔、在平面上钻斜孔和在曲面上钻孔三种情况。它们都有一个共同的特点：孔的轴线与钻孔端面不垂直，这会使钻头因单边受力而向一边偏移，不仅会造成钻头钻不进工件，而且很难保证孔的位置正确和钻孔的垂直度要求，甚至会弄断钻头。

2. 加工方法

（1）将工件放正锪窝后再钻孔

将钻孔的斜面置于水平位置装夹，先钻出一个浅窝，然后把工件倾斜一些装夹，把浅窝钻深一点，形成一个过渡孔后，将工件置于正常位置装夹，完成钻孔加工，如图 3—1—3a 所示。

（2）用中心钻钻锥坑后钻孔

先用中心钻钻出一个较大的锥坑（钻前可用錾子在斜面上錾出一个小平面），然后再钻孔，如图 3—1—3b 所示。由于中心钻的柄部直径较大，钻尖又很短，所以刚度比较高，不容易弯曲，因此可保持中心孔不会偏离原定位位置。

（3）用小钻头钻浅孔后钻孔

可先用小钻头钻出一个浅孔，起定向作用，然后再钻孔，如图 3—1—3c 所示。

（4）铣出平面后钻孔

在斜度较大的斜面或圆柱形工件的斜面上钻孔时，可先用与孔径相同的立铣刀铣出一个与钻头轴线相垂直的平面，然后再钻孔，如图 3—1—3d 所示。

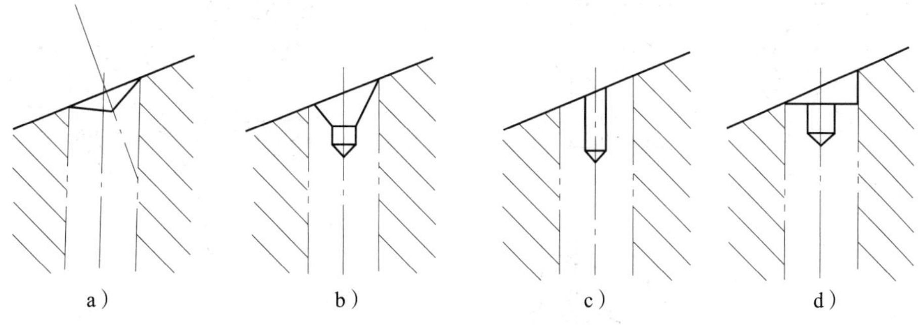

图 3—1—3 钻斜孔的方法

a）将工件放正锪窝后再钻孔 b）用中心钻钻锥坑后钻孔 c）用小钻头钻浅孔后钻孔 d）铣出平面后钻孔

对于体积较小、结构简单的斜面工件，可制作钻斜孔专用夹具，如图 3—1—4 所示。

四、相交孔钻削

某些工件，尤其是阀体，在互成角度的各个面上都有一些大小相等或不相等的孔呈相交或偏交状态分布。按两相交孔的孔中心线相互位置的不同，可将相交孔分为正交、斜交、偏交等几种。

1. 加工特点

钻削相交孔时，除保证孔径精度外，还应保证各孔轴线交角准确。

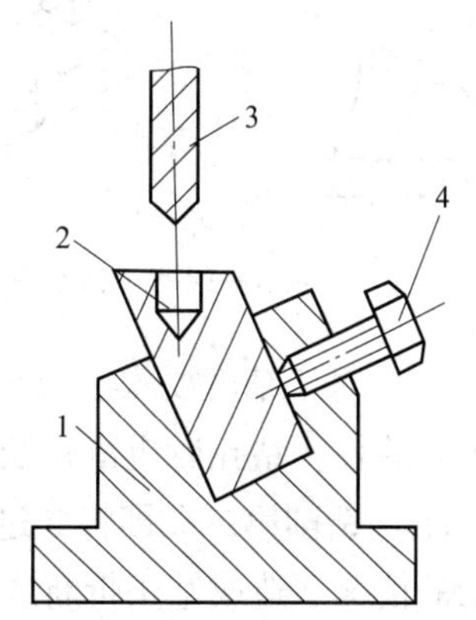

图 3—1—4 钻斜孔专用夹具

1—夹具 2—工件 3—钻头 4—螺钉

2. 加工方法

钻削相交孔时，钻头会受到径向不平衡力的作用而被迫向一边偏斜产生弯曲，这会使得钻出的孔歪斜或出现孔不圆等缺陷，并且钻头还容易折断。为了避免这一现象，可采取以下措施：

（1）选择基准，准确划线。

（2）注意钻孔顺序的安排，对不等径的相交孔，应先钻大孔，然后钻小孔。

（3）钻削偏交孔（又称钻半圆孔），当两孔相交部分较小时，一般先加工小孔（孔Ⅰ），再加工大孔（孔Ⅱ），如图 3—1—5a 所示。若两孔相交部分较多，如图 3—1—5b 所示，可在已加工的大孔（如孔Ⅱ）中镶入一个相同材料的棒料后再钻孔，或者将两件合起来钻半圆孔，以避免因钻头偏斜而造成孔不圆等缺陷或将钻头折断，如图 3—1—5c 所示。为了加强钻头的定心作用，限制钻头的晃动，也可采用半孔钻加工工件，其结构形式如图 3—1—6 所示。

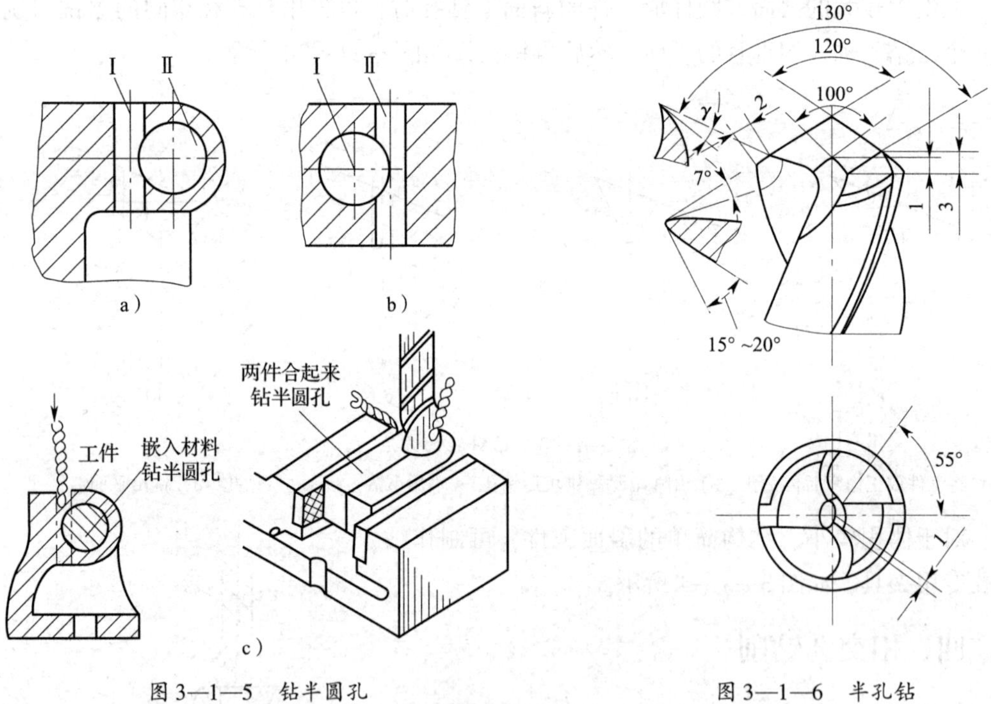

图 3—1—5　钻半圆孔

图 3—1—6　半孔钻

（4）对于精度要求不高的孔，可分 2 ~ 3 次钻孔、扩孔以达到要求；对于精度要求较高的孔，钻孔后应留有铰削或研磨的余量。

（5）钻削第二孔即将穿过交叉部位时，应采用手动以较小的进给量进给，以免在偏切的情况下造成钻头折断或孔的歪斜。

技能训练

小孔、深孔、斜孔、相交孔的加工

一、训练要求

根据特殊孔板零件图（见图3—1—7），对工件进行孔加工。通过技能训练，要求了解小孔、深孔、斜孔、相交孔的钻削特点和工艺要求；掌握小孔、深孔、斜孔、相交孔的钻削方法、步骤、操作要点和注意事项。

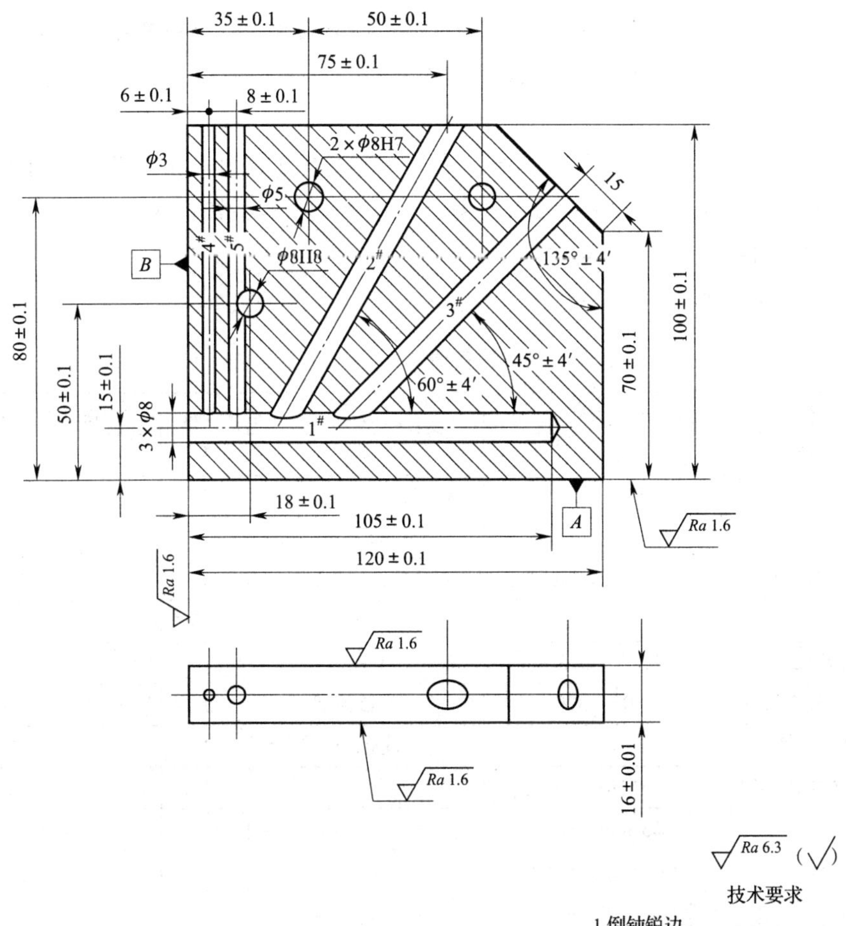

技术要求

1.倒钝锐边。

2.基准A、B与相邻两条边互相垂直，误差≤0.04。

3.3个φ8精密孔表面粗糙度Ra≤1.6μm。

图3—1—7 特殊孔板零件图

二、工作准备

1. 工艺分析

图3—1—7所示特殊孔板的外形尺寸为（120 mm ±0.01）×（100 mm ±0.01）×

（16±0.01）mm，且45°斜面已经铣削加工完毕；零件需加工8个孔，其中1#孔是一个深（105±0.1）mm的ϕ8 mm盲孔；2#孔和3#孔分别与1#孔斜交60°±4′和45°±4′。4#孔（ϕ3 mm）和5#孔（ϕ5 mm）分别与1#孔垂直相交；正面有两个ϕ8H7的精密孔，还有一个ϕ8H8的精密孔与5#孔偏交。

*A*面和*B*面是本工序的工序基准。应保证基准面与各孔心距精度以及各孔轴线的垂直度和角度等位置精度；三个精密孔的孔径精度应由铰刀保证。根据相交孔、斜交孔和偏交孔的加工方法，选择底面和左侧面作为加工基准，由于2#、3#、4#、5#孔均与1#孔相交，故先加工1#孔，然后加工2个ϕ8H7和1个ϕ8H8的精密孔；或先加工2个ϕ8H7和1个ϕ8H8的精密孔，用铰刀铰削各孔，然后加工1#孔，再依次加工4#孔、5#孔、2#孔、3#孔。需要注意的是，加工5#孔时，必须在与之偏交的ϕ8H8精密孔处塞一个ϕ8 mm圆柱销，以免孔在相交处起毛刺或变形。

2. 工件的定位与装夹

钻削2个ϕ8H7和1个ϕ8H8的精密孔时，采用精密直角靠铁固定在立式钻床的工作台上，底面和左侧面紧靠直角靠铁，用压铁夹紧，每钻一孔都要装夹一次。

3. 刀具、量具准备

刀具、量具准备清单见表3—1—1。

表3—1—1　　刀具、量具准备清单

序号	名称	规格	精度	数量	备注
1	心轴	莫氏3号		1	
2	游标高度尺	0~300 mm	分度值为0.02 mm	1	
3	游标卡尺	0~150 mm	分度值为0.02 mm	1	
4	游标深度尺	0~300 mm	分度值为0.02 mm	1	
5	量块	83块	1级	1套	
6	塞尺	0.02~0.5 mm	1级	1	
7	万能角度尺	0°~320°	分度值为2′	1	
8	30°、45°角度样板		分度值为2′	1	
9	中心钻	ϕ3 mm		1	
10	麻花钻	ϕ3 mm、ϕ5 mm		各1	
11		ϕ7 mm、ϕ7.8 mm、ϕ8 mm		各1	
12	铰刀	ϕ8H7		1	手用铰刀
13		ϕ8H8		1	手用铰刀

三、钻削步骤

1. 用游标高度尺把各孔位置划出，并打上样冲眼。

2. 在立式钻床工作台上安装精密直角靠铁，校正靠铁与主轴的相对位置；以坐标尺寸为 85 mm×80 mm 的 ϕ8H7 精密孔为基准孔，这组尺寸即为主轴中心至直角靠铁两工作面的距离。工艺心轴外圆柱面至靠铁两内侧面的距离 x 和 y 分别是 $x=85-\frac{10}{2}=80$ mm、$y=80-\frac{10}{2}=75$ mm，其中 10 mm 为心轴的直径。将靠铁初步固定，再用两组量块和塞尺精确校准 x、y，然后将靠铁最后紧固。

3. 安装工件，使定位基准 A 面和 B 面紧靠直角靠铁，大平面紧贴钻床工作台。此时主轴中心即处于坐标尺寸是 85 mm × 80 mm 这个 ϕ8H7 精密孔的中心位置（见图 3—1—8，ϕ10 mm 心轴位置）。压紧工件，拆下工艺心轴，装上钻夹头并依次更换中心钻、ϕ7 mm 麻花钻、ϕ7. 8 mm 扩孔钻，粗加工出该孔。

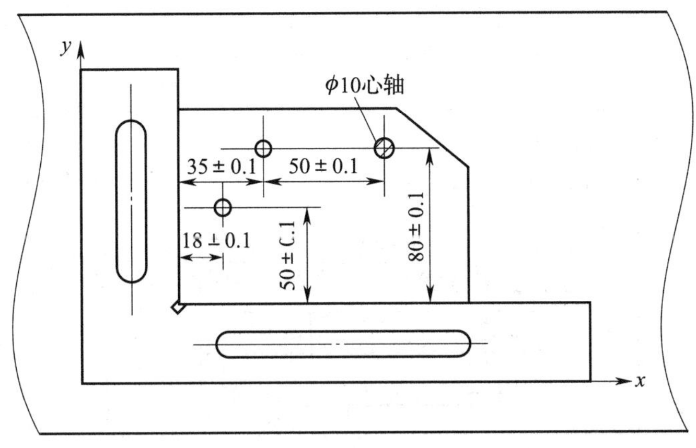

图 3—1—8　工件的安装

4. 工件 y 方向不变，x 方向沿靠铁移至坐标 $35-\frac{10}{2}=30$ mm 处，30 mm 尺寸用量块组校准，粗加工第二个 ϕ8H7 精密孔，加工方法同步骤 3。钻削 ϕ8H8 精密孔时，x 方向是 $18-\frac{10}{2}=13$ mm，y 方向则是 $50-\frac{10}{2}=45$ mm。孔钻削完毕，倒角，去毛刺，铰削。

5. 松开工件，把工件换个位置放置，以 135°角底面为基准装夹，基准 A 面与一大平面紧靠直角靠铁（见图 3—1—9），重新装上工艺心轴，用量块组和塞尺校正盲孔 1 的坐标，x 方向是 $\frac{16}{2}-\frac{10}{2}=3$ mm，y 方向是 $15-\frac{10}{2}=10$ mm，校正好后将靠铁紧固，压紧工件，拆下工艺心轴，装上钻夹头钻削 $1^{\#}$ 盲孔 ϕ8 mm，注意钻削深度为（105 ± 0. 1）mm。钻削过程中要经常退出钻头排屑并及时加切削液。

6. 拆下工件、钻夹头，装上工艺心轴。由于 $5^{\#}$ 小孔与 ϕ8H8 精密孔偏交，因此在 ϕ8H8 精密孔处配一圆柱销，销与孔为过渡配合。以基准 A 为底面，基准 B 和一大平面紧靠直角靠铁装夹（见图 3—1—10），用量块组和塞尺校正 $5^{\#}$ 小孔的坐标，x 方向是 $14-\frac{10}{2}=9$ mm，y 方向是 $\frac{16}{2}-\frac{10}{2}=3$ mm。校正好后压紧工件，拆下工艺心轴，装上

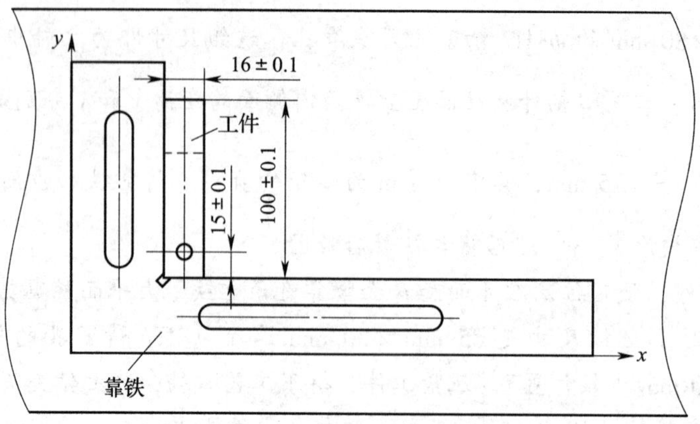

图 3—1—9　钻削 1#孔时工件的装夹

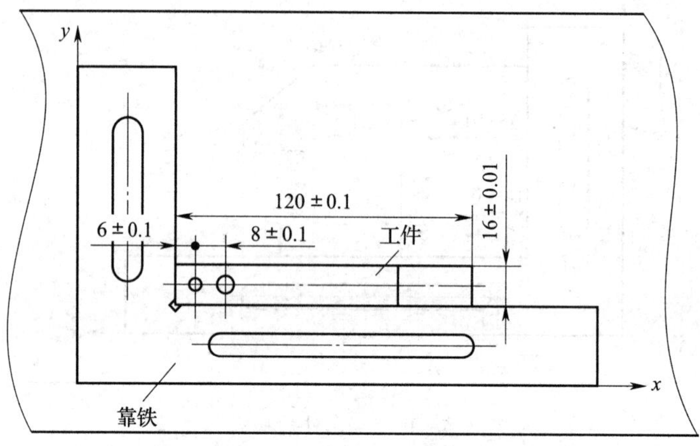

图 3—1—10　钻削 4#孔、5#孔时工件的装夹

钻夹头钻削 5#小孔 $\phi5$ mm，钻削时转速要调高至 1 500 ~ 3 000 r/min，要及时退出钻头排屑及加注切削液。钻削 4#小孔时，y 方向不变，x 方向沿靠铁移动至坐标 $6-\frac{10}{2}=1$ mm 处，加工步骤同上。孔钻削完毕，倒角并去毛刺。

7．松开工件，取下靠铁，换上机床用平口虎钳，在工件的 A 基准面垫上一个 30°的角度样板，夹紧，如图 3—1—11 所示，用钻斜孔的方法钻削 2#孔；钻削完毕，把样板换成 45°的角度样板，钻削 3#孔。钻削时除了要注意经常退出钻头排屑，及时加注切削液外，在即将钻穿时不可用力过大，防止钻头卡住或折断。

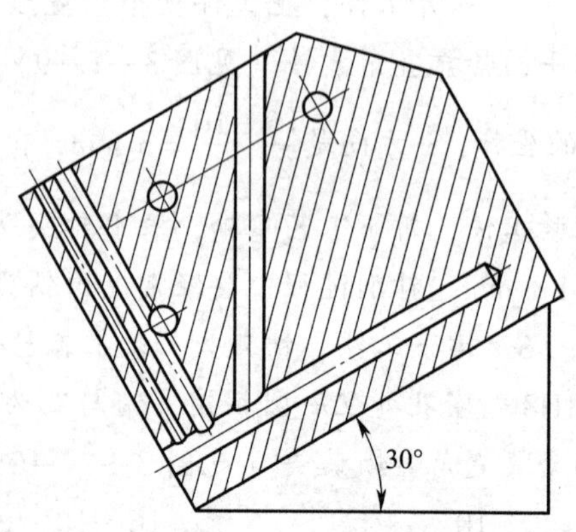

图 3—1—11　钻斜孔的装夹

四、注意事项

1．钻削时要及时排屑，充分冷却及润滑。

2．对于斜孔和小孔，可采用万能工具显微

镜或三坐标测量机检测。其余特殊孔的检验，若用传统的检测方法，则还是在各孔内插入检验心轴模拟其轴线，然后按孔距要求精度的高低，采用在平板上用量块组或游标高度尺、百分表和千分尺等量具进行孔径和位置精度的检测。

五、评分标准

加工项目配分表见表 3—1—2。

表 3—1—2　　加工项目配分表

序号	技术要求	配分	评分标准	检测结果	得分
1	(120 ±0.1) mm	3	超差全扣		
2	(100 ±0.1) mm	3	超差全扣		
3	(80 ±0.1) mm	3	超差全扣		
4	(35 ±0.1) mm	3	超差全扣		
5	(50 ±0.1) mm (2 处)	3	超差全扣		
6	(18 ±0.1) mm	3	超差全扣		
7	(70 ±0.1) mm	3	超差全扣		
8	1#孔尺寸 (4 处)	9	孔的位置尺寸两个方向各 2 分；长度 2 分；孔径 1 分		
9	2#孔尺寸 (3 处)	7	孔的位置尺寸两个方向各 2 分；孔径 1 分		
10	3#孔尺寸 (3 处)	7	孔的位置尺寸两个方向各 2 分；孔径 1 分		
11	4#孔尺寸 (3 处)	7	孔的位置尺寸两个方向各 2 分；孔径 1 分		
12	5#孔尺寸 (3 处)	7	孔的位置尺寸两个方向各 2 分；孔径 1 分		
13	ϕ8H7 (2 处)	4	超差全扣		
14	ϕ8H8	2	超差全扣		
15	$Ra\leqslant1.6$ μm (2 处)	2	超差全扣		
16	60° ±4′	2	超差全扣		
17	45° ±4′	3	超差全扣		
18	135° ±4′	3	超差全扣		
19	$Ra\leqslant6.3$ μm (5 处)	5	超差全扣		
20	安全文明生产	20	违反操作规程扣 1 ~ 10 分		
总分					

课题二　精密孔、孔系加工

精密孔即高精度孔，是指对尺寸精度、形状和位置精度（包括孔心距精度）以及表面质量要求较高的孔或孔系。

一、精密孔的加工特点和技术要求

对精密孔常用的加工方法有精钻—铰、镗削、拉削、磨削等，要求更高的精密孔还需要采用光整加工工艺，如研磨、珩磨和滚压等。常见精密孔加工方法能达到的加工精度见表3—2—1。

表3—2—1　　精密孔加工方法能达到的加工精度

加工方法	孔径精度	表面粗糙度 *Ra*（μm）	材质
精钻－铰	IT8～IT6	1.6～0.8	未淬硬钢
金刚镗	IT7～IT6	0.4～0.1	未淬硬钢
磨	IT7～IT6	0.8～0.2	淬硬钢
珩磨	圆度5 μm 圆柱度10 μm	0.63～0.04	铸铁
			淬硬钢
			未淬硬钢
研磨	IT6级以上	0.1～0.008	淬硬钢
抛光	IT6～IT5	0.4～0.025	钢、铸铁、铜合金、铝合金
滚压	IT9～IT6	0.2～0.05	钢、铸铁、非铁金属

在实际生产中，对某一工件的孔选用何种加工方法，取决于工件的结构特点（形状、尺寸大小）和孔的主要技术要求以及材质、生产批量等条件。钻削一般作为精密孔的预加工工序，其加工精度和表面质量要求都不高，但孔的各种精加工工艺都离不开钻削，特别是单件、小批量生产和修理工作中，在缺少其他精加工孔设备的条件下，往往要利用普通钻床，借助于工艺手段和辅助装置来加工，使钻—铰一起提升为孔的最后加工工序。

二、精密单孔的钻削

钻孔一般作为粗加工工序，钻孔的精度和表面质量要求不高。在单件生产或修理工作中，当缺少定尺寸铰刀或其他形式的精加工条件时，可采用精钻—扩孔的方法提高孔的尺寸精度并降低表面粗糙度值，其扩孔尺寸精度可达IT11～IT10级，表

面粗糙度 Ra 值可达 1.6 μm。这种扩孔方法操作简单，易于掌握，可适应各种未淬硬的不同材质工件孔的精加工，且钻头的使用寿命也较长。钻削时可采取以下措施：

1. 改进钻头切削部分几何参数（见图 3—2—1）

（1）修磨出 $2\varphi=50°$（小于 18 mm 的钻头可不磨）的第二顶角，新磨出切削刃长度为钻头直径的 0.15 ~ 0.4 倍，钻头直径小的取大值，大的取小值，刀尖角处须用油石磨出 $R0.2$ 左右的小圆角。

（2）在副切削刃上磨出 6° ~ 8°的副后角，并保留棱边宽 0.1 ~ 0.2 mm，修磨长度为 4 ~ 5 mm，并用油石磨光刃带，可减小钻头与孔壁的摩擦。

（3）磨出负刃倾角，一般取 $\lambda_s=-10°\sim-15°$，使切屑流向待加工表面。

（4）后角一般磨成 $\alpha_o=6°\sim8°$，可避免产生振动。

（5）用细油石研磨主切削刃的前面和后面。

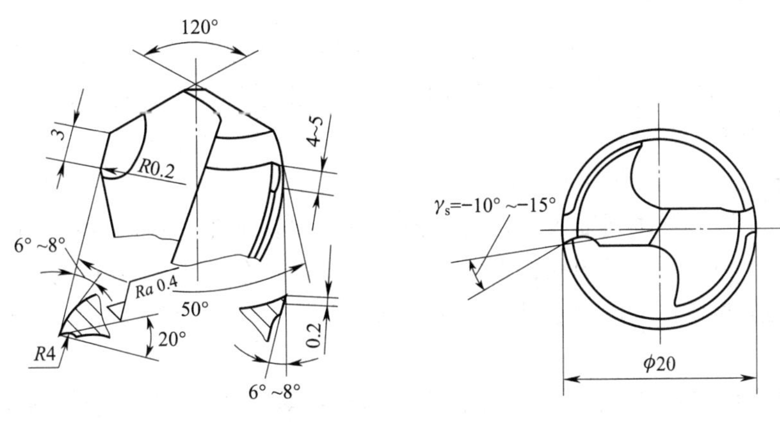

图 3—2—1 精孔钻头

2. 选用适当的切削用量

（1）先用普通麻花钻按划线钻底孔，留 0.5 ~ 1 mm 加工余量，预加工表面粗糙度 Ra 值为 6.3 μm。

（2）钻削铸铁件时，切削速度小于 15 m/min；钻削钢件时，切削速度小于 10 m/min。

（3）应采用机动进给，进给量为 0.10 ~ 0.15 mm/r。

3. 其他要求

（1）选用精度高的钻床，若主轴径向圆跳动误差较大，可采用浮动夹头。

（2）选用尺寸精度符合孔径精度要求的钻头。必要时可在同一材质的边角料上试钻，以确定其是否适用。

（3）钻头两主切削刃修磨要对称，两刃径向摆动差应小于 0.05 mm。

（4）扩孔过程中要选择植物油或低黏度全损耗系统用油进行润滑。

（5）钻孔至终点时应先停车，然后退出钻头，以免擦伤孔壁。

三、精密孔系的钻、铰

精密孔系是具有相互位置精度的一系列孔的组合，孔组的孔径、孔心距或孔轴线与基准表面（或基准轴线）间都有较高的精度要求。通常包括轴线平行孔系、轴线交叉孔系和同轴孔系三类。在钻床上加工精密孔系的方法主要有以下两种：

1. 用找正对刀法钻、铰精密孔系

找正对刀法钻、铰的实质是在通用机床（如立式钻床或摇臂钻床）上，借助一些辅助装置人为地去找正每个被加工孔的正确位置。此方法的特点是设备简单，生产效率低，加工精度受操作者技术水平和找正对刀方法的影响较大，适用于单件、小批量生产。根据找正对刀方法的不同主要分为按划线找正法及采用定心套、量块和心轴找正对刀法。

（1）按划线找正法

按精确的划线找正各孔位置，结合试切钻孔法，并要配合精密测量手段。这种方法找正和加工费时，误差较大，只适用于单件、小批量生产中对孔心距要求不高的孔系，或作为预加工工序。

（2）采用定心套、量块和心轴找正对刀法

在生产中经常会碰到轴线平行的精密孔系，如果企业中缺乏精密镗孔设备或数控机床，对于中、小直径的孔，在单件、小批量生产条件下，可在立式钻床或摇臂钻床上采用定心套、量块和心轴等工艺装备来找正对刀，以解决精密孔系钻、铰的难题。

用定心套找正对刀时，先要在工件表面划出孔系的各中心线，根据划线在各被加工孔位中心钻出比要求孔径略小的螺孔，然后在各孔位上分别用螺栓轻轻拧紧一个定心套（见图3—2—2），定心套的外圆和端面经过精加工，内孔与螺栓间留有适当间隙；然后按孔系中心距要求用量块或外径千分尺测量各定心套之间的距离，轻轻敲打各套，调整到规定尺寸后，拧紧各螺栓，再检查一遍尺寸。将工件放在钻床上加工时，按某一定心套外圆找正钻床主轴（用百分表固定在主轴上缓慢转一周）。找正后，拆去该定心套对孔进行扩、铰。每加工一个孔都要重复上述步骤一次，直至孔系加工完毕。

此方法一般能保证孔距精度为 ±0.03 mm，但较费时，操作技术要求较高，还增加了螺孔加工和制造精密定心套的工时与费用。

2. 用坐标法钻、铰精密孔系

用坐标法加工时，被加工孔系间的孔心距尺寸 L 要先转化为两个互相垂直的坐标尺寸，然后按此坐标尺寸精确地调整工件与机床主轴间在 x、y 两个垂直方向的相互位置，以保证孔 O_1 及 O_2 的孔心距 L（见图3—2—3）。孔心距的精度主要取决于工件或主轴的位置精度。

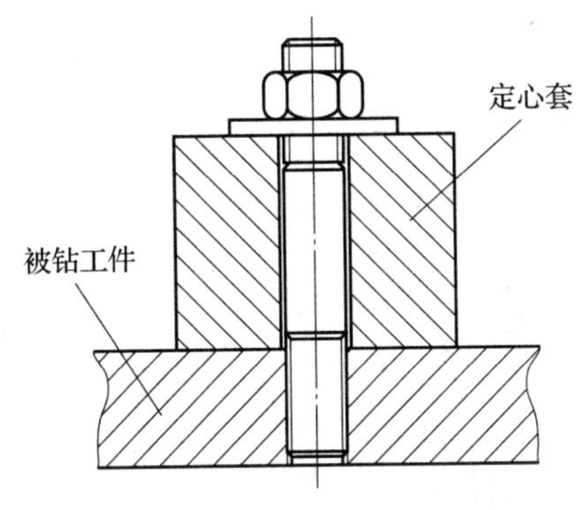

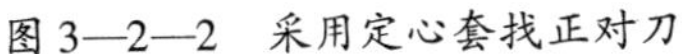

图 3—2—2　采用定心套找正对刀

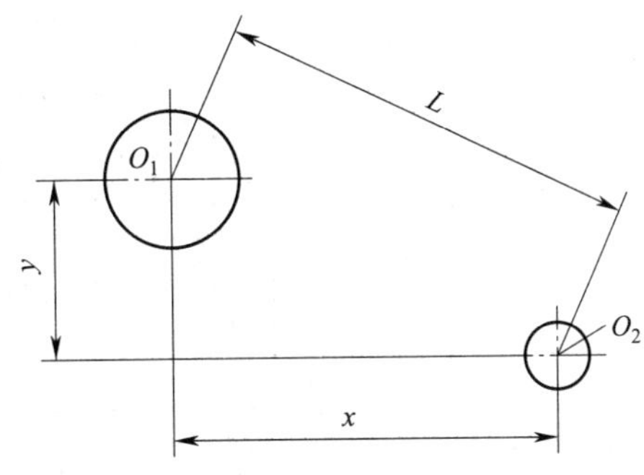

图 3—2—3　孔心距与坐标尺寸

如图 3—2—7 所示，这类工件经常是以三个相互成 90°的三基面体系作为孔系加工的工序基准。钻、铰时可在数控钻床上利用坐标工作台很方便地完成各孔的加工。如果要在普通立式钻床或摇臂钻床上加工，则可采用精密直角靠铁作为工件的定位基准表面，被加工孔的位置借助量块来确定主轴轴线至两定位基准间的坐标尺寸，调整时可在机床主轴孔内插入心轴，用量块或内径千分尺确定定位尺寸。选好孔系中要加工的第一个孔（称为原始孔），再依次加工其余孔；这时候，每加工完一个孔就要在 x、y 方向的量块组中各减去一组尺寸，直至加工到最后一个孔。

采用坐标法钻、铰孔系，在选择原始孔和孔加工顺序时应考虑以下原则：

（1）原始孔应位于孔系的一侧（一般选取坐标尺寸最大的孔）。这样利用坐标尺寸依次加工各孔时，可使工件（或工作台）朝一个方向移动，避免增加往复位移误差，有利于保证孔心距精度。

（2）要把孔系中有孔心距要求的两个孔的加工顺序紧紧连在一起，以减小坐标尺寸的累积误差对孔心距精度的影响。

由于此方法不需要专用的工艺装备就能加工平行孔系，通用性较好，同时可省去多次测量和定心套等辅具，且孔心距精度可保证在 ±0.02 mm 范围内。因此，无论是单件、小批量生产还是成批量生产都常被采用。

技能训练

一、用找正对刀法钻、铰精密孔系

1. 训练要求

如图 3—2—4 所示为钻模板零件图，现用找正对刀法钻、铰其孔系，要求保证铰孔的孔径尺寸、形状和位置精度达到 IT6 级，表面粗糙度 Ra 值达到 0.8 μm；保证钻孔的孔径尺寸、形状和位置精度达到 IT8 级，表面粗糙度 Ra 值达到 1.6 μm。通过技能训练，要求熟悉精密单孔的钻、铰要点，掌握找正对刀法钻、铰的操作技术。

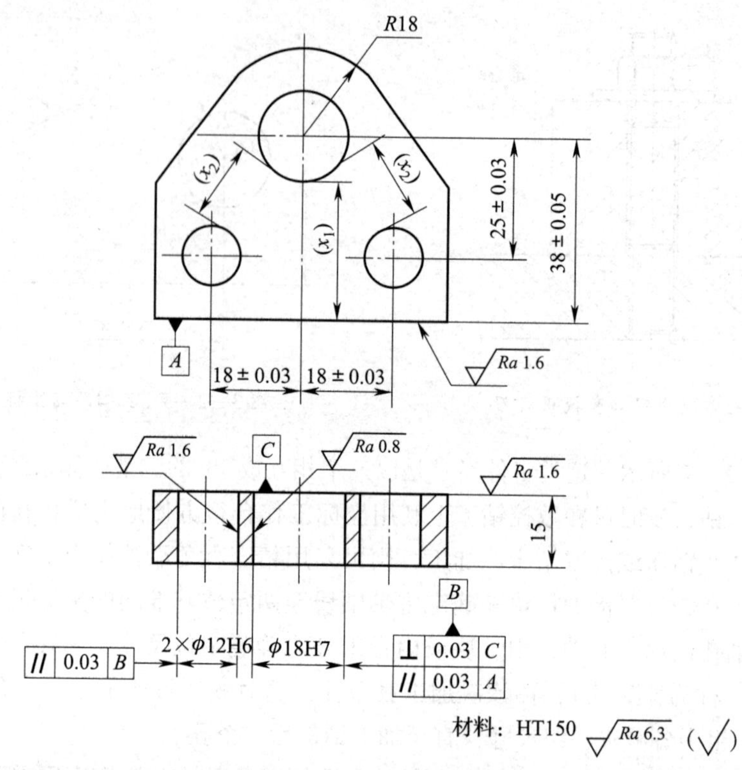

图 3—2—4　钻模板零件图

2. 工作准备

（1）工艺分析

图 3—2—4 所示为钻模板零件，其外形及 15 mm 两平面已经铣削加工完毕，基准表面 *A*、*C* 均已磨光并达到表面粗糙度要求。本工序要求钻、铰由三个孔组成的精密孔系，其中基准面 *A*、*C* 及 ϕ18H7 孔轴线是本工序的工序基准。应保证（38 ±0.05）mm、（25 ±0.03）mm、（18 ±0.03）mm 等孔心距精度以及各孔轴线平行度和垂直度等位置精度；三孔孔径和表面粗糙度应由铰刀保证。由于 ϕ18H7 孔是两个 ϕ12H6 的工序基准，故必须先加工 ϕ18H7 孔，再加工其余两孔。

（2）工件的定位与夹紧

本工序可采用定心套和量块找正法对刀，为了预定位的需要，应设计和车削三个定心套，定心套外圆和端面应精车，为了避免三个定心套相碰，套的外径尺寸应小于 ϕ18 mm 与 ϕ12 mm 两孔的孔心距尺寸 x（$x=\sqrt{25^2+18^2}\approx30.81$ mm），其内径应大于固定螺栓的直径，如图 3—2—4 和图 3—2—5 所示。

为了用压板夹紧工件，要准备四块平行垫铁，厚度不小于 8 mm，如图 3—2—6 所示，在平面磨床上将四块平行垫铁一起磨平两平面（8 mm 宽、20 mm 长）。

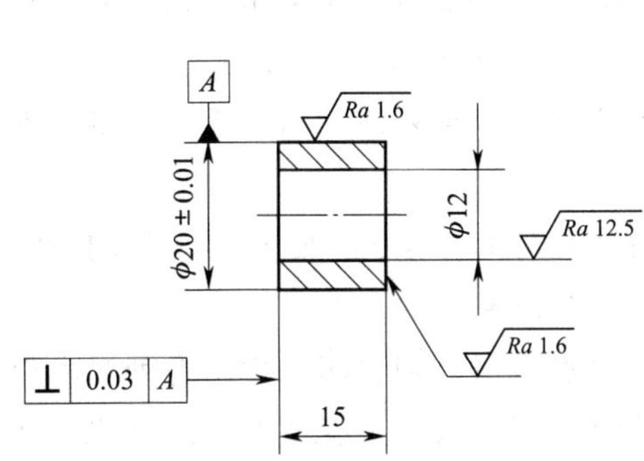

图 3—2—5　定心套

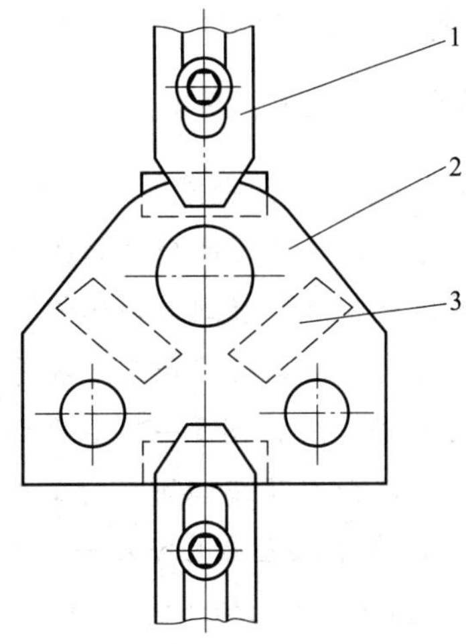

图 3—2—6　工件在钻床工作台上的安装

1—压板　2—工件　3—平行垫铁

(3) 刀具、量具准备

刀具、量具准备清单见表 3—2—2。

表 3—2—2　　刀具、量具准备清单

序号	名称	规格	精度	数量
1	游标卡尺	0 ~ 150 mm	分度值为 0. 02 mm	1
2	外径千分尺	25 ~ 50 mm	分度值为 0. 01 mm	1
3	量块	83 块	1 级	1 套
4	塞尺	0. 02 ~ 0. 5 mm	1 级	1
5	杠杆百分表	0 ~ 0. 8 mm	分度值为 0. 01 mm	1
6	麻花钻	ϕ8. 5 mm		1
7		ϕ11 mm		1
8		ϕ16. 5 mm		1
9	扩孔钻	ϕ11. 8 mm		1
10		ϕ17. 8 mm		1
11	丝锥	M10 × 1. 5		1 副
12	铰刀（机用铰刀）	ϕ12H6		1
13		ϕ18H7		1

3. 钻、铰步骤

(1) 按划线在三孔中心预钻 M10 螺孔的底孔 ϕ8. 5 mm，攻螺纹；在螺孔内拧入 M10 双头螺柱三根，并将三个 ϕ20 mm 的定心套装在螺柱上用垫圈和螺母初步固定好，如图 3—2—2 所示。

（2）预定各定心套的准确位置，用量块和塞尺定位。其方法是把钻模板的基准面 A 放在标准平板上，用第一组量块 x_1 确定中间定心套的高度（$x_1 = 38 - \frac{定心套直径}{2} = 28$ mm）。校正时，要用塞尺与量块组一起测定，以保护量块不变形。同时再用第二组量块测量中间套与另两个套的间距（$x_2 = x -$ 定心套直径 = 10.81 mm），如此轻轻调整各套的准确位置，直到这两组量块和塞尺都恰好与各套外圆柱面及平板接触，则三孔预定位才完成。这时拧紧三个螺母。

（3）将工件按图 3—2—6 所示初步装夹在钻床工作台上，使主轴对准 ϕ18H7 的孔位，工件底面 C 下垫四块平行垫铁，用压板初步固定。

（4）在钻床主轴上安装一个百分表，将主轴旋转一周，测量中间套外圆柱面，校正主轴与 ϕ18H7 孔轴线的同轴度，轻轻敲打工件的位置，直至百分表读数在 0.02 mm 以内，对刀结束；再拧紧压板螺栓，拆下中间定心套和紧固件；在主轴上先后安装 ϕ16.5 mm 麻花钻、ϕ17.8 mm 扩孔钻和 ϕ18H7 机用铰刀进行钻孔、扩孔、铰孔。

（5）将工件松开，在工作台上水平移位，进行第二次和第三次装夹，分别仿照步骤（4）的对刀过程定位后，先后用 ϕ11 mm 麻花钻、ϕ11.8 mm 扩孔钻和 ϕ12H6 机用铰刀进行钻孔、扩孔、铰孔。

4. 注意事项

（1）精密孔系加工主要解决的精度问题是位置精度，即平行孔系的孔心距和轴线平行度、交叉孔系的轴线垂直度以及同轴孔系的同轴度。

（2）用量块组定坐标尺寸时，为把误差降至最低，量块的组合应尽量在 3 块以内。

（3）检测时，可仿照预定位时的检测方法，就是在已加工好的孔内分别插入检验棒来代替定心套模拟三孔轴线，仍然以量块和塞尺间接测量孔心距及平行度和垂直度误差（加用直角尺）。

5. 评分标准

加工项目配分表见表 3—2—3。

表 3—2—3　　加工项目配分表

序号	技术要求	配分	评分标准	检测结果	得分
1	（18 ±0.03）mm（2 处）	6	超差一处扣 3 分		
2	（25 ±0.03）mm	6	超差全扣		
3	（38 ±0.05）mm	6	超差全扣		
4	x_1（28 ±0.05）mm	5	超差全扣		
5	x_2（10.8 ± 0.05）mm（2 处）	6	超差一处扣 3 分		
6	// 0.03 B（2 处）	6	超差全扣		
7	⊥ 0.03 C	6	超差全扣		

续表

序号	技术要求	配分	评分标准	检测结果	得分
8	// 0.03 A	6	超差全扣		
9	ϕ12H6（2 处）	12	超差一处扣 6 分		
10	ϕ18H7	3	超差全扣		
11	*Ra*≤1. 6 μm（2 处）	6	超差一处扣 3 分		
12	*Ra*≤0. 8 μm	4	超差全扣		
13	各孔不能有刮花、损伤	13	超差扣 1 ~6 分		
14	安全文明生产	15	违反操作规程扣 1 ~ 10 分		
总分					

二、用坐标法钻、铰精密孔系

1. 训练要求

对于图 3—2—7 所示的精密孔系，为了便于读图和加工，该图样采用列表法标注各孔尺寸。现用坐标法钻、铰该精密孔系，要求保证铰孔的孔径尺寸、形状和位置精度达到 IT6 级，表面粗糙度 *Ra* 值达到 0. 8 μm；保证钻孔的孔径尺寸、形状和位置精度达到 IT10 级，表面粗糙度 *Ra* 值达到 1. 6 μm。通过技能训练，要求掌握坐标法钻、铰精密孔系的加工步骤和操作技术。

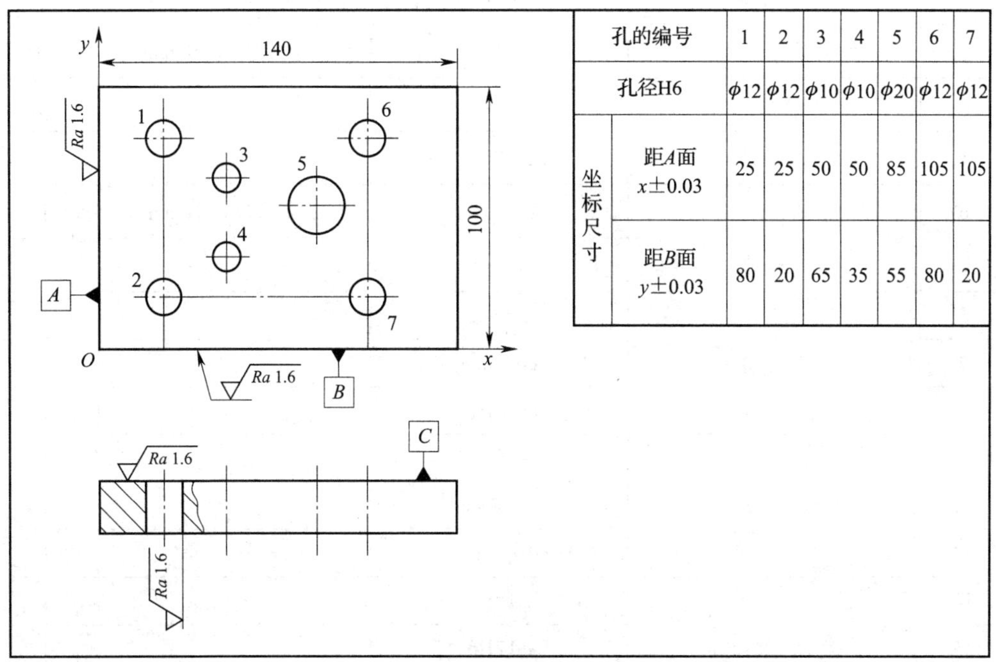

孔的编号		1	2	3	4	5	6	7
孔径H6		ϕ12	ϕ12	ϕ10	ϕ10	ϕ20	ϕ12	ϕ12
坐标尺寸	距*A*面 *x*±0.03	25	25	50	50	85	105	105
	距*B*面 *y*±0.03	80	20	65	35	55	80	20

图 3—2—7　以三基面体系作为工序基准的精密孔系

2. **工作准备**

(1) 工艺分析

在实际生产中，精密孔系除了以两个平面和一根轴线作为工序基准外（见图3—2—4），还经常出现以互相成直角的三基面体系作为工序基准的一组精密孔系（见图3—2—7），此时往往是以 *A*、*B* 两平面为直角坐标的基准来确定各孔位尺寸，而把与 *A*、*B* 相垂直的底面 *C* 作为各孔加工时的主要定位基准，以保证各孔轴线的垂直度。

加工7个孔时，要根据采用坐标法加工孔系时选择原始孔和孔加工顺序的原则，先确定以6号孔作为原始孔（其坐标尺寸 x、y 都最大）首先加工，然后依次加工1→2→7→5→3→4各孔。待各孔钻好后，用手用铰刀铰削各孔。

(2) 工件的定位与装夹

采用精密直角靠铁固定在立式钻床工作台上，工件的底面 *C* 下应垫入两块平行垫铁，其中 *A*、*B* 两基准面则紧靠直角靠铁，每钻一孔都要装夹一次。

(3) 刀具、量具准备

刀具、量具准备清单见表3—2—4。

表3—2—4　　　　刀具、量具准备清单

序号	名称	规格	精度	数量
1	心轴	莫氏3号		1
2	游标卡尺	0~150 mm	分度值为0.02 mm	1
3	外径千分尺		分度值为0.01 mm	1套
4	量块	83块	1级	1套
5	塞尺	0.02~0.5 mm	1级	1
6	百分表	0~5 mm	分度值为0.01 mm	1
7	中心钻	ϕ3 mm		1
8	麻花钻	ϕ9 mm		1
9		ϕ11 mm		1
10		ϕ18 mm		1
11	扩孔钻	ϕ9.8 mm		1
12		ϕ11.8 mm		1
13		ϕ19.7 mm		1
14	铰刀（手用）	ϕ10H6		1
15		ϕ12H6		1
16		ϕ20H6		1

3. **钻、铰步骤**

（1）在立式钻床主轴孔内安装工艺心轴，用百分表检测其径向圆跳动，以保证工艺心轴与主轴轴线的同轴度。

（2）在钻床工作台上安装精密直角靠铁，首先要确定靠铁与主轴的相对位置（见图3—2—8）。由于原始孔为6号孔，其坐标尺寸为105 mm×80 mm，这组尺寸也就是主轴中心至直角靠铁两工作面的距离。可先用钢直尺测量工艺心轴外圆柱面至靠铁两内侧面的距离x和y（$x=105-\frac{d}{2}$，$y=80-\frac{d}{2}$，式中d为心轴的实际直径），将靠铁初步固定，再用内径千分尺（或两组量块和塞尺）精确校准x、y，然后将靠铁最后紧固。

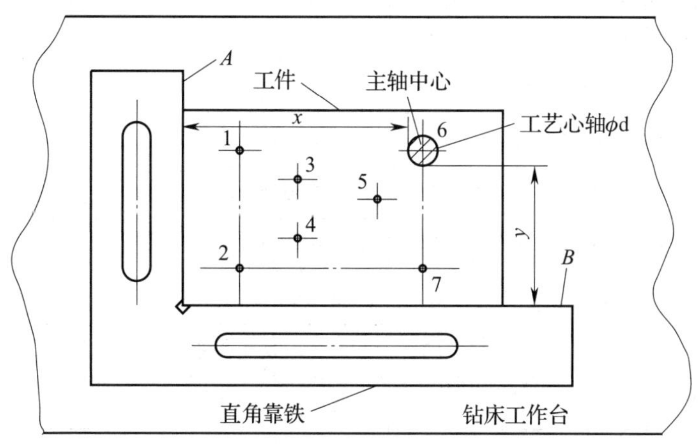

图3—2—8 用直角靠铁安装工件

（3）安装工件，使定位基准A、B紧靠直角靠铁，底面C紧贴平行垫铁。此时主轴中心即处于6号孔中心位置。压紧工件，拆下工艺心轴，装上钻夹头并依次更换中心钻、ϕ11 mm麻花钻、ϕ11.8 mm扩孔钻，粗加工出6号孔。

（4）按已确定的孔加工顺序，依次钻其余6个孔。每加工一个孔，应将工件的基准平面A、B按坐标尺寸的增减移位一次，其位移量用量块组和塞尺测定。例如，钻1号孔时，它与6号孔位在x方向要垫入（105－25）mm＝80 mm的量块组；在y方向只需平移。再钻2号孔时，它与1号孔位在x方向的量块组不变；而在y方向要垫入（80－20）mm＝60 mm的量块组。总之，要根据各孔坐标尺寸的变化，换算并增减量块组来确定孔位。

（5）待7个孔全部粗加工完毕，用手用铰刀精铰各孔。

4. **注意事项**

（1）用坐标法加工精密孔时，注意正确选择原始孔和孔加工的顺序。

（2）若用传统的检测方法，则还是在各孔内插入检验心轴模拟其轴线，然后按孔距要求精度的高低，在平板上用量块组或游标高度尺、百分表和千分尺等量具进行孔

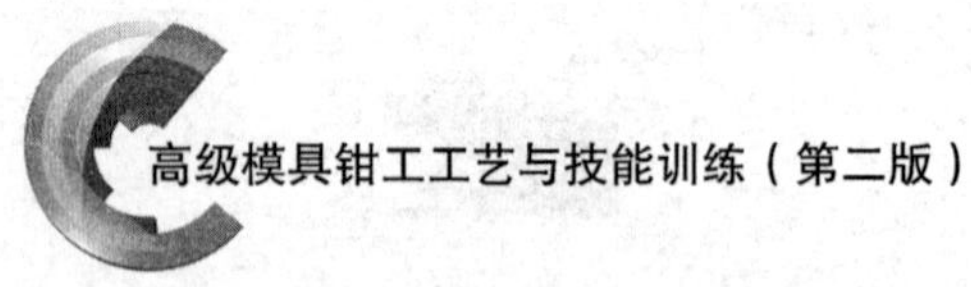

径及位置精度的检测。

5. **评分标准**

加工项目配分表见表3—2—5。

表3—2—5　　加工项目配分表

序号	技术要求	配分	评分标准	检测结果	得分
1	(25 ±0.03) mm (2处)	6	超差一处扣3分		
2	(50 ±0.03) mm (2处)	6	超差一处扣3分		
3	(85 ±0.03) mm	3	超差全扣		
4	(105 ±0.03) mm (2处)	6	超差一处扣3分		
5	(80 ±0.03) mm (2处)	6	超差一处扣3分		
6	(20 ±0.03) mm (2处)	6	超差一处扣3分		
7	(65 ±0.03) mm	3	超差全扣		
8	(35 ±0.03) mm	3	超差全扣		
9	(55 ±0.03) mm	3	超差全扣		
10	ϕ12H6 (4处)	12	超差一处扣3分		
11	ϕ10H6 (2处)	6	超差一处扣3分		
12	ϕ20H6	3	超差全扣		
13	$Ra \leqslant 1.6$ μm (7处)	21	超差一处扣3分		
14	各孔不能有刮花、损伤	6	超差扣1~6分		
15	安全文明生产	10	违反操作规程扣1~10分		
总分					

课题三　特殊材料孔及非平面上孔的加工

一、特殊材料孔的加工

特殊材料孔的加工与一般孔的加工方法基本相同，只是在钻头切削刃的参数和加工参数上与普通麻花钻有一些不同，本课题主要介绍钻削各种特殊材料时所用的特殊钻头，重点介绍各种特殊钻头切削刃的各项参数和刃磨要点。

1. 钻削铸铁件的钻头

铸铁硬度高，强度低，含有石墨，组织疏松，与钢相比钻削力不大；但铸铁的塑性变形小，耐磨性高，热导率低，热量集中在刃口，崩碎的切屑夹在钻头后面的孔壁间，产生剧烈摩擦，钻深孔时切屑难以排出等都加剧了钻头的磨损。铸铁中的硬皮、砂眼、白口组织等对钻头的使用寿命更是极为不利。因此，改进钻型时应充分考虑提高钻头切削刃强度，改善散热条件，强制排出切屑等。

（1）三重顶角钻头

三重顶角钻头如图 3—3—1 所示。

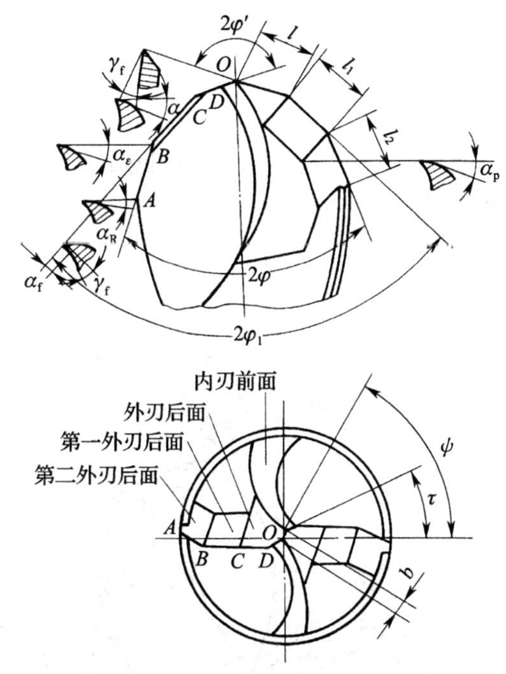

图 3—3—1　三重顶角钻头

1）切削刃角度参数见表 3—3—1。

表 3—3—1　切削刃角度参数

名称	代号	角度值	名称	代号	角度值
外刃顶角	2φ	50°	横刃斜角	ψ	60°
第一顶角	$2\varphi'$	145°	内刃斜角	τ	25°
第二顶角	$2\varphi_1$	90°	第二外刃后角	α_R	14°
内刃前角	γ_τ	－10°	大后角	α_P	20°
外刃后角	α_f	14°	第一外刃后角	α_ε	16°
外刃前角	γ_f	－5°			

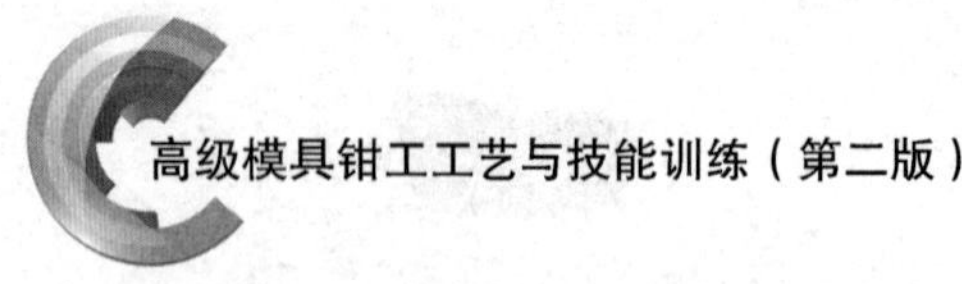

2）切削刃长度参数见表 3—3—2。

表 3—3—2　　切削刃长度参数

名称	代号	长度值	名称	代号	长度值
外刃长	l	$l=l_1=l_2$	第二外刃长	l_2	$l_2=l=l_1$
第一外刃长	l_1	$l_1=l=l_2$	负前角宽	f_b	5 mm

3）修磨要点

①磨出三重顶角，使钻头外缘转角处变宽，以改善钻头切削部分的散热条件。

②在主切削刃 l 处磨出负前角，增强刃口强固性。当铸件表面偶尔有铸铁黑皮时，能避免崩刃现象的发生。

③修磨横刃，减小轴向力及转矩。

4）实用效果

①钻刃切削能力好，能快速连续钻削，钻头使用寿命长。

②后角较大，切削液较易流入切削区域，减少钻削热。

（2）大圆弧刃钻头

大圆弧刃钻头如图 3—3—2 所示。

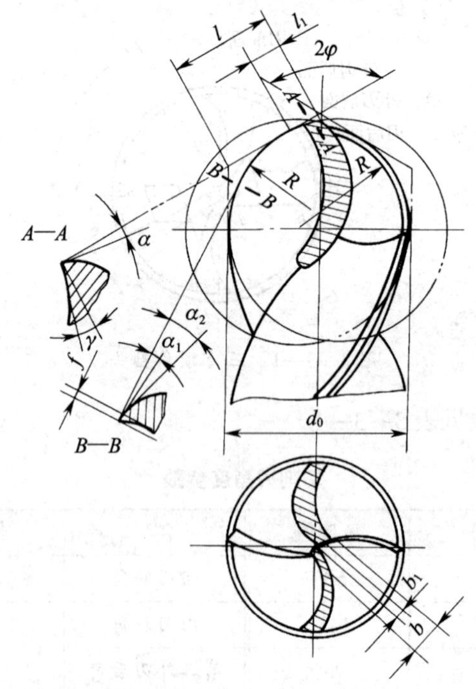

图 3—3—2　大圆弧刃钻头

1）切削刃参数值

①圆弧半径 R 和顶角 2φ 见表 3—3—3。

表 3—3—3　　圆弧半径 R 和顶角 2φ

钻削对象	R	2φ
一般灰铸铁和结构钢	(0.6~0.65) d_0	100°~120°
高强度钢（如 5CrMnMo）	(0.75~0.85) d_0	130°
低强度材料（如磷青铜）	(1.3~1.35) d_0	90°

注：d_0为钻头直径，单位为 mm。

②圆弧刃处后角 α_1、α_2。钻削灰铸铁时 α_1 = 14°~18°；钻削钢料时 α_1 = 6°~8°；双后角 α_2 = 25°~30°。

③直线切削刃长度 l_1。根据圆弧刃半径 R 值而定，一般约定为整个切削刃长度 l 的 1/4~1/3。

④横刃修磨长度 b_1。为原横刃长度 b 的 1/4~1/3。b_1也可按钻头直径 d_0确定，推荐值见表 3—3—4。

表 3—3—4　　横刃修磨长度 b_1　　mm

d_0	b_1	d_0	b_1
$d_0 \leq 10$	0.6~0.9	$20 < d_0 \leq 30$	1~1.5
$10 < d_0 \leq 20$	1	$30 < d_0 \leq 50$	1.5~2

⑤修磨横刃后过渡刃处的前角 γ。修磨横刃后过渡刃前角 γ = −15°~0°。

2）修磨要点

①将标准麻花钻两直线主切削刃改磨成大圆弧刃，使原集中在钻头外缘尖角处和顶刃处的切削力沿圆弧均匀分布，单位刃长受力小，散热好。

②圆弧刃各点主偏角是变化的，从里向外逐渐减小，使钻削中切削刃与工件的接触面不固定，切削点在全部切削刃上移动。在钻头的中心部分约 1/3 的主切削刃长度上是直线，而在外缘转角处用圆弧刃平滑过渡，使整个切削刃上前角变化比较均匀，可提高切削刃强度，改善散热条件，延长使用寿命。

③磨成圆弧刃后转角处平滑，转角处的刃边很自然地被磨掉一部分，形成的副后角为 6°~8°，可减少该处摩擦发热，延长使用寿命。

④磨短钻心处横刃以减小轴向力，更容易钻削。

3）实用效果

①与直刃麻花钻相比，切削刃长度增加，在相同的孔径和进给量时，外缘转角处切削厚度逐渐减薄，切屑变长，散热好。避免了磨损集中在外缘转角处，可使钻头使用寿命延长 3~10 倍。

②钻削中圆弧部分与孔壁为曲线接触，长度大，且有自动定心作用。孔的扩胀量小，钻出的孔精度高，直线性好。钻削不完整孔时，钻头的稳定性也好。圆弧刃相当

于光刀加工，钻得的孔表面粗糙度值较标准麻花钻小 1 ~ 2 级，精度提高 1 ~ 2 级。

4）刃磨步骤和注意事项

①先按磨标准麻花钻的方法磨出两直刃，保持顶角 2φ 及两直刃对称性。

②修磨横刃 b_1。

③磨圆弧刃 R，注意圆弧部分与直线部分连接要光滑，两边要对称。

④磨出后角 α_1、α_2。

⑤钻头前面的表面粗糙度 Ra 值要求在 0.8 μm 以下，各刃要对称，刃口处无微小锯齿缺口，各刃交接处光滑过渡，无凸角。

（3）60°定心钻头

如图 3—3—3 所示为 60°定心钻头。

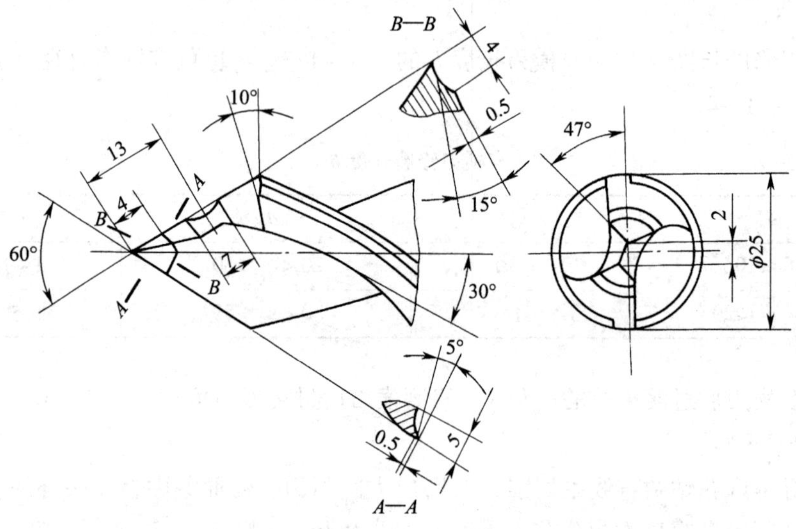

图 3—3—3　60°定心钻头

1）修磨要点

①钻尖角磨成 60°，易定中心，不产生滑脱现象。

②钻头直径超过 17 mm 时，为了使钻削抗力减小，可在其中一刃上磨出一个分屑槽。

2）钻削用量。适用于钻削铸铁，$v = 35 \sim 40$ m/min，$f = 0.14 \sim 0.19$ mm/r，采用乳化液冷却、润滑。

3）实用效果

①导向好，即使是钻削较深的孔，也不会产生偏斜现象。

②由于切削刃锥面长，钻头散热条件良好，在高速钻削条件下不易因发热而烧伤，可大大延长钻头的使用寿命。

③切屑呈微小的细片状，表面粗糙度 Ra 值稳定在 6.3 ~ 3.2 μm 之间，能保证加工质量，降低废品率。

4）注意事项

①刃磨切削刃间夹角时，两刃口必须对称，以免钻削时受力不均匀。刃磨后应用样板校验。

②切削刃应刃磨得光滑、锋利，不要有毛刺，应避免碰伤。

2. 钻削有色金属件的钻头

（1）钻削纯铜的钻头

铜与铜合金有高的强度和良好的塑性，有足够的耐腐蚀性，有优良的导电性和导热性。其切削加工性能比黑色金属好，所允许的切削速度较高。但纯铜硬度低，导热性好，塑性、韧性大，不易断屑，切屑易黏附在钻头的切削刃上，加剧钻头的磨损，且易形成积屑瘤，影响钻削的表面质量。

1）常用钻削纯铜的钻头（见图 3—3—4）

①修磨要点。把横刃修磨成原来的 1/5，使轴向力减小，易定中心。修磨前角和副后角，减小摩擦，延长钻头的使用寿命。

②钻削用量。钻削 ϕ18 mm 孔时，推荐钻削用量为 $n=1\ 700$ r/min，$f=0.67\sim1.2$ mm/r。

③实用效果。可避免因纯铜的韧性在钻削时发出的“嘶嘶”响声。切屑不易黏附在刃口上。

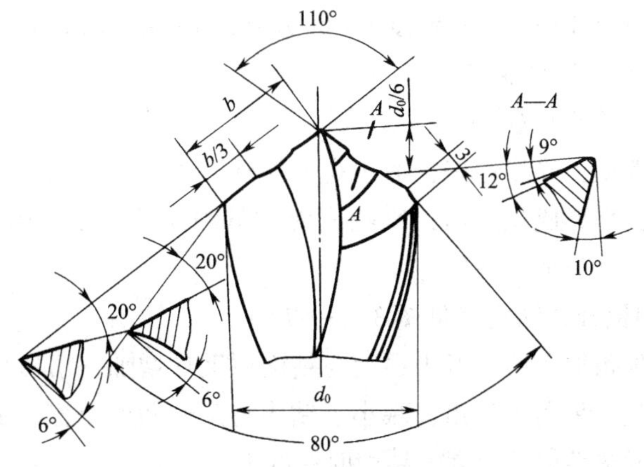

图 3—3—4　钻削纯铜的钻头

2）钻削纯铜的群钻（见图 3—3—5）。修磨要点：$L\approx(0.3\sim0.5)\ d_0$，$b\approx0.02d$，$H\approx0.06d_0$，$R\approx(0.15\sim0.2)\ d_0$。$d_0>25$ mm 时需开分屑槽，$L_1\approx0.06d_0$，$c\approx0.04d_0$，$L_2\approx0.08d_0$。横刃斜角为 90°，钻心高，圆弧后角要减小，所得孔形光整。

3）三重顶角钻削纯铜的钻头（见图 3—3—6）

①修磨要点。三重顶角可分屑，排屑顺利，钻头不至于被咬住，横刃窄，钻心顶角小，定心好，横刃斜角为 30°。

②钻削用量。钻削 ϕ17.3 mm 孔时，推荐钻削用量：$n=1\ 700$ r/min，$f=0.5\sim1$ mm/r。

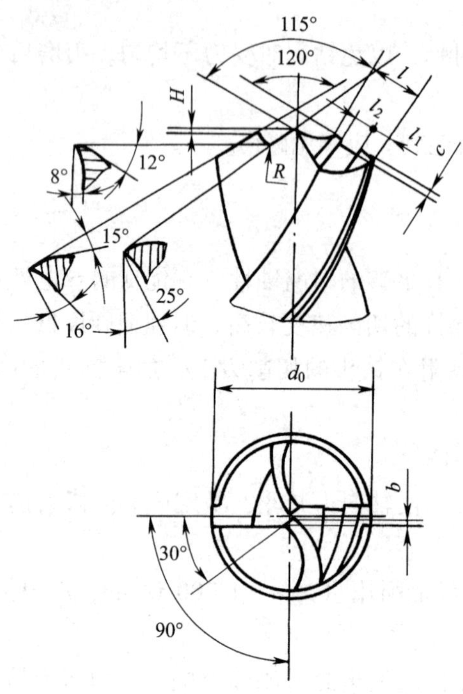

图 3—3—5　钻削纯铜的群钻

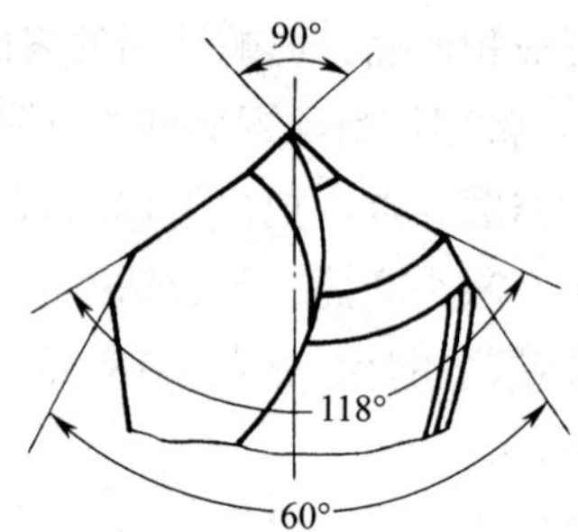

图 3—3—6　三重顶角钻削纯铜的钻头

③实用效果。所得孔壁表面粗糙度 Ra 值达到 6. 3 ~ 3. 2 μm，钻头使用寿命为 2 ~ 3 h，效率比标准麻花钻提高 3 倍。

（2）钻削铝和铝合金的钻头

铝和铝合金硬度低，导热性好，适于高速切削。由于工件硬度低，应防止表面划伤和碰伤，熔点低，易形成积屑瘤，影响表面质量和尺寸精度，因此切削刃应锋利，以避免产生积屑瘤并减小加工硬化。

1）大顶角钻削铝合金钻头（见图 3—3—7）

①钻头特点。顶角加大后，刀头强度与钻削厚度均增加，切屑呈略扭曲条状顺螺旋槽排出，畅流无阻；采用大后角，减小了钻头与工件间的摩擦。由于排屑带走了部分热量和工件本身导热性好等因素，钻削时温度不高。

②修磨要点。为延长钻头的使用寿命，在主切削刃靠后面处磨出一条不宽的棱边；为改善孔壁表面质量，在主切削刃靠外缘处倒一小的角度；为减小轴向力，在横刃处修磨前角，使钻削有削铝如泥之感。

③实用效果。结构简单，刃磨方便，效率高，使用寿命长，无须加注切削液。对于钻削精度要求不高的较深孔，更能发挥其显著的优越性。

2）双顶角钻削钻铝合金钻头（见图 3—3—8）

①修磨要点。钻头磨有双重顶角，即钻心顶角为 118°，其余为 140°，外缘转角的圆弧半径等于钻头直径的 1/4，前面与横刃一起修磨光洁。

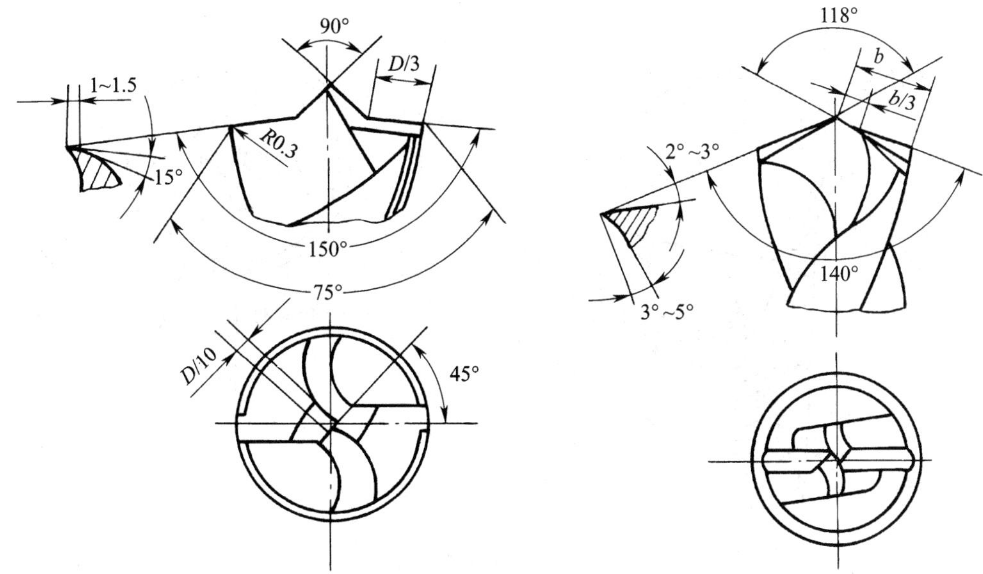

图 3—3—7 大顶角钻削铝合金钻头

图 3—3—8 双顶角钻削钴铝合金钻头

②钻削用量。钻削孔径 d_0 = 13 ~ 17 mm 时，推荐切削用量：n = 2 000 r/min，f = 0.4 ~ 0.6 mm/r，需加注切削液。

③实用效果。工件表面粗糙度 Ra 值达 6.3 ~ 3.2 μm，钻头使用寿命为 1 ~ 2 h，效率比标准麻花钻提高 4 倍。

3. 钻削难加工材料的钻头

(1) 钻削不锈钢的断屑钻头

不锈钢比较难加工，特别是在高温时，其强度与硬度高，钻削中切屑切离时的负荷大，消耗能量大。同样条件下的钻削力比 45 钢高 10% ~ 30%；加工硬化现象严重，冷作强化趋势剧烈，加工后表面显微硬度有显著提高。导热性差，仅为碳素钢的 1/4 ~ 1/3，切削热易从工件传出，加大切削刃的热负荷。对其他金属材料的黏附性强，在一定高温、高压下钻头表面易产生黏结现象，形成积屑瘤。同时组织中含有碳化钛微粒，加剧钻头的磨损，塑性、韧性高于中碳钢，切屑不易折断。

1) I 型钻头。如图 3—3—9 所示为 I 型钻削不锈钢的断屑钻头。

切屑能否折断的原因在于切屑形成过程中的变形和内应力。当变形时的内应力超过了切屑的断裂极限，或切屑变形运动不断变化，处于不稳定状态时，切屑就会折断。

①修磨要点。修磨时取：$l = 0.32d_0$；$\frac{1}{3}l < l_1 < \frac{1}{2}l$；$R \approx 0.2d_0$；$h \approx 0.04d_0$；$b = 0.04d_0$。

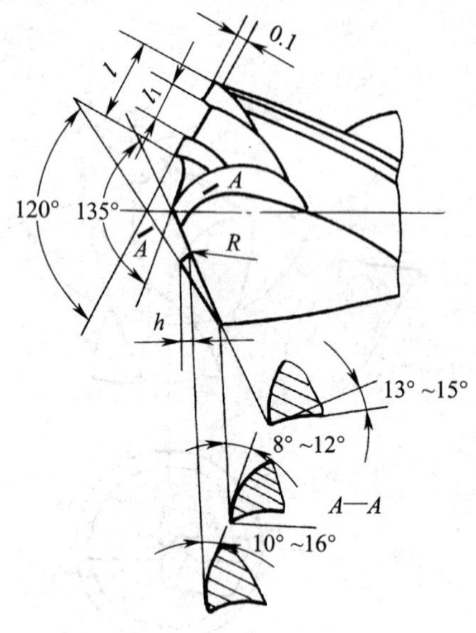

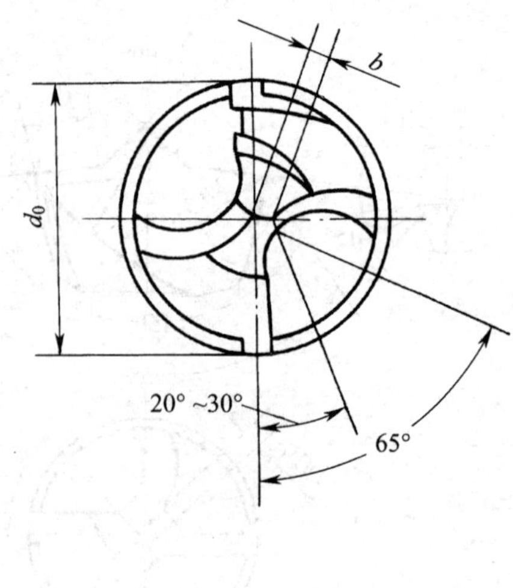

图 3—3—9　Ⅰ型钻头

②钻削用量。对于 $d_0 = 20$ mm、25 mm、30 mm 的钻头，推荐钻削用量为 $n =$ 105 r/min 和 $f = 0.32$ mm/r、0.4 mm/r、0.56 mm/r、0.67 mm/r，均可顺利断屑。

③实用效果。钻削时，由于外刃分屑槽深度很小，使切屑不能一下子完全分开。但因各段切削刃的排屑方向和切削速度方向不一致，因而造成了切屑互相撕裂，使切屑时分时不分。每当切屑分开变窄往外流出到 100 ~ 150 mm 长度时，切屑又开始不分裂并变宽，形成螺旋形的切屑。当螺旋形的切屑卷 3 ~ 4 圈后，由于内变形的增加，就在宽切屑与窄切屑交界处自然折断，切屑呈礼花状。切屑折断后，立即又开始变窄，这个过程反复进行，于是礼花状的切屑就从孔内顺利跳出，取得了很好的断屑、排屑效果。

2）Ⅱ型钻头。如图 3—3—10 所示为Ⅱ型钻削不锈钢的断屑钻头。

①修磨要点。将外刃顶角适当加大，取 $2\varphi = 140° \sim 160°$，内刃顶角 $2\varphi_\tau = 110° \sim 140°$，横刃斜角 $\psi = 60°$，内刃斜角 $\tau = 25°$，横刃长度 $b = 0.05d_0$，尖高适当加大至 $h = 0.09d_0$，分屑槽深度为 0.1 mm。月牙槽的深浅按不锈钢材料的组织确定，如果不是奥氏体组织，槽要深些，圆弧刃与外刃的交界处要圆滑过渡，此处的尖角不应过小，以免影响断屑效果。

②钻削用量。推荐钻削用量：$v = 10$ m/min，$f = 0.32 \sim 0.5$ mm/r。

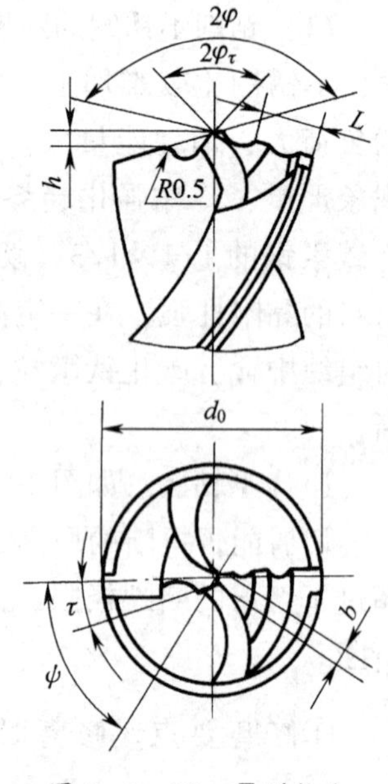

图 3—3—10　Ⅱ型钻头

③实用效果。断屑、排屑效果良好。

3）Ⅲ型钻头。如图3—3—11所示为Ⅲ型钻削不锈钢的断屑钻头。

①修磨要点。修磨横刃长度，将刃带磨去$\frac{1}{2}$。

②钻削用量。推荐钻削用量：$v=15\sim25$ m/min，$f=0.32\sim0.4$ mm/r，用乳化液冷却。

③实用效果。由于修磨了横刃及刃带，因而减小了轴向力及钻头与孔壁间的摩擦。钻头上开有分屑槽，排屑好，可加大进给量；切屑长，散热好，可延长钻头的使用寿命。这种钻头适于在摇臂钻床上钻不锈钢。

（2）钻削淬火钢、硬钢的钻头

淬火钢的组织为回火马氏体，硬度很高，热导率低，切削抗力大，切削热大。高硬度淬火钢是典型的脆性很高的材料。

1）钻削淬火钢的钻头。如图3—3—12所示为钻削普通淬火钢的钻头。

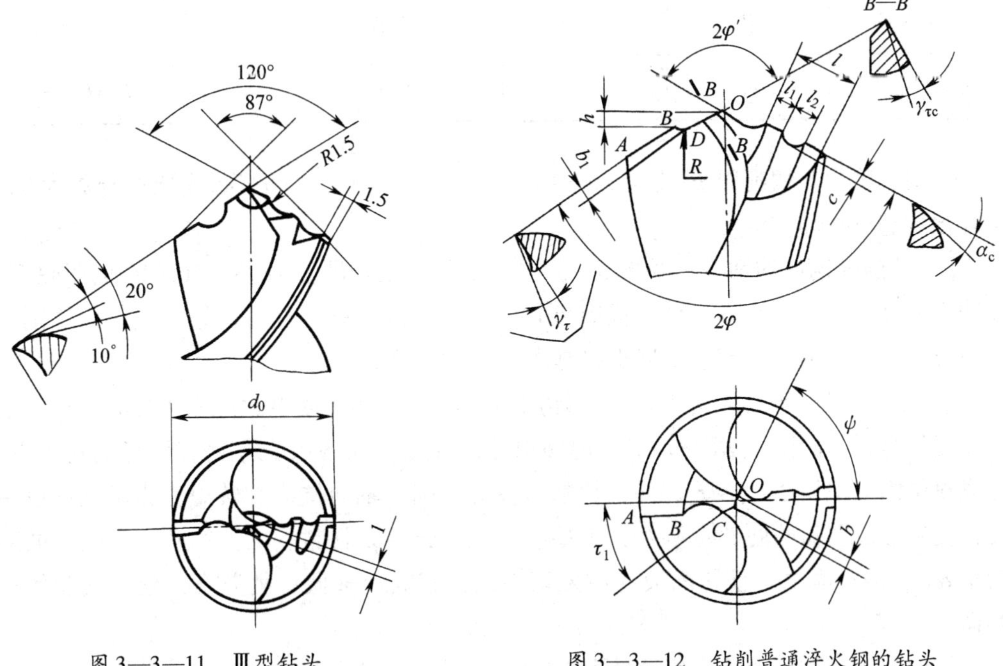

图3—3—11 Ⅲ型钻头　　图3—3—12 钻削普通淬火钢的钻头

①结构及刃形特点。当钻削硬度为42～47HRC的淬火钢时，钻头材料应采用高性能高速钢W6Mo5Cr4V2Al或W2Mo9Cr4VCo8；磨有内刃顶角$2\varphi'$，月牙槽BC处的圆弧半径R较大，以增大主切削刃AB和侧刃BD的刀尖角，增强散热能力；前面沿主切削刃修磨成$b_1=3$ mm，改变原主切削刃上近钻心处前角较小、外缘处前角较大、各点前角不相等的状况；修磨前面后，主切削刃的前面呈“棱面”，增强刃口的强固性和钻削能力，使切削刃上的“楔形”强度提高，“棱面”有利于钻削热的传出，切削刃的崩刃情况大为减少；在外刃上磨出单面分屑槽，改善了分屑、排屑

情况。

②切削刃参数值。角度参数见表 3—3—5，长度参数见表 3—3—6。

表 3—3—5　角度参数

名称	代号	角度值	名称	代号	角度值
外刃顶角	2φ	118°	内刃前角	$\gamma_{\tau c}$	-10°
内刃顶角	$2\varphi'$	125°	横刃斜角	ψ	65°
外刃后角	α_c	12°	内刃斜角	τ_1	30°
外刃前角	γ_τ	-10°			

表 3—3—6　长度参数

名称	代号	长度值	名称	代号	长度值
尖高	h	3 mm	横刃宽	b	2 mm
圆弧半径	R	4 mm	分外刃长	l_1	$l_1=l_2=\frac{1}{3}$
外刃修磨宽	b_1	3 mm	分屑槽长	l_2	$l_2=l_1=\frac{1}{3}l$

③切削用量。切削用量推荐为 $v=10$ m/min，$f=0.12$ mm/r。选用质量分数为 3% 的乳化液进行冷却。

2）钻削硬钢件的钻头（见图 3—3—13）。硬钢是指硬度为 38～46HRC 的耐热钢、弹簧钢和轴承钢等，或者零件表面有硬化层，经渗碳、镀铬处理的结构钢等。钻削时轴向抗力大，钻削温度高，切屑难以排出，钻头使用寿命短。

①结构及刃形特点。钻头材料最好用 W6Mo5Cr4V2Al 或 W2Mo9Cr4VCo8。外刃上有双层的月牙形圆弧刃 *BC* 和 *CD*，把外刃分成几段，在各段交界处有明显的转折点，形成双层内刃顶角 $2\varphi'$、$2\varphi_\tau$，使主切削刃分刃切削，轴向抗力、转矩大为降低；以钻尖在孔底形成圆弧凸肋，定心好，不偏移，也适合在硬材料斜面上钻孔；有较大的双后角 α_{Rc}，减小摩擦，且切削液易注入切削区，有效地降低切削温度，延长钻头使用寿命。

②切削刃参数值。角度参数见表 3—3—7，长度参数见表 3—3—8。

表 3—3—7　角度参数

名称	代号	角度值	名称	代号	角度值
外刃顶角	2φ	110°	外刃双后角	α_{Rc}	16°
内刃顶角	$2\varphi'$	125°	内刃前角	$\gamma_{\tau c}$	8°
第二内刃顶角	$2\varphi_\tau$	120°	横刃斜角	ψ	65°
内刃后角	α_c	10°	内刃斜角	τ	25°

表 3—3—8　　长度参数

名称	代号	长度值	名称	代号	长度值
尖高	h	$h=\frac{1}{2}b_1$	横刃宽	b_1	1.5 ~ 2 mm
圆弧半径	R	1.5 mm	外刃长	l_1	$\frac{1}{2}l$

③切削用量。钻削 45HRC 的硬钢，孔径为 22 mm 时，推荐切削用量：$n=250$ r/min，$f=0.20$ mm/r，选用乳化液冷却。

④实用效果。用 67 型群钻，一次刃磨可钻 37 ~ 40 个孔。用图 3—3—13 所示的钻头，一次刃磨可钻 75 ~ 80 个孔。轴向力降低 32%，转矩降低 36%，排屑顺利。

（3）钻削渗碳工件的高效钻头（见图 3—3—14）

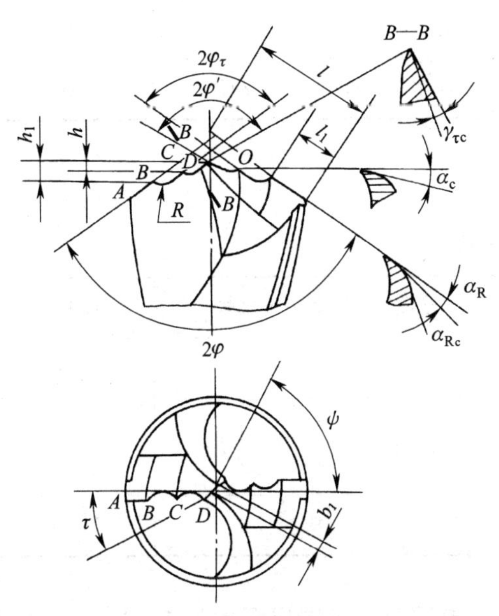

图 3—3—13　钻削硬钢件钻头

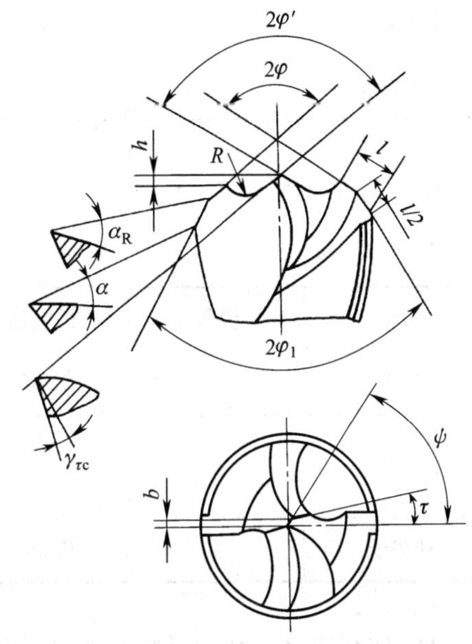

图 3—3—14　钻削渗碳工件的高效钻头

1）修磨要点

①减小外刃顶角 2φ，延长切削刃，降低长度切削负荷，使刃口加宽，有利于热量的扩散。

②磨出浅月牙槽 R 及内刃顶角 $2\varphi'$，加大主偏角，钻尖增高，使其导向好，定心稳，强度得到加固。避免在钻削中钻头产生振动及出现定心磨损或刃口崩刃现象。

③磨窄横刃 b，将横刃长度缩短至原来的 1/5，把刮削变为切削状态，降低轴向抗力和转矩，减少刀尖热源。

④磨出外刃双重顶角 $2\varphi_1$，使外刃变长，外缘转角处加宽，改善散热条件，刃口不易磨损。

⑤修磨后，采用由机油浸泡过的氧化铝油石修研，鐾光前面、后面及外缘刃口，消除毛刺、不平点和积屑瘤残痕，并在外刃前面磨出前角为 -3° ~ -5°的倒锥，表面粗糙度 Ra 值达 0.4 μm。

2）切削刃参数值

①角度参数见表 3—3—9。

表 3—3—9　　角度参数

名称	代号	角度值	名称	代号	角度值
外刃顶角	2φ	115°	内刃前角	$\gamma_{\tau c}$	-20°
内刃顶角	$2\varphi'$	130°	外刃后角	α	14°
横刃斜角	ψ	72°	圆弧后角	α_R	16°
内刃斜角	τ	30°	第二外刃顶角	$2\varphi_1$	70°

②长度参数见表 3—3—10。

表 3—3—10　　长度参数

名称	代号	长度值	名称	代号	长度值
圆弧半径	R	$0.4d_0$	尖高	h	$0.1d_0$
横刃长度	b	$0.7d_0$	过渡刃长	$\frac{1}{2}l$	
外刃长	l	$0.3d_0$			

3）切削用量。被钻材料为 20Cr 钢，表面镀铜后，渗碳层深度为 1 ~ 1.3 mm，淬火后硬度为 60 ~ 65HRC。孔径为 12 mm，在 Z25 型立式钻床上采用 n = 320 r/min，f = 0.16 mm/r 的切削用量，用质量分数为 25% 的乳化液冷却。

4）实用效果。效率比标准麻花钻提高 5 ~ 6 倍，比群钻提高 2 ~ 3 倍。当孔钻通时，断屑圈不会黏附在钻头上，钻头前面很少有积屑瘤黏附，排屑良好，经济效益较高。

二、非平面上孔的加工

钻削非平面上的孔，如在球面体、斜面或倾斜的圆柱面上钻孔，或在铸造、锻造毛坯及端面不平的表面上钻孔，或在孔壁形状不规则的工件上扩孔，都存在着偏切削的问题。钻削中切削刃的径向抗力将使钻头轴线偏斜，很难保证孔的正确位置，并容易使钻头折断。因此，一般可采用平顶钻头，如图 3—3—15a 所示，它减小了切削力的径向分力，使钻孔的质量得到保证；也可以采用多级平顶钻头，如图 3—3—15b 所示，它由钻心部分先切入，然后逐级钻进，能得到较好的定心。挑选钻头时应尽量选用导向部分较短的，以提高刚度。钻削时最好使用钻模，并应使用手动进给，特别是在进口和出口处转速不能太高。

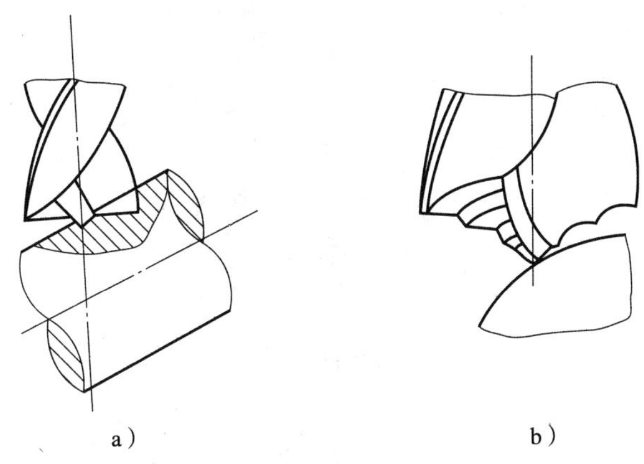

图 3—3—15　在非平面上钻孔

a）平顶钻头　b）多级平顶钻头

还有一种转位钻偏孔法，即先在工件上钻一径向浅孔，如图 3—3—16a 所示，然后将工件转动一定角度，再沿孔窝往下钻孔，如图 3—3—16b、c 所示，可改善偏切削状况，必要时再将孔端锪平。

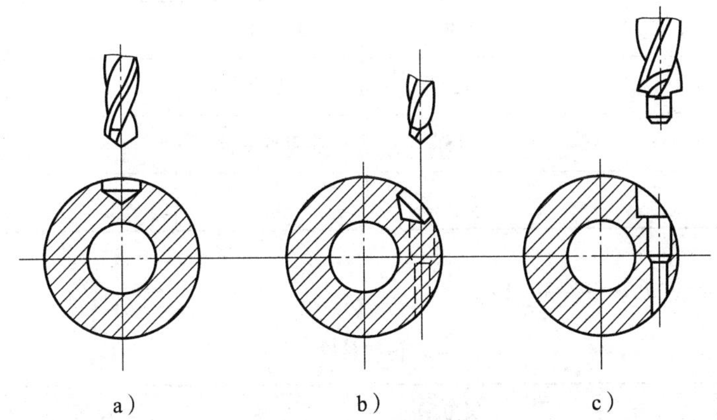

图 3—3—16　转位钻偏孔法

a）先钻一径向孔　b）、c）转位后沿孔窝往下钻

1. 钻削大圆弧面钻头

如图 3—3—17 所示为钻削大圆弧面的钻头。

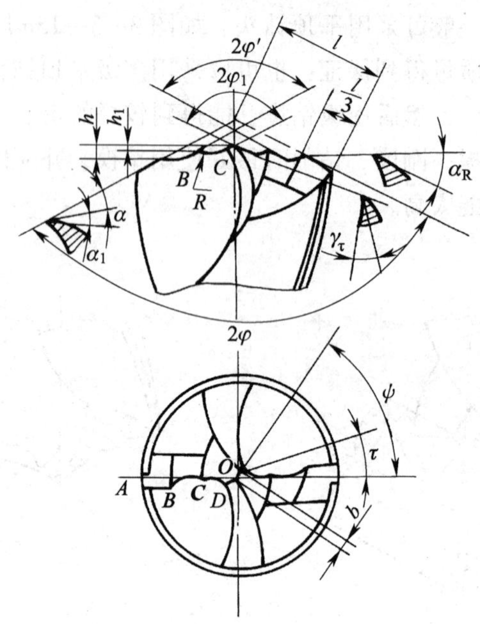

图 3—3—17　钻削大圆弧面钻头

（1）角度参数见表 3—3—11。

表 3—3—11　　　　　　**角度参数**

名称	代号	角度值	名称	代号	角度值
外刃顶角	2φ	125°	横刃斜角	ψ	65°
内刃顶角	$2\varphi'$	130°	内刃斜角	τ	25°
第二内刃顶角	$2\varphi_1$	135°	外刃后角	α	16°
圆弧刃后角	α_R	18°	外刃双后角	α_1	12°～14°
内刃前角	γ_τ	－15°			

（2）长度参数见表 3—3—12。

表 3—3—12　　　　　　**长度参数**

名称	代号	长度值	名称	代号	长度值
外刃长	$\frac{1}{3}l$		第二尖高	h_1	1.5 mm
圆弧刃半径	R	3 mm	横刃宽	b	1.5 mm
尖高	h	1.5 mm			

(3) 修磨要点

1) 将铸钢群钻的三尖七刃修磨为五尖十一刃，使主切削刃分刃切削，减小轴向抗力，使钻削轻快。

2) 磨出第二内刃顶角，使五尖钻头容易定心。

3) 采用双后角，减小钻头后面与孔壁的摩擦，便于冷却，减少钻削热。

4) 将横刃磨低，使其窄又尖，变负前角挤压为切削状态。

(4) 钻削用量

孔径为 30 mm 时，$v=26$ m/min，手动进给，选用乳化液冷却。

(5) 实用效果

适合在圆弧面上钻孔，工作效率比铸钢群钻高 1 ~ 2 倍，比标准麻花钻高 5 ~ 6 倍。减小轴向抗力及转矩，孔位不会偏移。

2. 在球面上钻孔的钻头

该钻头是在群钻基础上改进和发展而得的，切削部分修磨后的几何形状和参数如图 3—3—18 所示。

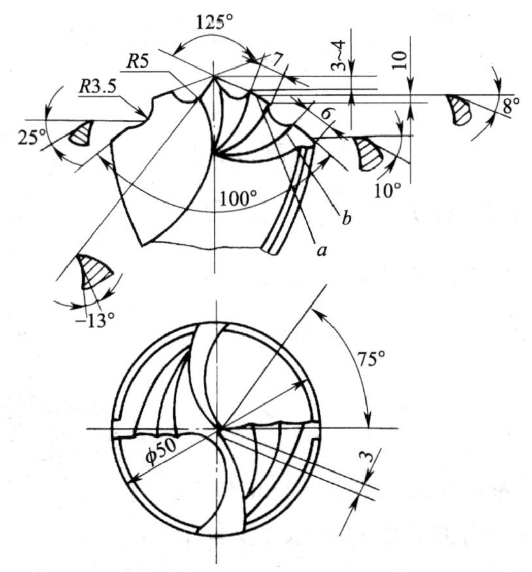

图 3—3—18 在球面上钻孔的钻头

(1) 钻削原理

被钻工件的形状如图 3—3—19a 所示，钻削原理如图 3—3—19b 所示。钻削时，钻头的切削刃 b 首先在工件上锪出一道槽 b'（见图 3—3—19b 中 A）。随着主轴进给，切削刃 a 参加工作，同时横刃参加定心（见图 3—3—19b 中 B）。b'点钻透，切削刃 a 仍在工作，同时横刃仍起定心作用（见图 3—3—19b 中 C）。a'点钻透，中心消失，已钻透的 b'抵住钻头，同时 b''点辅助定心，防止钻头向 b'点滑移而使孔变成椭圆（见图 3—3—19b 中 D）。最后改机动进给为手动进给（以提高工效），切削过程完毕。

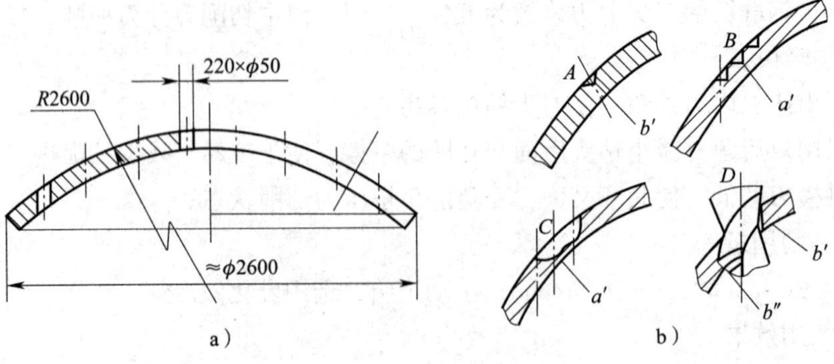

图 3—3—19　在球面上钻孔

a）被钻工件形状　b）钻削原理

（2）实用效果

当孔径为 50 mm 时，采用 $n=50$ r/min，$f=0.071$ mm/r，可得表面粗糙度 Ra 值为 6.3 μm、圆度误差不大于 0.1 mm、孔径误差不大于 0.1 mm 的孔。

3．在斜面上钻孔的钻头

如图 3—3—20 所示为在斜面上钻孔的钻头。

（1）刃形特点

当钻头直径为 10～40 mm 时，钻心横刃长度 $b=0.5\sim0.7$ mm，圆弧刃半径 $R=\frac{1}{6}d_0$，内刃顶角 $2\varphi=70^\circ\sim80^\circ$，内刃顶角尖端与两外刃尖端的最高距离 $T=\frac{1}{2}d_0\tan\alpha-$（0.2～0.5），（这里的 α 为工件的斜度）。

（2）钻削原理

钻削时，切削刃外缘先切入工件 0.5 mm 左右，横刃开始定心，又因主切削刃 R 的存在而在工件上切出凸形的圆弧肋，保证定心正确。

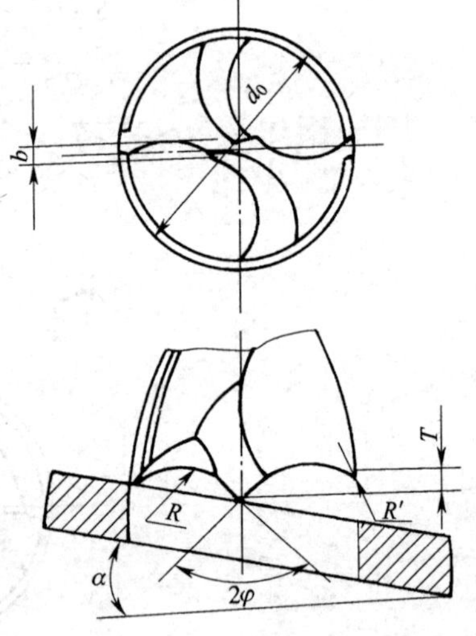

图 3—3—20　在斜面上钻孔的钻头

（3）注意事项

钻孔时，由于两外刃尖端先切入工件，因此不能开机对刀，以免当中心顶角触及工件时横刃不在被钻孔的中心。该钻头必须在停机时以钻头内刃顶角处的横刃对刀定心。对刀时，钻头两外缘尖角必须与工件斜度方向成 90°角，然后使钻头离开工件，再开机钻孔。

技能训练

纯铜群钻的刃磨

一、训练要求

刃磨如图 3—3—21 所示直径为 25 mm 的钻削纯铜的群钻，其长度参数见表 3—3—13。通过技能训练，要求能根据加工材料的不同，对钻削纯铜的群钻的几何角度进行合理选择和修磨，掌握群钻的刃磨方法。

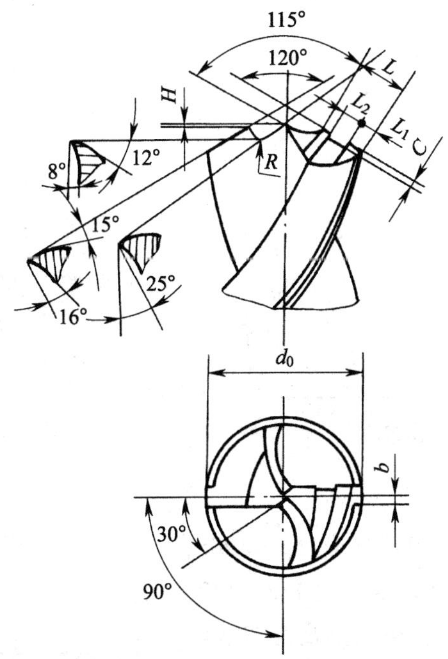

图 3—3—21　钻削纯铜的群钻

表 3—3—13　　**长度参数**　　mm

名称	代号	长度值	名称	代号	长度值
外刃长	L	$(0.2\sim0.3)d_0=5\sim7.5$	分屑槽宽	L_2	$0.08d_0=2$
第一外刃长	L_1	$0.06d_0=1.5$	分屑槽深	c	$0.03d_0=0.75$
圆弧刃半径	R	$(0.15\sim0.2)d_0=3.75\sim5$	横刃宽	b	$0.2d_0=0.5$
尖高	H	$0.06d_0=1.5$			

二、工作准备

1. 工艺分析

(1) 磨尖高

标准麻花钻的外锋角 $2\varphi = 118° \pm 2°$，将其钻尖高磨至 $H/2$ 左右。其目的是减少后续的刃磨量和时间，如图 3—3—22 所示。

(2) 磨后背

钻头两主后面须对称、均匀，将宽度磨至全后面 $H'/2$ 左右（见图 3—3—23）。其目的是减少下一步刃磨量，增大钻削中的排屑空间，使切削液更快进入主切削刃附近。

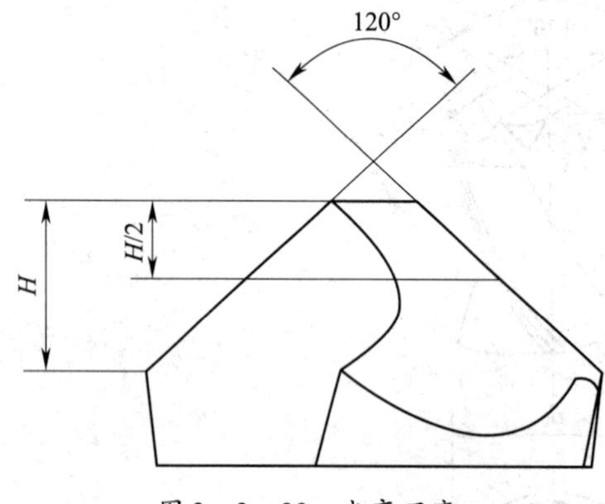

图 3—3—22　尖高刃磨

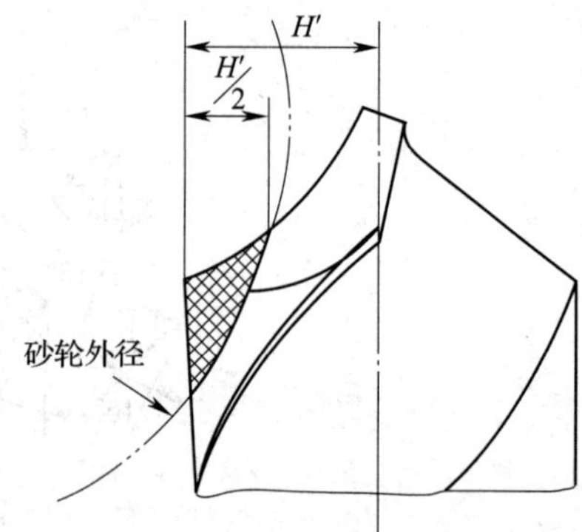

图 3—3—23　后背刃磨

(3) 磨外刃

如图 3—3—24 所示，刃磨锋角 $2\varphi = 120°$，使每条外刃长度大于或等于原长度的 1/3 ~ 1/2，同时须产生两后角 $\alpha \approx 15°$，两侧角度与刃长对称且相等。其目的是使外刃每一点的轴向前角增大，钻削时轴向阻力小，排屑快而顺畅。

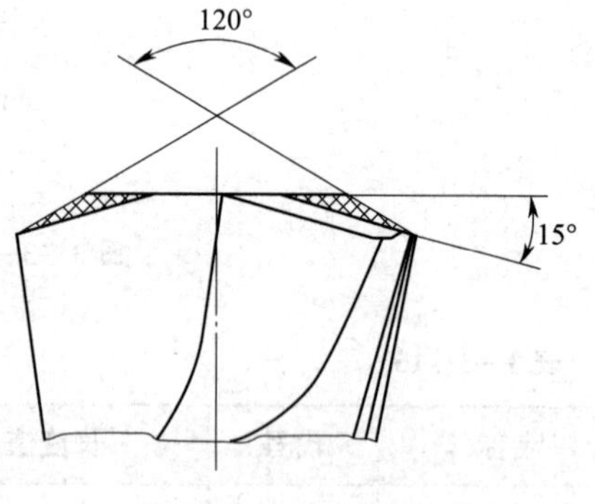

图 3—3—24　外刃刃磨

(4) 磨弧刃

每一侧弧刃长度磨至钻头外刃全长的一半左右（$\approx L/2$），同时产生弧刃后角 $\alpha_R \approx 12°$，横刃斜角为 90°，内锋角 $2\varphi' = 115°$，钻尖高 $H \approx 0.06d_0$，如图 3—3—25 所示。其目的是增大钻头切削刃长度；钻削时中心稳定，孔的直线性不易偏斜；切屑易变形而折断；保护钻尖并提高其耐用度。

(5) 磨内刃

将内刃宽度磨至弧刃全长的 $\frac{2}{3}$ 左右（$\approx 2/3L$），同时须产生内刃前角 $-25°$ 左右，内刃斜角 $\tau \approx 30°$，横刃长 $b \approx 0.02d_0$，$R \approx (0.15 \sim 0.2)\ d_0$，如图 3—3—26 所示。其

目的是使内刃前角 γ_{τ} 负值减至最小，加上横刃长度缩短，钻削时轴向力就小得多，从而给大进给量创造条件。

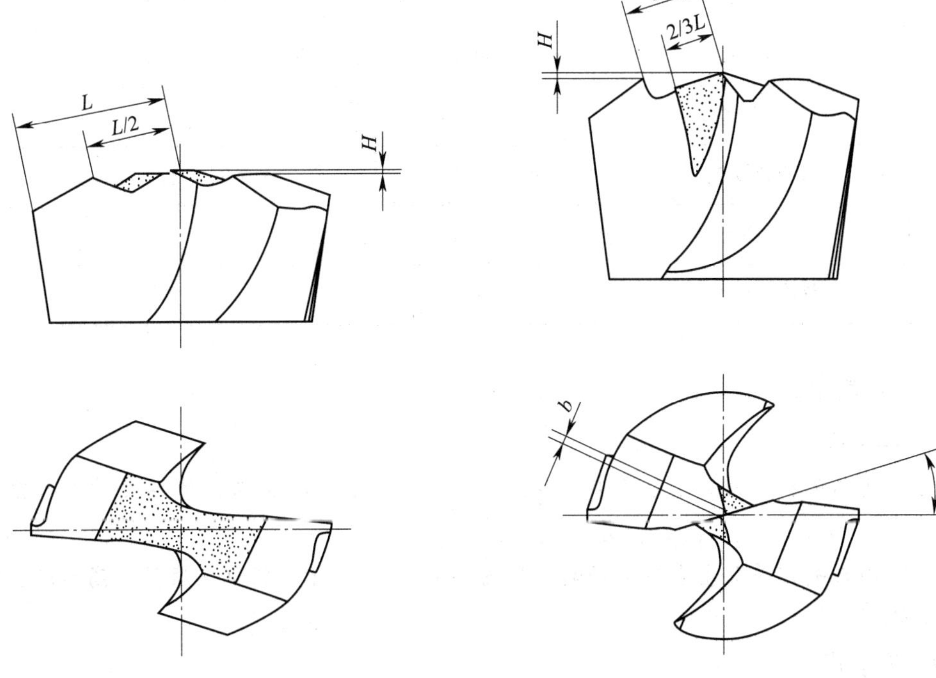

图 3—3—25 弧刃刃磨　　图 3—3—26 内刃刃磨

（6）磨分屑槽

对直径 25 mm 以下的钻头通常都不磨分屑槽，如果需要，可采用薄片树脂砂轮在钻头外刃一侧磨一条即可。分屑槽宽 $L_2\approx0.08d_0$，槽深 $c\approx0.04d_0$。

对直径 25 mm 以上的大直径钻头可磨两至多条分屑槽，可直接在普通砂轮机上刃磨。但砂轮外缘圆角半径要修小，磨槽前要设计好各条槽相互错开的槽距、槽宽和槽深，避免将外刃两侧的分屑槽磨在同一个圆周内。

磨分屑槽的作用如下：

1）钻削时可使钻头两外刃所受到的径向力均衡。

2）可将较宽的切屑分割成窄条状，使钻削轻快，排屑更为顺畅。

2. 工具、量具、刃具准备

工具、量具、刃具准备清单见表 3—3—14。

表 3—3—14　工具、量具、刃具准备清单

序号	名称	规格	精度	数量
1	砂轮机	自定		1
2	氧化铝砂轮	F46～60		1

续表

序号	名称	规格	精度	数量
3	百分表	0 ~ 5 mm	分度值为 0.01 mm	1
4	游标卡尺	0 ~ 150 mm	分度值为 0.02 mm	1
5	专用样板		1 级	1 套
6	万能角度尺	0 ° ~ 320 °	分度值为 2′	1
7	半径样板	$R1$ ~ 7 mm		1
8	标准麻花钻	ϕ25 mm		1

三、刃磨步骤

1. 磨尖高

（1）使钻头轴线稍高于砂轮中心线，然后双手前后平握钻头，使钻尖对着砂轮圆周面。

（2）均匀进刀并做左右移动磨削，如图 3—3—27 所示。将钻尖磨至全高≈$H/2$ 时立即入水冷却。

2. 磨后背

（1）将左手一手指按在砂轮机防护罩某一点上定位，钻头一侧主后面置于比砂轮中心高约 10 mm 的圆周面上，使钻头轴线与砂轮切线方向约成 30° 夹角，如图 3—3—28 所示。

（2）将钻头压向砂轮，左右均匀施力移动磨削。

（3）当磨至宽度约为 $H'/2$ 时，一只手将钻头入水冷却（另一手指原按点不动），翻转 180° 再刃磨另一后背。

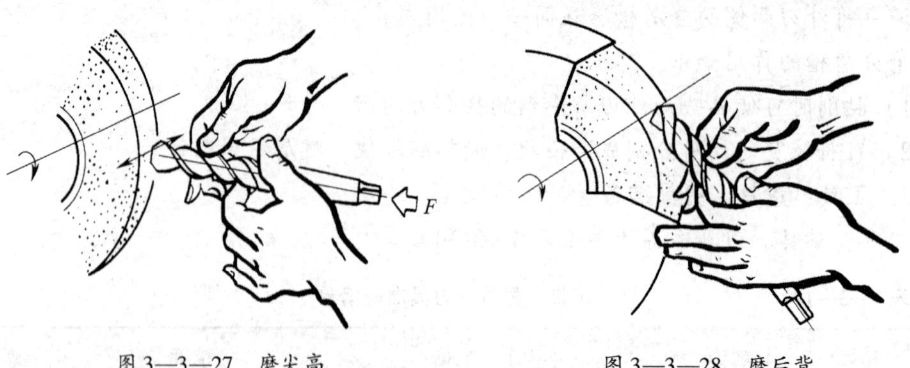

图 3—3—27　磨尖高　　　图 3—3—28　磨后背

3. 磨外刃

（1）双手前后持稳钻头，将一外刃置于比砂轮中心高约 10 mm 的圆周面上，左手中指或食指按压在砂轮机防护罩某一点上定位，如图 3—3—29 所示。

（2）将钻头调整为以下位置：钻头主切削刃与砂轮轴线成 55°～60°夹角；钻头尾部下倾与砂轮外圆切线方向成 10°～15°角。

（3）将钻头主切削刃逆时针方向旋转 6°～10°（使靠近钻尖处外刃上每一点后角 α 增大），此时将钻头压向砂轮圆周面，均匀施力做左右移动磨削。

（4）当一外刃长磨成后，微松两手，身体站位与左手手指的定位点不变，右手持钻头旋转 180°，仍按原位置刃磨另一外刃。

4．**磨弧刃**

（1）磨削点高于砂轮轴线外缘侧面相交处约 10 mm，左手一手指按住砂轮机防护罩某一点定位，如图 3—3—30 所示。

图 3—3—29　磨外刃

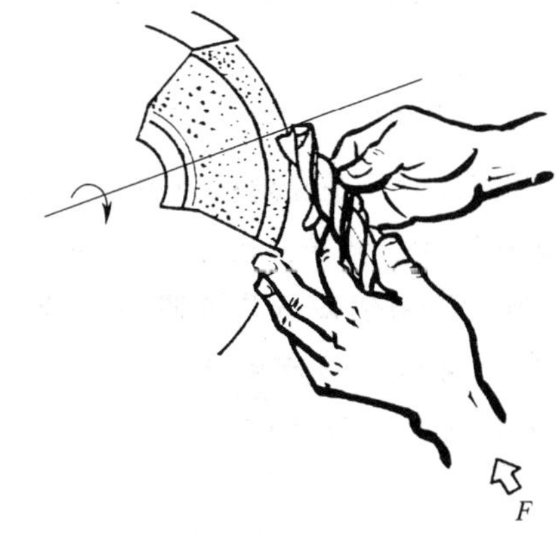

图 3—3—30　磨弧刃

（2）将钻头调整为以下位置：钻头轴线与砂轮外侧面斜偏 55°～60°，尾部下倾 15°～20°并顺时针旋转 8°～10°。

（3）按上述磨削位置，以钻头轴线方向进给磨削到位，微松两手，身体站位与左手手指的定位点不变，右手将钻头翻转 180°，仍在原位刃磨另一弧刃。两弧刃反复刃磨两次对称后冷却。

5．**磨内刃**

（1）将钻头尾部抬高至与砂轮磨削点成 15°～25°夹角，左手抓住钻尾，中指按在砂轮机防护罩某一点上定位，右手拇指和食指抠住钻头前端两螺旋槽。

（2）摆出以上位置后，右手将钻头后面的螺旋槽逐渐靠上砂轮磨削点，与此同时左手微松，右手扭住钻头做顺时针方向缓慢转动刃磨，如图 3—3—31 所示。

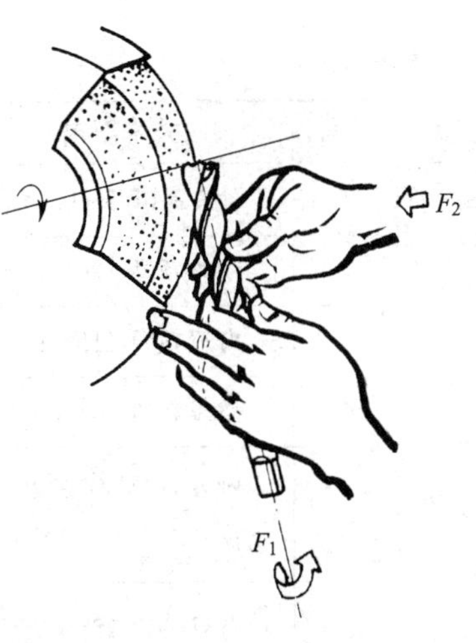

图 3—3—31　磨内刃

（3）当磨至近横刃时，观察砂轮磨削点与钻头前面成15°～20°时，右手将钻心向砂轮侧面做一直线微量进给，使内刃斜角τ产生并同时缩短横刃。微松两手，将钻头旋转180°，仍在原位置，按上述动作刃磨另一侧内刃。在刃磨的全过程中，身体站位与手指的定位点不变。

6．**磨分屑槽**

（1）右手拇指和食指抠住钻头前端两螺旋槽，中指按在砂轮机防护罩某一点上定位，磨削点高于砂轮轴线外缘侧面相交处约10 mm。

（2）钻头轴线在水平面内与砂轮侧面的夹角为55°～60°，钻头尾部下倾，与砂轮外圆切线方向成10°～15°角。

（3）刃磨时，钻头主切削刃与砂轮圆角接触，左手抓住钻尾，做上下方向摆动刃磨，下摆的角度根据圆弧后角的大小而定，约为15°。右手捏住钻头磨出分屑槽的槽宽和槽深。

四、注意事项

1．养成站位和手指定位的刃磨习惯，能够保持钻头两侧刃口磨削位置基本不变，各刃型大致对称、相等；还可将因砂轮抖动而带来的双手颤动频率降至最小。

2．新砂轮两侧面与其外圆夹角均为90°，在用其刃磨钻头弧刃和内刃时，会造成弧底“清根”而产生应力集中，在钻头大进给量切削时，此处极易出现根裂直至崩刃。因此，刃磨前须用人造金刚石笔对新砂轮90°交角处做小圆弧的微量修钝。

3．群钻磨好后，可用万能角度尺或角度样板检验各角度，用百分表检测各切削刃；同时，要在实体材料上进行试钻。

五、评分标准

加工项目配分表见表3—3—15。

表3—3—15　　加工项目配分表

类别	序号	技术要求	配分	评分标准	检测结果	得分
钻尖高	1	钻尖高(1.5±0.2)mm	4	超差全扣		
角度参数	2	外刃顶角120°±2°	4	超差全扣		
	3	内刃顶角115°±2°	4	超差全扣		
	4	横刃斜角90°±2°	4	超差全扣		
	5	内刃斜角30°±2°（2处）	8	超差全扣		
	6	内刃前角25°±2°（2处）	8	超差全扣		

续表

类别	序号	技术要求	配分	评分标准	检测结果	得分
角度参数	7	外刃后角 15°±2°（2处）	8	超差全扣		
	8	圆弧刃后角（2处）12°±2°	8	超差全扣		
切削刃	9	横刃宽 $b=(0.5\pm0.2)$ mm	4	超差全扣		
	10	圆弧刃 $R=(3.75\pm0.2)$ mm（2处）	8	超差全扣		
	11	外刃长 $L=(7.5\pm0.2)$ mm（2处）	8	超差全扣		
	12	两侧角度与刃长对称、相等	4	超差全扣		
分屑槽	13	槽宽 $L_2=(2\pm0.2)$mm	4	超差全扣		
	14	槽深 $c=(0.75\pm0.2)$ mm	4	超差全扣		
安全文明生产	15	操作规范，戴防护眼镜	5	操作不规范扣 1～5分		
	16	安全文明生产	15	违反操作规程扣 1～15 分		
总分						

高精度零件加工

课题一 高精度配合件加工

在模具的装配或修理中，经常用到模具零件的镶配技术，如凸模与凸模固定板、型芯与动模板之间的镶配等。锉削是模具钳工的一项最基本的操作技能，高精度配合件的加工大多要用到锉削。

一、锉削基准的确定

锉削基准的选择原则如下：

1. 选用最大、最平整的面作为锉削基准。
2. 选用已作为划线基准、测量基准的面作为锉削基准。
3. 选用锉削余量最少的面作为锉削基准。
4. 选用加工面精度最高的面作为锉削基准。
5. 选用已加工过的面作为锉削基准。

二、锉削加工过程

1. 锉削基准面

锉削基准面时，在必须达到精度及表面粗糙度要求的前提下，应尽量减少锉削余量，使大部分锉削余量放在基准面的对面。

2. 按基准面进行划线

锉削中的划线是作为粗加工时的依据，有了明确的锉削界线，粗加工时就能大胆地进行锉削。但对于精加工来说，所划的线就不能看成是依据，只能作为参考，精加工的精度，主要靠量具测量来保证。

3. 锉削步骤

锉削步骤的确定原则如下：

（1）先锉削基准面。

（2）先锉余量最少的面，以保证工件在加工余量少时能加工出形状与尺寸。

（3）先锉精度高的面，后锉精度低的面。

（4）先锉平行面，后锉垂直面。

（5）先锉大面后锉小面，先锉平面后锉曲面。

（6）从测量方便的角度考虑加工的先后。

现以图 4—1—1 所示的燕尾样板为例分析锉削步骤的确定方法：尺寸 F 对称于 E，就必须考虑加工步骤便于测量及控制。锉削前先锯出一边燕尾，并锉到要求的尺寸 Δ_1；再加工另一边燕尾，并锉到要求的尺寸 Δ_2。如果同时锯出两边燕尾，那么在加工过程中对称度就难以控制。如果尺寸 F 没有对称度要求，就可同时锯出两边燕尾，直接控制尺寸 Δ_2 达到精度要求。

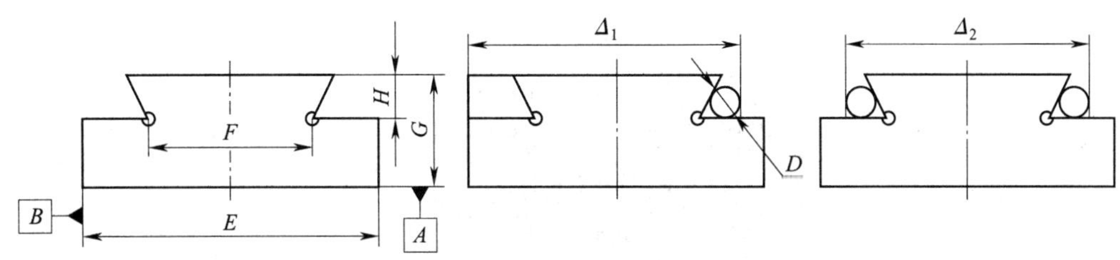

图 4—1—1　燕尾样板

三、锉削加工注意事项

1. 粗锉时压力大，锉刀行程长，在锉到接近留精锉余量时应减小锉削压力及行程，以进一步改善锉削表面质量，为精锉奠定基础，这样在精锉时容易达到精度及表面粗糙度要求，同时可缩短加工时间。

2. 精锉时锉刀的行程不宜拉得太长，一般为 20 ~ 60 mm，行程太长不易控制前后力的平衡，造成锉面中凸。锉刀要紧贴锉面，压力减小时应感到锉刀是吸附在工件上的，同时注意压力要均匀，使工件表面锉纹深浅一致。

技能训练

V 三角组合件的制作

一、训练要求

如图 4—1—2 所示的 V 三角组合件由三角体（见图 4—1—3）、圆弧镶块（见图 4—1—4）、底板（见图 4—1—5）和 V 形板（见图 4—1—6）组成。现制作该 V 三角组合件，要求各零件的尺寸、形状和位置精度达到 IT8 ~ IT6 级，表面粗糙度达到

$Ra1.6\ \mu m$，各零部件的配合间隙及换向配合间隙小于等于 0.03 mm。通过技能训练，要求掌握组合件各零部件的锉削工艺和锉削方法；熟练使用配套工具、量具装夹及测量工件，并掌握测量方法；掌握零部件的锉配工艺。

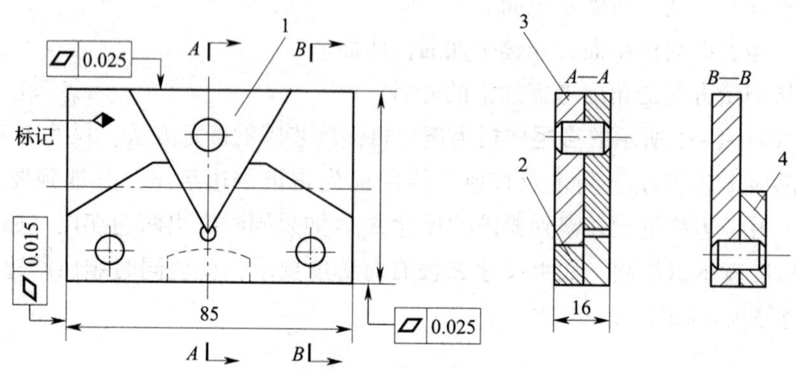

技术要求

1. 用自备心轴装配，4件能同时装配，按评分标准配分，否则不能得装配分。
2. 装配时，件3标记如图示位置为准，其余3件可进行翻转，件1还能做120°旋转，均能符合装配的各项要求。
3. 装配后，件1与件4、件2与件3配合间隙及换向配合间隙均小于等于0.03。
4. 未注倒角为C0.3。
5. 各零件均为45钢。

图 4—1—2　V 三角组合件装配图

1—三角体　2—圆弧镶块　3—底板　4—V 形板

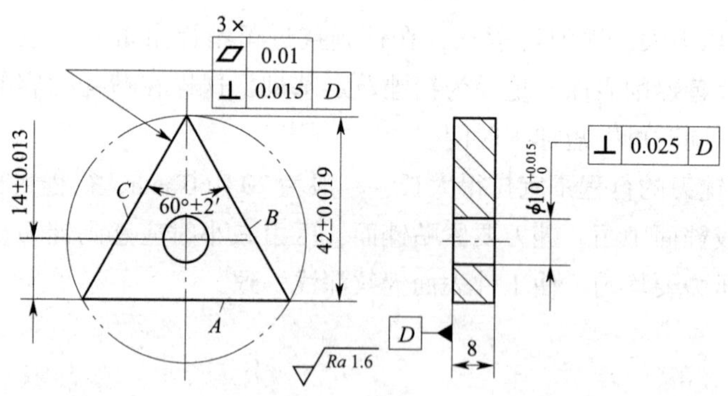

图 4—1—3　三角体（件 1）零件图

二、工作准备

1. 工艺分析

该工件由 4 件组合而成，加工时不仅要保证各单件的尺寸精度和几何公差，还要保证装配后的技术要求。为了保证不同方向的组合装配均符合要求，加工时对孔的精度要求较高，特别是 $\phi 8^{+0.015}_{0}$ mm 定位孔的加工尤为重要，必须采取适当的措施，各零件间关系密切，又相互制约，故加工方案应做整体考虑。

量。

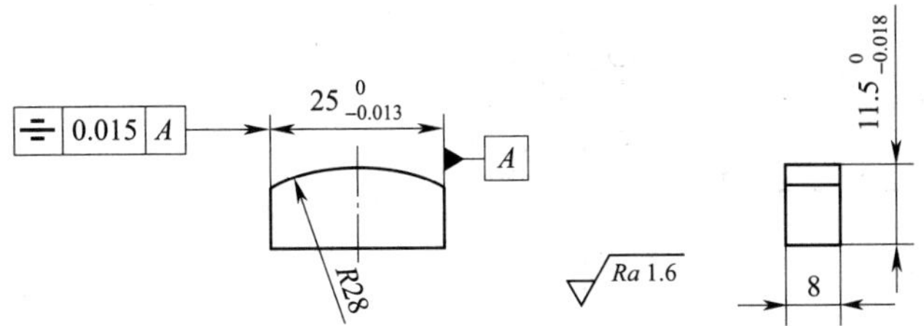

图 4—1—4 圆弧镶块（件 2）零件图

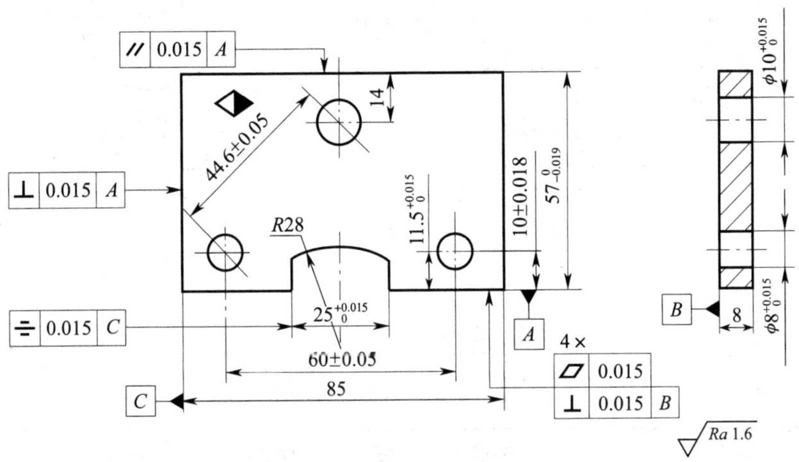

图 4—1—5 底板（件 3）零件图

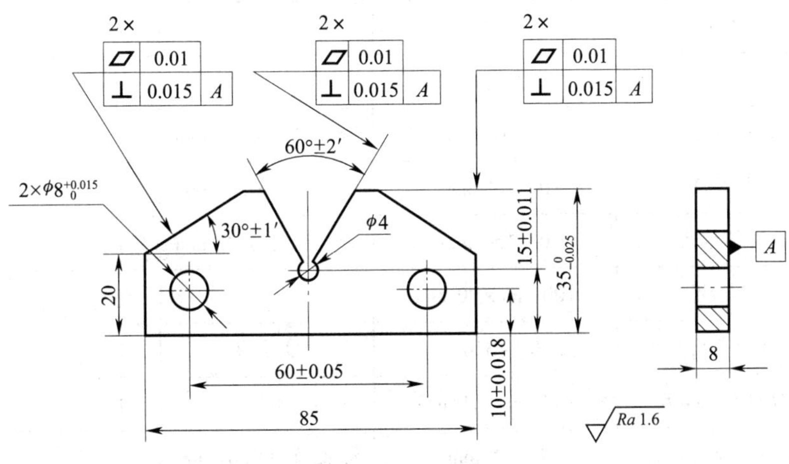

图 4—1—6 V 形板（件 4）零件图

2. 毛坯准备

准备毛坯如图 4—1—7 所示。检查毛坯是否符合图样要求，并留有足够的加工余量。

3. 工具、量具、刃具准备

工具、量具、刃具准备清单见表 4—1—1。

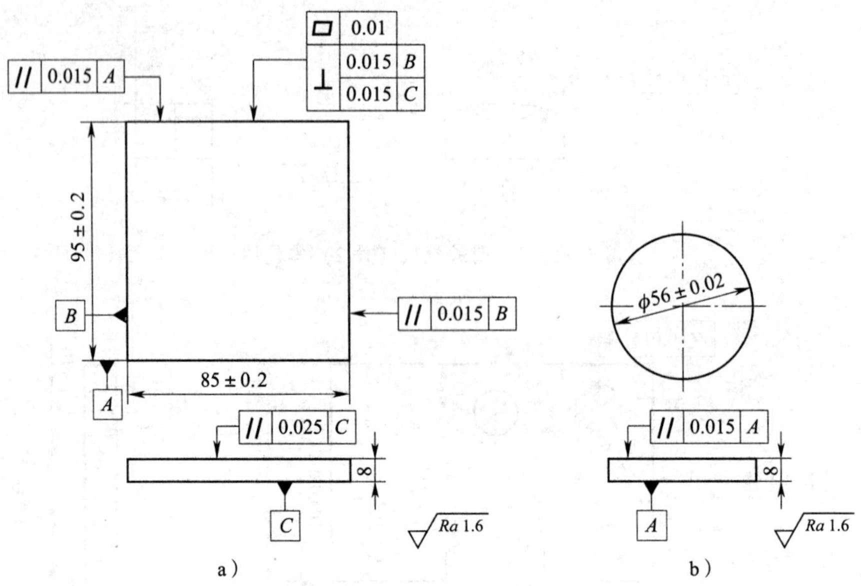

图 4—1—7 毛坯

表 4—1—1 工具、量具、刃具准备清单

序号	名称	规格	精度	数量	备注
1	杠杆百分表	0～0.8 mm	分度值为 0.01 mm	1	
2	表架	自定		1	
3	量块	83 块	1 级	1 套	
4	内径百分表	6～10 mm	分度值为 0.01 mm	1	
5	游标高度尺	0～300 mm	分度值为 0.02 mm	1	
6	游标卡尺	0～150 mm	分度值为 0.02 mm	1	
7	正弦规	100 mm×80 mm	1 级	1	
8	万能角度尺	0°～320°	分度值为 2′	1	
9	刀口形直角尺	100 mm×70 mm	0 级	1	
10	千分尺	0～25 mm	分度值为 0.01 mm	1	
11	千分尺	25～50 mm	分度值为 0.01 mm	1	
12	千分尺	50～75 mm	分度值为 0.01 mm	1	
13	千分尺	75～100 mm	分度值为 0.01 mm	1	
14	塞尺	0.02～0.5 mm	1 级	1	
15	方箱或靠铁	200 mm×200 mm	1 级	1	

续表

序号	名称	规格	精度	数量	备注
16	V 形架	60 mm × 60 mm × 50 mm	1 级	2	
17	高度规（升降器）	自定		1	用于量块的测量
18	钢直尺	150 mm		1	
19	齿厚游标卡尺	$m1 \sim 26$	分度值为 0.02 mm	1	
20	齐头扁锉	100 ~ 300 mm		自定	1 ~ 5 号
21	三角锉	150 ~ 200 mm		自定	1 ~ 5 号
22	半圆锉	150 ~ 250 mm		自定	1 ~ 5 号
23	方锉	200 ~ 250 mm		自定	1 ~ 5 号
24	整形锉	自定		1 套	
25	划针	自定		1	
26	划规	自定		1	
27	样冲	自定		1	
28	锯弓	自定		1	
29	锯条	自定		若干	
30	锤子	自定		1	
31	钻头	$\phi 4 \sim 10$ mm		自定	
32	活扳手	250 mm		1	
33	平行夹头	自定		2	夹持工件用
34	万能分度头	125 mm		1	

三、制作步骤

1. 加工三角体（件 1）

(1) 将 $\phi 56$ mm 圆柱形毛坯安装在分度头上进行划线。因为件 2 用件 1 的余料加工而成，所以应在毛坯上同时划出件 1 和件 2，如图 4—1—8 所示；否则，将件 2 与件 1 分割后，再在件 2 上划线会十分困难。

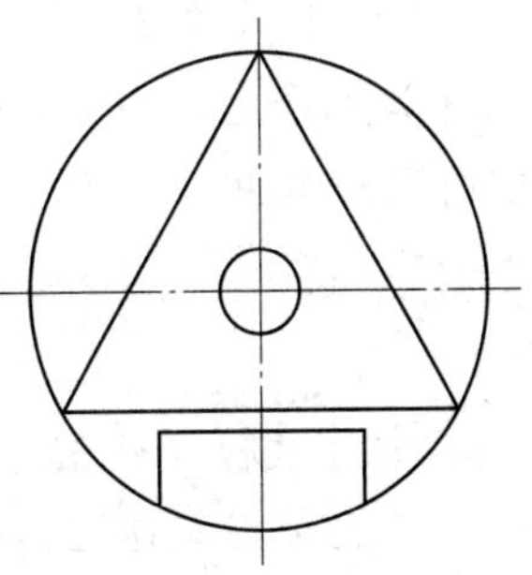

图 4—1—8 件 1 与件 2 的划线

(2) 划线后对工件 $\phi 10^{+0.015}_{0}$ mm 孔中心打样冲眼，再将工件用三爪自定心卡盘装夹后，安放在钻床工作台上。把杠杆百分表装在钻床主轴上，通过测量工件外圆进行找正，使工件中心与钻床主轴回转中心重合。用钻削、铰削的方法边测量边加工，使工件 $\phi10^{+0.015}_{0}$ mm 孔的尺寸精度和表面粗糙度均符合图样要求，同时确保 $\phi10^{+0.015}_{0}$ mm 孔与 $\phi56$ mm 外圆的同轴度误差在 $\phi0.03$ mm 内。

（3）以 $\phi10^{+0.015}_{0}$ mm 孔为基准，依次锯削和锉削件 1 的 A、B、C 三面。先加工好 A 面，在加工 B、C 两面时，A 面可作为辅助基准，用正弦规、量块组合，并用杠杆百分表进行测量，以确保各面交角在 $60° \pm 2'$ 要求范围内，同时也要确保各面的形状公差符合要求。在测量各面至孔中心距（14 ± 0.013）mm 时，可在工件上装一 $\phi10$ mm 的心轴，在平板上用杠杆百分表同相应组合尺寸的量块进行比较测量，如图 4—1—9 所示。

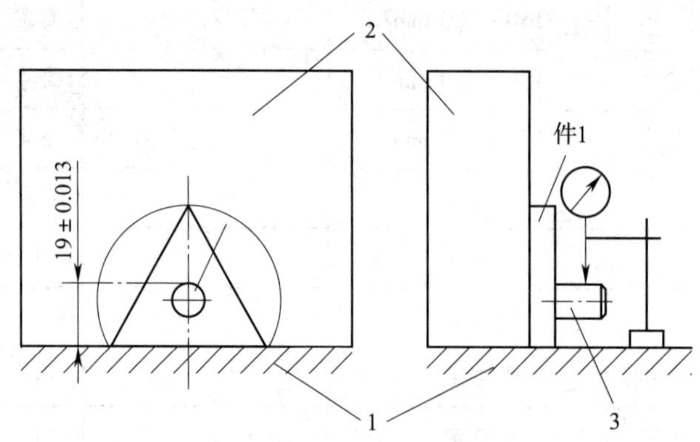

图 4—1—9　三面至孔中心距的测量

1—平板　2—靠铁　3—心轴

2．加工圆弧镶块（件 2）

（1）锉削尺寸为 $11.5^{0}_{-0.018}$ mm 的平面，用千分尺直接测量，测量点应在圆弧面最高处。

（2）在加工尺寸为 $25^{0}_{-0.013}$ mm 的两侧面时，用千分尺测量只能控制尺寸精度，而与基准 A 的对称度精度无法保证，应选用齿厚游标卡尺测量，才能使对称度符合要求。如图 4—1—10 所示为用齿厚游标卡尺测量圆弧镶块的方法，将齿厚游标卡尺的垂直量爪后移一定距离 L 后，用螺钉固定不动，然后紧靠工件侧面。同时，用水平量爪测得尺寸 1，再将工件翻身测量，可测得尺寸 2。比较尺寸 1 和尺寸 2 的大小，尺寸较小的一端还有加工余量。当两次测量结果一致时，说明两侧面与中心对称。再用千分尺检验尺寸 $25^{0}_{-0.013}$ mm，如在公差范围内，则此件合格。

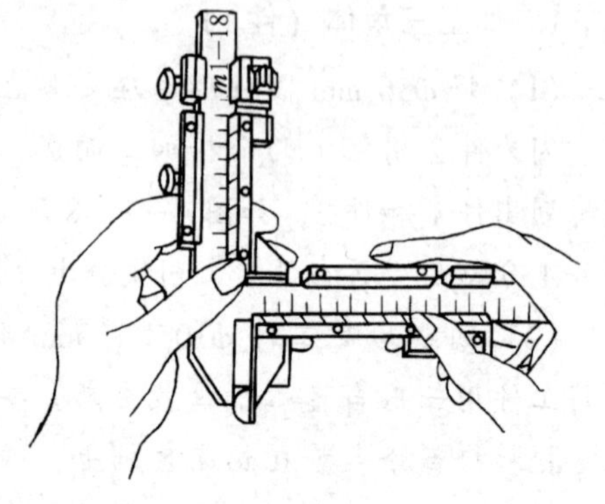

图 4—1—10　用齿厚游标卡尺测量圆弧镶块

3．加工底板（件 3）

（1）在方形毛坯上划出件 3 和件 4 的外形，并锯削成两块，使件 3 的尺寸 $57^{0}_{-0.019}$ mm

和件 4 的尺寸 $35_{-0.025}^{0}$ mm 均有余量。

(2) 以毛坯预加工好的 A 面为基准，锉削尺寸为 $57_{-0.019}^{0}$ mm 的平面，用千分尺直接测量以保证尺寸精度，并用杠杆百分表在平板上测量该面的平面度误差和对 A 面的平行度误差。

(3) 以 A 面和尺寸 85 mm 的对称中心线为基准，划出 $25_{0}^{+0.015}$ mm × $R28$ mm 的槽形轮廓线，用钻排孔和锯削的方法去除余量，粗锉槽各面，留 0.02 mm 作为精加工余量。精锉槽 $25_{0}^{+0.015}$ mm 两侧面时，必须与尺寸 85 mm 对称中心线的对称度误差在 0.015 mm 内，可用千分尺测量右侧面至 C 面的距离和左侧面相对应的距离 $\left(\dfrac{85-25}{2}=30\text{ mm}\right)$ 相一致，从而保证槽宽 $25_{0}^{+0.015}$ mm 的尺寸精度和对称度要求。

(4) $R28$ mm 圆弧面可以件 2 的 $R28$ mm 为基准换向锉配，要求配合间隙小于 0.03 mm。

(5) 尺寸 $11.5_{0}^{+0.015}$ mm 可用杠杆百分表在平板上与量块组合的尺寸进行比较测量，也可在用件 2 锉配时，直接测量装配尺寸 $57_{-0.019}^{0}$ mm 来间接保证尺寸 $11.5_{0}^{+0.015}$ mm。

4. **加工 V 形板（件 4）**

(1) 以毛坯预加工好的下平面和尺寸 85 mm 的对称中心线为基准，划外形轮廓线和圆孔线。

(2) 先钻出 $\phi4$ mm 小孔，再锯掉余料，粗、精锉顶面，用千分尺测量，保证尺寸 $35_{-0.025}^{0}$ mm。

(3) 粗、精锉 60° ±2′两面和两侧 30° ±1′斜面，各面平面度及对基准 A 的垂直度均应符合要求。将工件底平面放在一端用量块组合好的正弦规工作面上。在平板上用杠杆百分表测量各角度面，要注意 60° ±2′槽对中心线应对称，因为这关系到与件 1 的装配位置和配合间隙。测量时，将工件侧面紧靠正弦规挡板，再翻身测量另一面，两次测量百分表读数相同时，即与中心线对称。

测量 V 形槽的位置尺寸（15 ±0.011）mm 时，可将工件底平面放在平板上，将一根 $\phi20$ mm 的量棒放在槽中，如图 4—1—11 所示。用杠杆百分表测量高度 H，与组合量块相比较，得知 H 的大小后再按下式计算：

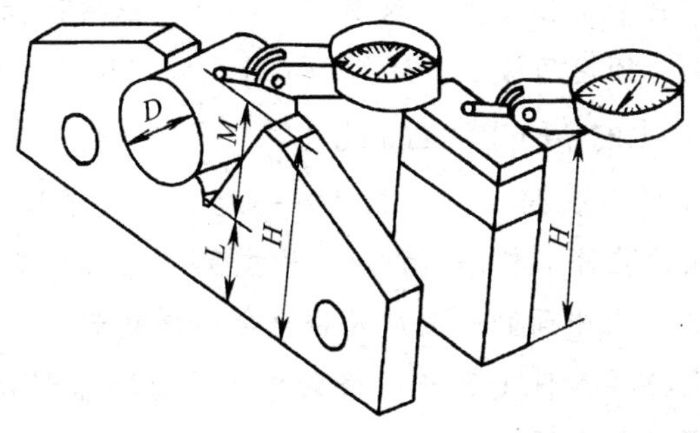

图 4—1—11　测量 V 形槽至底平面的距离

$$L = H - M = H - \frac{d}{2}\ (1 + \sec\alpha/2)$$

式中　d——量棒直径，mm；

α——V 形槽的实测角度，(°)。

这两种测量方法应交叉进行，通过测量高度，可判断还有多少加工余量；通过测量角度和对称度误差，可判断需加工哪一面。

5. 钻底板（件 3）和 V 形板（件 4）上 $\phi8^{+0.015}_{0}$ mm 的孔

件 3 与件 4 中两个 $\phi8^{+0.015}_{0}$ mm 的孔与底面的距离均为（10 ± 0.018）mm，而且两孔间的距离为（60 ± 0.05）mm，尺寸精度要求较高，在普通钻床上一般很难加工，但如果采用量块组合成一定尺寸并进行试钻，也可保证加工质量。

（1）先选取一块与待加工件相同材料（45 钢）的试件，试件长度 85 mm、厚度 8 mm 也与待加工件相同，但宽度不同，可取 40 mm。这样在试件上能钻出 4 个 $\phi8^{+0.015}_{0}$ mm 的孔，试件各表面都经磨削，其平面度误差、平行度误差、垂直度误差和表面粗糙度都达到件 3 图样上的要求，试件正、反两面都划出 4 个 $\phi8^{+0.015}_{0}$ mm 孔的中心线，并用样冲冲出中心孔。在钻床工作台上固定两块垂直相交的靠铁，与钻头轴线的距离分别为 72.5 mm（60 mm + 12.5 mm）和 20 mm（10 mm + 10 mm），如图 4—1—12 所示。在试件与两块靠铁之间分别放入 60 mm 和 10 mm 的量块。先试钻试件左边孔，钻尖要对准中心孔，边钻边测量孔中心到两边的距离（可用游标卡尺测量，控制尺寸）。

（2）钻孔后即用 ϕ8H7 的铰刀铰孔。取下工件装入 ϕ8 mm 量棒，在平板上用杠杆百分表和量块比较测量孔中心至底面和侧面的距离，根据测量结果调整量块厚度，例如，孔中心距底面尺寸为 10.15 mm，即可将原来垫入的 10 mm 量块换成 10.15 mm 的量块，使孔中心向前移 0.15 mm。再将工件掉头试钻对角的 $\phi8^{+0.015}_{0}$ mm 孔，也可将工件翻身试钻相邻的 $\phi8^{+0.015}_{0}$ mm 孔。这样试件最多可试钻 4 次，不断提高孔中心距底面的尺寸精度。

（3）一个孔试钻合格后，再钻孔距为（60 ± 0.05）mm 的右边孔时，只要去掉尺寸为 60 mm 的量块，即可使工件左移 60 mm，然后钻削、铰削右边孔。

（4）试件测量合格后，就可分别钻削、铰削件 3 和件 4 上 $\phi8^{+0.015}_{0}$ mm 的孔。钻削时必须用手确保工件紧靠量块和靠铁，不得有所松动。如果试钻时发现用手不能确保工件紧靠量块和靠铁时，须用压板压紧试件和工件，以保证尺寸精度。

6. 钻底板（件 3）上的 $\phi10^{+0.015}_{0}$ mm 孔

（1）将件 3 和件 4 用两根 ϕ8 mm 心轴装在一起，并将件 1 放入 60°槽内，在平板上用杠杆百分表和量块检验件 1 与件 4 的组合尺寸 $57^{\ 0}_{-0.019}$ mm 是否在公差范围内。

（2）检验件 1 与件 3 上平面的平面度是否符合图样要求。

（3）将 ϕ10 mm 量棒插入件 1 孔中，检验件 1 上 $\phi10^{+0.015}_{0}$ mm 孔与件 3、件 4 上 $\phi8^{+0.015}_{0}$ mm 孔的孔距是否符合图样要求。

（4）以上各项如出现不符合要求的，应分析其原因，并设法解决。当各项均符合

要求后，将组合好的 3 件一起放入机床用平口虎钳内找正并夹紧，以件 1 上 $\phi10^{+0.015}_{0}$ mm 的孔定心钻削、铰削件 3 上 $\phi10^{+0.015}_{0}$ mm 的孔。

7. **检验**

检验各件的尺寸和位置，要注意按各方向装配并检验是否合格，最后各棱边倒角 C0. 3 mm。部分检验方法如下：

（1）用心轴将件 1、件 2 和件 4 装在件 3 上。装配时，件 3 的标记如图 4—1—2 所示，其余 3 件应能翻身装配，件 1 还能做 120°旋转，3 个位置均能符合装配要求。装配后，件 1 与件 4、件 2 与件 3 配合间隙及换向配合间隙均应不大于 0. 03 mm。

（2）检验件 2（圆弧镶块）对称度误差时将圆弧镶块的一平面作为基准放在平板上，用方铁与圆弧面顶端相贴，在圆弧面与方铁间放入适当直径的圆柱，圆柱的长度为 8 mm。然后用杠杆百分表测量圆柱中间位置，并调整百分表的零位，如图 4—1—13 所示。将圆弧镶块的另一平面作为基准放在平板上，仍按上述方法进行测量，此时杠杆百分表的示值变动量即为圆弧镶块的对称度误差。

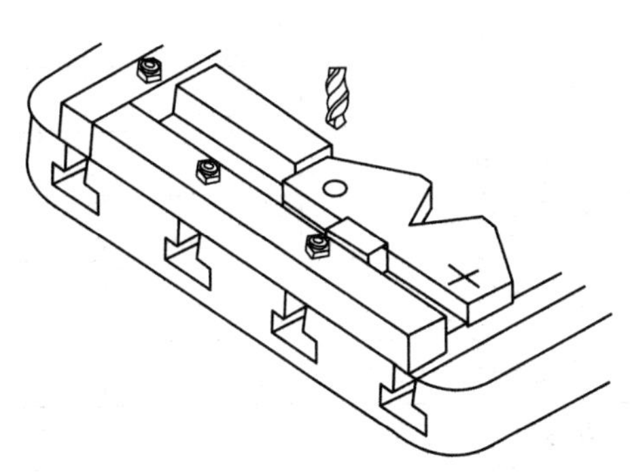

图 4—1—12　用试件试钻 $\phi8$ 的孔

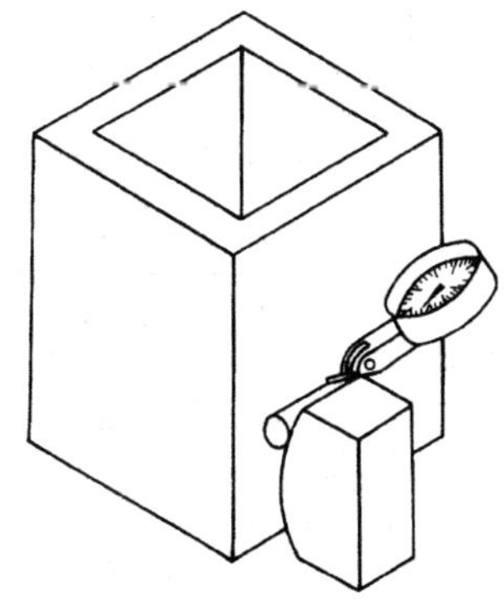

图 4—1—13　测量圆弧镶块的对称度误差

（3）检查 V 形板的角度误差。V 形板上需检查的角度误差有 3 处，1 处为斜面角度 30° ±1′，另 2 处为 V 形槽角度 60° ±2′和 30° ±1′。测量时，将正弦规放置在平板上，根据被测量角度的基本值确定量块尺寸。当检查 V 形槽角度 60° ±2′时，可分别测量两半角误差，两半角误差之和即为其角度误差。

四、注意事项

1. 划线时，件 1 和件 2 应在毛坯上同时划出，若两件分割后，会加大件 2 划线的难度。

2. 在加工件 1 的过程中，应注意角度值和线性值的测量要不断交叉进行，并尽量将尺寸控制在中间公差附近，以保证在最后装配时的换向要求。

3. 锉削底板槽宽 $25^{+0.015}_{0}$ mm 两侧面时，在保证尺寸精度的同时，也必须保证与工件外形尺寸的对称度要求，对称度误差小于等于 0. 015 mm；R28 mm 圆弧面可用件 2 的 R28 mm 作为基准换向锉配。

4. 三角体（件 1）、V 形板（件 4）与底板（件 3）配钻、铰 $\phi10^{+0.015}_{0}$ mm 的孔时，一定要保证三块板安装时紧贴，且端面与钻床主轴垂直。

五、评分标准

加工项目配分表见表 4—1—2。

表 4—1—2　　加工项目配分表

序号	项目要求		配分	评分标准	检测结果	得分
1	件 1	(42 ±0.019) mm（3 处）	6	超差一处扣 2 分		
2		60° ±2′（3 处）	3	超差一处扣 1 分		
3		$\phi10^{+0.015}_{0}$ mm	1	超差全扣		
4		⏥ 0.01 （3 处）	3	超差一处扣 1 分		
5		⊥ 0.05 D （3 处）	3	超差一处扣 1 分		
6		⊥ 0.25 D	1	超差全扣		
7		面 Ra≤1.6 μm（3 处）	1.5	超差一处扣 0.5 分		
8		孔 Ra≤1.6 μm	1	超差全扣		
9	件 2	$25^{0}_{-0.013}$ mm	1	超差全扣		
10		$11.5^{0}_{-0.018}$ mm	1	超差全扣		
11		⌯ 0.015 A	1	超差全扣		
12		Ra≤1.6 μm（3 处）	1.5	超差一处扣 0.5 分		
13	件 3	$57^{0}_{-0.019}$ mm	1	超差全扣		
14		(60 ±0.05) mm	1	超差全扣		
15		(44.6 ±0.05) mm（2 处）	2	超差一处扣 1 分		
16		$25^{+0.015}_{0}$ mm	1	超差全扣		
17		$11.5^{+0.015}_{0}$ mm	1	超差全扣		
18		$R28$ mm	1	超差全扣		
19		(10 ±0.018) mm（2 处）	2	超差一处扣 1 分		
20		$\phi8^{+0.015}_{0}$ mm（2 处）	2	超差一处扣 0.5 分		
21		$\phi10^{+0.015}_{0}$ mm	1	超差全扣		
22		// 0.015 A	1	超差全扣		
23		⏥ 0.015 （4 处）	2	超差全扣		
24		⊥ 0.015 A	1	超差全扣		
25		⊥ 0.015 B （4 处）	2	超差全扣		

续表

序号	项目要求		配分	评分标准	检测结果	得分
26	件3	⌯ 0.015 C	1	超差全扣		
27		面 $Ra \leq 1.6$ μm（4 处）	2	超差一处扣 0.5 分		
28		孔 $Ra \leq 1.6$ μm（3 处）	1.5	超差一处扣 0.5 分		
29	件4	(15 ± 0.011) mm	1	超差全扣		
30		$35_{-0.025}^{0}$ mm	1	超差全扣		
31		(60 ± 0.05) mm	1	超差全扣		
32		(10 ± 0.018) mm（2 处）	1	超差一处扣 0.5 分		
33		$\phi 8_{0}^{+0.015}$ mm（2 处）	2	超差一处扣 0.5 分		
34		$60° \pm 2'$ mm	1	超差全扣		
35		$30° \pm 1'$ mm	1	超差全扣		
36		⊥ 0.015 A（6 处）	3	超差一处扣 0.5 分		
37		▱ 0.01（6 处）	3	超差一处扣 0.5 分		
38		面 $Ra \leq 1.6$ μm（6 处）	3	超差一处扣 0.5 分		
39		孔 $Ra \leq 1.6$ μm（2 处）	2	超差一处扣 1 分		
40	组合件	件 1 与件 4 间隙（6 处）	6	超差一处扣 1 分		
41		▱ 0.025 上面（3 处）	1.5	超差一处扣 0.5 分		
42		▱ 0.025（下面 2 处）	2	超差一处扣 1 分		
43		件 2 与件 3 间隙（9 处）	9	超差一处扣 1 分		
44		▱ 0.015（2 处）	1	超差一处扣 1 分		
45		外观	5	外表无缺陷，不符合要求扣 1～5 分		
46		安全文明生产	10	违反操作规程扣 1～5 分，发生较大事故者不得分		
总分						

六方四组合装配体的制作

一、训练要求

六方四组合装配体如图 4—1—14 所示，它主要由凹板（见图 4—1—15）、六方块（见图 4—1—16）、底板（见图 4—1—17）和圆柱销、螺钉组成。现制作该六方四组合装配体，要求各零部件的尺寸、形状和位置精度均达到 IT8 级，表面粗糙度 $Ra \leqslant 1.6$ μm，六方块和凹板的配合间隙及换向配合间隙小于等于 0.03 mm。通过技能训练，要求掌握六方块与凹板的锉削工艺和锉削方法；能熟练使用配套工具、量具装夹及测量工件，并掌握测量方法；掌握六方四组合装配体的制作工艺。

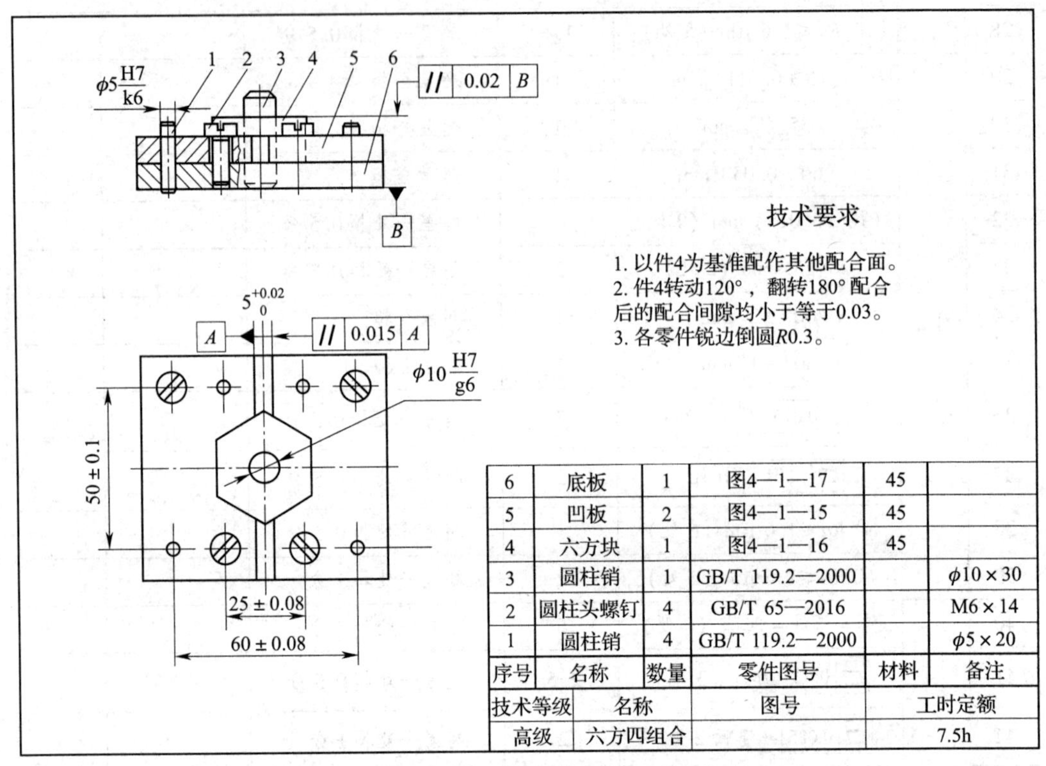

序号	名称	数量	零件图号	材料	备注
6	底板	1	图4—1—17	45	
5	凹板	2	图4—1—15	45	
4	六方块	1	图4—1—16	45	
3	圆柱销	1	GB/T 119.2—2000		φ10×30
2	圆柱头螺钉	4	GB/T 65—2016		M6×14
1	圆柱销	4	GB/T 119.2—2000		φ5×20

技术等级	名称	图号	工时定额
高级	六方四组合		7.5h

图 4—1—14　六方四组合装配体

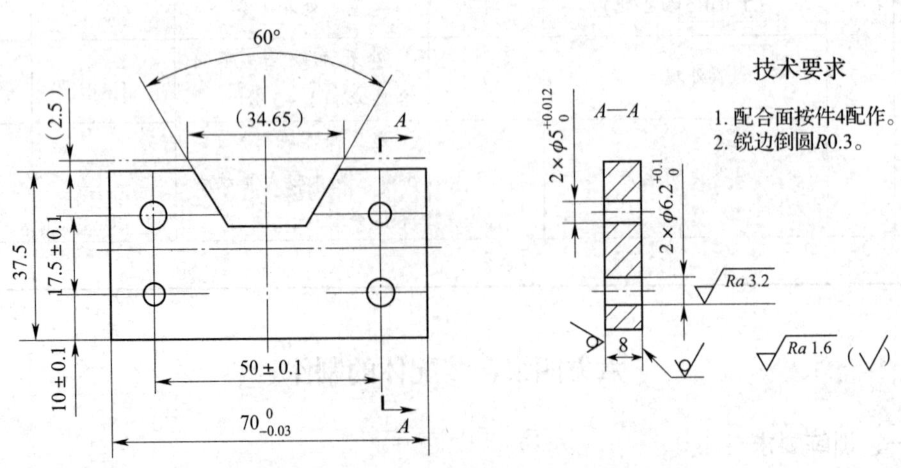

图 4—1—15　凹板（件 5）零件图

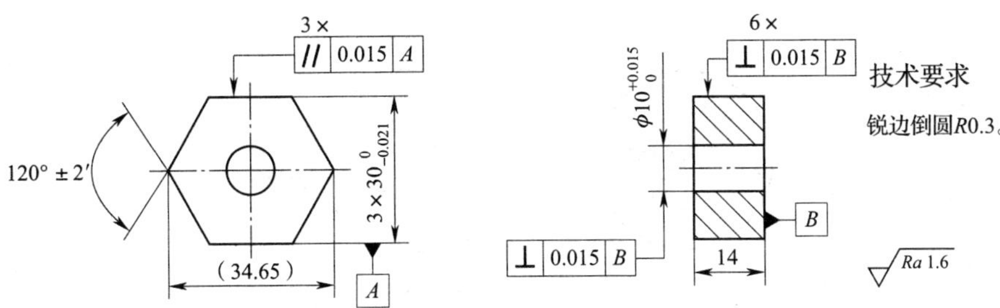

图 4—1—16 六方块（件 4）零件图

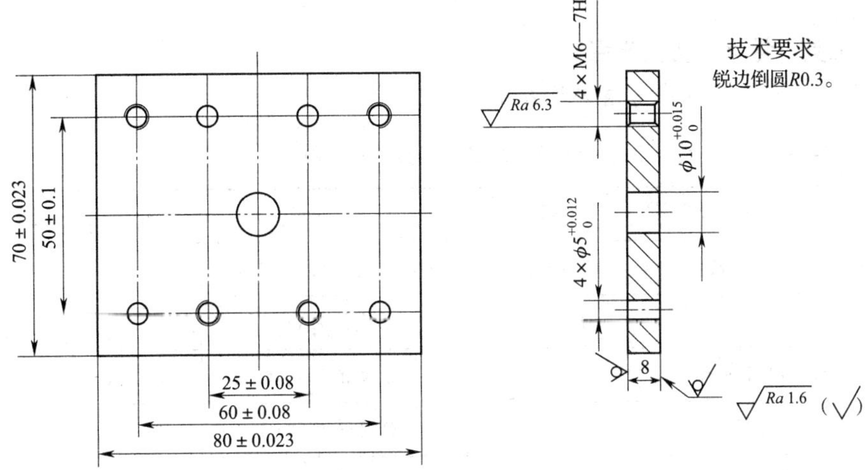

图 4—1—17 底板（件 6）零件图

二、工作准备

1. 工艺分析

该组合件由 4 件装配而成，加工时以六方块为基准，既要保证六方块的尺寸精度和几何公差，还要保证装配后六方块和凹板的配合间隙及换向配合间隙小于等于 0.03 mm，因此，加工时除了对六方块六个角的角度公差要求较高外，中间 $\phi 10^{+0.015}_{0}$ mm 定位孔的精度也有较高要求。各零件间关系密切，相互制约，故应对加工方案做整体考虑。

2. 毛坯准备

准备凹板、底板及六方块毛坯各一件，如图 4—1—18、图 4—1—19 所示。

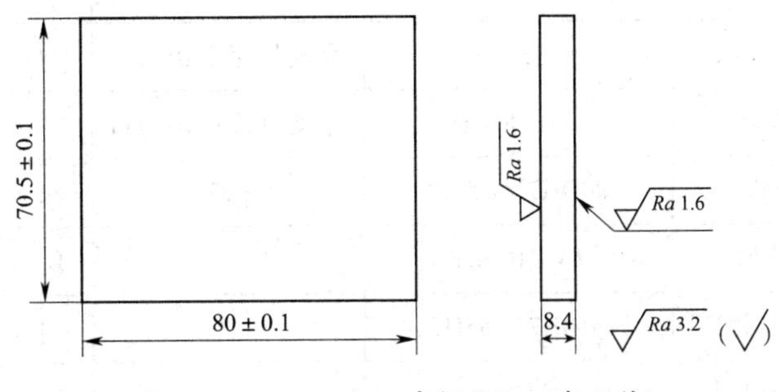

图 4—1—18 凹板、底板毛坯（各 1 件）

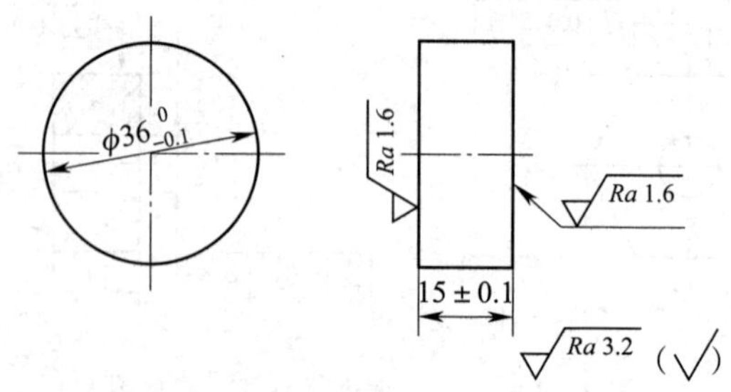

图 4—1—19　六方块毛坯

3. 工具、量具、刃具准备

工具、量具、刃具准备清单见表 4—1—3。

表 4—1—3　　　工具、量具、刃具准备清单

序号	名称	规格	精度	数量	备注
1	游标高度尺	0 ~ 300 mm	分度值为 0.02 mm	1	
2	游标卡尺	0 ~ 150 mm	分度值为 0.02 mm	1	
3	齿厚游标卡尺	*m*1 ~ 26	分度值为 0.02 mm	1	
4	千分尺	0 ~ 25 mm	分度值为 0.01 mm		
5	千分尺	25 ~ 50 mm	分度值为 0.01 mm		
6	千分尺	50 ~ 75 mm	分度值为 0.01 mm		
7	千分尺	75 ~ 100 mm	分度值为 0.01 mm		
8	万能角度尺	0° ~ 320°	分度值为 2′		
9	刀口形直角尺	100 mm × 63 mm	0 级		
10	刀口形直尺	100 mm	0 级		
11	量块	83 块	1 级	1 套	
12	塞尺	0.02 ~ 0.5 mm	1 级		
13	正弦规	100 mm × 80 mm	1 级	1	
14	百分表（带表架）	0 ~ 5 mm	分度值为 0.01 mm	1	
15	杠杆百分表	0 ~ 0.8 mm	分度值为 0.01 mm	1	
16	光面塞规	ϕ10H7、ϕ5H7	1 级	1	
17	直柄麻花钻	ϕ4 ~ 10 mm		自定	
18	铰刀（带铰杠）	ϕ10H7、ϕ5H7		1	
19	丝锥（带铰杠）	M6		1 副	

续表

序号	名称	规格	精度	数量	备注
20	方箱或靠铁	200 mm×200 mm	1 级	1	
21	V 形架	60 mm×60 mm×50 mm	1 级	2	
22	齐头扁锉	100～300 mm		自定	1～3 号
23	三角锉	150～200 mm		自定	2～3 号
24	半圆锉	150～250 mm		自定	2～3 号
25	方锉	200～250 mm		自定	1～3 号
26	整形锉	自定		1 套	
27	划线工具	自定		1 套	
28	锯弓	自定		1	
29	锯条	自定		若干	
30	活扳手	250 mm		1	
31	平行夹头	自定		2	夹持工件用
32	软钳口				
33	圆柱销	ϕ10 mm、ϕ5 mm		各 2	
34	圆柱头螺钉	M6×14		4	

三、制作步骤

1. 加工六方块（见图 4—1—20）

（1）用三爪自定心卡盘夹持工件，钻削、铰削 $\phi10H7$ （$^{+0.015}_{0}$）的孔。

（2）以 $\phi10H7$ （$^{+0.015}_{0}$）的孔为基准加工 A 面，保证孔中心线到平面 A 的距离为 $15^{\ 0}_{-0.01}$ mm。

（3）以 A 面为基准加工 A' 面，保证尺寸 $30^{\ 0}_{-0.021}$ mm 及平行度。

（4）以 A 面和 $\phi10^{+0.015}_{\ 0}$ mm 孔中心线为基准加工 B 面，同时保证孔中心线到 B 面的尺寸 $15^{\ 0}_{-0.01}$ mm 和角度 120°±2′。

（5）加工 B' 面，保证尺寸 $30^{\ 0}_{-0.021}$ mm。

（6）加工 C 面和 C' 面，其加工方法与 B 面、B' 面的加工相同。

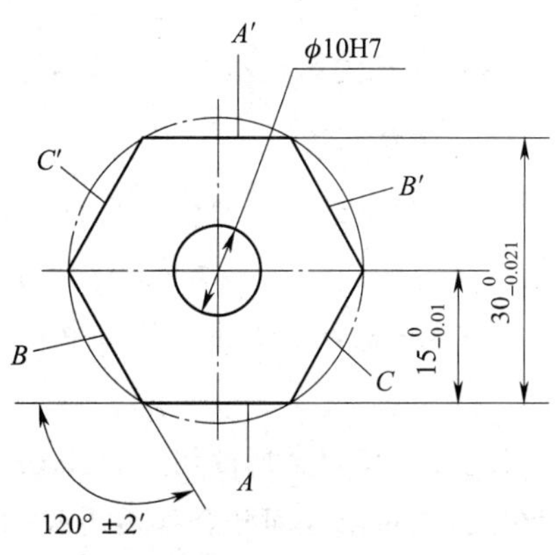

图 4—1—20 加工六方块

2. **叠夹加工凹板、底板**

（1）将凹板、底板叠夹进行加工，保证尺寸 $70_{-0.03}^{\ 0}$ mm、（80 ±0.023）mm 及几何公差。

（2）按底板图样划各孔加工线。

（3）叠夹钻 4 个 M6 螺纹底孔（ϕ5 mm）。

（4）拆分凹板和底板，扩凹板上 4 个 ϕ5 mm 的孔为 $6.2_{\ 0}^{+0.10}$ mm，攻底板上 4 个 M6 的螺孔。

（5）凹板、底板拧紧螺钉后配钻、铰 4 个 $\phi5_{\ 0}^{+0.012}$ mm 孔。

3. **加工凹板**

（1）划线分割左、右凹板并去除多余材料。

（2）加工左凹板，其步骤如下：

1）加工尺寸 37.5 mm，保证平行度误差不大于 0.02 mm（用量块配合百分表测量）。

2）加工槽底，保证尺寸 $35_{\ 0}^{+0.015}$ mm（用量块配合杠杆百分表测量）。

3）配作两 120° ±2′配合面，保证与件 4 配合间隙均不大于 0.03 mm，同时用百分表检测件 4 孔相对尺寸 $70_{-0.03}^{\ 0}$ mm 对称（塞入 ϕ10 mm 圆柱销检测）。

（3）加工右凹板，其步骤如下：

1）配作与件 4 的配合面（按装销配作），保证配合间隙不大于 0.03 mm（件 4 转动 120°，翻转 180°均符合间隙要求）。

2）加工尺寸 37.5 mm，同时插圆柱销保证配合尺寸 $5_{\ 0}^{+0.02}$ mm 和平行度公差 0.015 mm 的要求（用杠杆百分表配合量块测量）。

4. **配钻、铰底板 ϕ10H7（$_{\ 0}^{+0.015}$）孔**

（1）把件 1、件 2、件 4、件 5、件 6 装配好后，安装在钻床工作台（或夹具）上，确保件 6 底面与钻床主轴垂直。

（2）把 ϕ10 mm × 30 mm 圆柱销夹在钻床的钻夹头上，并找正件 4 孔轴线与主轴同轴（即要求圆柱销能顺利在件 4 孔中转动）。

（3）按已定好的位置钻、铰 ϕ10H7（$_{\ 0}^{+0.015}$）孔。

四、注意事项

1. 为防止装配后凹板与底板错位，应把凹板与底板叠夹进行加工，在保证外围尺寸后配钻、铰孔（先加工螺孔，拧紧螺钉后钻孔、铰孔）。

2. 为避免六方块的孔偏离中心位置，可先加工孔后，再保证孔中心线到各面的距离。

3. 为保证配合间隙均不大于 0.03 mm，应在加工配合面时插入圆柱销（ϕ5 mm）后配修，确保配合间隙合格后再配钻、铰底板 ϕ10H7（$_{\ 0}^{+0.015}$）孔。

4. 配钻底板 ϕ10H7（$_{\ 0}^{+0.015}$）孔时，装夹时一定要保证底板与六方块紧贴，且端面与钻床主轴垂直。

五、评分标准

加工项目配分表见表 4—1—4。

表 4—1—4 **加工项目配分表**

序号	项目要求		配分	评分标准	检测结果	得分
1	件 4	$30_{-0.021}^{0}$ mm（3 处）	3	超差一处扣 1 分		
2		120° ±2′（6 处）	6	超差一处扣 1 分		
3		$\phi10_{0}^{+0.015}$ mm	1	超差全扣		
4		六面一孔 $Ra\leqslant1.6$ μm（共 7 处）	3.5	超差一处扣 0.5 分		
5		∥ 0.15 A（3 处）	3	超差一处扣 1 分		
6		六面一孔 ⊥ 0.015 B（共 7 处）	7	超差一处扣 1 分		
7	件 5	$70_{-0.03}^{0}$ mm（2 件）	2	超差一处扣 1 分		
8		（50 ±0.1）mm（2 件）	2	超差一处扣 1 分		
9		（10 ±0.1）mm（2 件）	2	超差一处扣 1 分		
10		（17.5 ±0.1）mm（2 件）	2	超差一处扣 1 分		
11		$2\times\phi5_{0}^{+0.012}$ mm（2 件）	4	超差一处扣 1 分		
12		$2\times\phi6.2_{0}^{+0.1}$ mm（2 件）	2	超差一处扣 0.5 分		
13		$70_{-0.03}^{0}$ mm 尺寸 $Ra\leqslant1.6$ μm（2 件共 4 处）	2	超差一处扣 0.5 分		
14	件 6	（80 ±0.023）mm	1	超差全扣		
15		（60 ±0.08）mm	1	超差全扣		
16		（25 ±0.08）mm	1	超差全扣		
17		（70 ±0.023）mm	1	超差全扣		
18		（50 ±0.10）mm	1	超差一处扣 0.5 分		
19		$\phi10_{0}^{+0.015}$ mm	1	超差全扣		
20		$4\times\phi5_{0}^{+0.012}$ mm	2	超差一处扣 0.5 分		
21		4 × M6 螺孔	4	乱牙、烂牙全扣		
22		孔 $Ra\leqslant1.6$ μm（5 处）	2.5	超差一处扣 0.5 分		
23		四边 $Ra\leqslant1.6$ μm（4 处）	2	超差一处扣 0.5 分		

续表

序号	项目要求		配分	评分标准	检测结果	得分
24	装配体	$5^{+0.02}_{0}$ mm	1	超差全扣		
25		// 0.015 A	1	超差全扣		
26		// 0.02 B	1	超差全扣		
27		(25 ±0.08) mm	1	超差全扣		
28		(60 ±0.08) mm	1	超差全扣		
29		配合间隙≤0.03 mm	24	超差一处扣1分		
30		外观	5	外表无缺陷，不符合要求扣1～6分		
31		安全文明生产	10	违反操作规程扣1～5分，发生较大事故者不得分		
总分						

课题二　高精度零件的修整、研磨与抛光

一、模具异型孔、型腔的修整加工

异型孔的形状多样，尺寸差别较大，有较高的质量要求，因此，加工质量的好坏直接影响模具的使用寿命和成型制件的质量。

异型孔、型腔类模具零件在各种模具中都有大量的应用，如冲裁模具中凹模的冲孔、落料异型孔及塑料成型模具中的型腔拼块或型腔等。这类模具异型孔、型腔的工作表面要求有较高的硬度，一般要进行淬硬处理，硬度达到60～64HRC，热处理后由钳工进行修整、研磨或抛光。

1. 异型孔的压印锉修

(1) 特点及应用

压印锉修加工异型孔是模具钳工经常采用的一种方法。它通常是以加工成型的凸模作为基准件，对凹模的异型孔、凸模固定板、卸料板等进行压印，然后由模具钳工根据压印再进行锉修加工。它能加工出与凸模形状一致的凹模异型孔，主要应用于缺少专用压印加工设备，或模具凸模和异型孔要求间隙很小甚至无间隙的冲裁模具的制造。

（2）原理

如图 4—2—1 所示为凹模异型孔的压印。它将已加工成型并淬硬的凸模放在凹模异型孔处，用直角尺或精密方箱校正压印凸模的垂直度和相对位置。在凸模上面施加一定的压力 F。通过压印凸模的挤压与切削作用，在被压印的异型孔上产生印痕。取下凸模和凹模，由模具钳工按凹模异型孔的印痕锉去异型孔部分的加工余量。然后再压印，再锉修，反复进行，直到锉修出与凸模形状相同的异型孔，用作压印的凸模称为压印基准件。

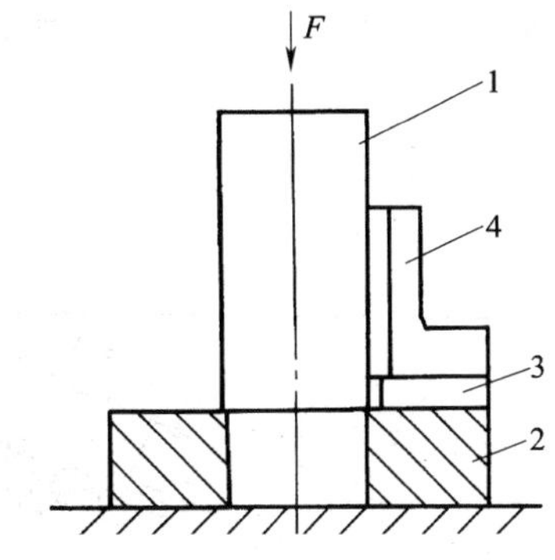

图 4—2—1 异型孔压印
1—凸模 2—异型孔板 3—垫块 4—直角尺

（3）方法

1）压印锉修前的准备。压印锉修前应对凸模和凹模异型孔进行准备工作，具体见表 4—2—1。

表 4—2—1 压印锉修的准备

序号	步骤	方法
1	准备凸模	对凸模粗加工、半精加工后进行热处理，达到所要求的硬度，然后进行精加工，达到要求的尺寸精度和表面粗糙度。将压印刃口用油石磨出 0.1 mm 左右的圆角，以增强压印过程的挤压作用并降低压印表面的微观不平度
2	准备工具	根据凸模的结构准备合适的找正垂直度、相对位置的工具，如直角尺、精密方箱等
3	选择压印设备	根据压印异型孔面积的大小，选择合适的压印设备。较小的异型孔可用手动螺旋式压力机压印，较大的异型孔则应用液压机类的设备压印
4	准备润滑剂	压印过程中为了减小摩擦，可在压印基准面上涂抹润滑剂，如硫酸铜溶液等
5	准备异型孔板材	对异型孔板材要加工至要求的尺寸精度和形状精度，确定基准面，并在异型孔位置划出异型孔轮廓线
6	预加工异型孔轮廓	主要对异型孔内部的材料进行去除，可以在立式铣床、带锯床和线切割机等机床上进行；也可按图 4—2—2 所示沿异型孔轮廓线内侧依次钻孔，然后切断去除废料，再用锉刀修锉或用铣削、插削等方法进行修整，确保余量均匀

2）压印锉修过程。在压印锉修工作准备完成的情况下，即可对异型孔进行压印锉修。如图 4—2—3 所示为一压印凸模，以它为基准件压印锉修异型孔，具体过程如下：

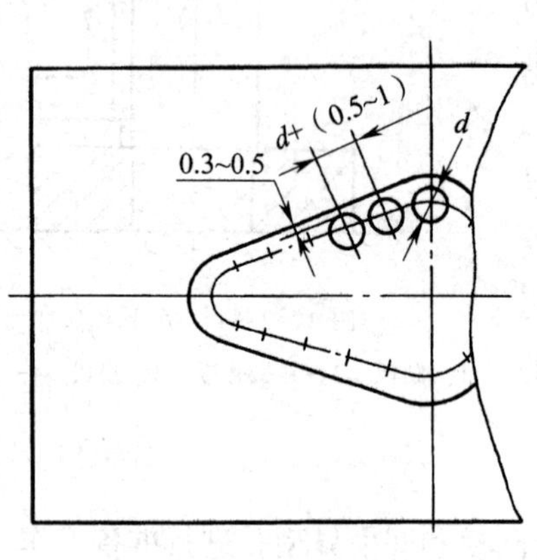

图 4—2—2　异型孔预加工

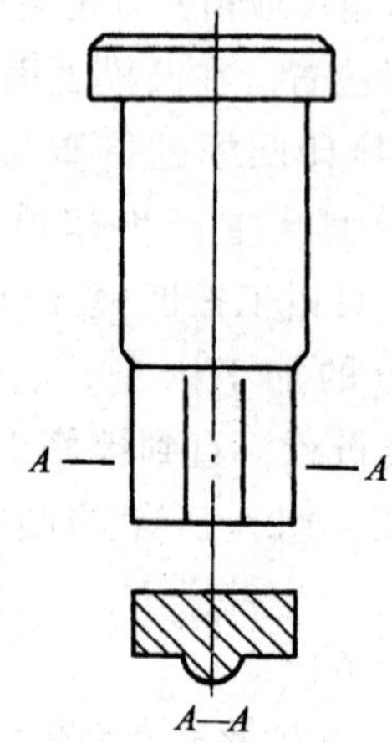

图 4—2—3　压印凸模

①将已加工好的凸模按照凹模板所划异型孔轮廓线垂直摆正，并放在压力机工作台的中心位置。

②用直角尺沿凸模轴线方向上找正凸模和凹模异型孔板的垂直度。

③凸模找正后，在其顶端的顶尖孔中放一个合适的滚珠，以保证压力机压下时受力均匀且方向垂直，并在凸模刃口处涂上硫酸铜溶液，启动压力机慢慢压下，如图 4—2—4 所示。第一次压入深度不宜过大，应控制在 0. 2 mm 左右。

④压印结束后，取下凹模板，对异型孔进行锉修，锉削时不能碰到刚压出的表面。锉削后的余量要均匀，最好使余量保持在 0. 1 mm 左右（单边余量），以免下次压印时基准偏斜。经第一次压印锉修后，可重复进行以上过程直到完成异型孔的加工。每次压印都应校正基准凸模的垂直度。压印的深度除第一次要浅一些外，以后要逐渐加深。

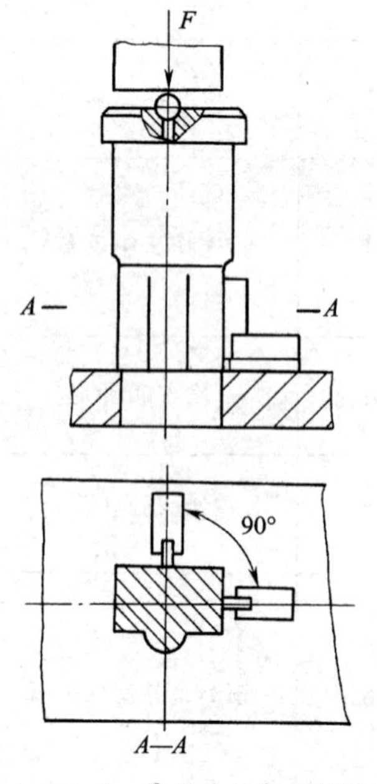

图 4—2—4　异型孔压印锉修过程

对于多型孔的凸模固定板、卸料板和凹模型孔等要确保各型孔位置精度一致，可利用压印锉修的方法或其他加工方法加工好其中的一块，然后以这一块作为导向件，按压印锉修的方法和步骤加工另一块板的型孔，即可保证各型孔的相对位置，如图 4—2—5 所示。

3）压印锉修工艺要点

①压印的目的只是压出印痕，以便于加工。因此，每次压入量不宜过大，应尽量减少压印锉修的次数。在首次压印时，最好是去掉全部余量的 80% 以上，并严格保证精度。

②在对多型孔固定板压印时，为了简化步骤，可利用已制成的多型孔凹模作为导向件对固定板进行压印。当进行压印后的修整时，应注意先将相距最大的孔锉修成型，如图 4—2—6 所示的 *A*、*B* 两孔，然后锉修其他各孔。这样做容易保证孔的位置，并避免工件外形错位。

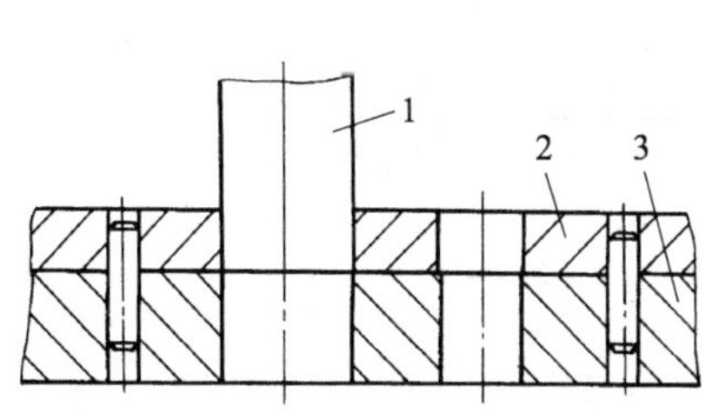

图 4—2—5 多型孔压印锉修

1—凸模 2—卸料板 3—凹模板

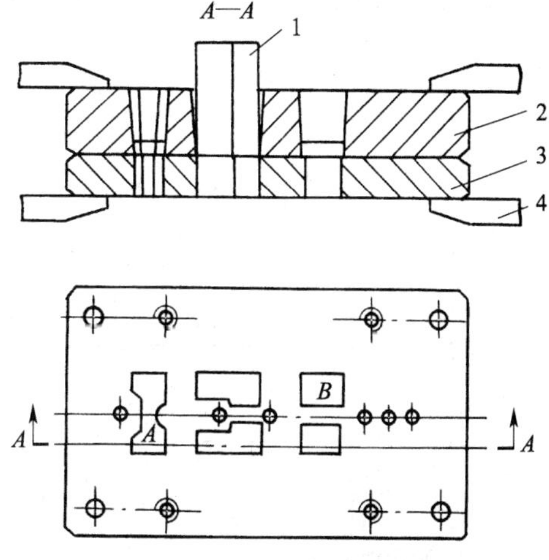

图 4—2—6 利用凹模作导向件对固定板压印

1—凸模 2—凹模 3—固定板 4—平行夹头

③在凹模上有圆形凹模孔时，可将固定板上安装圆形凸模的孔镗出（或通过凹模钻出），然后用定位销钉将凹模与固定板定位后，再通过凹模对固定板进行压印，如图 4—2—7 所示。

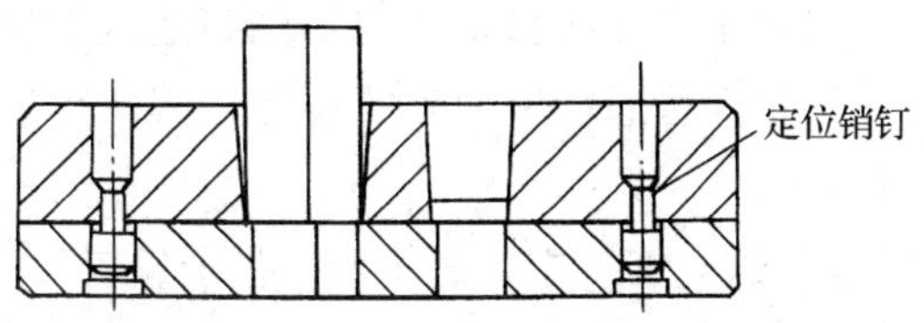

图 4—2—7 用销钉定位后通过凹模压印

④若固定板的型孔有个别与凹模型孔的形状不完全一致（如凸模有台肩时），就不能用凹模作为导向件对固定板进行压印。此时，需另制压印工艺冲头，用精密方箱作为夹具进行压印。

⑤当凸模、凹模间隙较小时，可直接以淬硬凹模为导向件对固定板进行压印。而当凸模、凹模间隙较大时（单面间隙为 0.03 ~ 0.05 mm），可在凸模一端（压印端）

镀铜或涂漆，镀（涂）至略小于凹模孔尺寸（为间隙配合），然后通过凹模孔对固定板进行压印。当单面间隙大于 0.05 mm 时，压印时应在凸模和凹模间隙内垫金属片（纯铜片或磷青铜片等）。

⑥压印前，型孔应先去除毛刺，留出压印锉修所需的余量。锉修余量不宜过大，一般每边取 0.5 ~1 mm。当利用凸模锉修凹模孔时，余量应尽量小，一般每边取 0.1 ~0.2 mm。若压印后通过仿形刨削加工凸模，余量可适当放大，每边取 1 ~2 mm。

⑦确定压印工艺冲头的尺寸时，对于大间隙冲模以及注塑模中内模镶件与模板的镶配，大多采用特制的压印工艺冲头进行压印。压印工艺冲头的最小尺寸取型孔要求的最小尺寸（见图 4—2—8），制造公差取型孔公差的一半。

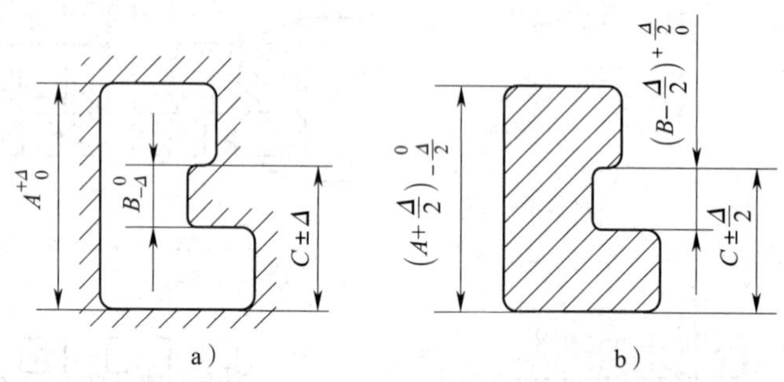

图 4—2—8　压印工艺冲头尺寸的确定

a）异型孔　b）压印工艺冲头

2. 型腔的修整

型腔是模具中重要的成型零件，其主要作用是成型制件的外形表面。因此，对型腔的制造精度和表面质量要求较高。由于制件的种类、形状和大小不同，且有的制件表面有花纹、图案和文字等，在机械加工后、模具装配前，需要模具钳工对制件进行修整、抛光。

（1）常规修整

模具零件的常规修整主要是去除机械加工的切削痕迹或切削加工不到的地方，以降低其表面粗糙度值。尤其是经普通铣床加工的型腔，其修整工作量更大。生产中常用的修整方法有以下几种：

1）錾削、锯削、锉削。这些加工主要适用于一些余量较大的已加工型腔，如倒钝锐边、去除多余的材料等。这时，可直接用錾子、锯条或锉刀进行粗修，使其形状、尺寸大致符合图样要求。

2）利用盘式磨光机磨光。如图 4—2—9 所示的圆盘式磨光机是一种常见的电动磨光工具，可对一些大型模具磨去仿形加工后的走刀痕迹及进行倒角，其修整余量大，接近粗磨。

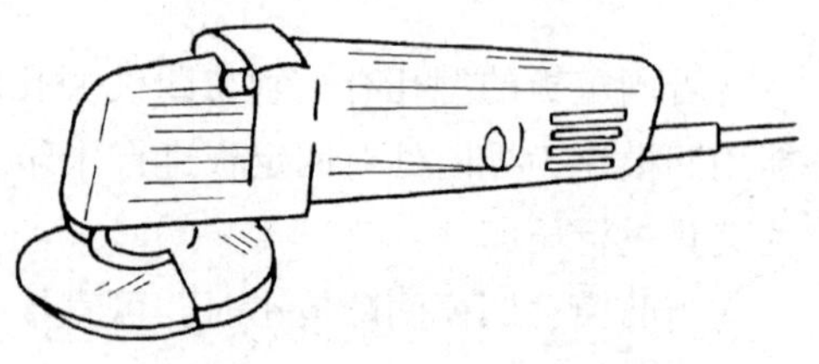

图 4—2—9　圆盘式磨光机

(2) 机械抛光

对某些形状复杂，带有凸、凹沟槽的部位，则需采用往复式电动、气动或超声波手持研磨抛光机从不同角度对其不规则表面进行加工、修型、研磨和抛光，如图4—2—10所示。

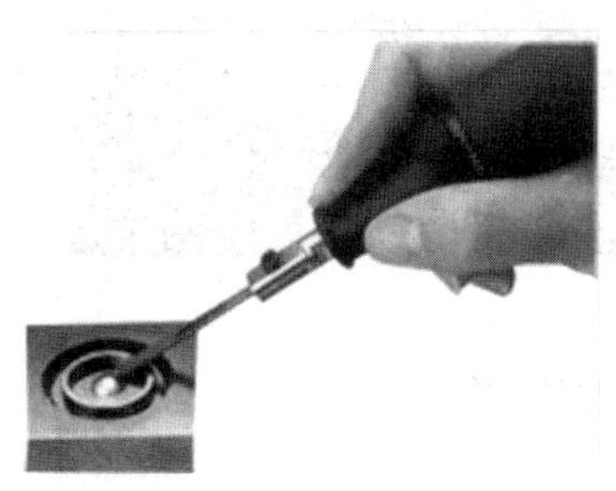

图4—2—10　往复式手持研磨抛光器的修型加工

1）利用气动式手持研磨抛光器抛光。气动式手持研磨抛光器是利用压缩空气来驱动的，分为直式和角式两种，如图4—2—11所示。它们能带动夹持在夹头上的各系列磨头和抛光轮（见图4—2—12），使其高速旋转，其转速 $n=0\sim30\ 000$ r/min。

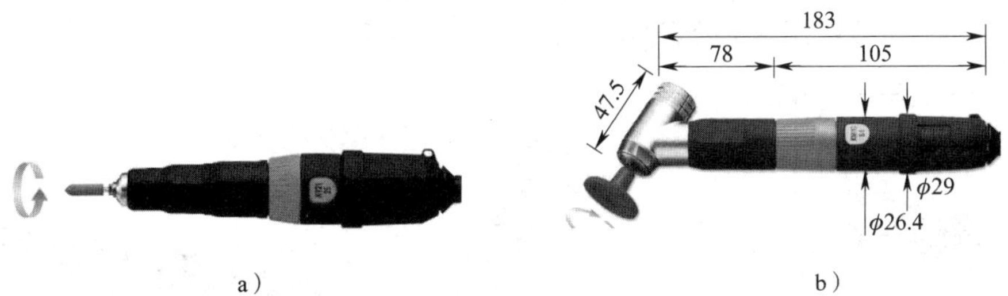

a）　　　　b）

图4—2—11　气动式手持抛光研磨器

a）直式　b）角式

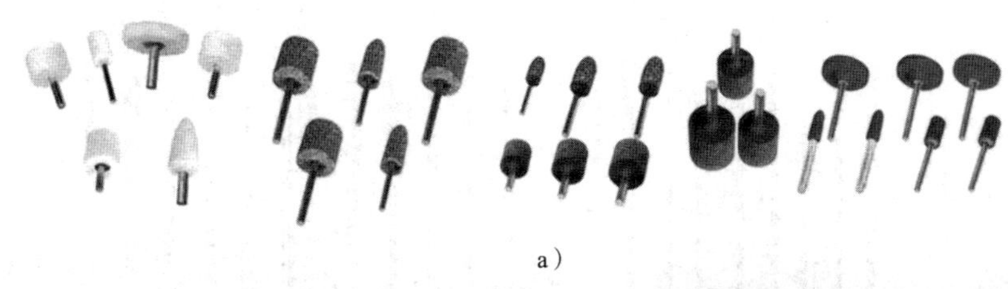

a）

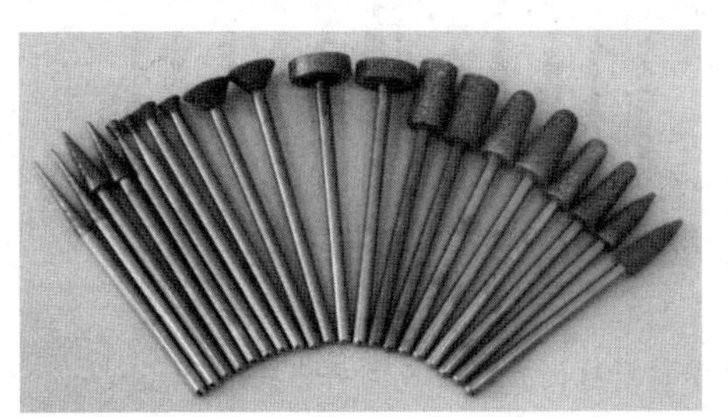
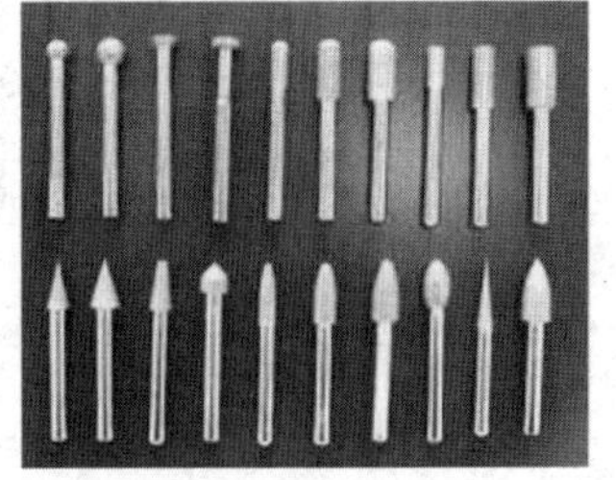

b）

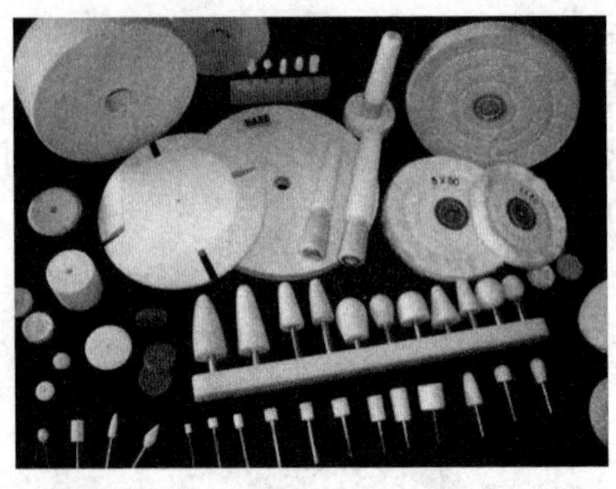

c）

图 4—2—12 各系列磨头和抛光轮

a）不同粒度、不同形状的砂轮磨头 b）金刚石磨头 c）抛光轮

2）利用电动式手持研磨抛光机抛光。电动式手持研磨抛光机是利用电动机来驱动的，它又分为旋转式和往复式两种传动形式。在沟、槽等狭窄处多采用往复式抛光研磨器，可使用扁薄的油石、竹片、铜片蘸上研磨膏进行修整。若安装上各类整形锉，也可对模具进行锉削、精修，如图 4—2—13 所示。这种往复式手持研磨抛光机的往复行程为 0 ~ 6 mm，往复频率为 0 ~ 5 000 次/min。若装上图 4—2—13d 所示的各类精巧切削小工具，便能给模具型腔表面的研磨等精加工带来方便。

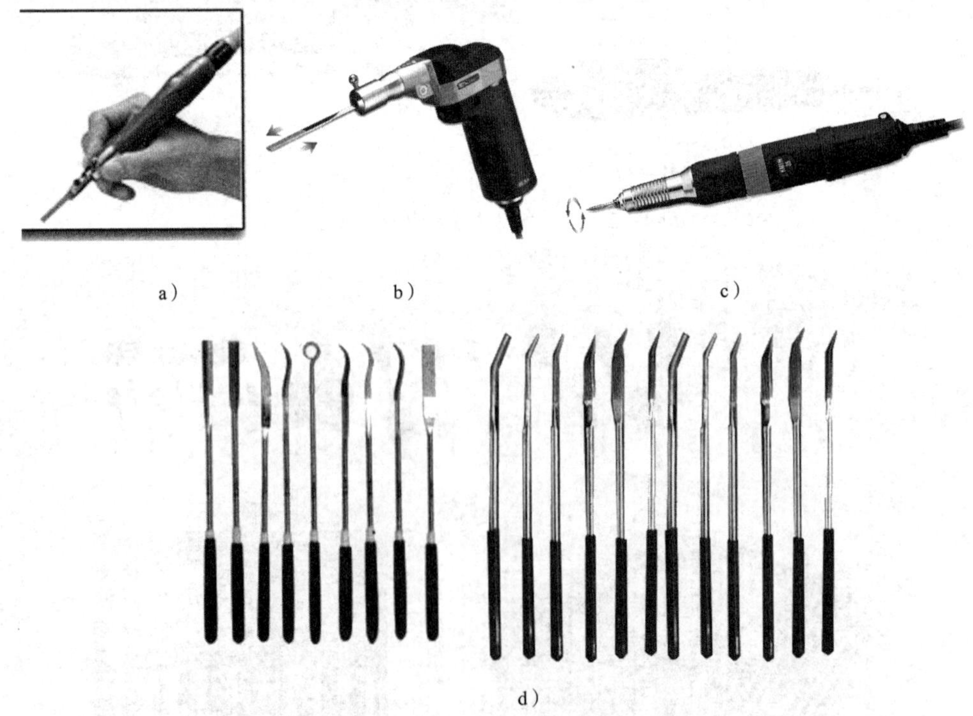

图 4—2—13 电动式手持研磨抛光机及各类整形锉

a）直式研磨抛光机 b）手枪式研磨抛光机 c）旋转式研磨抛光机 d）各类整形锉

3. 模具异形孔、 型腔的凿碾加工

凿碾工作是利用金属的延展性，用小凿子和小碾子对模具型腔、型芯等成型零件进行抠刻、雕琢、镶嵌和修补的一种特殊操作工艺，是一种少切削、不切削的加工。

众所周知，木工用刻刀能在木料上雕刻出各种花纹、图案，石匠能在石材上凿出文字和栩栩如生的各种浮雕，同样，高级模具钳工也能在金属型腔上凿碾出各种复杂的几何形状和图案，如塑料花的花枝、花瓣、花芯和花托等，它们在铜模翻砂成型的基础上，均需经过模具钳工的凿碾加工成型。凡是仿形铣和雕刻机不便于加工的工件，或经过仿形铣、雕刻机加工后还需局部修整的成型零件，均需经过模具钳工进行凿碾修型这道工序来完成。

（1）凿碾工具

凿碾用的工具很简单，主要是小凿子和小碾子，还配备校验用的橡皮泥和必要的自制各种样板。

1）小凿子。小凿子分弧口凿和平口凿两类，其形状如图 4—2—14 所示。小凿子的总长度为 60 ~ 80 mm，凿身是截面为 ϕ6 ~ 8 mm 的圆钢或 6 mm × 6 mm 的方钢。弧口凿的半径 *R* 与平口凿的刃宽 *H* 根据工件实际需要磨制。经常进行凿碾修型的模具钳工手头上均有自制的各种不同规格的小凿子以备选用。

2）小碾子。小碾子的形状与小凿子相似，如图 4—2—15 所示。实际上它是没有切削刃口的錾子，其凿碾部分的形状都是各种物体单元形态的缩影，如小球面、小弧面或小菱形等。有时根据型腔雕琢部分的特殊要求还需制作各种专用碾子，例如，花芯碾子专门用于凿碾花芯，鱼眼碾子专门用于凿碾鱼类图案中鱼的眼睛。

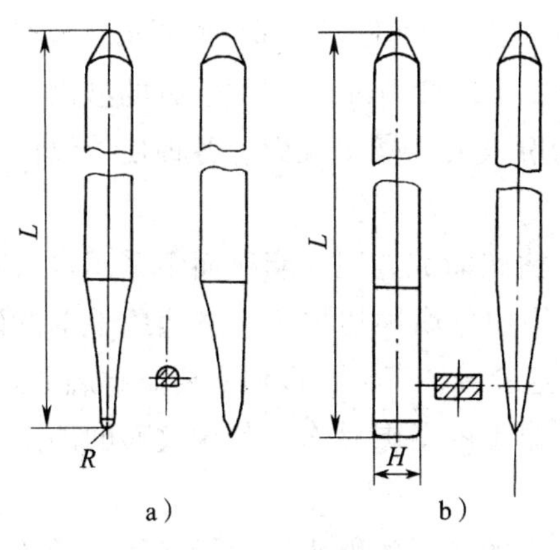

图 4—2—14 小凿子

a）弧口凿 b）平口凿

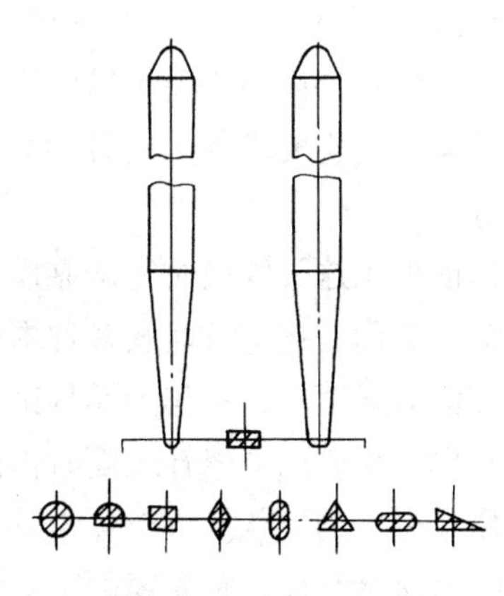

图 4—2—15 小碾子

小凿子和小碾子常用碳素工具钢制成，与錾子一样，要经过淬火和回火。敲击时选用 0.25 kg 的方锤，挥锤方式选用腕挥。

3）小凿子和小碾子的捏法。由于小凿子和小碾子体积较小，故不能像握扁錾、狭錾一样五根手指满握，它们只能用拇指、食指、中指捏握。小凿子和小碾子共有以下三种捏法：

①正捏法。如图 4—2—16a 所示，左手拇指在下面，食指和中指压在小凿子上面，用三根手指捏着，凿刃向外。

②反捏法。如图 4—2—16b 所示，左手拇指在上面，中指和食指在下面，三根手指捏着小錾子，刃口向外。

③立捏法。如图 4—2—16d 所示，小碾子一般均采用立捏法，基本上与捏样冲的方法相同。它始终位于工件凿碾部位的法线方向。

不论哪种捏法，前臂均置于水平状态。

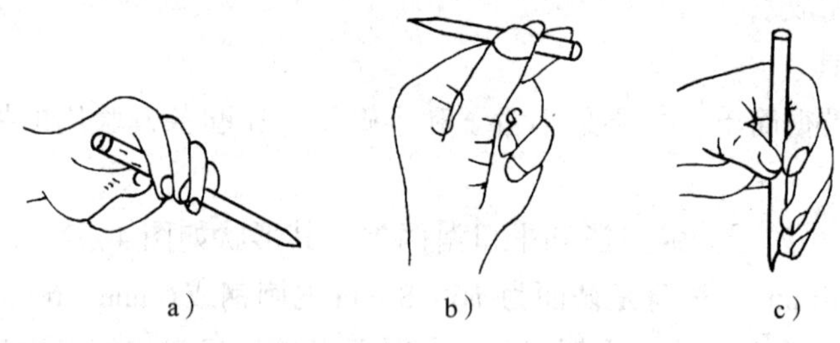

图 4—2—16　小凿子和小碾子的捏法

a）正捏法　b）第一种反捏法　c）立捏法

若工件凿碾的位置在型腔内侧或型芯外侧，则小碾子必然用反捏法；若工件碾的位置在型腔的对面一侧或型芯的内侧，则小碾子的捏法应采用正捏法；若凿碾的位置在水平面上，则采用立捏法。

（2）凿碾方法

1）凿碾各种纹面。在塑料模具的型腔及其他成型面上，大部分均要求有较光亮的表面，一般对型面的表面粗糙度值要求在 $Ra0.2 \sim 0.025$ μm 之间。但有的型面不但不要求光亮，而且要求加工成各种装饰纹面，如麻纹面、橘皮纹面、各种皮革纹面和木纹面等。

以前加工这类纹面时完全靠模具钳工手工凿碾而成。现在麻纹面多采用电火花加工，橘皮纹面、皮革纹面及各种木纹面等均采用照相腐蚀法加工。虽然用手工凿碾纹面的方法略显落后，但作为模具钳工必须掌握这套传统工艺，以便必要时解燃眉之急。尤其在模具型腔局部修补纹面时仍离不开模具钳工的凿碾操作。各种纹面的加工关键在于碾子碾头的形状。

①凿碾麻纹面。首先要加工出符合麻面要求的碾子的碾头，一般麻面碾子的碾头部位用以下两种方法制造：

a. 用钢材断面制作麻面碾子。取 $\phi6 \sim 8$ mm、长 120 mm 的碳素钢棒材，在其腰部车削一槽，如图 4—2—17a 所示，用气焊淬火后把它折断。在折断处有明显的金属晶粒，取折断后凸面半截改制碾子，制成如图 4—2—17b 所示的麻纹面碾子。

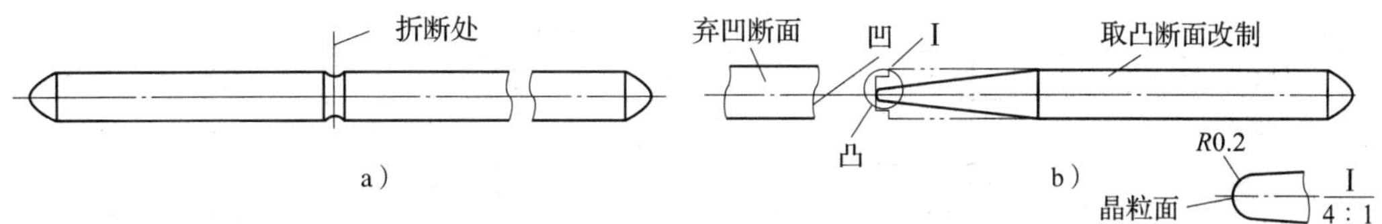

图 4—2—17 麻纹碾子的制作

a）半成坯 b）弃凹，选凸麻面锥体

b. 用电火花加工痕迹制作碾子。把小凿子的刃口部位用电火花脉冲处理，凿子刃口处立即产生麻面，其麻面的粗细完全可以通过选用不同的电加工参数来调整。

用以上两种方法制造出图 4—2—17 所示的麻纹面碾子。用左手立捏，使用 0. 25 kg 方锤均匀地在型面上敲击，就能加工出所需的麻纹面。

②凿碾橘皮纹面。凿碾橘皮纹面也同样要先加工橘皮纹的碾头。一般加工橘皮纹碾子时，其头部磨成光滑的大小不同的球面即可，它能凿碾出小疙瘩状橘皮纹。用立捏碾子法在型面上随意地均匀地敲击，很快就显出橘皮纹的效果。

③凿碾木纹面。木纹面的加工一般采用照相腐蚀法。用模具钳工凿碾前先要雕刻出木纹滚子，但要求操作人员具有一定的雕琢技术。对于其他各种鸟的图案也可采用滚压成型的方法，其原理与花布印染相同。

2）凿碾各种沿口的花边图案。塑料制件的沿口处常设计出各种周边的肋和花边图案，如图 4—2—18 所示。若在制件上有这些图案，则在型腔上就必须刻上相对应的图案，而这种花边图案要用不同的成型碾子来加工，碾子的头部均需有图 4—2—18 所示的图案形状。

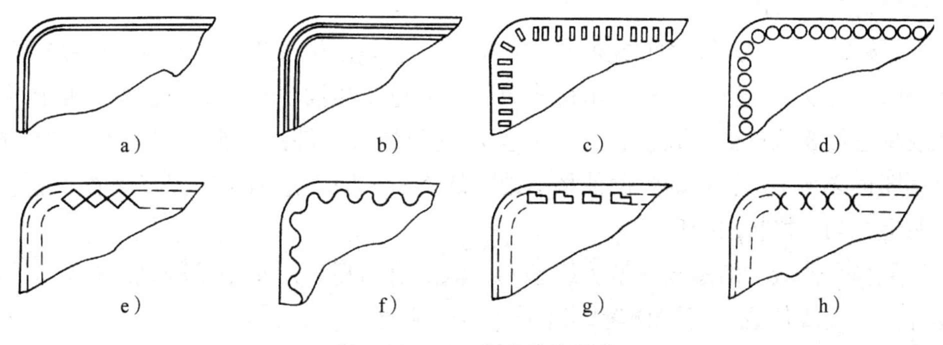

图 4—2—18 各种花边图案

a）单肋 b）双肋 c）马牙纹 d）圆圈 e）菱形 f）波纹 g）L 形 h）X 形

①凿碾沿口肋。先在型腔上划好肋的位置线，用图 4—2—19a 所示的走直线的碾子沿着所划的界线凿碾。由于走直线的碾子两侧均呈弧度，使碾子在线上逐步凿碾前进过程中均能平滑连接，到圆角拐弯处则要改用图 4—2—19b 所示的圆角拐弯碾子进行圆滑过渡。碾子的捏法采用立捏，选用 0. 25 kg 的方锤敲击。若沿口为图 4—2—18b 所示的双筋，则碾子也需制成相对应的成型碾子，如图 4—2—19c 所示。

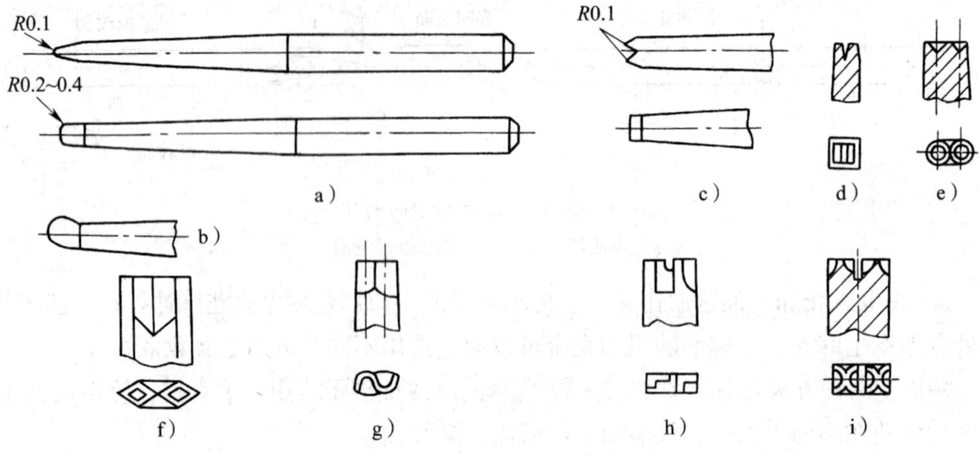

图 4—2—19　凿花边的碾子

a）单肋碾子　b）圆角拐弯碾子　c）双肋碾子　d）马牙碾子　e）圆环碾子

f）菱形碾子　g）浪形碾子　h）L 形碾子　i）X 形碾子

②凿碾沿口花边图案。若沿口周边是马牙纹或双环纹等规则的图案时，如图 4—2—18c、d、e、f、g、h 所示，对这类花边图案的加工，除了要划出里、外两道界线外，还要求把成型碾子制成双环、双道或双菱形，如图 4—2—19d、e、f、g、h、i 所示。制成双形碾子，显然是为了使凿碾的间距一致。凿碾时需要压 1 个、进 1 个，确保图案不错位。即第一次凿碾出双形；第二次凿碾时，把碾子的 1 个形对准工件的最末 1 个形，凿碾出第 3 个新形；第三次凿碾时，再把碾子的 1 个形对准工件上的第 3 个形，凿碾出第 4 个新形。这样一个咬着一个向前进，凿碾出一行整齐的图案和花纹，并能确保每个图形的间距一致。

3）凿碾平面文字和商标图案。对于平面文字和商标图案，如图 4—2—20 所示，在凿碾时，先要绘出图样，然后用很薄的透明纸把图样描出来作为复制件，贴在模具型腔或型芯需要雕琢的部位。注意：若生产透明塑料制件，又在型芯上刻制图案时，则复制图样必须正贴；若塑料制件是不透明的塑料，则不论文字、图案刻在型腔上还是型芯上，均一律将图样反贴。

把复描在薄纸上的图样往型腔或型芯上张贴合适后，用小凿子轻轻地按张贴的图样轮廓凿出界线位置，把图样轮廓凿刻在型腔或型芯上，然后把凿刻后残碎的图样刷去，这时在型腔或型芯上已留下清晰的图样轮廓。按照这些粗略的轮廓，选用合适的小凿子和小碾子，对照图样细心雕琢和凿碾，并随时用橡皮泥检验所凿碾的形态与图样，进行对照和修整，逐步雕琢出与图样相符的花卉、文字和图案。这种手工雕琢和凿碾仅用于单件生产。若多次重复生产，一般采用电火花加工。

图 4—2—20　平面文字和商标图案

在塑料模具上凿碾操作用处很大，如模具型腔压坏、型芯与推套啃坏的修补，塑料花卉模具和儿童玩具模具的制作等，都离不开模具钳工的凿碾操作。

4）凿碾模具型芯和推套啃坏的镶补。塑料模具的型芯和推套长期使用后容易磨损。由于怕污染塑料制件，因此在生产过程中又不允许在推套内注入润滑油，于是造成干摩擦，使型芯和推套更容易损坏，经常被啃出沟槽，如图 4—2—21b、c 所示。

修补方法如下：把被啃坏的部位用小凿子凿出一条小沟槽，并使其上口往外翻，然后用锤子将一段粗细合适的小铜丝或小铁丝拍扁后塞入槽内，用平头碾子把它碾实。然后把小沟槽的翻边复位盖上后碾平，再用小锉和油石修光、打磨平即可，如图 4—2—21b、c 所示。模具钳工称这种修补凿碾为“镶金牙”。

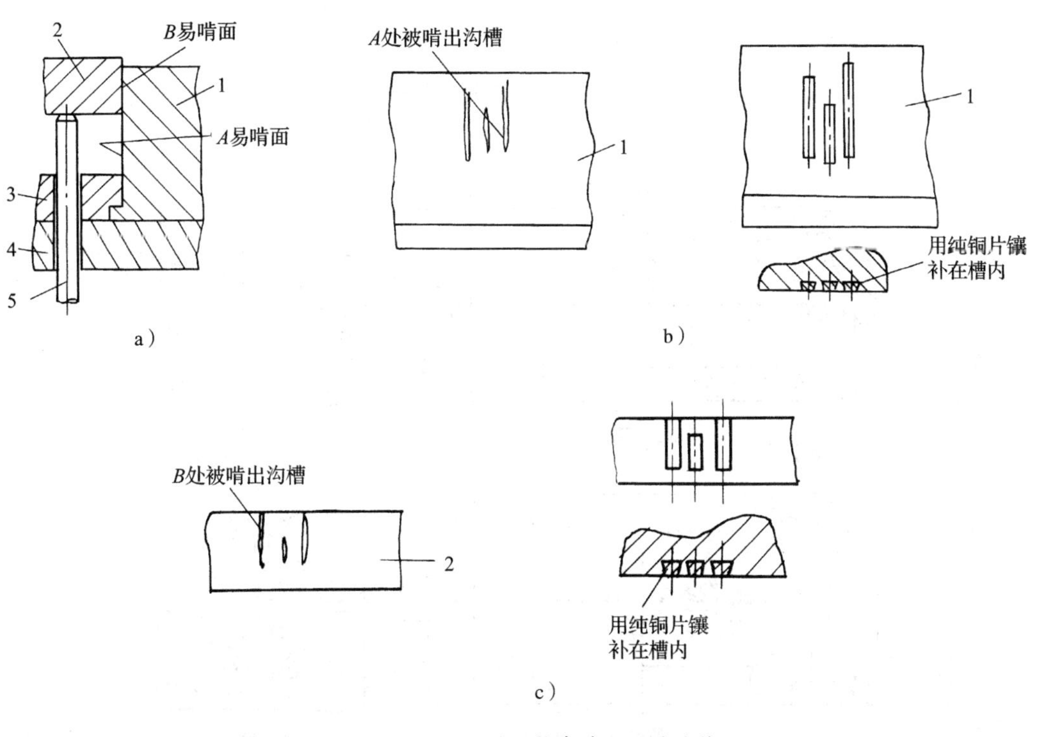

图 4—2—21 型芯和推套啃坏后的镶补

1—型芯 2—推套 3—型芯固定板 4—支承板 5—顶杆

5）凿碾立体形态。塑料花卉模具和各种动物、人体等玩具的模具制作过程比较复杂，凿碾的工序较多，对模具钳工凿碾操作要求也比较高。不过，只要模具型腔分型面设计合理，把立体图形逐步分解为单一的平面和曲面，就可将凿碾工序简化为单一平面雕琢形式。

①凿碾塑料花卉模具。塑料花是由花枝、花芯、花托、花瓣等拼装而成的，如图 4—2—22 所示。它们属于立体形态，但通过型腔的特殊结构设计，即采用多层次分型、开模形式，如图 4—2—23 所示，根据花枝的形状，把型腔设计成四面、六面、八面或更多面分型启开，使花枝、花叶分解成不同方向和方位的平面或曲面图形。这样，

立体形态就变成单一的平面或曲面的凿碾加工了。把花枝、花叶分别按图样描绘在各分型面上，选择合适的小凿子、小碾子进行细心凿碾，用橡皮泥不断揌形来校验其形象，花草的雕琢只要求形象逼真而无尺寸精度要求。如图 4—2—24 所示，花瓣和花芯模具也是采用多层分型法进行分解和化简的。

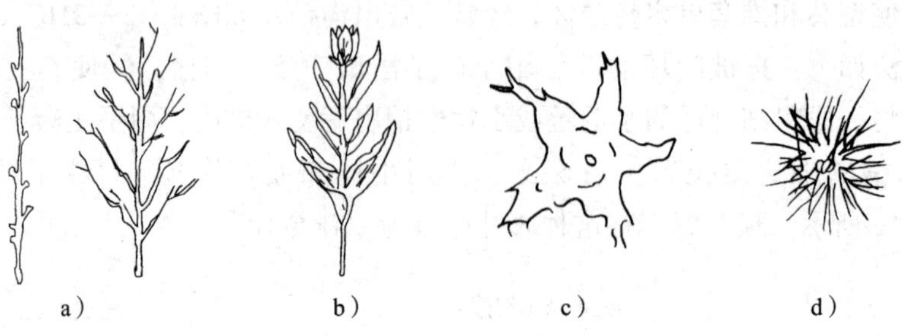

图 4—2—22 塑料花的组合

a）花枝 b）花朵 c）花托 d）花芯

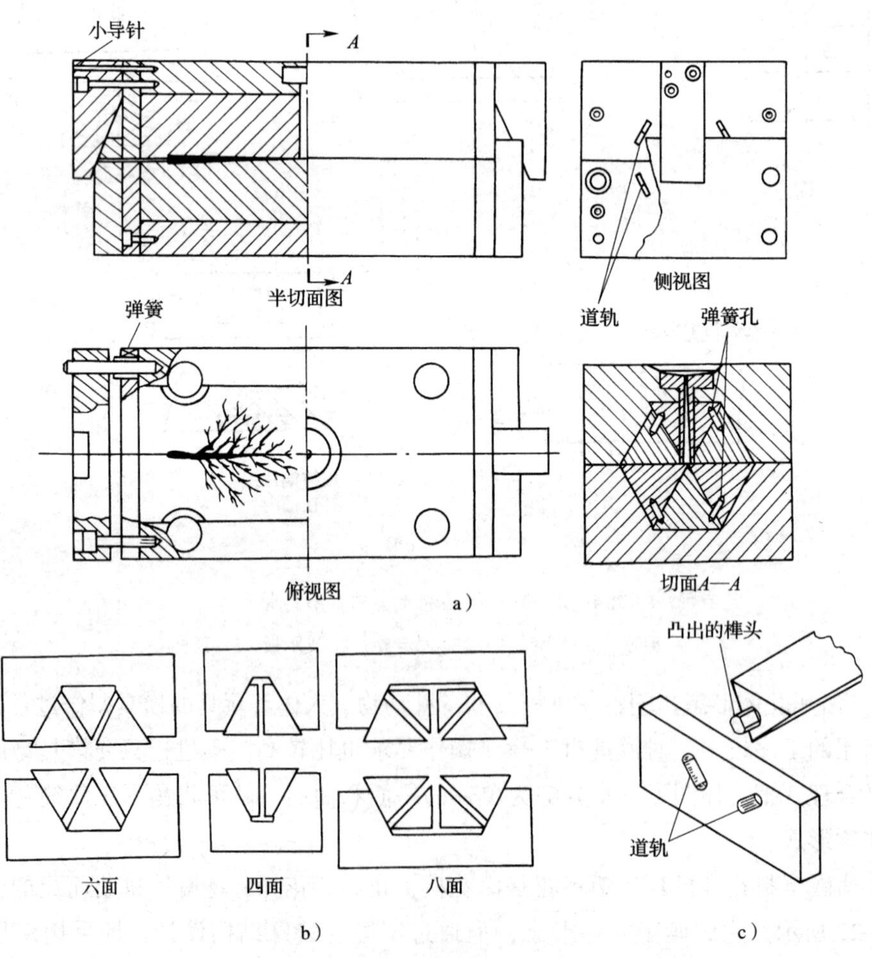

图 4—2—23 花枝模具结构形式

a）花枝模具结构 b）多分型开模形式 c）分型导向机构

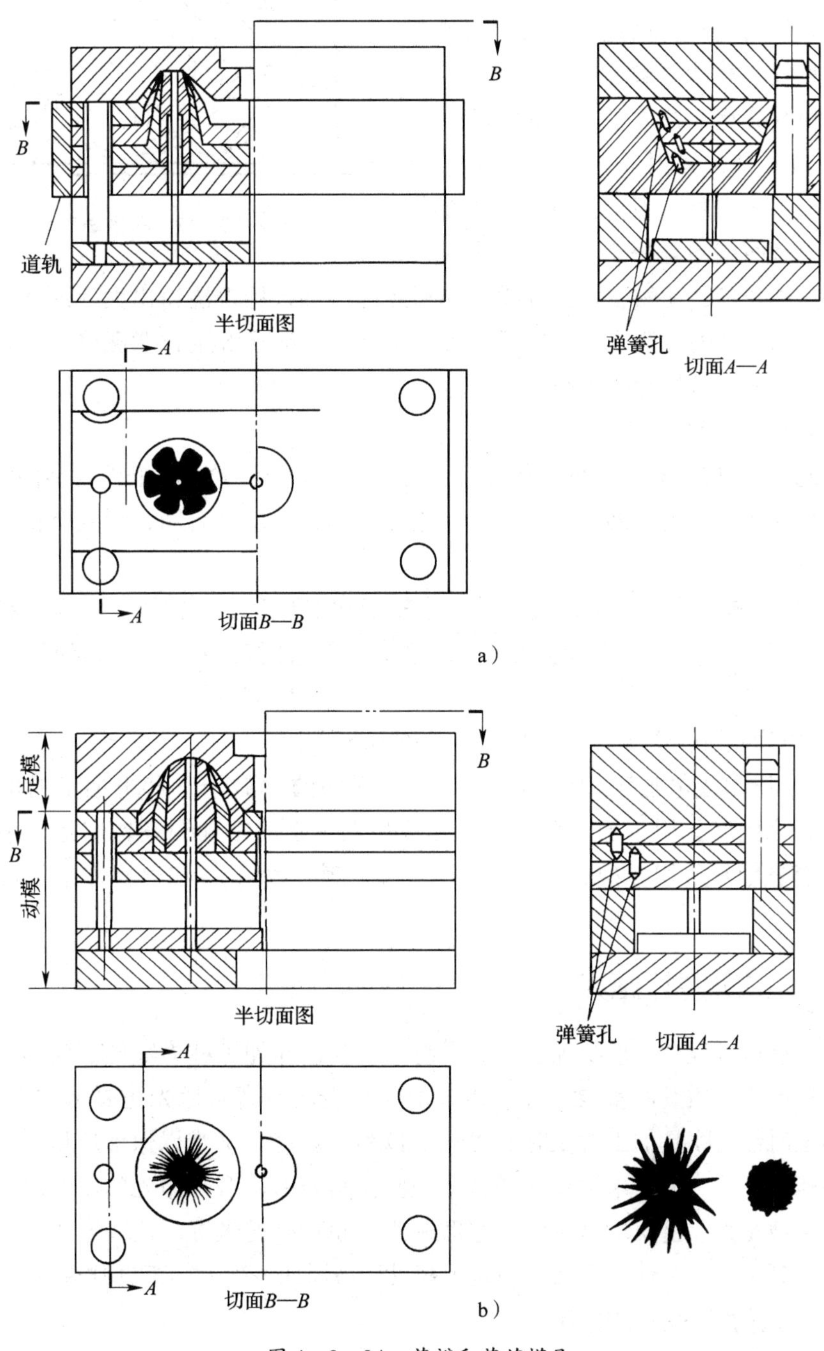

图 4—2—24　花瓣和花芯模具

a）花瓣模具　b）花芯模具

②凿碾动物、人体等玩具的模具。各种动物和人体虽然形态非常复杂，但它们的基本特性是都具有中心轴对称性。因此，它们的型腔一般均选择以中心轴为分型面，如图 4—2—25 所示。

由于分型面在塑料制件上会出现分型痕迹，尤其人体的中心线从脸部通过鼻梁和嘴有一条分型线，显然要破坏人体的形象。因此，人体模具分型面往往从人体的侧面，即从耳朵旁边分型，如图 4—2—25 所示。这样分型，脸部较完整，不会出现分型线的缺陷。只是分型面就不是一个平面，而是复杂的曲面。这类花卉、动物、人体等模具的型腔部分都采用铜浇铸出大致形状，然后由模具钳工选用合适的小凿子、小碾子和各种专用成型碾子等进行凿碾修整，并不断地用样板、橡皮泥进行校验和检查。

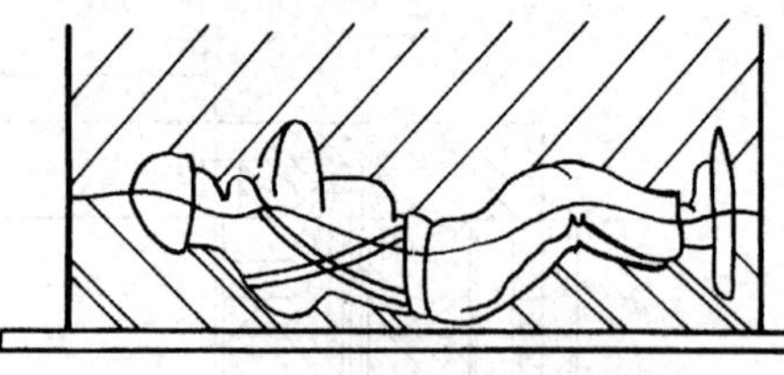

图 4—2—25　人体分型曲面

（3）凿碾注意事项

1）模具钳工应具有较强的立体概念。尤其是针对塑料模具，型腔与制件之间的正反概念一定要非常明确，即制件为凸形，型腔为凹形；制件有肋，型腔有槽；制件有孔，型腔有轴等。

2）从事凿碾工作需要学会描绘的基本知识和书写反字的技能，因为型腔的图形文字都与实样相反，掌握了描绘和书写反字的技能，对凿碾工作能起到如虎添翼的效果。

3）进行凿碾工作必须学会自制小凿子和小碾子。

4）用于压印或电加工型腔的图案，文字压印的“戳子”和电加工的电极必须是正字和正面图案，用于加工型腔的各种成型碾子上的字和图案也应是正字和正面图案，只有透明塑件用于型芯上的图案、文字，其“戳子”和电极才采用反字和反面图案。

二、精密研磨与抛光

在模具制造过程中，形状加工后的平滑加工和镜面加工称为零件表面的研磨与抛光，它是提高模具质量的重要工序。传统的模具表面研磨与抛光主要依靠手工加工，所耗费的工时约占模具加工总工时的 30%，既费工耗时，又难以保证质量，已成为模具生产的薄弱环节。近年来逐步发展起来一些模具表面研磨与抛光的新方法，如电动抛光、超声波抛光、挤压珩磨、电解修磨抛光、超精研抛光等。这些方法大大提高了模具质量，延长了模具使用寿命，缩短了模具制造周期，降低了模具制造成本。

1. 精密研磨与抛光的作用

（1）提高塑料模具凹模型腔的表面质量，以满足制件表面质量与精度要求。

（2）提高塑料模具浇口、流道的表面质量，以减小注射的流动阻力。

（3）使制件易于脱模。

（4）提高模具接合面精度，防止树脂渗漏，提高模具尺寸精度及形状精度，也提高了塑料制件的精度。

（5）对产生反应性气体的塑料进行注射成型时，模具表面状态良好，具有防止被腐蚀的作用。

（6）在金属或塑性成型加工中，防止出现粘模现象，提高成型性能，并使模具工作零件型面与工件之间的摩擦和润滑状态良好。

（7）去除电加工时所形成的熔融再凝固层和微裂纹，以防止在生产过程中此层脱落而影响模具精度和使用寿命。

（8）减少由于局部过载而产生的裂纹或脱落，提高了模具工作零件的表面强度，延长模具使用寿命，同时还可防止产生锈蚀。

2. 精密研磨的原理

精密研磨工艺是使用比工件材料软的研具、极细的游离磨料和润滑剂，在低速、低压下，使被加工表面和研具间产生相对运动并加压，磨料产生微量切削、挤压等作用，从而去除工件表面的凸峰，使表面精度得以提高，表面粗糙度值得以降低。精密研磨的精度可达亚微米级（尺寸精度达 0.75 μm，圆度达 0.20 μm，圆柱度和平面度达 0.38 μm，表面粗糙度 $Ra \leqslant 0.025$ μm），并能使两相配零件的接触面达到精密配合。精密研磨原理可归纳为以下作用：

（1）微量切削作用

磨粒在研具表面半固定或悬浮，构成多刃基体，不会重复先前的运动轨迹，产生热量少，工件变形和表面变质层很轻微。

（2）物理作用—塑性变形

钝化的磨粒挤压工件表面，使被研表面产生塑性变形，一些粗糙凸峰趋于平缓与光滑，并产生加工硬化，以致断裂而形成切屑。

（3）化学作用

研磨剂中含有起化学作用的活性物质，使被研表面形成一层极薄的氧化膜，它不断地迅速形成，又不断地被磨粒去除，从而加快了研磨过程。如图 4—2—26 所示为研磨加工原理。

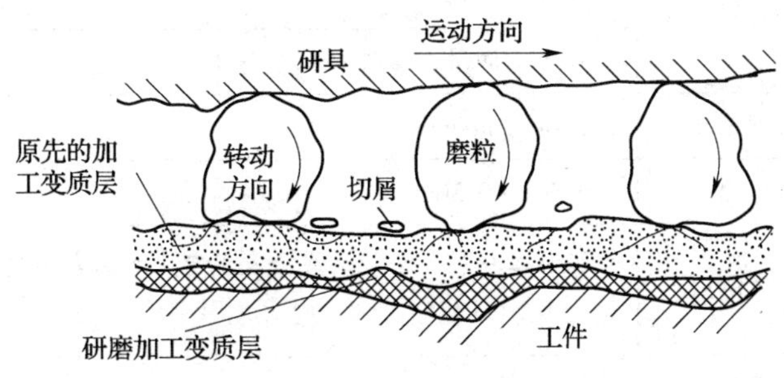

图 4—2—26　研磨加工原理

3. 精密研磨的特点及应用

（1）能获得稳定的尺寸精度、高的形状精度和极低的表面粗糙度值，但研磨不能提高表面的位置精度。

（2）精研磨后的零件表面质量好，故耐腐蚀性强，耐磨性和抗疲劳强度高。

（3）加工设备简单，制造方便，适应性好，不但适宜于手工生产，也适合成批机械化生产。被加工材料范围广，可加工钢铁、各种非铁金属、非金属，甚至对玻璃、陶瓷、钻石及淬硬钢等硬脆性材料都可研磨。

由于具有上述特点，研磨被广泛用于现代工业各种零件的精密加工、光整加工和超精密加工中。

4. 精密研磨的方法

（1）研磨工艺相关要素

精密研磨是零件加工的最终工序，操作者首先必须牢固树立质量第一的观念。精密研磨的加工质量是由研磨设备的精度、检测仪器的精度、操作者的责任心和技能水平三者决定的。研磨加工工艺各相关要素见表4—2—2。

表4—2—2　　研磨加工工艺各相关要素

项目		内容
加工方式	驱动方式	手动、机动、数控
	运动形式	回转、往复
	加工表面数	单面、双面
研具	材料	硬质（淬火钢、铸铁），软质（木材、聚氨酯）
	表面状态	平滑面、沟槽、孔
	形状	平面、圆柱面、球面、成形面
磨料	材料种类	金属氧化物、金属碳化物、氮化物、硼化物
	粒度	0.01 μm～数十微米
	材质	硬度、韧性
切削液	种类	油性、水性
	作用	冷却、润滑、活性（化学作用）
加工参数	相对速度	1～100 m/min
	压力	0.001～3 MPa
	加工时间	视加工材料、磨粒的成分及粒度、加工表面质量、加工余量等确定
加工环境	温度	(20±1)℃
	相对湿度	40%～60%
	净化	1 000～100 级

(2) 高精度平面的研磨

1) 平面研具

①研磨平板。研磨平板多制成正方形(见图4—2—27),湿研平板分为开槽与不开槽两种。开沟槽的作用是能将多余的研磨剂刮去,保证工件与平板直接接触,使工件获得高的平面度精度。槽的形状为60°V形槽,槽宽 b 和槽深 h 为1～5 mm,槽距 $B=15$～20 mm,具体尺寸根据被研表面尺寸确定。

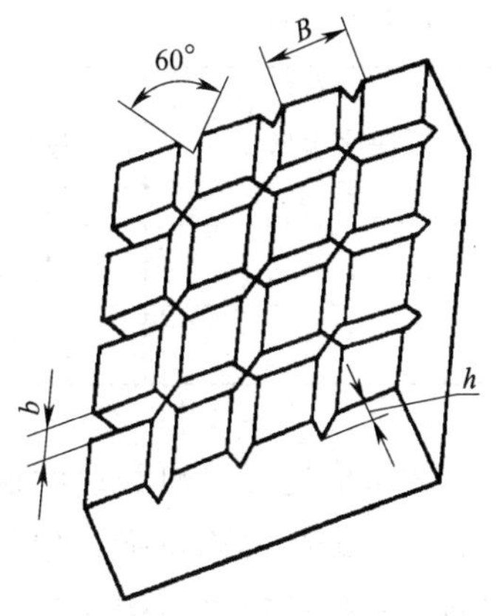

图4—2—27 开沟槽的研磨平板

②研磨圆盘。研磨圆盘为机研研具(见图4—2—28),其表面多开螺旋槽或径向直槽,具体形状视研磨轨迹而选定。若用研磨膏研磨时,选用阿基米德螺旋槽较好。选用螺旋槽研磨盘时,其螺旋方向应考虑圆盘旋转时研磨剂能向内侧循环移动,与离心力作用相抵消。但用开槽圆盘研磨时会使被研平面的表面粗糙度值升高,因此,如要求较小的表面粗糙度值时,研具可不开槽。

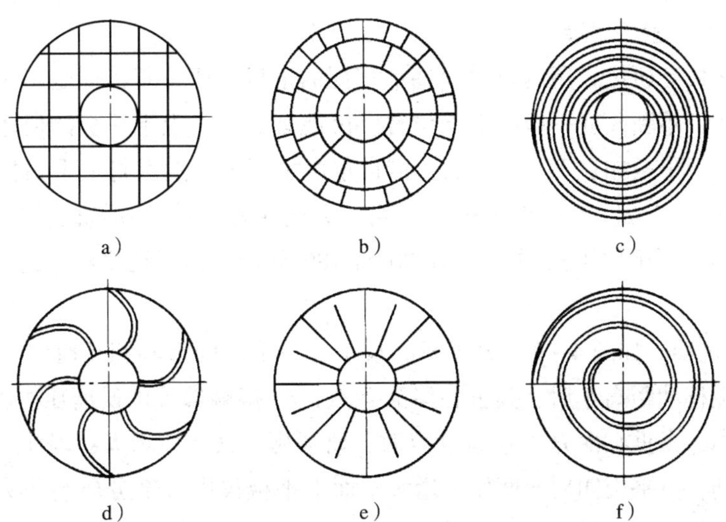

图4—2—28 研磨圆盘沟槽形式

a) 直角交叉形 b) 圆环射线型 c) 偏心圆环型 d) 螺旋射线型 e) 径向射线型 f) 阿基米德螺旋型

2) 平面研磨工艺参数

①研磨压力。研磨压力是研磨表面单位面积所承受的压力。在研磨过程中,压力是一个变值。因为刚开始研磨时,工件表面粗糙度值高、形状误差大,被研表面与研具的接触面积小。随着研磨的进行,实际接触面积逐渐增大,研磨压力也随之降低。若压力过小,研磨效率显著下降;压力过大,研具不均匀磨损加快,被研磨表面的表面粗糙度值上升,效率反而下降。通常研磨硬材料(如淬硬钢)比软材料(如铸铝)

压力高；湿研磨比干研磨压力高；粗研磨比精研磨压力高。一般研磨压力可从表4—2—3中选取。

表4—2—3　　研磨平面时的压力和速度

研磨类型	研磨压力（Pa）	研磨速度（m/min）	
		单面	双面
湿研	（1～2.5）$\times 10^5$	20～120	20～60
干研	（0.1～1）$\times 10^5$	10～30	10～15

②研磨速度。研磨速度也对加工精度有重要影响。在一定范围内，研磨作用随研磨速度的提高而增强。但是过高的研磨速度会造成工件发热现象，甚至烧伤被研表面；会使研磨剂飞溅流失；运动平稳性降低；研具急剧磨损，直接影响加工精度。一般研磨时都采用较高压力、较低速度进行粗研，然后采用较低压力、较高速度进行精研。这样既可提高工效，又可保证表面质量的要求。表4—2—3所列的研磨速度可供参考。

3）高精度平板的研磨

①两块平板互研法。用两块硬度基本相同的平板互研，其实质是不用研具而应用平板研磨规律，不断改变平板的上下位置。因此有必要对上下平板的研磨运动进行研究和分析：当上平板扣在下平板上后，借自重产生压力，然后将上平板按不同运动轨迹做圆形移动2～3 min（下平板固定）；再按无规则的“8”字形轨迹柔和、缓慢地推动上平板（推时用手加压），并不时做90°或180°转位。这里还要对上述运动做进一步分析：

a. 圆形运动。如图4—2—29所示，设上、下平板的重心和几何中心点O完全重合；当上平板移动距离S后，其重心移至P点，ab接触部位的研磨压力增大，并由a到b逐渐减小；当重心由P点移到Q点时，研磨压力又有所增大；因此，随上平板重心的圆周运动，下平板四周研磨压力增大，而上平板仅中心部分研磨压力增大，致使上平板逐渐变凹，下平板则逐渐变凸。

b. “8”字形运动。如图4—2—30所示，若上平板按图中箭头方向做“8”字形运动时，其重心的轨迹保持在下平板的对角线上，于是使研磨压力在下平板的四个角最大，并沿对角线向中心逐渐减小；上平板则相反。因此，“8”字形运动也将导致两块平板上凹下凸，但其变化速度比圆形运动缓慢。由此可见，用此法研磨出的平板不可能同时达到理想的高精度要求，而只能选用其中较好的一块。

②以大研小法。利用一块平面度精度较高（或微凸）的专用大平板作标准来研磨待加工的小平板，大平板的硬度必须高于小平板，且大平板始终处于下位，所采用的研磨运动必须有利于大平板的磨损保持均匀。

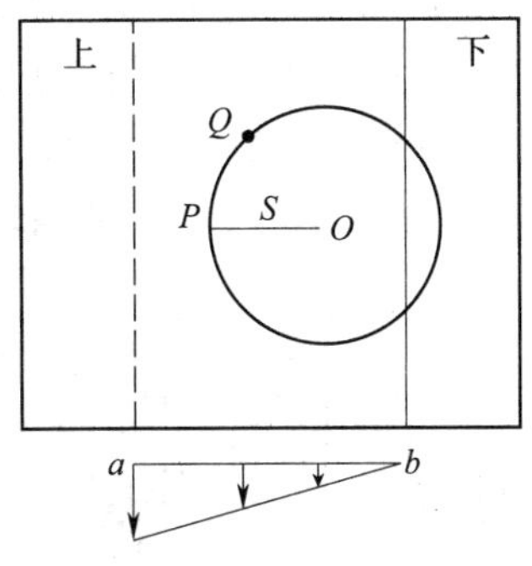

图 4—2—29 上平板做圆形运动

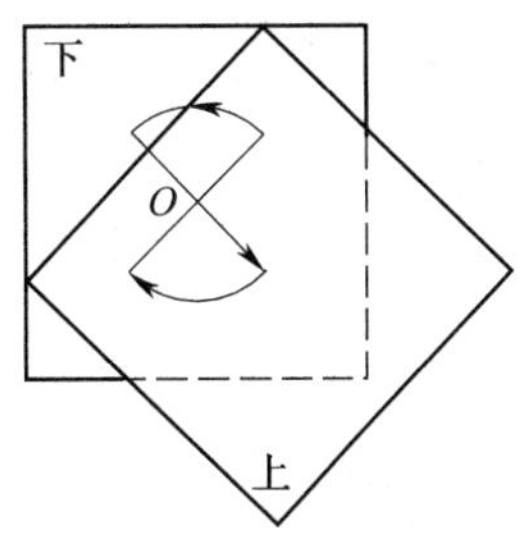

图 4—2—30 上平板做“8”字形运动

③以小研大法。此法多用于对长方形平板的研磨，利用小平板配以适当的研磨运动研磨大平板，小平板始终处于上位，无论运动轨迹如何变化，都要能保证被研平板上各点均有相同的（近似的）被微量切削的条件。

④三块平板互研法。与原始平板刮削法相似，利用误差平均法原理，对三块硬度基本相同的平板按一定顺序交替循环研磨，在研磨过程中要保持等温，采用间歇研磨，以防止因发热而变形，此法应用最为广泛，可同时获得三块较理想的高精度平板。

4）量块的精密研磨。量块又称块规，是无刻度的端面量具。长方体的量块有两个平行的测量面和四个非测量面。两测量面之间的厚度（称为中心长度）公差、平面度公差和表面粗糙度要求极为严格（例如，0 级精度量块的技术要求是厚度公差为 ±0.1 μm、平面度公差为 ±0.1 μm、测量面表面粗糙度 $Ra \leqslant 0.010$ μm），所以，在热处理淬硬后必须经过磨削和精密研磨。研磨后的量块测量面有镜面之称，它具有研合性，以组成不同长度尺寸，除作为长度量值基准的传递媒介外，也可用于鉴定、校对和调整计量器具、精密机床等。量块用 CrMn 或 1Cr17 钢制造，淬硬至 64HRC 以上，研磨余量小于 0.05 mm，磨削后的表面粗糙度值 $Ra \leqslant 0.2$ μm。

量块的研磨工艺过程见表 4—2—4。在精研前需进行尺寸预选，以保证每批量块尺寸误差小于 0.1 μm。

表 4—2—4 量块的研磨工艺过程

工序	研磨余量（μm）	研磨方式	磨料粒度	可达表面粗糙度 *Ra*（μm）
一次研磨	10 ~ 50	湿研	F28 ~ F320	0.1
二次研磨	4 ~ 5	湿研	F40 ~ F500	0.05
三次研磨	1.5 ~ 2	干研	F600	0.025
四次研磨	0.6 ~ 0.3	干研	F800	0.012
精研磨	0.1	干研	F1000	0.010 ~ 0.008

批量较大的量块或其他成批精密平面研磨的工件可在研磨机上加工。为保证研磨质量必须经过预选，使每批工件的尺寸误差控制在 3～5 μm，而且在精研过程中，还应视不同情况进行一次或多次工件换位。量块在研磨中的换位如图 4—2—31 所示。量块的中心长度尺寸、平面度误差常用光波干涉仪或光学平面平晶，根据干涉带的宽度、弯曲量及光波的波长等进行计算。

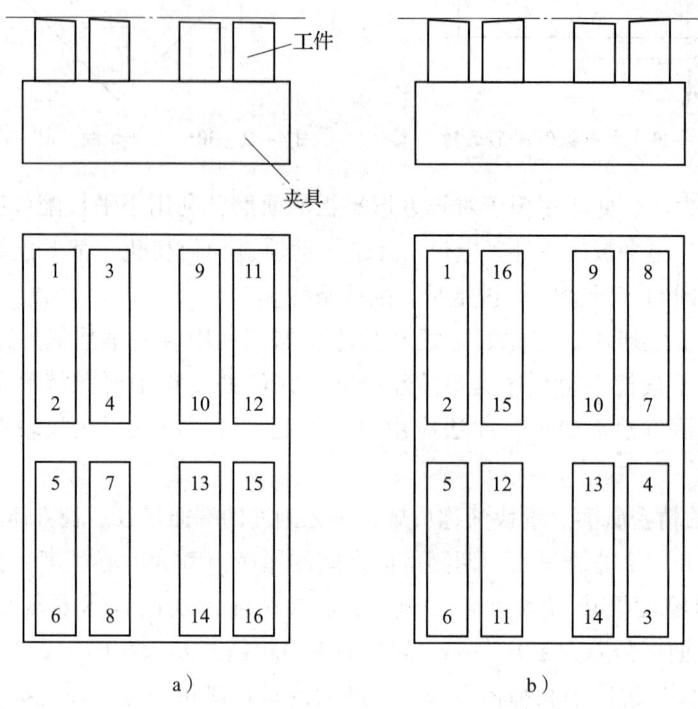

图 4—2—31　量块在研磨中的换位

a）换位前　b）换位后

5）V 形架的精密研磨。在精密测量轴类零件时用作支承的 V 形架（见图 4—2—32）技术要求较高：六个面的相互垂直度，各相对平面的平行度，V 形槽对称假想平面与两侧面 a、b 的对称度和平行度以及与两侧面 e、f 和底面 c 的垂直度等误差均不大于 0.005 mm。若两件成组使用，则还要求 V 形槽工作面与底面 c 的等高差及两侧面 a、b 的等宽差也不大于 0.005 mm。

V 形架的研磨步骤如下：

①研磨大 V 形槽，通常采用整体式研具，同时达到 90°角及平面度要求。

②用平板研具研磨 a 面，使其与 V 形槽对称假想平面平行，可用标准检验棒，以大 V 形槽为基准，在平板上用千分表检测检验棒两端最高点的读数差，即平行度误差，如图 4—2—33 所示。接着研磨 b 面，要同时保证 b 面与 a 面平行且保证 a、b 两面对大 V 形槽的对称度。其检测方法相同，但还要在平板上将工件翻转 180°，检查 a、b 两面读数是否相同，若读数差为 0.01 mm，则其对称度误差就是 0.005 mm，而两平

面平行度误差也应在 0.005 mm 以内。如果 a、b 面与 V 形槽的平行度误差较大，不利于研磨时，可修刮至接近平行再研磨；若误差不大则不需修刮，只要在研磨时有意加大高点处的压力即可达到要求。但在研磨过程中要反复测量，避免研磨过头而返工。

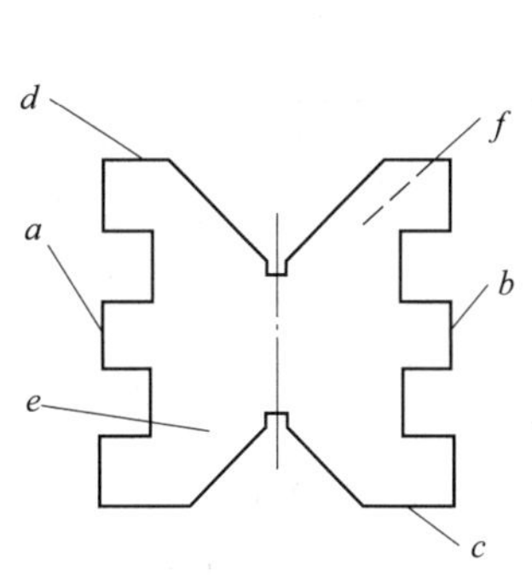

图 4—2—32 精密 V 形架

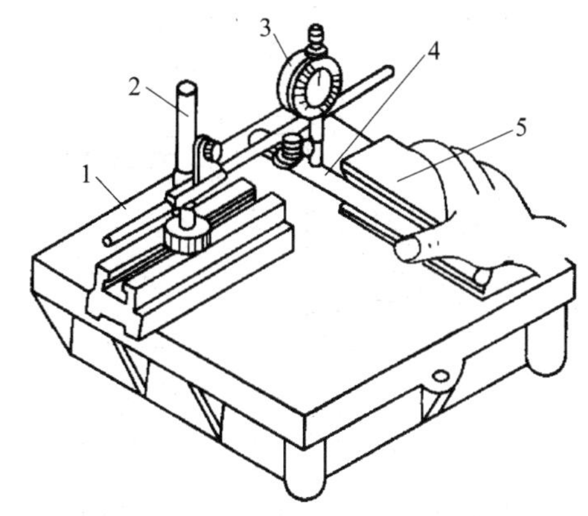

图 4—2—33 用千分表和检验棒检测位置误差

1—检验平板 2—表架 3—千分表 4—检验棒 5—V 形架

③研磨 c 面（用平板作研具），既要保证 c 面与 V 形槽的平行度，又要保证其与 a 面、b 面的垂直度。检测平行度时，可在平板上用检验棒模拟 V 形槽中心线，用千分表测量检验棒两端的最高点，其读数差即为平行度误差；垂直度可在平板上用直角尺（或圆柱）透光检查。c 面合格后再研磨 d 面，使 d 面与 c 面平行。

④研磨 e、f 两侧面，使其与 V 形槽和 a、b、c、d 四面相互垂直，检验方法同上。

⑤以研好的各面为基准，在平面磨床上用导磁 V 形铁定位加工出与大 V 形槽相对应的小 V 形槽。

⑥用整体式研具研磨小 V 形槽，保证达到技术要求。

若两 V 形架成组使用，则必须两个 V 形架同时研磨，以保证其成对尺寸的一致性。V 形槽的等高差和等宽差仍用千分表和检验棒在平板上检测。

（3）高精度内孔的研磨

与加工外圆相比，精密加工内孔时存在许多不利条件，以磨削为例，内孔磨削的砂轮直径小，而转速却比外圆磨削时高十几倍，磨粒易钝化，工件易发热而烧伤；同时，磨内孔时冷却条件差，排屑困难，砂轮易堵塞，影响表面质量，其表面粗糙度值比外圆磨削大。特别是在磨削深孔时，砂轮接长杆直径小，悬伸长，刚度低，易产生弯曲变形和振动，对内孔加工精度和表面粗糙度都有不利影响。

因此，对高精度外圆工件大多可通过精磨工艺达到加工要求，而不一定都要采用研磨手段；但对高精度内孔（尤其是深孔），常需要在磨削后再增加一道精密研磨工序。

1）精密圆柱孔的研磨。精密圆柱孔工件的研磨分为手工研磨和机床（如车床、立式钻床等）配合手工研磨两种。如图 4—2—34 所示为在车床上研磨套规内孔的实例。

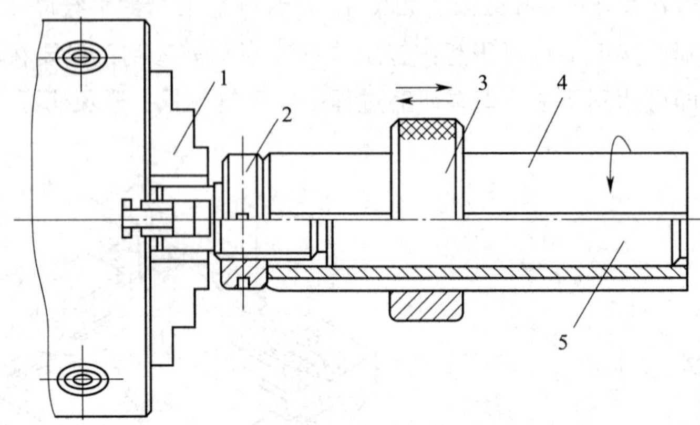

图 4—2—34　在车床上研磨套规内孔

1—卡盘　2—调节螺母　3—套规（工件）　4—研套　5—可调节锥度心轴

套规是检验外圆柱工件的量规，其内孔是测量工作面，经精镗→热处理→磨削后内径留 5～10 μm 余量进行研磨，加工精度和表面质量要求都较高。其研磨步骤如下：

①研棒由可调节锥度心轴 5、研套 4、可调节螺母 2 组成。先将研棒的一端夹持在机床卡盘 1 上，用百分表检测研套外圆的径向圆跳动误差，校正回转轴线，径向圆跳动量应在套规要求的形状公差内。

②将套规套入研棒，均匀涂好研磨膏后，调节螺母，使被研套规手感较紧但又能轴向移动。

③开动机床，主轴转速以 100～200 r/min 为宜，用手握住套规，有规律地沿研套做轴向往复运动。

需要注意：操作者的手汗呈酸性，极易使金属表面产生锈蚀，应采取预防措施；握住工件时应保持平衡，同时使工件间歇转动，防止工件因自重而产生圆柱度误差。

④研磨过程中应时刻注意套规与研套间的径向摆动间隙，并及时调整研棒以保持良好的研磨间隙，注意经常测量套规直径。

⑤当套规的孔径、圆柱度、圆度已达到基本要求后，即可改用手工精研磨。加工时将工件夹持在精密 V 形架上，待研棒置入孔内后再调节螺母，给工件以适当压力，用手转动研棒沿工件轴线做往复运动，进一步提高被研孔的精度，改善表面质量。研磨剂可选用研磨微粉及少许硬脂酸，用煤油、汽油混合调成糊状即可。

精密圆柱内孔研磨时常见的质量问题及解决方法见表 4—2—5。

表 4—2—5　　精密圆柱内孔研磨时常见的质量问题及解决方法

质量问题	图例	原因	解决方法
中间小、两端大		研具与孔配合太紧，操作不稳	调松研棒，拿稳工件

续表

质量问题	图例	原因	解决方法
多棱孔		研具与孔配合太松，工件没有拿稳	调紧研棒，重新校正或更换研棒，拿稳工件
内孔划伤		研具或工件有毛刺，研磨剂中混有较粗的磨粒或异物	去毛刺，清洗研具及工件，更换研磨剂
孔的直线度精度低，各段错位		研具与工件孔配合过松，轴向往复运动长短不一	调整配合间隙，专门修整某段孔壁，最后用新研棒沿孔壁全长修整
孔口或槽口附近局部尺寸大		研磨剂在孔口、槽口处积累过多	及时擦去多余的研磨剂，清洗后用新研棒修整全孔
倒锥		研棒倒锥过大，在孔底停留时间过长	修整研具，工件要前后移动，以减小倒锥
喇叭口		研具有正锥或倒锥太小，研具与孔配合太松，工件没有扶正	修整研具，调整配合间隙，拿稳工件

2）精密锥孔的研磨。相配的圆锥体零件一般多采用磨削加工，但配合精度高或密封性要求高的零件要采用精密研磨法来达到要求。

①内、外圆锥配对研磨。配对研磨又称对研，它是当一对相配零件中添加研磨剂对研时提高配合精度的一种研磨工艺。如图 4—2—35 所示为阀座与阀的配对研磨实例。它的研磨工艺如下：

修去阀座孔与阀的毛刺，用显示剂均匀涂在阀的锥体上，放入锥孔内缓慢旋转，取出后看其配合接触显示程度。若配合接触良好，则在两锥体间均匀涂上研磨剂进行研磨。研磨时锥孔轴线应处于垂直位置。因为轴线处于水平位置会受重力影响，将造成研磨压力不均匀，而立式研磨定心也较好。在研磨过程中还

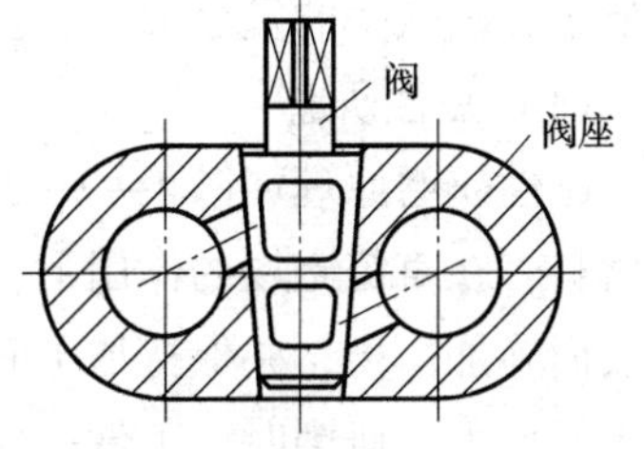

图 4—2—35 阀座与阀的配对研磨

要不断检查配合质量，注意及时调换研磨剂。若配合接触显示不良，则应先将锥孔用曲面刮刀修刮，以改善显点，待显点均布后方可研磨。如果锥体有较大的圆度误差和素线直线度误差时，也应先行修刮后再研磨。

②用研具研磨。如图 4—2—36a 所示为纯手工研磨锥孔的实例，研具用卡盘固定，工件用夹具夹持（夹紧力不宜过大），用手缓慢转动夹具，加适当压力进行研磨。此法的优点是研磨速度和质量可任意控制，缺点是效率低。锥孔也可在车床上进行半机械化研磨（见图 4—2—36b），研具固定在主轴锥孔内或装夹在卡盘上，用千分表校正研具轴线与车床主轴轴线的同轴度和径向圆跳动，利用车床主轴的旋转，使锥孔在研具上进行研磨。若准备好三根压砂研具互相交替使用，则更为理想。此法虽然工效较高，但与手工研磨相比，不能保证研磨质量。

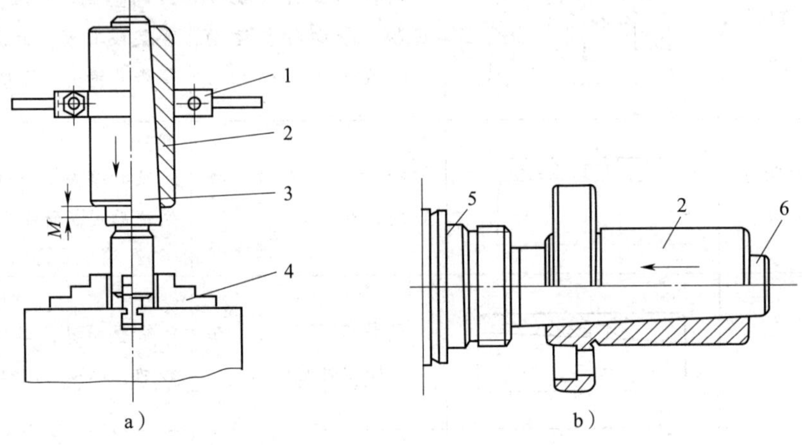

图 4—2—36　手工研磨和半机械化研磨锥孔

a）用卡盘固定研具　b）用车床主轴固定研具

1—夹具　2—工件　3—研具　4—卡盘　5—机床主轴　6—研棒

锥孔研磨后用锥度塞规着色或用特制记号笔画 3 条素线检验，既要保证接触面分布均匀，又要保证锥度和表面粗糙度达标。

5. 新型精密和超精密研磨

近几年来，随着科技的发展，出现了许多新工艺、新技术，一些传统加工工艺与一些非传统加工工艺复合在一起，实现优势互补，发挥各种加工工艺的长处，诞生出高质量、高效率的复合加工工艺。以下将简要介绍几种新型的精密和超精密研磨工艺。

（1）磁性研磨

磁性研磨原理如图 4—2—37 所示。工件置于两磁极之间，并放入含铁的刚玉等磁性磨料，在直流磁场的作用下，磁性磨料沿磁力线方向整齐排列，就像刷子一样对被研表面施加压力，并保持加工间隙。研磨压力的大小随磁通密度及磁性磨料填充量的增大而增大。研磨时，工件一面旋转，一面沿轴线方向振动，使磁性磨料与被研表面产生相对微量切削运动。

其加工精度可达 1 μm，表面粗糙度值 $Ra \leqslant 0.01$ μm。由于磁性研磨是柔性的，加工间隙仅有几毫米，可用于研磨轴类零件的内、外表面和形状复杂的不规则零件，也可用于去毛刺，特别是对钛合金工件的研磨有较好的效果。

（2）电解研磨

电解研磨工艺是电解加工与机械研磨相结合的复合加工工艺，用来对外圆、内孔、平面进行表面光整加工及镜面加工。

电解研磨工作原理如图 4—2—38 所示。电解研磨时，研具既作为电解加工的阴极，又起研磨作用，工件为阳极；电解液用硝酸钠水溶液为主配制而成。按照研磨方式不同，可分为固定磨料加工和流动磨料加工两种。用固定磨料加工时，研磨材料选用浮动的、具有一定研磨压力的磨石或直接选用弹性研磨材料（把磨料黏结在合成纤维毡上制成）；用流动磨料加工时，极细的磨料混入电解液中注入加工区，利用弹性合成纤维毡短暂的接触时间对工件表面生成的阳极钝化薄膜进行机械研磨后去除。在这种机械和化学双重反复作用下实现微量金属的去除，因此，流动磨料电解研磨可以实现超镜面（$Rz < 0.0125$ μm）加工，并提高了加工效率。

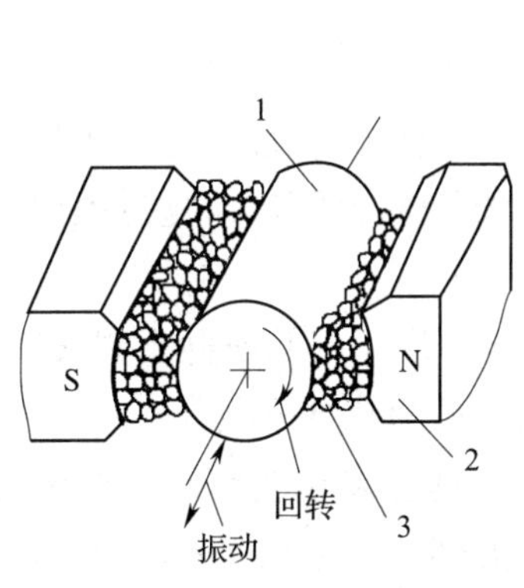

图 4—2—37 磁性研磨原理

1—工件 2—磁极 3—磁性磨料

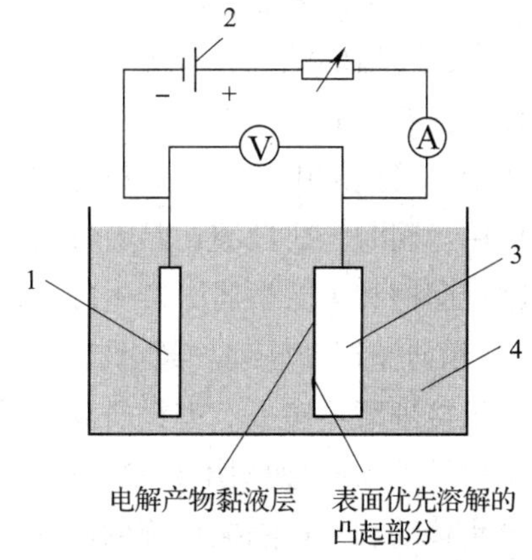

图 4—2—38 电解研磨工作原理

1—研具（阴极） 2—直流电源

3—工件（阳极） 4—电解液

电解研磨可以对碳钢、合金钢等材料进行加工，一般选用电解液中 $NaNO_3$ 的浓度为 20%，当浓度低于 10% 时，金属表面光泽下降。电解间隙取 1 mm 左右，电流密度取 1 ~ 2 A/cm^2。磨料粒度对表面粗糙度影响颇大，粒度越细则 Rz 值越小。目前，电解研磨已应用在金属冷轧轧辊、大型船用柴油机轴类零件、大型不锈钢化工容器内壁以及不锈钢太阳能电池基板的加工中。

除了以上各种复合研磨外，还有多种研磨新工艺，如超声研磨、滚动研磨、磨石研磨等，它们不仅克服了传统研磨工效较低的缺点，而且提高了研磨加工质量，对某些难加工材料的研磨也有较好的效果。

6. 研抛

在精密加工中，表面粗糙度值要比尺寸精度值高一个数量级。随着我国宇宙航天工业的发展，对产品表面质量要求越来越高。抛光作为一种低表面粗糙度值的精密光整加工方法越来越重要。抛光的加工要素虽与研磨基本相同，但其作用和效果又有所不同。抛光时所用的抛光器是软质的，其塑性流动作用和微切削作用较强，加工效果主要是降低表面粗糙度值，而对工件的尺寸精度和几何精度的改善则几乎不起作用；而研磨时用的研具是硬质的，其微切削作用和挤压塑性变形作用较强，在精度和表面粗糙度两个方面都强调要有加工效果。因此，近几年来已将研磨与抛光结合为一种新的复合加工，称为研抛。下面介绍三种研抛工艺。

（1）超精研抛

1）超精研抛的特点。超精研抛是一种具有均匀复杂运动轨迹的超精加工工艺，它除了同时具有研磨、抛光和超精加工的特点外，还具有以下显著特点：

①高速、高效、轨迹复杂的研磨特性。一般研磨的速度比较低，而超精研抛的速度为 120～150 m/min，超精研抛效率一般为研磨的 15 倍。

②可直接加工出镜面。由于超精研抛使用的磨具、磨料与抛光所使用的磨具、磨料相似，因此超精研抛也具有抛光的特性。

③在自由磨粒的液池中进行超精加工。进行超精研抛加工时，将工件浸泡在超精研抛液池中，研抛液中的自由磨粒在研抛力作用下不断地翻滚，使其各刃边均能充分地发挥作用。同时，研抛液还具有冷却、润滑作用，能及时排除因研抛过程中工件与研抛头剧烈摩擦和去除微屑时产生的局部切削热。

2）超精研抛运动原理。超精研抛加工的磨具呈圆环形，超精研抛头制成圆环体，再用火漆粘接到磨具座上。超精研抛头与磨具座的组件称为超精研抛具。

超精研抛运动原理如图 4—2—39 所示，超精研抛具安装在超精研抛机床的主轴上，由分离传动和采取隔振措施的电动机带动做高速旋转。超精研抛具受主轴箱内压

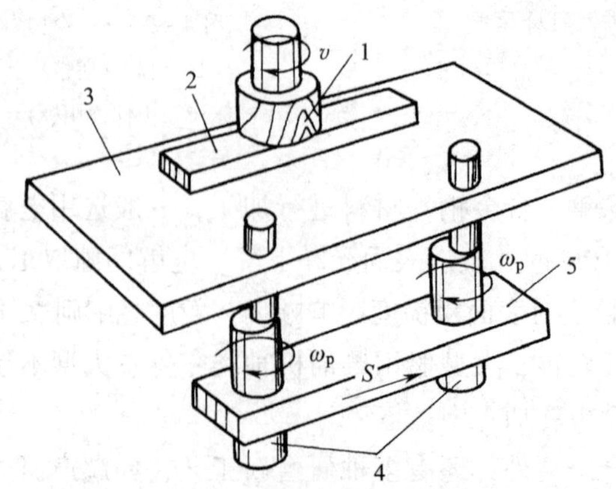

图 4—2—39　超精研抛运动原理

1—研抛头　2—工件　3—回转工作台　4—双偏心轴　5—移动滑板

力弹簧的作用，将装夹在工作台上的工件压紧。工件浸泡在超精研抛液池中，工作台由机床侧面一对具有同偏心量的偏心轴带动做同向、同步旋转；同时，被一对偏心轴带动的工作台做旋摆运动。为了使工件能在全部待加工表面均得到研磨，则需另外给工作台一个直线运动。这时工作台得到的合成运动轨迹称为次摆线。再加上一个研抛具的高速旋转运动，这时得到的合成运动是沿上述简单的次摆线运动轨迹作为母轨迹，研抛具又做一种次摆线运动的复杂、均匀而又细密的超精研抛运动轨迹。

3）超精研抛具

①超精研抛具的组成。超精研抛具由超精研抛头和超精研抛头座两部分组成，超精研抛头是直接“携带”磨料（指超精研抛液中的自由磨粒）的部分。研抛头的形状先制成短圆柱形，再将其中心部位挖成小圆形孔。研抛头的材料有两种，一种是脱脂木材，另一种是高质量的细毛毡。如图 4—2—40 所示，研抛头座是连接研抛头与机床主轴的座体。研抛头座的主体制成圆柱体，上部制有内螺纹，用以与机床主轴相连，研抛头座的下端面可用火漆粘接研抛头。研抛头座用黄铜或不锈钢制成是为了耐磨，并保证浸泡在研抛液中不会产生锈蚀。

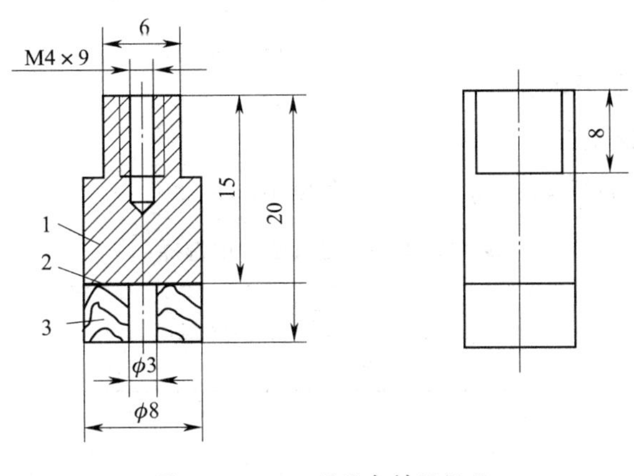

图 4—2—40　脱脂木材研抛具

1—研抛头座　2—火漆　3—研抛头（脱脂木材）

②对超精研抛具的要求。研抛头应具有正确的几何形状与尺寸，以保证研抛工件的正确几何形状与尺寸精度。在整个超精研抛过程中，研抛具自始至终要有“携带”或镶嵌研抛磨料的能力，以便使工件经过超精研抛加工后完全达到加工要求。为使研抛头在整个加工过程中保持精度，研抛具应具有一定的研抛刚度和耐磨性，研抛头不得在加工过程中产生变形；要求研抛头材料组织均匀、硬度一致且无夹杂物，要具有良好的磨料镶嵌性与保持性，研抛头的结构和形状要能起到分散磨料和及时排屑的作用；研抛头应具有容易“壳膜化”的性能，“壳膜化”层是经过超精研抛压力作用，磨料和磨具“结合”成一体的产物。

4）研抛头的材料。研抛头材料的种类、硬度、组织均匀程度和松脆性等均直接影响超精研抛加工的质量。

①脱脂木材。脱脂木材具有优异的研抛性能，它具有较高的研抛液浸含性、松脆性和研抛刚度，能保持其一定的几何形状，能镶嵌和“携带”大量的磨料，且容易形成“壳膜化”层。

②细毛毡。最终研抛的修饰研抛头使用精制无杂质的细毛毡。其组织纤维和黏结剂均较细，材质松软，弹性大，气孔容积大，因此，对研抛液和磨料的浸含性高。研抛的“抽打”作用好，能减小表面粗糙度值，提高工件的表面光亮度，并能将微小的毛刺清除干净，可用于修饰工件表面。

5）研抛头的形状与尺寸。研抛头均制成空心圆片。研抛头端面任意点半径的圆周速度（m/min）为：

$$v = \frac{\pi n d}{1\,000}$$

式中　n——研抛具的转速，r/min。

当研抛点直径 $d \to 0$ 时，则 $v \to 0$，故切削作用也很小，所以将中心部位挖空。

为使整个被研抛表面边缘部分不留下空白区，可按下列经验公式计算并选择研抛头的外径 D。

$$D \geqslant B - 2e + (3 \sim 5)$$

式中　B——工件被研抛表面的宽度，mm；

　　e——研抛旋摆偏心量，mm。

超精研抛头挖空直径 d_1 可按表 4—2—6 选取。

表 4—2—6　　超精研抛头挖空直径 d_1 的选择　　mm

研抛工序	粗研抛	精研抛
d_1	$[(1/4 \sim 1/3)\ D]^{+0.02}_{0}$	$[(1/3 \sim 1/2)\ D]^{+0.02}_{0}$

6）超精研抛液

①超精研抛液的作用。超精研抛液由研抛剂（自由磨粒）及其介质（纯水）组成。自由磨粒在研抛过程中相当于无数微型刃具。微细的自由磨粒采用氧化铬，以不同的比例与纯水混合，搅拌均匀。

②超精研抛液的组成见表 4—2—7。

表 4—2—7　　超精研抛液的组成

成分	说明
超精研抛磨料	超精研抛液不采用比工件还硬的金刚石磨料，因为金刚石易形成嵌砂，往往会撕裂工件表面，留下较深的划伤 自由磨粒最好采用氧化铬。氧化铬有两种，一种是高纯度的，还有一种是普通的。一般采用纯度（质量分数）为 99.0% 的二级普通氧化铬即可满足研抛要求

续表

成分	说明
研抛介质	纯水是一种良好的研抛介质。要求其清洁且无杂质，一般用蒸馏水。其制法简单，成本低廉

③超精研抛液的配方。粗研抛磨料粒度用 F320 ~ F500，精研抛磨料粒度用 F500 ~ F1000，终精研抛磨料粒度用 F1000 ~ F1200，甚至用更细的磨料粒度。研抛过程中，可不断地向工件被研抛表面流入或注入研抛液。为防止研抛剂在水中沉淀，可在研抛液中添加少量的重铬酸钾和聚乙烯醇，具体配方见表 4—2—8。

表 4—2—8　　防止研抛剂沉淀的研抛液配方（体积比）

成分	名称	三氧化二铬	重铬酸钾	聚乙烯醇	纯水
	分子式	Cr_2O_3	$K_2Cr_2O_7$	$(CH_2—CHOH)_x$	H_2O
混合体积比		1	16	16	10 000

为了提高研抛质量与研抛效率，可采用液中研抛，其研抛液配方见表 4—2—9。

表 4—2—9　　液中研抛的超精研抛液配方

研抛液种类	配方（体积比）		
	研抛液	纯水	乳化液
纯水介质研抛液	1	10 000	—
乳化液介质研抛液	1	—	20 000

粗研抛可选用较高浓度的研抛液，是一种不透明深绿色的稠状液体；精研抛可选用较低浓度的研抛液，是一种半透明黄绿色的半稠状液体；终精研抛可选用最低浓度的研抛液，是一种透明浅黄色的液体。

7）超精研抛工艺参数

①加工余量。因为超精研抛加工的工件表面一般需要加工成镜面，所以，在确定研抛加工余量时应考虑到研抛前工序加工成型的表面粗糙度。研抛前工件的表面粗糙度值越低，即表面越光洁，研抛达到镜面所需的时间越短，研抛效率越高。

②压力。选择合适的研抛压力才能获得良好的研抛效果。一般精研抛采用较低的研抛压力，修饰清理研抛采用更低的研抛压力。一般可按表 4—2—10 选取研抛压力。

表 4—2—10　　研抛压力的选取

项目名称	粗研抛	精研抛	修饰清理研抛
研抛压力（N）	10 ~ 30	5 ~ 10	5 ~ 10

③超精研抛机的运动参数见表4—2—11。

表4—2—11 超精研抛机的运动参数

运动参数	说明
超精研抛具的线速度	粗研抛主要考虑提高生产效率，线速度可选择70～100 m/min；精研抛线速度可选择40～60 m/min
旋摆振幅	旋摆圆的直径称为旋摆振幅。旋摆振幅等于2倍的旋摆偏心量，旋摆偏心量一般取1～2 mm，旋摆振幅一般取2～4 mm
旋摆频率 f	旋摆圆的转数称为旋摆频率，一般旋摆频率越高，研抛效率越高。一般超精研抛机床选取旋摆频率 $f=60\sim300$ 次/min，机床不会产生振动，且能获得满意的研抛质量
往复直线运动进给量 S	工件（工作台）的往复直线运动进给量越大，则研抛的生产效率越高；进给量越小，对改善研抛表面质量越有利；进给量过小，容易产生爬行，当进给量趋近于零时，表面粗糙度值反而会变大，一般选取 $S=0.5\sim2$ mm/s

（2）液中研抛

将工件置于恒温液体中进行研抛称为液中研抛，液中研抛工件平面的装置如图4—2—41所示。抛光器的材料为中硬度的聚氨酯，它是一种非渗水材料，在抛光液中可获得稳定不变的浮起间隙，并对工件有黏附作用。

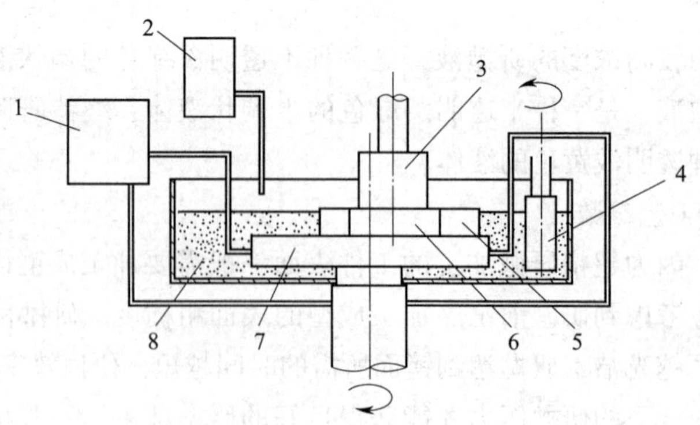

图4—2—41 液中研抛工件平面的装置

1—恒温装置 2—定流量装置 3—压铁 4—搅拌装置 5—夹具
6—工件 7—抛光器 8—抛光液与磨料

研抛时，抛光器7由主轴带动回转，工件6由夹具5定位及夹紧，被加工平面要全部浸入抛光液与磨料8中，压铁3使磨粒与被加工面间产生一定的压力。恒温装置1

中的恒温油经螺旋管道不断循环流动于抛光液（此处用水，由定流量装置2供水）中，使研抛区的抛光液保持恒温。搅拌装置4使磨料与抛光液均匀混合。此法可防空气中的尘埃混入研抛区，并抑制了工件、夹具和抛光器的变形，因此可获得较高的精度和表面质量。研抛中，若采用硬质材料制成的研具，则为研磨；若采用软质材料制成的抛光器，则为抛光；若采用半硬半软的聚氨酯等材料制成的抛光器，则兼有研磨和抛光的作用。

（3）挤压研抛

挤压研抛是指利用黏弹性物质作介质，混以磨粒而形成半流体磨料流反复挤压被加工表面的一种精密加工方法，主要用来研抛各种型面和型腔、去除毛刺或棱边倒圆等。

挤压研抛已有专用设备（见图4—2—42），工件5安装于夹具4上，由上磨料缸1、下磨料缸7推动磨料形成挤压作用（图4—2—42a为挤压研抛内孔，图4—2—42b为研抛外表面）。磨料流3的介质应是高黏度的半流体，具有足够的弹性，无黏附性，有自润滑性，并易清洗，通常多采用高分子复合材料，如乙烯基硅橡胶等，有较好的耐高温、低温性能。磨料多用氧化铝、碳化硅、碳化硼和金刚砂等。清洗工件时多用聚乙烯、氟利昂、酒精等非水基溶液。

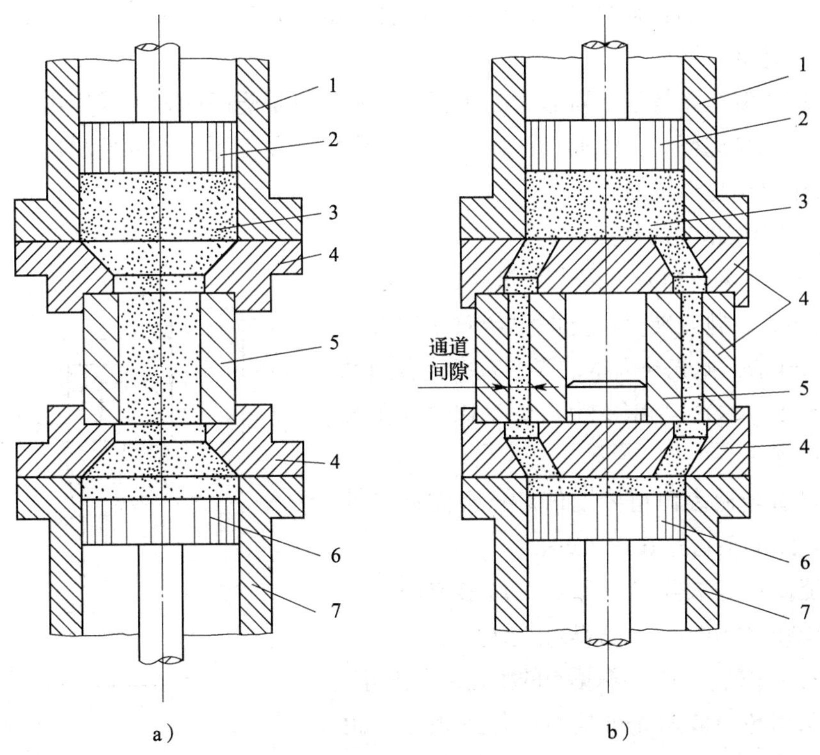

图4—2—42 挤压研抛设备

1—上磨料缸 2、6—活塞 3—磨料流 4—夹具 5—工件 7—下磨料缸

要正确选择磨料通道的大小、压力和流动速度，它们对挤压研抛的加工质量有显著影响。研抛外表面时还要正确选择通道间隙，通道太小，磨料流动不畅，一般最小尺寸可达 0. 35 mm。

7. 超声波抛光

近年来随着新工艺的发展，超声波抛光由于抛光效率高，能适用于各种材料，以及可加工狭缝、深槽、异形型腔等特点，在模具抛光中得到重视。超声波抛光是超声波加工的一种特殊应用，它对工件只进行微量尺寸加工，加工后提高的是表面精度，不但可减小工件表面粗糙度值，甚至可得到近似镜面的光亮度。

（1）超声波抛光的基本原理

与超声波加工的原理相似，超声波抛光是利用工具端面做超声频振动，通过磨料悬浮液抛光脆硬材料的一种加工方法，其原理如图 4—2—43 所示。加工时，在抛光区加入带有磨料的工作液，并使抛光工具对工件保持一定的静压力（3 ~ 5 N）。

推动抛光工具做平行于工件表面的往复运动，运动频率为 10 ~ 30 次/min。超声换能器产生 16 000 Hz 以上的超声频纵向振动，并借助于变幅杆把振幅放大到 10 ~ 20 μm，驱动抛光工具端面做超声频振动，迫使工作液中悬浮的磨粒以很高的速度不断地撞击、磨削被加工表面，把加工区域的材料粉碎成很细的微粒，并从材料上打击下来。虽然每次打击下来的材料很少，但由于每秒钟打击次数多达 16 000 次以上，所以仍有一定的加工速度。

由于超声波抛光是基于局部撞击作用，因此，越是脆硬的材料受撞击作用遭受的破坏越大，越易进行超声波加工；相反，对于脆性和硬度不大的韧性材料，由于其缓冲作用而难以用超声波加工。

（2）超声波抛光的特点

1）采用超声波抛光可以大大提高生产效率。例如，用超声波抛光硬质合金的生产效率比普通抛光提高 20 倍，抛光淬火钢的生产效率比普通抛光提高 15 倍，抛光 45 钢的生产效率比普通抛光提高近 10 倍。

2）显著降低表面粗糙度值。超声波抛光的表面粗糙度 Ra 值可达 0. 012 μm。

3）能高速地去除电火花加工后形成的表面硬化层及消除线切割加工的黑白条纹。

4）对于窄槽、圆弧、深槽等的抛光尤为适用。

5）采用超声波抛光可提高已加工表面的耐磨性和耐腐蚀性。

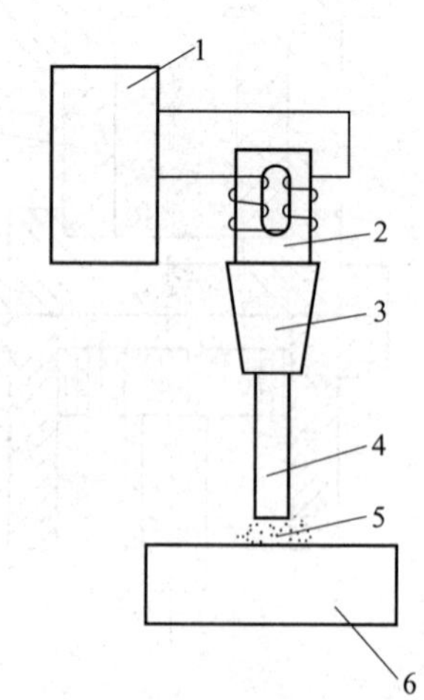

图 4—2—43　超声波抛光原理

1—超声波发生器　2—换能器　3—变幅杆　4—抛光工具　5—磨料悬浮液　6—工件

（3）超声波抛光机

超声波抛光机的功率大小、结构、形状虽有

所不同，但其组成部分基本相同，如图4—2—44所示，一般包括超声频电振荡发生器、将电振荡转换成机械振动的换能器和机械振动系统。

1）超声波发生器。超声波发生器又称超声频电振荡发生器，其作用是将工频交流电转变为有一定功率输出的超声频振荡，以提供工具端面往复振动和去除被加工材料的能量。它分为振荡级、电压放大级、功率放大级和电源四部分，其组成框图如图4—2—45所示。

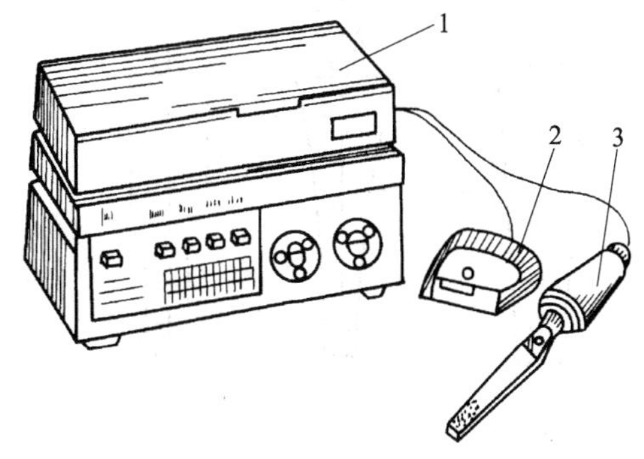

图4—2—44 超声波抛光机
1—超声波发生器 2—脚踏开关 3—手持工具头

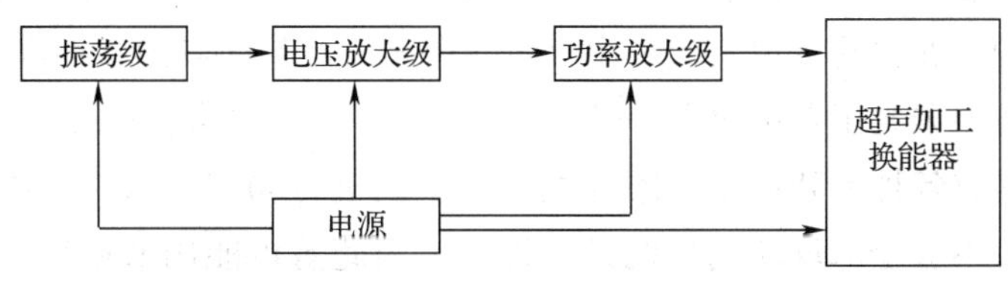

图4—2—45 超声波发生器组成框图

2）换能器。换能器的作用是将高频电振荡转换成机械振动，目前，实现这一目的可利用压电效应和磁致伸缩效应两种方法。

3）变幅杆。压电或磁致伸缩变形量很小，即使在其共振条件下振幅也不超过0.01 mm，不能直接用来加工。超声波抛光需要0.01 ~ 0.02 mm的振幅，因此，必须通过一个上粗下细的杆将振幅加以放大，此杆称为振幅扩大棒或变幅杆。

变幅杆可制成锥形、指数形、阶梯形等，如图4—2—46所示。锥形变幅杆的振幅扩大比较小（5 ~ 10倍），但易于制造；指数形变幅杆的振幅扩大比中等（10 ~ 20倍），使用中性能稳定，但不易制造；阶梯形变幅杆的振幅扩大比较大（20倍以上），且易于制造，但当它受到负载阻力时振幅减小的现象也较严重，不稳定，而且在粗细过渡的地方容易产生应力集中而疲劳断裂，为此须加过渡圆弧。

4）抛光工具。超声波发生器发出的超声频电振荡经换能器转换成同一频率的机械振动，超声频的机械振动再经变幅杆放大后传给抛光工具，使磨粒和工作液以一定的能量冲击工件，进行抛光加工。为了减少超声振动在传递过程中的损耗及便于操作，抛光工具直接固定在变幅杆上，变幅杆和换能器设计成手持式工具杆的形式，并通过弹性软轴与超声波发生器相连接，如图4—2—47所示。

超声波抛光工具分为固定磨粒抛光工具和自由磨粒抛光工具。对应各种不同形状的模具，固定磨料抛光工具有三角形、平面形、圆形、扁平形、弧形等几种基本形状，其特点为硬度高，生产效率高。其中以烧结金刚石油石、电镀金刚石锉刀、烧结刚玉油石和细颗粒混合油石等最为常用。

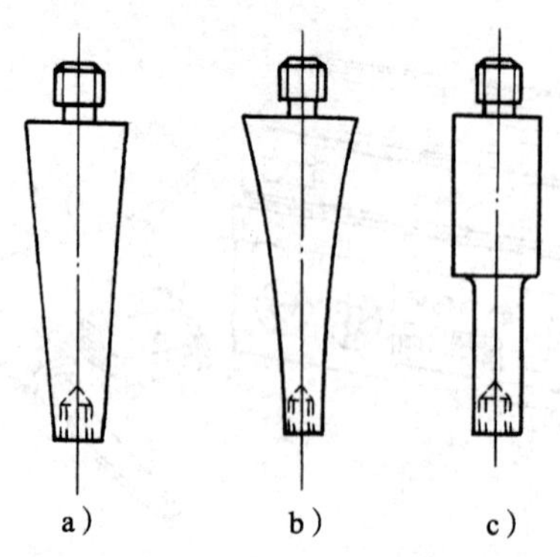

图 4—2—46　变幅杆

a）锥形　b）指数形　c）阶梯形

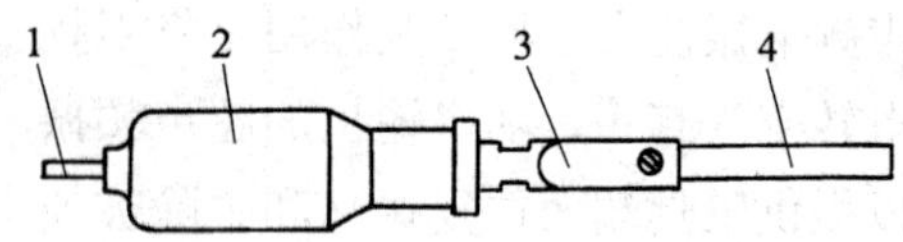

图 4—2—47　手持式工具杆

1—软轴　2—换能器　3—变幅杆　4—抛光工具

利用固定磨粒抛光工具进行粗抛光，一般表面粗糙度 *Ra* 值能达到 1.25 ~ 0.63 μm。若要得到更低的表面粗糙度值，应采用自由磨料抛光工具配以抛光剂进行精抛光。

制作自由磨粒抛光工具的材料一般为软质材料，如黄铜、竹片、桐木和柳木等。根据要求可以削成各种形状使用。因弹性物质不能进行切削，故工具本身的尺寸误差和平面度误差，不会全部反映到被抛光工件上，因此有可能用低精度的抛光工具加工出精度较高的工件。

抛光工具的质量和长度对振动性能影响很大。当配用新的抛光工具时，必须修整其尺寸，使抛光工具端部振动良好。由于材质不同，其声速也不同，新装配好的抛光工具的谐振频率可能不在机器的频率范围内，此时反复调节频率均不能谐振，这时需要改变抛光工具的长度。方法是取稍长于表 4—2—12 所列参考长度的抛光工具装入变幅杆后紧固，逐次减短 2 ~ 3 mm，并调谐频率，直至完全谐振。其表现为谐振指示电流表有一最大值，手摸工具头有滑感，滴水于工具头上有“嗞嗞”声，甚至被雾化。使用时，将频率调至最佳谐振状态，使电流表指示最大。由于振动关系，抛光工具头工作一段时间后会松动，并影响振动幅度，此时须重新紧固抛光工具头的螺钉，再调谐频率，使其谐振。

表 4—2—12　　抛光工具参考长度　　mm

工具材料	标准长度
铜片、棒	（57 ~ 67）*N* + 8
竹片	（76 ~ 86）*N* + 8
木片	（76 ~ 86）*N* + 8

注：*N* 为整数，如 1、2、3 等。

抛光工具的好坏直接影响到超声波的传输效率与抛光质量。抛光工具头与工件表面接触部分可根据需要加工成扁形、圆形、尖形等各种形状。抛光工具的种类见表 4—2—13。

表 4—2—13　　抛光工具的种类

种类	说明
铜质工具	一般选用黄铜 H62 或 H59，1.5 mm×8 mm 截面的铜片或直径为 3 mm、4 mm 的铜棒，前端锉扁
竹质工具	选用老而不枯、无节纹的直毛竹，制成截面为 3 mm×12 mm（留皮）的竹片，后端倒角，装入变幅杆紧固后，由中间开始到前端逐渐削薄至 1 mm 左右，再根据工件要求削成合适的形状
木质工具	选用材质均匀、无粗硬纤维、无节纹的直木头制成截面为 3 mm×12 mm 的木片。按竹质工具的方法装入变幅杆，削成需要的形状即可

另外，像锯条、金刚石锉刀等物，只要能紧固到变幅杆上，长度适中，都可作为抛光工具，而且在某些场合特别有效。

（4）超声波抛光工艺

1）超声波抛光的表面质量及其影响因素。超声波抛光具有较高的表面质量，不会产生表面烧伤和表面变质层。其表面粗糙度 *Ra* 值小于 0. 16 μm，基本上能满足塑料模和其他模具表面粗糙度的要求。超声波抛光的表面，其表面粗糙度值的大小取决于每粒磨料每次撞击工件表面后留下的凹痕大小，它与磨料颗粒的直径、被加工材料的性质、超声振动的振幅、磨料悬浮液的成分等有关。表 4—2—14 给出了各种磨料粒度在大、中、小三种不同超声振幅下所能达到的最终表面粗糙度 *Ra* 值。

表 4—2—14　　磨料粒度与表面粗糙度

金刚石研磨块粒度	输出	表面粗糙度 *Ra* 值（μm）	金刚石研磨块粒度	输出	表面粗糙度 *Ra* 值（μm）
F200	大	3.5	F600	大	0.7
F200	中	3.0	F600	中	0.6
F200	小	2.5	F600	小	0.4
F400	大	1.5	F1000	大	0.25
F400	中	1.0	F1000	中	0.2
F400	小	0.8	F1000	小	0.15

2）磨料的选用。磨料的粒度要根据加工表面的原始表面粗糙度和要求达到的表面粗糙度来选择。通常从电加工后的表面粗糙度值 *Ra*3. 2 μm 降至 *Ra*0. 16 μm 以下时，需要经过从粗抛到精抛的多道工序。粗抛时磨料粒度可选 F230 左右，中间经烧结刚玉、F600 微粉半精抛光，最后用 F1000 或 F1200 微粉精抛。

3）工作液的选用。超声波抛光用的工作液可选用煤油、汽油、润滑油或水。实践证明，用煤油或润滑油代替水可使表面质量有所改善。在要求工件表面达到镜面光亮度时，也可用干抛方式，即只用磨料，不加工作液。

4）抛光余量。最小抛光余量应大于电加工变质层或电蚀凹穴深度，电火花粗规准加工的抛光量约为0.15 mm，电火花中精规准加工的抛光量为0.02～0.05 mm。

5）抛光精度。抛光精度除与操作者的熟练程度有关外，还与被抛光件原始表面粗糙度有很大关系。

（5）超声波抛光的注意事项。

1）采用固定磨粒及自由磨粒抛光时均应交叉运动，以促进表面微细沟槽自成机理的作用。

2）注意清理每次抛光后的残留物，包括工件、润滑液、抛光工具和抹布等。

3）软质抛光工具每件只能专用一种粒度的磨料；否则，粗细磨料混杂后抛光工具不能再使用。磨料粒度应从粗到细逐级降低，不能破坏使用次序。

4）选择功率时应防止振断刚玉或使磨料飞溅，但也应防止振动力太小而无明显作用。

5）注意抛光工具连接的损耗，防止抛光工具得不到最大的输出功率。

6）注意谐振点的调节，防止调偏而影响功率。

7）操作手法应注意平稳，压力应一致，运动路线按顺序进行，抛光工具沿工件相对移动的频率为10～30次/min。

8）电源电压的变化会引起频率变化，使用时必须注意电压是否正常。

9）抛光过程中抛光工具也同时磨损，对于细小、精密的模具应特别注意抛光工具的损耗，防止被加工工件　超差或变形。

10）自制易耗抛光工具时应保持长度、材料、公差和等效质量均与原设计一致，最好买原厂附件。

（6）超声波抛光效率及其影响因素

超声波抛光效率的高低一般用超声波抛光速度来表示。影响超声波抛光速度的主要因素有以下几点：

1）抛光工具的振幅和频率的影响。过大的振幅和过高的频率会使抛光工具与变幅杆承受很大的内应力，可能超过它们的疲劳强度而使其使用寿命缩短，而且在连接处的损耗也增大。因此，一般振幅为0.01～0.02 mm，频率为16 000～25 000 Hz。实际加工中应调至共振频率，以获得最大振幅。

2）压力的影响。加工时抛光工具对工件应有一个合适的压力，压力过小，抛光加工间隙增大，从而减弱了磨粒对工件的撞击力，使抛光效率降低；压力过大，磨粒对工件的撞击力和撞击深度增大，工件表面粗糙度值则变大。抛光工具对工件一般保持3～5 N的静压力比较合适。

3）磨料种类和粒度的影响。磨料硬度越高，抛光速度越快，一般来说，金刚石研磨膏适用于抛光合金工具钢及硬质合金，白色氧化铝磨料用于抛光淬火钢，黑色碳化硅磨料用于抛光渗碳钢，绿色碳化硅磨料用于抛光氮化钢。另外，磨料粒度越粗，抛光速度越快，但表面粗糙度值越大。

4）磨料悬浮液浓度的影响。磨料悬浮液浓度低，加工间隙内磨粒少，可能造成加工区局部无磨料的现象，使抛光速度下降。随着磨料悬浮液浓度的增加，抛光速度也提高。但浓度太高时，磨粒在加工区域的循环运动和对工件的撞击运动受到影响，又会导致抛光速度降低。通常采用的浓度为磨料对水的质量比为0.5～1。

5）被加工材料的影响。被加工材料硬度越高，抛光速度越低，但易获得较小的表面粗糙度值。

技能训练

注塑模内模镶件的修整

一、训练要求

内模镶件如图4—2—48所示，现对其进行修整，要求修整后能基本消除型腔表面的切削刀痕，型腔的表面粗糙度 *Ra* 值能达到1.6 μm，型腔的形状、尺寸基本符合图样要求，并使每边留0.02～0.04 mm的抛光余量。通过技能训练，要求掌握注塑模内模镶件的修整方法、步骤及注意事项。

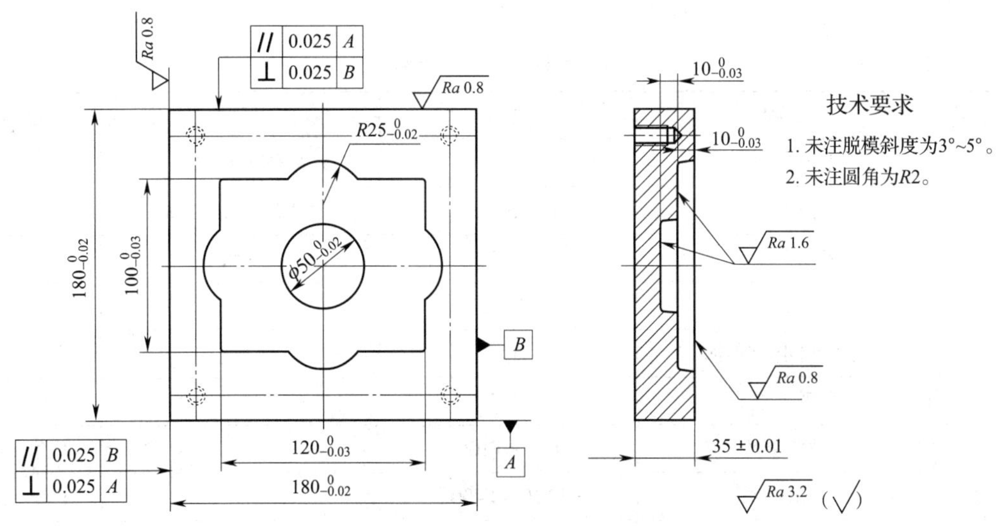

图4—2—48 内模镶件（抛光前）

二、工作准备

1. 材料准备

如图4—2—49所示，修整前的内模镶件外形尺寸为180.5 mm×180.5 mm×35.5 mm，磨削两平面达（35±0.01）mm，数控铣削加工型腔后尺寸单边留有0.10～0.20 mm余量，四个角的圆角 *R*2 mm机床无法加工，$R25_{-0.02}^{\ 0}$ mm圆弧不顺滑，均需由模具钳工进行修整。

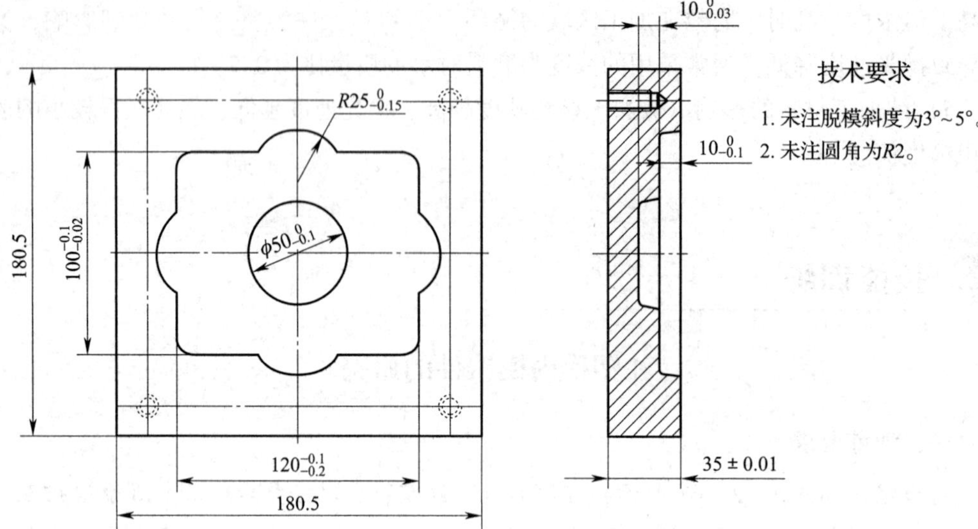

图 4—2—49　修整前的内模镶件

2. 工具、量具、刃具准备

工具、量具、刃具准备清单见表 4—2—15。

表 4—2—15　　工具、量具、刃具准备清单

序号	名称	规格	精度	数量
1	游标高度尺	0 ~ 300 mm	分度值为 0.02 mm	1
2	游标卡尺	0 ~ 150 mm	分度值为 0.02 mm	若干
3	万能角度尺	0° ~ 320°	1 级	1
4	小錾子	自定		自定
5	手持研磨抛光机	自定		各 1
6	金刚石磨头	自定		1 套
7	砂轮磨头	F40 ~ F100		1 套
8	油石磨头	F120 ~ F400		1 套
9	整形锉	自定		1 套
10	油石	F120 ~ F800		1 套
11	砂布	F120 ~ F1500		若干
12	锤子	自定		1

三、修整步骤

1. 划线

划出型腔四个角的尺寸线。

2. 錾削

用小錾子錾削型腔四个角至 $R2$ mm，留余量 0.5 mm 左右。

3. 修整

(1) 用手持研磨抛光机装上小号圆柱形金刚石磨头修整四角錾凿痕迹，不得碰伤分型面。

(2) 换上粒度为 F46 ~ F80 的小号圆柱形砂轮磨头修磨四个角，把金刚石磨头留下的痕迹磨去并修整圆滑。

(3) 用整形锉和粒度为 F120 ~ F400 的中号圆柱形磨石磨头修整四个 $R25$ mm 的圆弧和 5°脱模斜边及整个型腔，留 0.10 mm 左右余量。

(4) 用粒度为 F400 ~ F800 的磨石修整型腔四条周边，且保证四个圆角与型腔周边及圆弧顺滑过渡，留 0.02 ~ 0.04 mm 的余量抛光。

(5) 用 F120 ~ F1500 砂布抛光型腔各周边。

四、注意事项

1. 本内模镶件的型腔较小，修整时要注意工具的用法，不能碰坏型腔。
2. 修磨时要注意砂轮磨头粒度的选择，要从粗到精进行修整。
3. 由于修整还达不到型腔的尺寸和表面粗糙度要求，因此一定要预留抛光余量。

五、评分标准

加工项目配分表见表 4—2—16。

表 4—2—16　　加工项目配分表

序号	技术要求	配分	评分标准	检测结果	得分
1	$100_{-0.03}^{0}$ mm	10	超差不得分		
2	$120_{-0.03}^{0}$ mm	10	超差不得分		
3	$R25_{-0.02}^{0}$ mm（4 处）	20	超差不得分		
4	$10_{-0.03}^{0}$ mm	10	超差不得分		
5	$10_{-0.03}^{0}$ mm	10	超差不得分		
6	$\phi50_{-0.02}^{0}$ mm	10	超差不得分		
7	$Ra\leq1.6$ μm（5 处）	10	超差不得分		
8	安全文明生产	20	违反操作规程扣 1 ~ 5 分；发生较大事故者不得分		
9	其他		试件无缺陷（不符合要求从总分中倒扣 1 ~ 3 分）		
总分					

成组固定V形座的精密研磨

一、训练要求

如图4—2—50所示的夹具元件为固定V形座，在加工精密机床零件时，以其V形导轨定位。现加工该固定V形座，要求两件为一组同时加工，进行精密研磨。研磨前，工件毛坯已经过锻造、正火、铣削或刨削、钻四个孔、渗碳淬火及待研磨平面的磨削，平面度误差已在5 μm以内，平行度及垂直度误差在0.01 mm以内，尺寸T_1留余量0.015 mm。

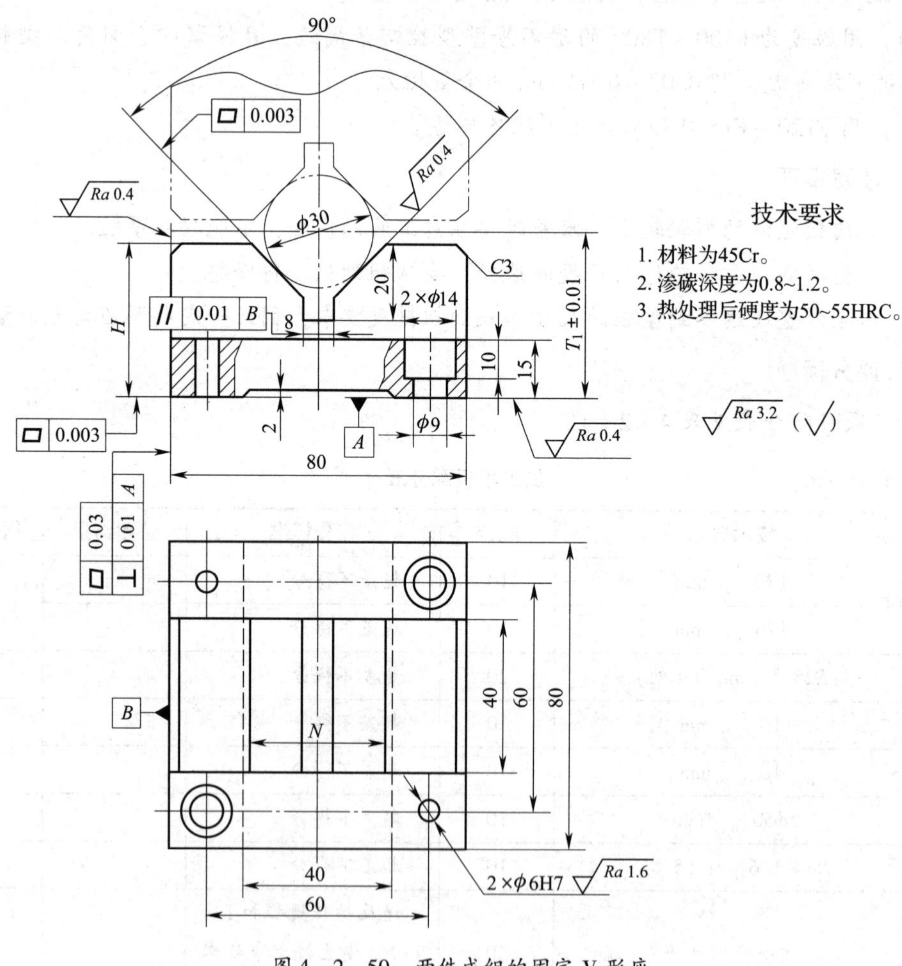

图4—2—50　两件成组的固定V形座

$H=40$　$N=36$　$T_1=43.21$

本工序用于研磨底面、左侧面及V形槽面。研磨加工主要为改善表面质量，使表面粗糙度Ra值≤0.4 μm，平面度误差在3 μm以内，并仍保证磨削已达到的平行度垂直度公差要求。通过技能训练，要求掌握精密零件的研磨及抛光方法、步骤、操作要点和注意事项；能对较复杂模具成型零件进行研磨和抛光加工，且精度不低于IT7级，

表面粗糙度值 $Ra \leq 0.4\ \mu m$。

二、工作准备

1. 工艺分析

在本工序要研磨的三个表面中，底面 A 为设计基准和装配基准，左侧面、V 形槽面及其轴线（以 $\phi30$ mm 轴线模拟）对 A 面均有几何公差要求，因此，研磨时应首先加工 A 面，其次加工左侧面，最后加工 V 形槽面。

2. 工件的定位与夹紧

为了便于两件 V 形座的成组精加工，在热处理后，先将底面 A 及左侧面两件一起磨平达到要求后，再研磨底面 A，最后利用已加工好的四个孔将两件 V 形座用螺钉紧固在一块平行底板上（左侧面靠平），以便同时研磨 V 形槽面。

3. 工具、量具准备

工具、量具准备清单见表 4—2—17。

表 4—2—17　　工具、量具准备清单

序号	名称	规格	精度	数量
1	铸铁研磨平板	300 mm × 300 mm	0 级	1
2	靠铁	自定	0 级	1
3	研磨粉（膏）	自定		若干
4	$\phi30$ mm 检验棒		0 级	1
5	刀口形直尺	75 mm	0 级	1
6	刀口形直角尺	100 mm × 70 mm	0 级	1
7	千分表（含表架）	0 ~ 1 mm	分度值为 0.001 mm	1
8	千分尺	50 ~ 75 mm	分度值为 0.01 mm	1
9	检验平板	自定	0 级	1
10	平面平晶	$\phi30$ mm	1 级	1
11	表面粗糙度样板		1 级	1 套
12	比较显微镜			1

三、研磨步骤

1. 研磨底面 A。用研磨膏在平板研具上粗、精研磨底面，注意控制尺寸 T_1 的余量；其平面度误差用刀口形直尺、目测光隙法在 80 mm × 80 mm 范围内测量，应小于 3 μm，且表面粗糙度符合要求。

2. 将两件一起组装在一块平行底板上（左侧面用刀口形直尺靠平），用研磨膏在平板研具上研磨左侧面，用刀口形直尺和直角尺分别检查平面度误差小于3 μm，垂直度误差小于0.01 mm。

3. 研磨经磨削的大V形槽面前，先要用ϕ30 mm的检验棒检测V形槽与侧面的平行度误差（见图4—2—33），若符合要求再研磨V形槽。研磨时，可将整体式专用研具夹持在台虎钳上，将组装在一起的V形座放在研具上进行研磨，在加工过程中，要反复测量V形槽轴线（用检验棒模拟）与侧面及平行底板底面的平行度误差（都在检验平板上用千分表测量），同时还要测量尺寸T_1。

注意：在测量尺寸T_1时应用外径千分尺测量检验棒最高点至平行底板的高度x，显然$x = T_1 + 15 +$底板厚度（实际测得），其中T_1可从下式求得：

$$T_1 = H + 0.707d - 0.5N = 43.21 \text{ mm}$$

式中 T_1——检验棒中心高度，mm；

H——V形座的高度，mm；

d——检验棒实际直径，mm；

N——V形槽宽，mm。

当V形槽面研磨到符合技术要求时即可拆开底板，复验尺寸$T = (T_1 + d/2) \pm 0.01$ mm。

4. 用比较显微镜及表面粗糙度样板目测检验被研磨三个面的表面粗糙度。

四、注意事项

研磨过程中需要注意以下易常出现的问题：

1. 几何公差超差

几何公差超差的原因是研磨温度过高和施加的研磨力不均匀。

解决办法是精研时采用“间歇法”，即将工件研至一定精度时停下降温，待其尺寸稳定后进行检验，根据检验得到的实际偏差进行有针对性的研磨。此外，研磨剂用量大、余量不均匀、研具有缺陷、研磨速度和压力过大均可能造成几何公差超差。均匀涂敷研磨剂，研磨时随时校正不均匀的研磨余量，适时检查及修整研具，以推荐的压力和速度进行研磨也是解决几何公差超差的有效途径。

2. 表面粗糙

表面粗糙的原因是研磨剂涂得太厚和研具表面粗糙。

3. 表面拉毛

表面拉毛的原因是磨料粒度不均匀，研具或工件表面有毛刺，研具、工件、研磨液或工作环境不干净。

4. 工件表面发黑

工件表面发黑的原因是工件硬度过高或研磨速度过高。

五、评分标准

加工项目配分表见表4—2—18。

表 4—2—18　　　　加工项目配分表

序号	技术要求	配分	评分标准	检测结果	得分
1	T_1 = （43.21 ±0.01）mm（2 件）	2 ×10	超差不得分		
2	|□|0.003|（2 件 ×3 处）	2 ×3 ×5	超差不得分		
3	|⊥|0.01|A|（2 件）	2 ×5	超差不得分		
4	|//|0.01|B|（2 件）	2 ×5	超差不得分		
5	Ra≤0.4 μm（2 件 ×4 处）	2 ×4 ×2.5	超差不得分		
6	安全文明生产	10	违反操作规程扣 1 ~ 5 分；发生较大事故者不得分		
总分					

复杂冷冲压模具的装配、调试与维修

课题一　复杂冷冲压模具的装配

一、复杂冷冲压模具的结构

1．复合模

在压力机的一次工作行程中，在模具同一部位同时完成数道冲压工序的模具称为复合模。

如图 5—1—1 所示为落料冲孔复合模的基本结构。在模具的下方是落料凹模 2，且凹模中间装着冲孔凸模 3；而模具上方是凸凹模 1，外形是落料的凸模，内孔是冲孔的凹模。由于落料凹模装在下模，该结构为正装复合模；若落料凹模装在上模，则为倒装复合模。复合模的特点是结构紧凑，生产效率高，制件精度高，特别是制件孔对外形的位置精度容易保证。另外，复合模结构复杂，对模具零件精度要求较高，模具装配精度也较高。

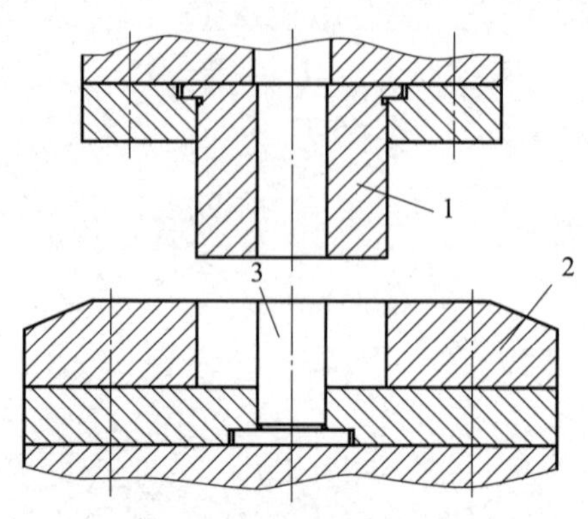

图 5—1—1　落料冲孔复合模的基本结构
1—凸凹模　2—落料凹模　3—冲孔凸模

（1）倒装复合模

如图 5—1—2 所示为冲制垫圈的倒装复合模的结构。落料凹模 2 在上模，件 1 是冲孔凸模，件 14 为凸凹模。倒装复合模一般采用刚性推件装置把卡在凹模中的制件推出。刚性推件装置由打料杆 7、推块 8、推杆 9 推动推件块 10 推出制件。废料直接由凸模从凸凹模内孔推出。

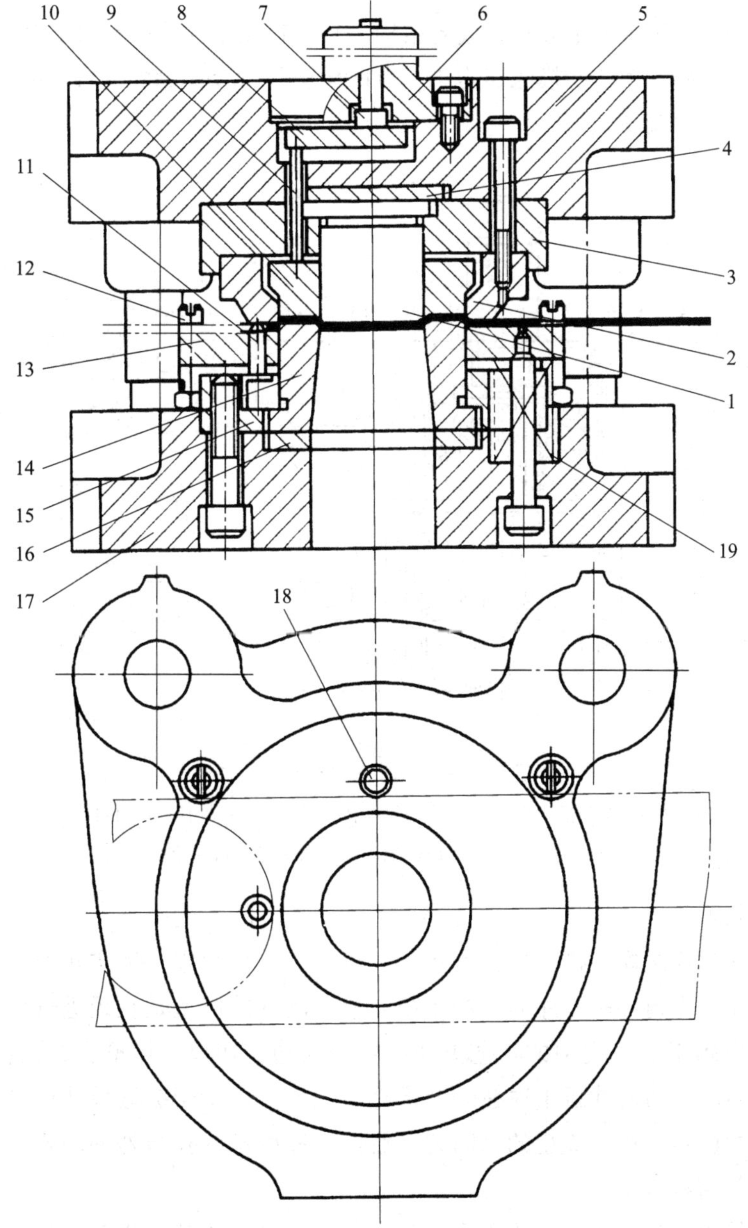

图 5—1—2 冲制垫圈的倒装复合模的结构

1—冲孔凸模 2—落料凹模 3—上模固定板 4、16—垫板 5—上模座 6—模柄 7—打料杆 8—推块 9—推杆 10—推件块 11、18—活动挡料销 12—固定挡料销 13—卸料板 14—凸凹模 15—下模固定板 17—下模座 19—弹簧

在采用刚性推件的倒装复合模中，条料不是处于被压紧状态下冲裁，因而制件的平直度精度不高，适宜冲裁材料厚度大于 0.3 mm 的板料。若在上模内设置弹性元件，采用弹性推件，则可冲较软且料厚在 0.3 mm 以下、平直度精度要求较高的冲裁件。

（2）正装复合模

如图5—1—3所示为正装复合模的结构。它的特点是冲孔废料可从凸凹模中推出，型孔内不积聚废料，使凸凹模胀裂力小，故凹模壁厚可以比倒装复合模的最小壁厚小，冲压件平直度精度较高。

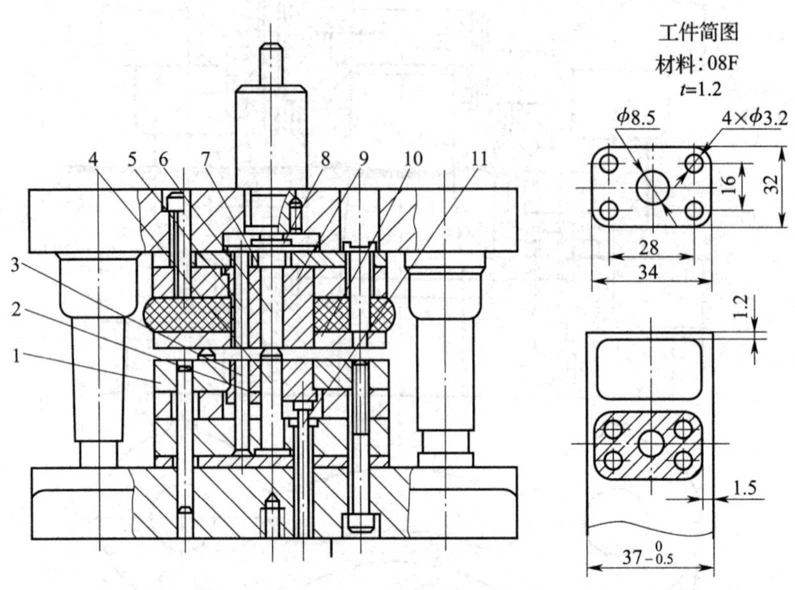

图5—1—3　正装复合模的结构

1—落料凹模　2—顶板　3、4—冲孔凸模　5、6—推杆　7—打板

8—打杆　9—凸凹模　10—弹压卸料板　11—顶杆

2. 级进模

级进模又称连续模、跳步模，是指压力机在一次行程中，依次在模具几个不同的位置上同时完成多道冲压工序的冷冲压模。整个制件的成型是在级进过程中逐步完成的。级进成型属于工序集中的工艺方法，可使切边、切口、切槽、冲孔、塑性成型、落料等多种不同性质的冲压工序在一副模具上完成。由于用级进模冲压时冲压件是依次在几个不同位置上逐步成型的，因此，要控制冲压件的孔与外形的相对位置精度就必须严格控制送料步距。

级进模的生产效率较高，便于实现自动化，且采用条料或带料进行连续冲裁，所以操作方便。缺点是模具的制造、装配、调整均较复杂，成本高，制件的精度低于复合模的制件精度，且工件有时会有拱弯现象。

控制送料步距在级进模中有用导正销定距与用侧刃定距两种基本结构形式。

（1）用导正销定距的级进模

如图5—1—4所示为用导正销定距的冲孔落料级进模。上模和下模用导板导向。冲孔凸模3与落料凸模4之间的距离就是送料步距A。材料送进时，为了保证首件的正确定距，始用挡料销首次定位冲两个小孔；第二工位由固定挡料销6进行初定位，由两个装在落料凸模上的导正销 5 进行精定位。导正销与落料凸模的配合为 H7/r6，其连接应保证在修磨凸模时装拆方便。导正销头部的形状应有利于在导正时插入已冲的孔，它与孔的配合应略有间隙。始用挡料装置安装在导板下的导料板中间。在条料上冲制首件时，用手推始用挡料销 7，使它从导料板中伸出抵住条料的前端即可冲第一件上的两个孔。以后各次冲裁由固定挡料销 6 控制送料步距进行初定位。

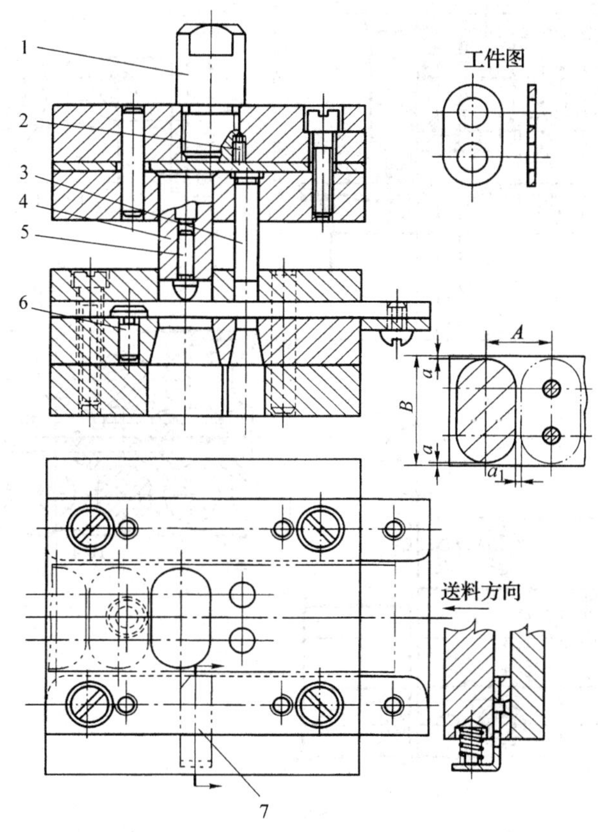

图 5—1—4 用导正销定距的冲孔落料级进模

1—模柄 2—螺钉 3—冲孔凸模 4—落料凸模 5—导正销 6—固定挡料销 7—始用挡料销

用导正销定距结构简单，当两定位孔间距较大时定位也较精确。但它的使用受到一定的限制。对于板料厚度 $t<0.3$ mm 或较软的材料导正时孔边可能有变形，因而不宜采用。

(2) 用侧刃定距的级进模

如图 5—1—5 所示为冲裁接触环双侧刃定距的冲孔落料级进模。它与图 5—1—4 相比，结构特点是用成型侧刃 12 代替了始用挡料销、固定挡料销和导正销，用弹压卸料板 7 代替了固定卸料板。本模具采用前、后双侧刃对角排列，可使料尾的全部零件冲下。弹压卸料板 7 装于上模，用卸料螺钉 6 与上模座连接。它的作用如下：当上模下降、凸模冲裁时，弹簧 11（可用橡胶代替）被压缩而压料；当凸模回程时，弹簧回复，推动卸料板卸料。

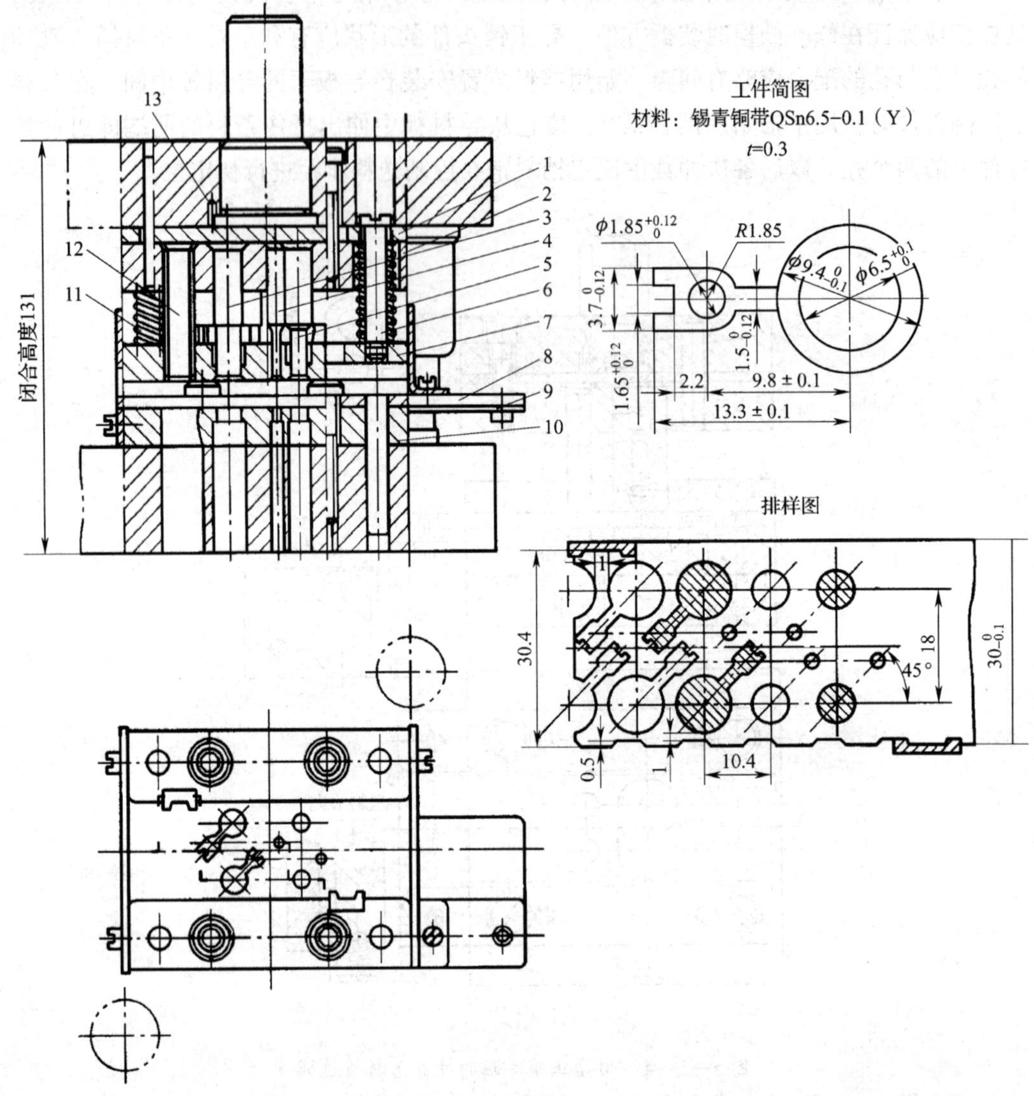

图 5—1—5　双侧刃定距的冲孔落料级进模

1—垫板　2—固定板　3—落料凸模　4、5—冲孔凸模　6—卸料螺钉　7—弹压卸料板　8—导料板　9—承料板　10—凹模　11—弹簧　12—成型侧刃　13—防转销

二、典型冷冲压模具部件装配

1. 装配技术要求

（1）凸模与凹模的装配技术要求

1）级进模凸模、凹模的侧刃与固定板安装基面装配后，在 100 mm 长度上垂直度误差：刃口间隙≤0. 06 mm 时小于 0. 04 mm；刃口间隙在 0. 06 ~ 0. 15 mm 时小于 0. 08 mm；刃口间隙 >0. 15 mm 时小于 0. 12 mm。

2）冲裁凸模、凹模的配合间隙必须均匀，其误差不大于规定间隙的 20%。

3）压弯、成型、拉深凸模和凹模的配合间隙装配后必须均匀。

4）凸模、凹模与固定板装配后，其安装尾部与固定板安装面必须在平面磨床上磨平。磨平后的表面粗糙度 *Ra* 值为 1.6 ~ 0.8 μm。

5）对多个凸模工作部分的高度必须按图样保证相对的尺寸要求，其相对误差不大于 0.1 mm。

6）拼块式的凸模与凹模刃口两侧平面应光滑一致，无接缝感。

（2）导向零件的装配技术要求

1）导柱压入模座后的垂直度在 100 mm 长度内误差：滚珠导柱类模架 ≤0.005 mm；滑动导柱Ⅰ类（高精度型）模架 ≤0.01 mm；滑动导柱Ⅱ类（经济型）模架 ≤0.015 mm；滑动导柱Ⅲ类（普通型）模架 ≤0.02 mm。

2）导料板的导向面与凹模送料中心线应平行，其平行度误差：冲裁模不大于 0.05 mm；级进模不大于 0.02 mm。

3）左、右导料板导向面之间的平行度误差不得大于 0.02 mm。

（3）卸料零件的装配技术要求

1）模具装配后，其卸料板、推件板、顶板等均应露出凹模面、凸模顶端、凸凹模顶端 0.5 ~ 1 mm。

2）弯曲模顶件板装配后，允差为 0.02 ~ 0.04 mm。

3）卸料机构运动要灵活，无卡阻现象。卸料元件应承受足够的卸料力。

（4）紧固件的装配技术要求

1）螺栓装配后必须拧紧，不许有任何松动。螺栓旋合长度在钢件连接时不小于螺栓的直径；铸件连接时，其旋合长度不小于 1.5 倍螺栓的直径。

2）定位圆柱销与销钉孔的配合松紧适度。

2. 装配方法

（1）凸模物理固定法

端面尺寸比较大的凸模可以直接用销钉和螺钉固定（见图 5—1—6）。中小型凸（凹）模多采用台肩、铆接、挂销、斜压块固定（见图 5—1—7）。对于有的小凸模还可以采用浇注环氧树脂、低熔点合金和无机黏结剂黏结固定（见图 5—1—8，图中 *H* 表示固定板的厚度）。对于大型冷冲压模中冲小孔的易损凸模，可以采用快换式凸模的固定方法，以便于修理与更换，如图 5—1—9 所示。

（2）凹模物理固定法

凹模一般采用螺钉和销钉固定。螺钉和销钉的数量、规格及它们的位置可根据凹模的形状和大小来确定，位置可根据结构需要做适当调整。当制件形状复杂、尺寸很大或很小、精度要求高时，一般采用镶拼凹模结构，其固定方法、特点及应用见表 5—1—1。

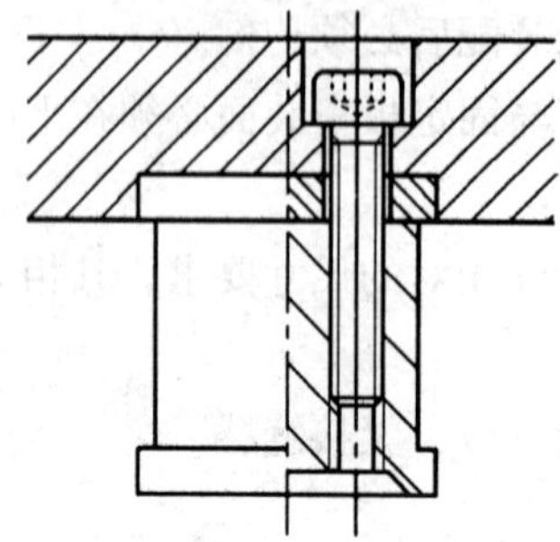
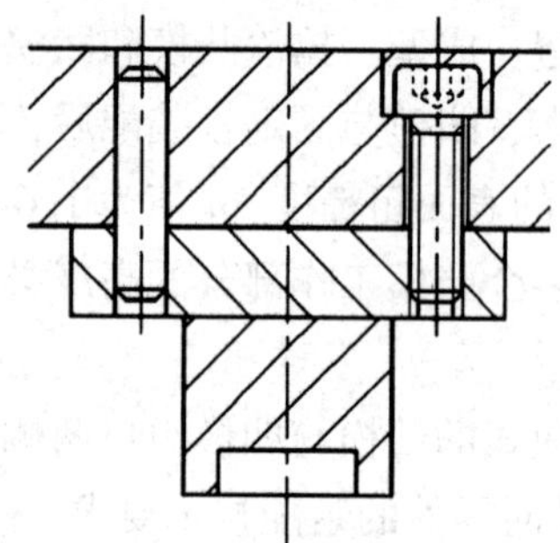

图 5—1—6　大凸模的固定

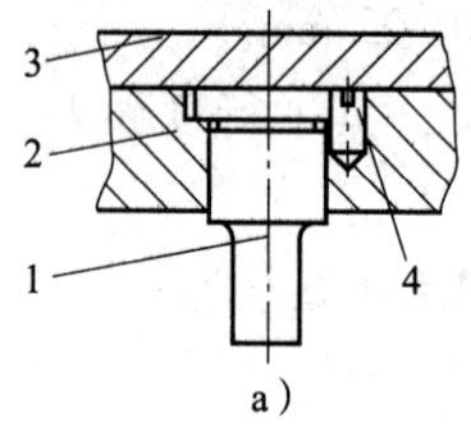

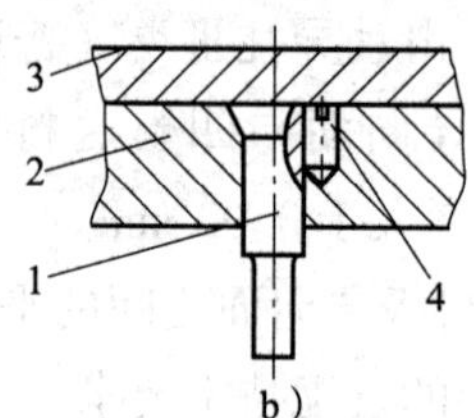

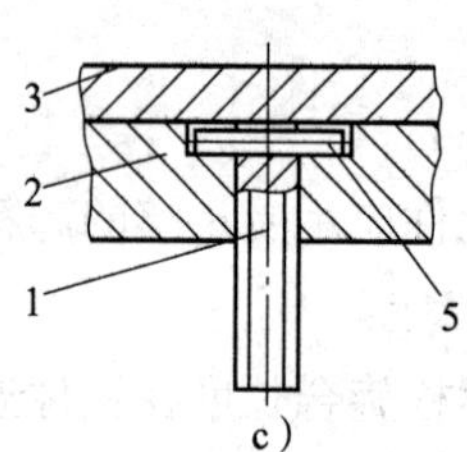

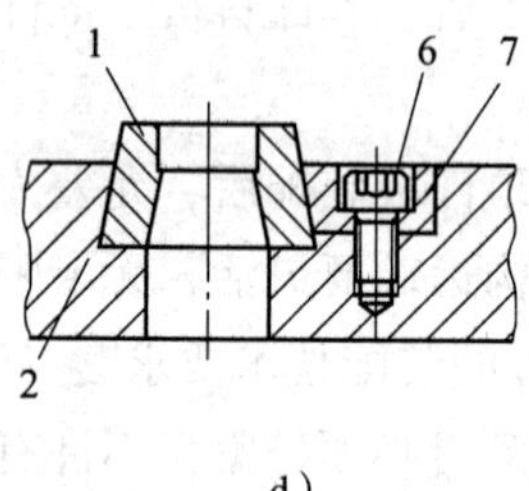

图 5—1—7　中、小型凸（凹）模的固定方式

a）台肩固定　b）铆接固定　c）挂销固定　d）斜压块固定

1—凸（凹）模　2—凸（凹）模固定板　3—垫板　4—防转螺钉

5—挂销　6—紧固螺钉　7—斜压块

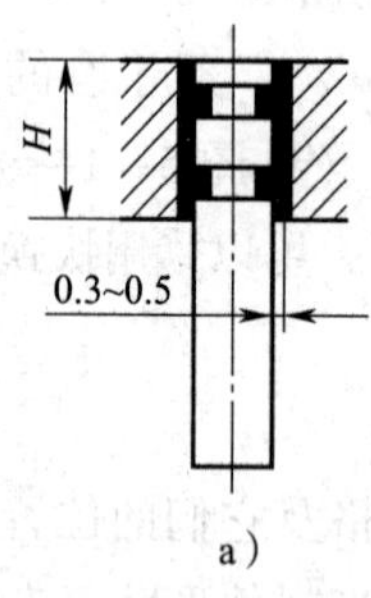

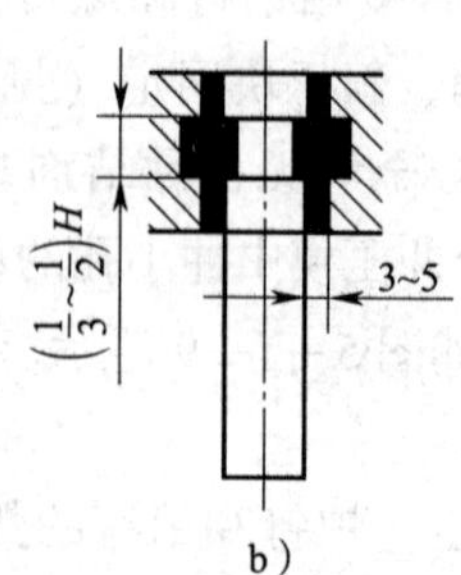

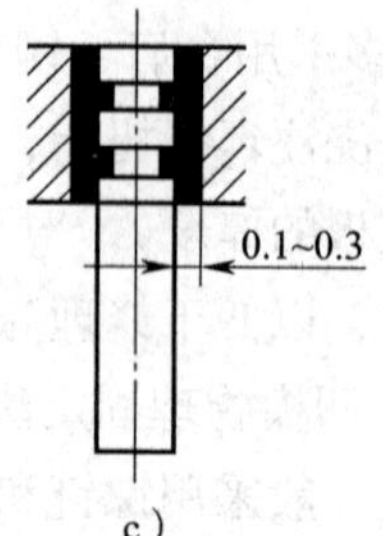

图 5—1—8　凸模的黏结固定

a）浇注环氧树脂固定　b）浇注低熔点合金固定　c）无机黏结剂固定

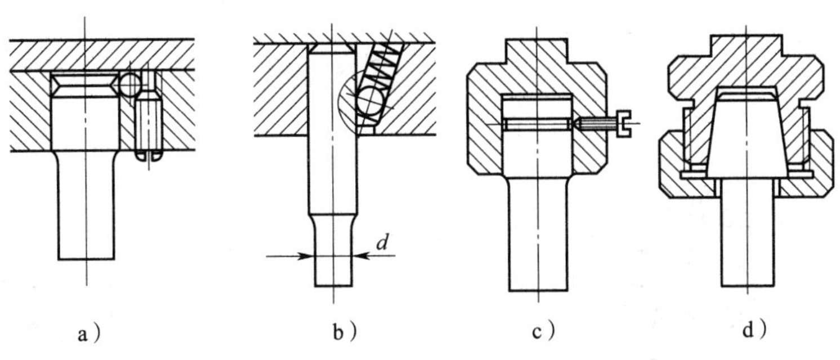

图 5—1—9 快换式凸模的固定方法

表 5—1—1 **镶拼式凹模固定方法、特点及应用**

固定方法	图示	特点	应用
平面固定	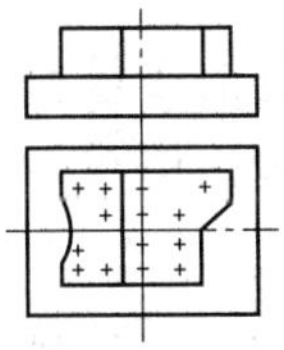	将拼块用螺钉、销钉直接固定在固定板上，加工及调整方便	主要用于冲裁料厚大于 2.5 mm 的大型模具
嵌入固定	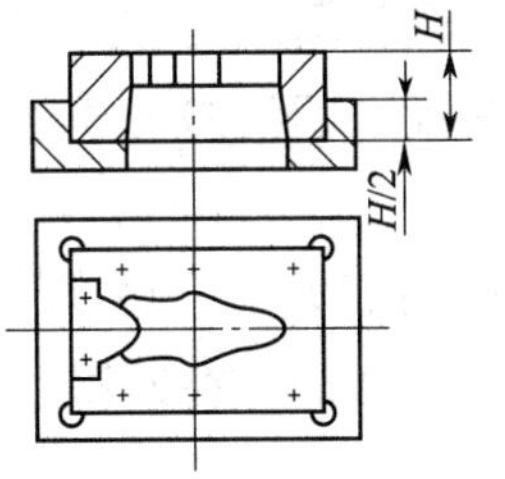	将拼块嵌入固定板内定位，采用基轴制过渡配合 K7/h6，然后用螺钉紧固，侧向承载能力较强	主要用于中、小型凸模和凹模拼块的固定
压入固定	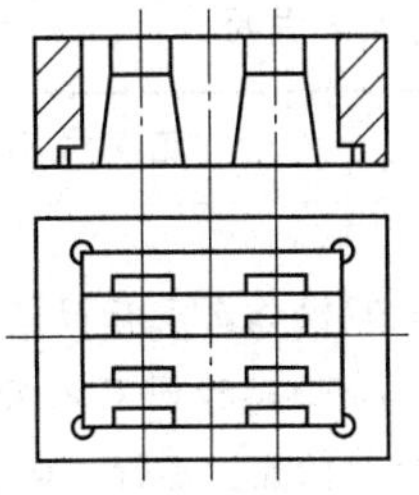	拼块较小，以过盈配合 H8/h7 压入固定板孔或槽内	常用于形状简单的小型拼块的固定
浇注固定	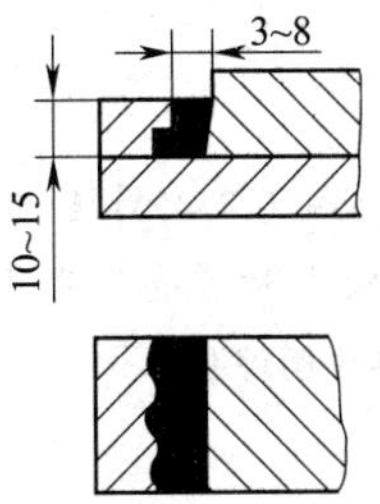	拼块用低熔点合金浇注固定，浇注后调整困难	适用于浇注前易于控制拼块的拼合精度，又不宜用其他方法固定的小型拼块的固定

续表

固定方法	图示	特点	应用
热套法	1—拼块 2—套圈 3—定位圈	对于单纯要求起固定作用时过盈量宜较小，而要求有预应力时过盈量宜较大	此法常用于固定凹模、凸模拼块及硬质合金模块

（3）间隙的调整

冷冲压模凸模和凹模之间的间隙是直接影响冲压制件的质量和冷冲压模使用寿命的重要因素之一。其间隙大小虽然规定有一定的公差范围，但在装配时必须调整均匀才能保证冷冲压模的装配质量。

调整间隙是在上模和下模分别装好后，并使导柱、导套组合起来时进行的。一般可先将凹模固定，通过调整凸模的位置来调整间隙。调整间隙的方法较多，在实际装配中可根据冷冲压模的形状、结构、间隙的大小及装配实践经验的积累而采用不同的方法。常用的调整方法有以下几种：

1）垫片法。垫片法是指在凸模与凹模间隙间垫入厚薄均匀、厚度等于单边间隙值的金属片或纸条来达到控制凸模、凹模间隙均匀的一种方法。在凹模刃口处垫金属片控制间隙的工艺说明见表 5—1—2。

表 5—1—2　　在凹模刃口处垫金属片控制间隙的工艺说明

序号	工序	图示	工艺说明
1	初步固定凸模	—	一般凹模已固定在凹模座上，并已打入销钉，将凸模和固定板安装在上模座上，初步对准位置，螺钉不要紧固得太紧
2	放垫片	1—凹模 2—垫片	在凹模刃口四周适当的地方安装垫片（间隙较大时可叠放两片以上，垫片厚度等于单边间隙值）

续表

序号	工序	图示	工艺说明
3	合模观察、调整	1—凹模 2—上模座 3—导套 4—导柱 5—凸模Ⅰ 6—凸模Ⅱ 7—垫块	将上模座上的导套慢慢套进导柱，观察凸模Ⅰ及凸模Ⅱ是否顺利进入凹模与垫片接触，垫好等高垫块，用敲击凸模固定板的方法调整间隙，使凸模与凹模对中，然后拧紧螺钉
4	切纸试冲	—	在凸模与凹模间放纸进行试冲，由切纸观察间隙是否均匀，不均匀时调整到间隙均匀为止
5	固定凸模	—	在上模座与固定板上钻削、铰削定位销钉孔及打入销钉

垫片法适用于冲裁材料较厚且为大间隙的冲裁模，也适用于控制弯曲模和拉深模等成型模具的间隙。

2）工艺留量法。工艺留量法是指将冷冲压模的装配间隙值以工艺余量留在凸模或凹模上，通过工艺余量来保证间隙均匀的一种方法。

具体做法如下：在装配前先不要将凸模（或凹模）刃口尺寸做到所需尺寸，而是留出工艺余量，使凸模与凹模成 H7/h6 的配合。待装配后取下凸模（或凹模），去除工艺留量或换上工作凸模，以得到应有的间隙。去除工艺余量的方法可采用机械加工或腐蚀法。

3）镀铜法。在凸模上镀铜，镀层厚度为凹模和凸模单边间隙值。采用镀铜法时，由于镀层均匀，可使装配间隙均匀。在间隙值小于等于 0.08 mm 时，只需碱性镀铜（相当于打底）；间隙值大于 0.1 mm 时，则在碱性镀铜基础上再进行酸性镀铜（加厚）。镀层厚度按电流密度和时间来控制。镀层在冷冲压模使用中自行剥落，故装配后不必去除。镀前要清洗，先用丙酮去污，擦净，再用氧化镁粉末擦净。凸模镀铜工艺见表 5—1—3。

表 5—1—3　　凸模镀铜工艺

序号	工艺	电解液配方（g/L 水）	阳极	阴极	电流密度（A/cm^2）	液温（℃）	电镀时间
1	物化处理（镀中间层）	盐酸（HCl）75 氯化镍（NiCl）25	镍块	凸模	500	室温	10～15 s（取出后用水清洗）

续表

序号	工艺	电解液配方（g/L 水）	阳极	阴极	电流密度（A/cm^2）	液温（℃）	电镀时间
2	镀铜（碱性溶液）	氰化钠（NaCN）35～45 氰化亚铜（CuCN）25～30 氢氧化钠（NaOH）5 碳酸钠（$NaCO_3$）35 酒石酸甲钠（$KNaC_4H_4O_6$）40	电解铜板	凸模	100～200（需加厚镀时，可用40～50）	55±2	镀铜0.04～0.06 mm为1.5～2 h（需加厚镀铜时，可先镀10～15 min）
3	镀铜加厚（酸性溶液）	硫酸铜（$CuSO_4$）250 硫酸（H_2SO_4）75	电解铜板	凸模	200～400	室温	5～10 min

镀铜后将凸模浸入10%硫酸亚铁溶液中，与氰化钠中和消毒，再用水清洗，擦干，上油。

镀铜中产生废品时可去铜重镀，去铜溶液使用温度为50℃，配方为氰化钠75 g/L、防染盐75 g/L、柠檬酸钠10 g/L。

4）涂层法。在凸模上涂上一层薄膜材料，涂层厚度等于凹模和凸模单边间隙值。这种涂层方法简便，对于小间隙很适用。涂层有下列几种：

①涂淡金水。可反复涂几次，或在涂一次干后再涂上用机油和研磨砂调和的薄涂料。

②涂漆。在凸模的刃口部位涂一层磁漆或氨基醇酸绝缘漆，并在烘箱内烘干。凸模上漆层的厚度等于单边间隙值。不同的间隙要求选择不同黏度的漆或涂不同的次数来实现。凸模涂漆工艺见表5—1—4。

表5—1—4　　凸模涂漆工艺

序号	工步	图示	工艺说明
1	按间隙值选一定黏度的漆		漆膜厚度与漆黏度的关系（以1260氨基醇酸绝缘漆为例）

续表

<table>
<tr><th>序号</th><th>工步</th><th>图示</th><th colspan="3">工艺说明</th></tr>
<tr><td rowspan="5">1</td><td rowspan="5">按间隙值选一定黏度的漆</td><td rowspan="5"></td><td>黏度（在黏度计孔流完的时间）（s）</td><td>双面漆膜厚度（mm）</td><td>涂漆面锥度膜厚差（mm）</td></tr>
<tr><td>62</td><td>0.040～0.450</td><td>0.005</td></tr>
<tr><td>112</td><td>0.050～0.055</td><td>0.005</td></tr>
<tr><td>210</td><td>0.060～0.070</td><td>0.010</td></tr>
<tr><td>310</td><td>0.080～0.100</td><td>0.020</td></tr>
<tr><td>2</td><td>涂漆</td><td>1—凸模 2—盛漆的容器
3—垫板</td><td colspan="3">1. 将凸模浸入盛漆的容器内约 15 mm 深，刃口向下
2. 取出凸模，端面用吸水的纸擦一下，然后刃口向上让漆慢慢向下倒流，形成一定锥度（便于装配）</td></tr>
<tr><td>3</td><td>烘干</td><td>—</td><td colspan="3">在炉内加热烘干，炉温可从室温升至 100～120℃，保温 0.5～1 h，然后随炉缓慢冷却</td></tr>
<tr><td>4</td><td>修刮</td><td></td><td colspan="3">截面不是圆形、椭圆形或极光滑的曲面形时，漆在转角 A 处容易堆积，会导致漆膜较厚，要在烘干后刮去，使装配顺利</td></tr>
</table>

凸模上的漆膜在冷冲压模使用过程中会自行剥落，不必在装配后去除。漆膜与黏度有关，太厚或太黏时要在原漆中加甲苯等稀释。太薄或不够黏时可将原漆做挥发处理。

三、复合模和级进模的总装配

1．装配特点

模具装配适合采用工序集中的装配原则，在装配工艺上多采用修配法和调整法来保证装配精度，从而实现能用精度不高的零件达到较高的装配精度，降低零件加工精度的要求。

2. 装配技术要求

模具装配后应满足下述主要技术要求：

（1）模架精度应符合机械行业标准［《冲模模架技术条件》(JB/T 8050—2008)、《冲模模架精度检查》(JB/T 8071—2008)］的规定，导柱和导套间的配合要求见表5—1—5。模具的闭合高度应符合图样的规定要求。

表5—1—5　　导柱和导套间的配合要求　　mm

配合形式	导柱直径	配合精度		配合后的过渡量
		H6/h5	H7/h6	
		配合后的间隙值		
滑动配合	≤18 18～25 25～50 50～80	≤0.010 ≤0.011 ≤0.014 ≤0.016	≤0.015 ≤0.017 ≤0.021 ≤0.025	—
滚动配合	18～35			

（2）模具装配后，上模座沿导柱上下移动时应平稳且无阻滞现象，导柱与导套的配合精度应符合标准规定，且间隙均匀。装配后，导柱固定端面与下模座下平面保持1～2 mm的间隙，导套固定端面应低于上模座上平面1～2 mm。

（3）凸模、凹模间的间隙应符合图样规定的要求，且分布均匀。要求所有凸模应垂直于固定板装配基准面。

（4）压入式模柄与上模座采用H7/m6配合。除浮动模柄外，其他模柄装入上模后，模柄轴线对上模座上平面的垂直度误差不大于0.02 mm。

（5）毛坯在冲压时定位应准确、可靠、安全，出件和排料应畅通无阻。

3. 装配要点

复合模和级进模的装配大致有以下几个要点：

（1）装配前应首先选择好基准件，原则上可按冷冲压模主要零件加工时的加工工艺和加工精度来确定。可作为装配基准件的零件主要有导向板、固定板、凸模和凹模等。

（2）确定冷冲压模的装配次序。按已选择好的基准件来组装有关零件，具体原则如下：

1）以导向板作为基准件进行装配时，凸模应通过导向板装入固定板，再装入上模座，然后再装凹模和下模座。

2）对于导柱复合模，一般先装上模，然后找正下模中凸凹模的位置，按照冲孔凸模型孔加工出排料孔，这样既可保证上模中推出装置与模柄中心对正，又可避免排料孔错位；然后以凸凹模为基准分别调整冲孔凸模与落料凹模的冲裁间隙，并使之均匀；最后再安装其他辅助零件。

（3）确定级进模的装配顺序。对于级进模，为了便于调整，其正确的装配步骤如下：在装配时应先将拼块凹模装入下模座，然后再以凹模为基准安装凸模，最后将凸模装入固定板和上模座中。冷冲压模的零件装入上模座和下模座时，应先装作为基准的零件，装妥并经检查无误后，才能钻、铰销钉孔并配入销钉。后装的零件要在试冲达到要求后再钻、铰销钉孔及配入销钉。

（4）必须严格控制凸模和凹模的间隙，保证其间隙均匀、合理。

（5）试冲。冷冲压模在装配结束及经检查间隙符合要求后，必须在实际生产条件下进行试冲。边试冲边进行调整，直至符合各项技术要求为止。然后将尚未用销钉固定的零件配钻、铰销钉孔，配入销钉，并再次进行试冲。如果又出现不符合要求的情况，应再进行调整，直至合格，并重新钻、铰销钉孔，配入销钉。

技能训练

复杂级进模的装配

一、训练要求

如图5—1—10所示为计算机中的一个弹簧片，弹簧片多工位级进模如图5—1—11所示，现对其进行装配。通过技能训练，要求熟悉典型级进模的基本结构，掌握复杂级进模的部（组）件装配技术。

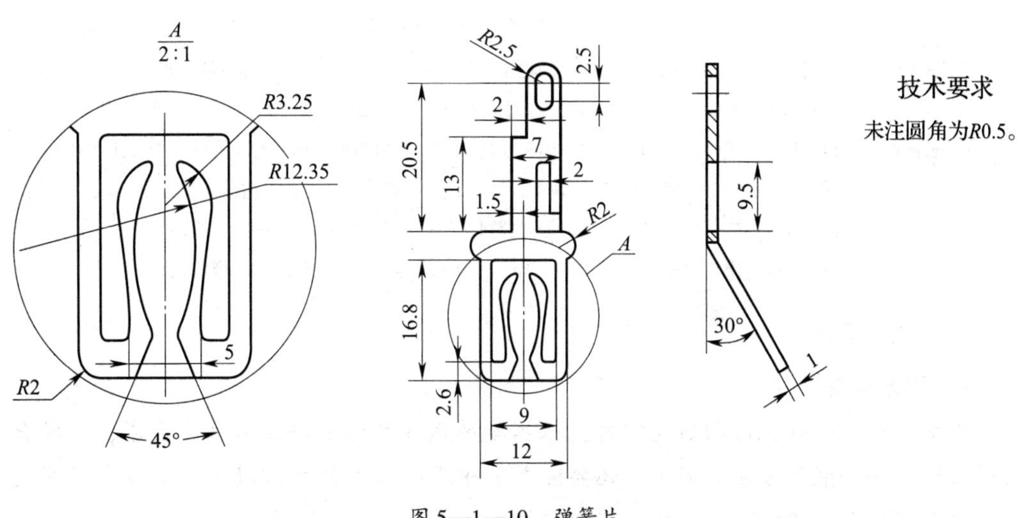

图5—1—10 弹簧片

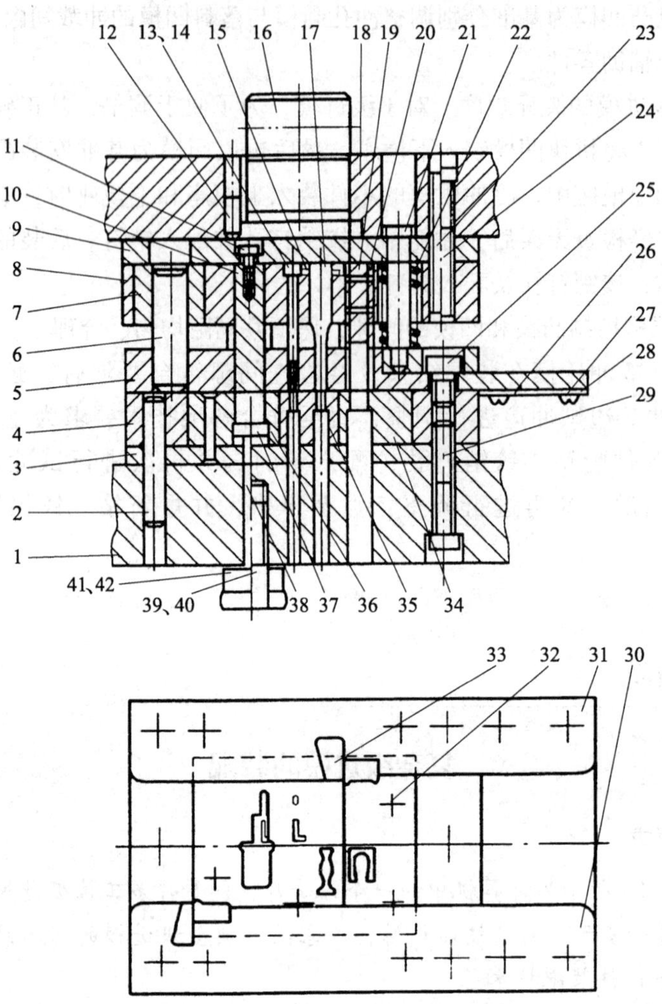

图 5—1—11　弹簧片多工位级进模

1—对角导柱模架（下模座）　2、12、23、32—圆柱销　3—下垫板　4—凹模套　5—卸料板　6—小导柱　7—小导套　8—固定板　9—上垫板　10—落料压弯凸模　11、24、25、29、39—内六角螺钉　13—长圆凸模　14—L 形凸模　15、20—挂销　16—模柄　17—Ⅰ形凸模　18—对角导柱模架（上模座）　19—Ⅱ形凸模　21—卸料钉　22—弹簧　26、28—承料板　27—十字槽盘头螺钉　30—前导料板　31—后导料板　33—侧刃挡块　34—第Ⅰ段凹模　35—第Ⅱ段凹模　36—第Ⅲ段凹模　37—顶件器　38—顶杆　40—螺母　41—托板　42—橡胶组

二、工作准备

1. 工艺准备

在装配前，必须先仔细研究图样，根据冷冲压模的结构特点和技术要求，选择合理的装配次序和装配方法。同时，还要检查冷冲压模零件的加工精度，如检查下模座的上平面与底面的平行度及凸模、凹模零件质量等，然后开始进行装配。

该弹簧片多工位级进模在工作时的步距如图 5—1—12 所示。首先由Ⅱ形凸模和凹模冲出工件上弹性夹脚的外曲线（步距1）；然后把条料向前送进一个步距，利用Ⅰ形凸模和凹模冲出工件上的弹性夹脚（步距2）；再把条料向前送进一个步距，利用长圆凸模、L形凸模及凹模冲出工件上的腰形孔和L形孔（步距3）；最后再把条料向前送进一个步距，利用落料压弯凸模和凹模把工件从条料上冲下后再压弯（步距4），就可得到一个完整的弹簧片工件。在以后的压力机滑块一次行程中均能得到一个工件。

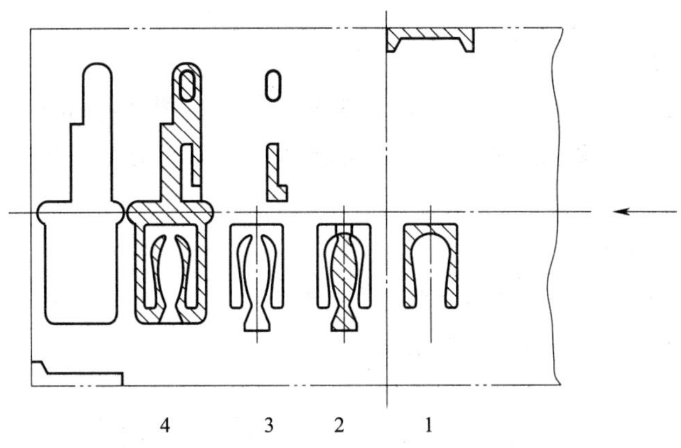

图5—1—12 弹簧片多工位级进模的步距

2. 工具、量具、刃具、夹具准备

工具、量具、刃具、夹具准备清单见表5—1—6。

表5—1—6 工具、量具、刃具、夹具准备清单

序号	名称	规格	精度	数量	备注
1	刀口形直角尺	100 mm×70 mm	0级	1	
2	游标卡尺	0～150 mm	分度值为0.02 mm	1	
3	六角扳手	自定		1套	
4	百分表	0～5 mm	分度值为0.01 mm	1套	
5	麻花钻	ϕ3～12 mm		自定	
6	直柄机用铰刀	ϕ8～12 mm	1级	自定	
7	丝锥	M5～M12		自定	
8	铜棒	自定		1	
9	垫铁	自定		1对	
10	合金整形锉			1套	
11	平行夹头			2	夹持工件用

三、装配步骤

1. 装配模柄 16

（1）先在压力机上将模柄 16 压入上模座 18。

（2）加工出骑缝销钉孔，将骑缝圆柱销 12 装入。

（3）在平面磨床上将装入模柄 16 和骑缝圆柱销 12 的上模座分组件底面一起磨平。

2. 装配凹模套 4

本模具凹模的工作型孔分解为三段，分别是Ⅰ段凹模 34、Ⅱ段凹模 35 和Ⅲ段凹模 36。把这三段凹模装配在凹模套 4 中，并把凹模套 4 固定在下垫板 3 上组合成一个整体后装在下模座 1 上。

3. 装配导柱与导套

（1）导柱与下模座 1、导套与上模座 18 都采用过盈配合，导柱与下模座 1、导套与上模座 18 按图 5—1—13 所示进行装配。

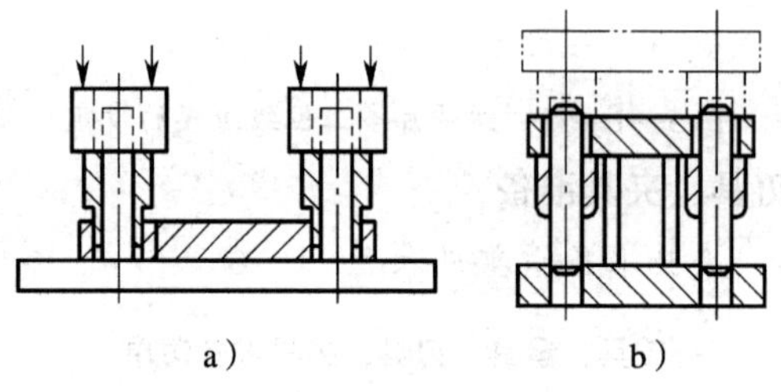

a）　　　b）

图 5—1—13　导柱与导套的装配

a）导套的装配　b）导柱的装配

（2）安装好的导柱和导套应检查其垂直度误差是否满足规定的技术要求，如果垂直度误差超过规定的要求，则应重新安装导柱和导套，并将上模座 18 套在下模座 1 上，把上模座 18 从导柱的最高位置（不脱离导柱处）到最低位置来回提升，轻轻放下。

（3）检查导柱和导套间的滑动松紧程度以及上模座、下模座与垫铁接触情况。如发现问题可调整导柱和导套，然后再将导柱、导套压入规定位置。

4. 装配凸模

将五组不同的凸模（落料压弯凸模 10，长圆凸模 13，L 形凸模 14，Ⅰ形凸模 17 和Ⅱ形凸模 19）装在固定板 8 上并固定，放在平面磨床上将固定板 8 的上平面与凸模的底面一起磨平。

5. 安装小导柱 6 和小导套 7

（1）为了提高卸料板 5 的工作精度，保护各凸模与对应凹模之间的间隙，在卸料板 5 与固定板 8 之间用两套小导柱 6、小导套 7 进行辅助导向。

（2）将卸料板5与固定板8部件用辅助装置安装在一起，这时应保证各凸模在卸料板5中活动自如。

（3）加工小导柱6、小导套7的孔。

（4）将小导柱6、小导套7安装于卸料板5和固定板8上。小导柱6、小导套7与卸料板5、固定板8间的装配同导柱、导套与上模座、下模座间的装配相似。

6. 装配凸模与凹模

（1）在已装各凸模的上垫板9与已装凹模的下垫板3之间垫上适当高度的平行垫铁，使各凸模插入凹模的型孔内8～10 mm。

（2）在上垫板9上放置上模座18，使导套套在下模座1的导柱外。

（3）调整凹模与凸模之间的相对位置至满足技术要求后，用平行夹头将上模座18和两垫板一起夹紧。

（4）按技术要求和结构特点，加工上模座18上的螺钉孔和销钉孔，并将上垫板9固定在上模座18上。

（5）再将上模座18装于下模座1上，使导套套于导柱外。

（6）调整凹模与凸模之间的相对位置，用铜棒敲击上垫板9，使相对位置满足技术要求，然后拧紧上模座18上的紧固螺钉。

（7）取下上模座18，钻、铰销钉孔，并打入定位销钉。

（8）再将上模座18装于下模座1上，检查凹模、凸模间的配合间隙。如不满足要求，应拆卸定位销钉，重复上述（6）、（7）两步，直到满足要求为止。

7. 安装弹顶件

由于工件局部有很小的弯曲，在最后一道工序上采用了弹顶结构，其目的有两个：一是能加工出零件的弯曲部分；二是能对零件进行校准。

8. 安装辅助零部件

进行其他辅助零部件的安装。

四、注意事项

1. 凹模各型孔的相对位置及步距一定要加工、装配准确，否则冲出的制件很难满足规定的质量要求。

2. 凸模固定孔、凹模型孔、卸料板导向孔三者的位置必须保持一致，即装配后各相对应孔的中心线应保持同轴度要求。

3. 各组凸模和凹模间隙应合理、均匀。

4. 模具装配好后必须进行试模。

五、评分标准

弹簧片多工位级进模装配项目配分表见表5—1—7。

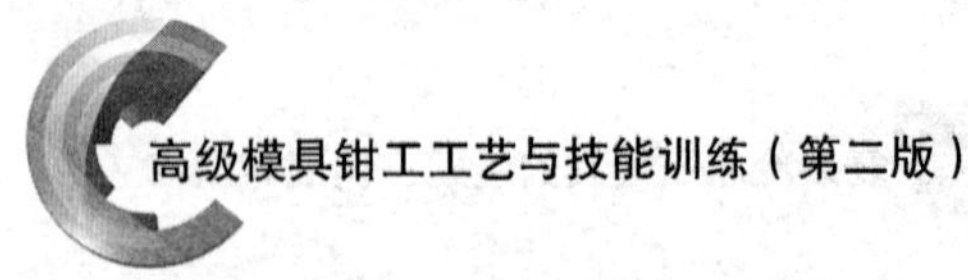

表 5—1—7　　弹簧片多工位级进模装配项目配分表

序号	技术要求	配分	评分标准	实测记录	得分
1	模柄的装配	5	模柄与上模座上平面的垂直度误差不大于 0.03 mm，并装防转销		
2	凹模、侧刃的装配	10	熟悉装配技术要求，掌握凹模、侧刃的固定方法		
3	导柱、导套与模架的装配	10	保证平行度、垂直度误差不大于 0.03 mm		
4	凸模、侧刃的装配	10	熟悉装配技术要求，掌握凸模、侧刃的固定方法		
5	小导柱、小导套的安装	10	保证平行度、垂直度误差不大于 0.03 mm		
6	凸模与凹模间隙的调整	10	熟练使用各种调整间隙的方法，保证凸模和凹模的正确位置，得到均匀、合理的间隙		
7	总装配	15	保证导料板的平行尺寸，顶件器、卸料板能灵活运动		
8	准备工作充分	5	具备模具结构知识及识图能力，选择合理的装配方法和装配顺序，准备好必要的标准件及装配用的辅助工具		
9	装配过程安排合理	5	装配步骤正确		
10	装配质量符合技术要求	10	装配质量符合图样技术要求		
11	安全文明生产	10	违反操作规程扣 1 ~ 5 分；发生较大事故者不得分		
			总分		

课题二 复杂冷冲压模具的安装与调试

一、冷冲压设备

按照图样加工并装配完毕的冷冲压模必须经过安装和调整后才能作为成品交付生产使用。所以，模具在压力机上的安装和调试工作是十分重要的，它直接关系到冲压产品的质量。

1. 冷冲压设备的分类及型号

常用的冷冲压设备一般可分为机械压力机和液压机两大类。

冷冲压设备的型号是按照国家标准《锻压机械型号编制方法》(GB/T 28761—2012）的类、列、组编制的，例如，J23—40A 中的“J”表示机械压力机（类),“2”表示开式压力机（组),“3”表示可倾压力机（型),“40”表示公称力为 400 kN,“A”表示经过第一次改进设计。

2. 常用的冷冲压设备

曲柄压力机是一种最常用的冷冲压设备，下面对其进行介绍。

(1）结构组成

曲柄压力机由支承部分、传动机构、工作机构、操纵机构、能源部分组成。如图 5—2—1 所示为曲柄压力机的基本结构，图 5—2—2 所示为曲柄压力机的传动系统。

1）支承部分。支承部分包括床身、工作台、底座、垫板。机身由床身 5、工作台 6、底座 7 构成，其作用主要是将压力机所有零部件连接在一起成为整体。工作台 6 上装有垫板 12，主要用于安装及固定下模。

2）传动机构。传动机构包括带轮、飞轮、齿轮、传动轴、曲柄。电动机通过 V 带将电能传给带轮 2，再通过传动轴 3 经小齿轮及大齿轮 10 传给曲柄 1，并经连杆 4 把曲柄的旋转运动转换成滑块 11 的上下往复直线运动。飞轮是转动机构的主要部件，其作用是使压力机在整个工作周期中负荷均匀，能量得到充分利用。

3）工作机构。工作机构包括连杆、曲柄、滑块。连杆 4 的上端装在曲柄 1 上，下端与滑块 11 铰接。滑块 11 通过床身 5 的导轨，在连杆作用下做上下往复直线运动，并通过安装在其上的上模与安装在工作台 6 上的下模作用完成冲压工序。

4）操纵机构。操纵机构包括离合器、制动器、脚踏板。离合器 8 是用来启动及停止压力机动作的机构，制动器 9 是当离合器分离时使滑块 11 停止运动的零件。操纵机构主要通过脚踏板 13 来控制离合器和制动器。

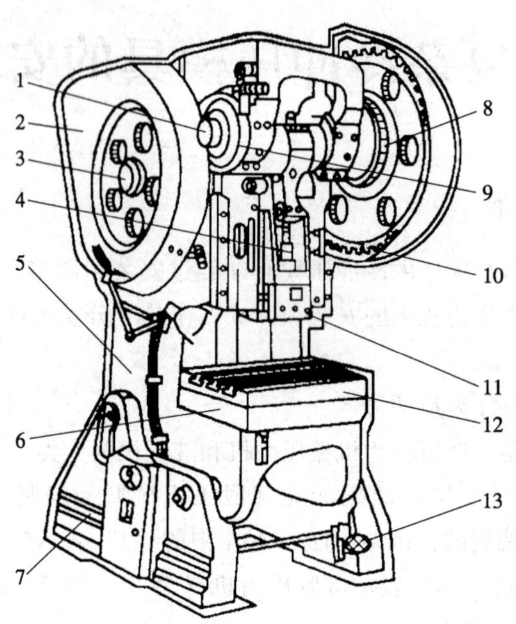

图 5—2—1　曲柄压力机的基本结构

1—曲柄　2—带轮　3—传动轴　4—连杆　5—床身　6—工作台　7—底座
8—离合器　9—制动器　10—大齿轮　11—滑块　12—垫板　13—脚踏板

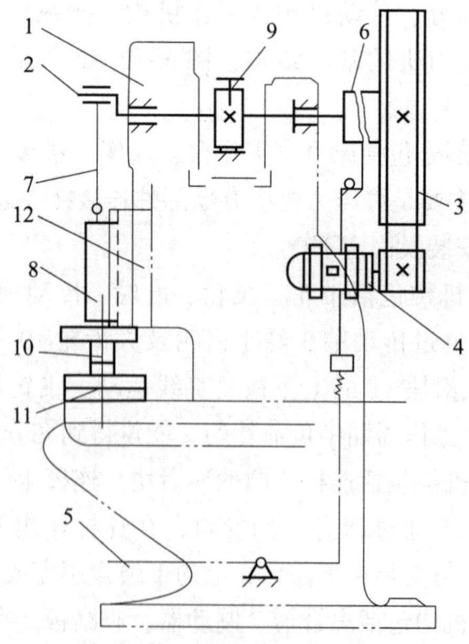

图 5—2—2　曲柄压力机的传动系统

1—机身　2—曲柄　3—传动带　4—电动机　5—脚踏板　6—离合器
7—连杆　8—滑块　9—制动器　10—上模　11—下模　12—导轨

5）能源部分。能源部分包括电动机、飞轮。其作用是使电能转换为机械能；使旋转运动转换为滑块的上下往复直线运动；起增力作用，以滑块运动到距行程的下止点10～15 mm处（或从下止点算起曲柄转角α为15°～30°时）为计算基点设计的最大工作力。

（2）传动原理

如图5—2—2所示，在曲柄压力机中，曲柄2的右端装有飞轮，由电动机通过传动带传动，并通过与操纵机构相连的离合器与曲柄2脱离或接合。当离合器接合时，曲柄与飞轮一起转动，位于曲柄前的连杆7也被带动并与滑块8连接，由于连杆7的运动，滑块8实现上下往复直线运动。而上模10固定在滑块8上，下模11固定在压力机工作台上，故滑块8带动上模10与下模11作用，完成冲压工作。当离合器脱离时，曲柄停止转动，并在制动器9的作用下停止在上止点位置。

（3）技术参数

曲柄压力机的主要技术参数有公称压力、滑块行程、滑块行程次数、封闭高度、最大装模高度、工作台面积、滑块底面尺寸、漏料孔尺寸、立柱间距离和模柄孔径。以上技术参数反映了压力机的工艺能力和有关生产效率的指标。

1）公称压力。曲柄压力机的公称压力是指滑块运动到距下止点某一特定距离（称为公称压力行程）或曲柄旋转到距下止点某一特定角度（称为公称压力角）时，滑块上所允许承受的最大工作压力。如JH23—40型压力机，当滑块距下止点4 mm（公称压力行程）时，滑块允许的负荷为400 kN，即公称压力为400 kN。

2）滑块行程。滑块行程是指滑块在曲柄旋转一周时从上止点到下止点所经过的距离，其数值是曲柄半径的两倍。滑块行程一般为定值，如J23—40A型压力机的滑块行程为90 mm。

3）滑块行程次数。滑块行程次数是指滑块每分钟往复运动的次数。如果是连续作业，即为每分钟生产零件的个数。所以，滑块行程次数越大，生产效率越高。然而，当采用手动连续作业时，由于受送料时间的限制，即送料在整个作业中所占时间的比例很大，即使行程次数再多，生产效率也不可能很高，例如，小件加工的生产效率最大不超过100次/min。所以，行程次数超过一定值后，必须配备自动送料装置，否则不能实现较高的生产效率。

4）封闭高度。封闭高度是指滑块在下止点时，滑块下表面到工作台上表面的高度，如图5—2—3所示。当滑块调整到上极限位置时，封闭高度达到最大值，称为最大封闭高度（H）；相反，当滑块调整到下极限位置时，其封闭高度为最小封闭高度。两者差值为封闭高度的调节量。例如，J23—40A型压力机的最大封闭高度为320 mm，封闭高度调节量为65 mm。

5）其他参数。其他参数包括工作台面积、滑块底面尺寸、漏料孔尺寸、模柄孔径等。

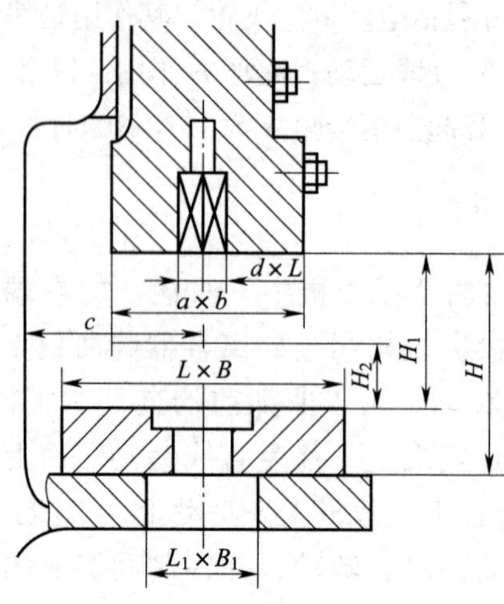

图 5—2—3　封闭高度

3. 冷冲压设备的安全操作规程

（1）操作前的准备工作

1）操作人员必须经过培训，掌握设备的结构、性能，熟悉操作规程并取得操作许可，方可独立操作。

2）操作人员必须穿标准工作服。

3）检查各加油部分的油面及润滑点，保证供油充分，润滑良好。

4）检查压缩空气的压力是否在规定范围内。

5）启动电动机，应检查飞轮旋转方向是否与回转标志方向一致。

6）将设备空运转 3 ~ 5 min，检查制动器、离合器等部分的工作情况，试验单次、寸动、连续、紧停等各动作的可靠性。

（2）工作中的安全操作注意事项

1）冲床启动时或运转冲制过程中，操作者站立要恰当，手和头部应与冲床保持一定的距离，并时刻注意冲头的动作，严禁与他人闲谈。

2）冲制短小工件时应用专门的工具，不得用手直接送料或取件；冲制较长的工件时，应设置安全托料架或采取其他完全措施，以防工件损坏。

3）单人冲制时，每加工完一个零件手、脚要离开操纵机构，以免在取料、送料时因误动作而发生事故。

4）两人以上共同操作时应注意协调配合，负责踩踏板的人必须注意送料人的动作，严禁一面取件，一面踩踏板。

5）严禁在冲压设备旁追逐打闹。

6）绝对禁止同时冲裁两块板料。

7）发现压力机工作不正常时（如异常噪声、滑块自由落下等）应立即停车，及时研究并解决问题。

8）不得任意拆卸防护装置。

9）每工作 4 小时须操作手动润滑泵手柄，保证各润滑点润滑充分。

（3）冲压结束后的工作

1）切断电源、气源，放出剩气及水分滤气器内的剩水。

2）将压力机擦拭干净，在各加工表面涂上防锈油。

3）保管好操作按钮钥匙，非有关人员不得操作机床。

二、冷冲压模的安装

1. 冷冲压模安装前的准备

（1）熟悉冷冲压模

这其中包括冲压件图样、冲压工艺、冷冲压模的结构和动作原理、冷冲压模的安装方法。

（2）检查冷冲压模的安装条件

1）模具的闭合高度是否与压力机相适应。

2）压力机的公称压力是否满足冷冲压模工艺压力的要求。

3）冷冲压模的安装槽（孔）位置是否与压力机一致。

4）托杆直径和长度、下模座的托杆位置是否与压力机相适应。

5）打料杆的长度与直径是否与压力机上的打料机构相适应。

（3）检查压力机的技术状态

1）检查压力机的制动器、离合器和操作机构工作是否正常。

2）检查压力机上的打料螺钉并把它调整到适当位置，以免调节滑块的闭合高度时顶弯或顶断压力机上的打料机构。

3）检查压力机上压缩空气垫的操作是否灵活、可靠。

（4）检查冷冲压模的表面质量

1）根据冷冲压模图样检查冷冲压模零件是否齐全。

2）了解冷冲压模对调整及试冲有无特殊要求。

3）检查冷冲压模表面是否符合技术要求。

4）根据冷冲压模的结构，应预先考虑试压程序及前后相关联的工序。

5）检查工作部分、定位部分是否符合图样要求。

（5）准备安装模具所用的工具，如活扳手、铜棒、内六角扳手等。

2. 冷冲压模的安装步骤

（1）在单动压力机上安装冷冲压模

1）开动压力机，把压力机滑块上升到上止点。

2）清理压力机滑块底面、压力机工作台面、冷冲压模上平面和下平面的一切杂物并擦拭干净。

3）把模具吊装在压力机工作台面规定的位置上，用压力机行程尺检查压力机滑块底面至冷冲压模上平面之间的距离是否大于压力机行程。必要时，调节滑块高度，以保证该距离大于压力机行程，如果模具有托杆（拉深模、成型模顶出缓冲系统），则应先按图样位置将其插入压力机工作台面的孔内，并把模具位置摆正。

4）将滑块降到下止点，并调节滑块高度，使其与冷冲压模上平面慢慢接触至吻合。用螺钉将上模紧固在压力机上，并将下模初步固定在压力机工作台面上。

5）将滑块稍往上调一点（以免将冷冲压模顶死），然后开动压力机，把滑块上升到上止点，松开下模的安装螺钉，让滑块空行程数次，再把滑块降到下止点停止。

6）拧紧下模的安装螺钉（对称交错进行），再开动压力机使滑块上升到上止点位置。在导柱上加润滑油，并检查冷冲压模工作部分有无异物。然后开动压力机，再使滑块空行程数次，检查导柱、导套的配合情况。若发现导柱不垂直或与导套配合不合适时，应拆下冷冲压模进行修理。

7）检查模具及压力机，确认无误后方可进行试冲，并逐步调节滑块到所需高度。

8）调节压力机上的打料螺钉到适当高度，使打料杆能正常工作。如果冷冲压模使用气垫，则应调节压缩空气到合适的压力。

（2）在双动压力机上安装冷冲压模

双动压力机有双动机械压力机和双动拉伸液压机两种，如图 5—2—4 所示，双动压力机有两个滑块，它们按各自的运动规律分别进行压料和拉深。双动机械压力机有一个外滑块和一个内滑块，外滑块上固定压边圈，用于压料；内滑块上固定凸模，用于拉深。外滑块一般由连杆机构实现其运动，其工作原理如下：电动机通过 V 带轮驱动大带轮（兼作飞轮），经过齿轮副带动曲柄转动，外滑块下移压住板料，内滑块下移冲压坯料成型，完成后内滑块回程，外滑块随之回程，至上止点，一次冲压完成。双动压力机机构运动简图如图 5—2—5 所示。在双动压力机上安装模具简图如图 5—2—6 所示。

a）

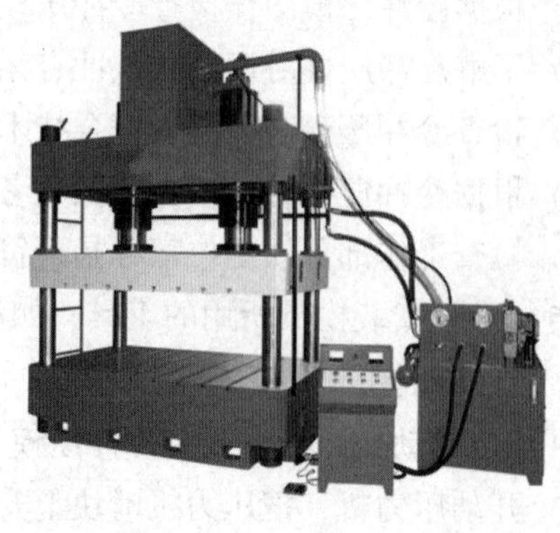

b）

图 5—2—4　双动压力机

a）双动机械压力机　b）双动拉伸液压机

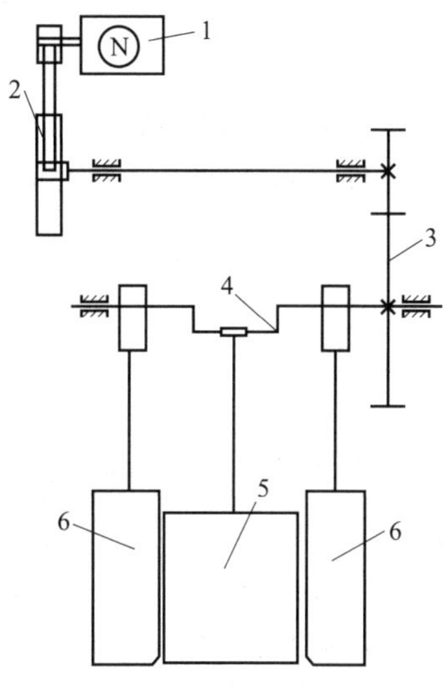

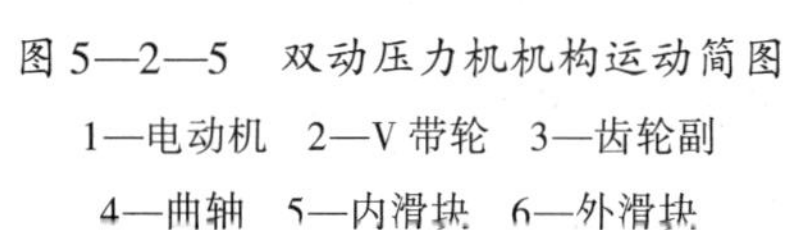
图 5—2—5 双动压力机机构运动简图

1—电动机 2—V 带轮 3—齿轮副

4—曲轴 5—内滑块 6—外滑块

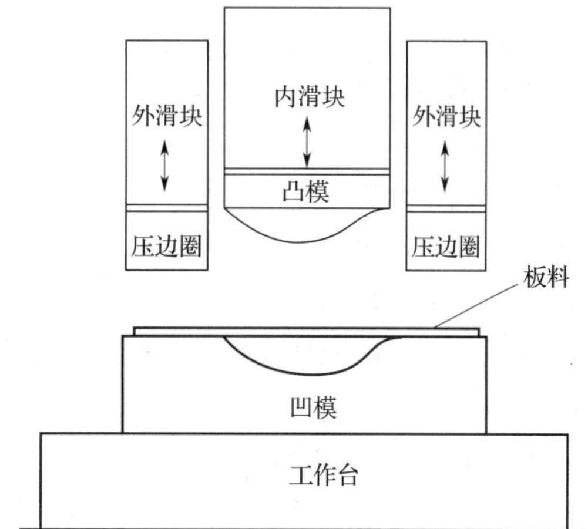

图 5—2—6 在双动压力机上安装模具简图

在双动压力机上安装冷冲压模的步骤如下：

1）检查双动拉深模有关安装尺寸（内、外闭合高度，安装孔和安装槽的位置），并选定安装用的垫板。

2）调节压力机内、外滑块到最高点，并将内、外滑块停于上止点。

3）将冷冲压模置于压力机工作台面的中心位置。

4）把滑块降到下止点，开动内滑块调节电动机，使内滑块下降至与凸模固定座相接触，对准安装槽孔，将凸模固定座用螺钉固定在内滑块垫板上。

5）开动压力机，使滑块及凸模上升并停于上止点位置。

6）将冷冲压模从工作台面上拉出，把外滑板的垫板放在压边圈上，用螺钉将其与压边圈初步连接上，然后再将冷冲压模移到工作台面中心位置。

7）卸下外滑块垫板与压边圈的连接螺钉，开动压力机使其空行程数次，并使外滑块垫板处于正确位置。

8）安装压边圈：放掉平衡气缸内的压缩空气，调节外滑块的高度，使外滑块与垫板接触，用螺钉将外滑块、外滑块垫板和压边圈连接紧固。然后往平衡气缸内送压缩空气。

9）用螺钉将凹模初步固定在工作台垫板上（先不拧紧螺钉）。

10）开动压力机试运转，正常后拧紧凹模的固定螺钉。检查模具及压力机各部位是否正常，确认无误后可开动压力机试模。

（3）其他冲裁模的安装

1）无导向冷冲压模

①将冷冲压模放在压力机工作台面中心处。

②将压力机滑块的螺母松开，用手或撬杠转动飞轮，使压力机滑块下降至与模具上模板接触，并使冷冲压模模柄进入滑块中。

③将模柄紧固在滑块上。固定时，应注意使滑块两边的螺栓交错拧紧。

④在凹模的刃口上垫以相当于凸模和凹模单面间隙的硬纸或铜片，并使其间隙均匀。

⑤间隙调整合适后压紧下模。

⑥开动压力机进行试冲。

2）有导向冷冲压模

①将闭合状态的模具放在压力机工作台面中心位置（调节压力机闭合高度，应大于模具的高度）。

②将压力机滑块下降到最低位置，并调整到使其与上模板接触。

③把上模固定在滑块上，利用点动使滑块慢慢上升，让导柱、导套自由导正（导柱不能离开导套），再将下模座压紧。

④调整滑块位置，应使其在上止点时凸模不至于超出导板之外，或导套下降距离不超过导柱长度的1/3。

⑤紧固牢靠，紧固后进行试冲与调整。

⑥安装拉深模与弯曲模时，最好在凸模和凹模之间垫上试件，以便于调整间隙值。

（4）弯曲模的安装

弯曲模在压力机上的安装方法基本上与冲裁模相同。其在安装过程中的调整方法如下：

1）有导向装置的弯曲模安装及调整比较简单，上模与下模相对位置和间隙全由导向零件决定。

2）无导向装置的模具上模和下模的位置要通过测量间隙或用垫片来保证。如果冲压模具有对称、直壁的制件（如U形弯曲件），则安装模具时可先将上模紧固到压力机滑块上，下模在工作台上暂不紧固。然后在凹模洞壁口放置与制件材料等厚的垫片，再使上模和下模吻合就能保证自动对准，且间隙均匀。待调整好闭合高度后，再把下模紧固，即可试冲。采用垫片法时最好垫入试件，这样可便于调整间隙，也避免碰坏凸模和凹模。

（5）拉深模的安装

在使用单臂冲床拉深时，其模具在压力机上的安装和固定方法基本上与弯曲模相同。但对于带有压边圈的拉深模，应对压边力进行调整。这是因为压边力太大时，制件易被拉裂；压边力太小时，制件又易起皱。因此，在安装模具时应边试验边调整，直到合适为止。拉深筒形零件时，先将上模固定在冲床的滑块上，下模放在冲床工作台面上，先不必紧固。在安装时，可先在凹模孔放一个制件（与试件或制件同样厚度的垫片），再使上模和下模通过调节螺杆或飞轮使其吻合，下模可自动对准位置，在调好闭合高度后紧固下模进行试冲。

（6）校正模和整形模的安装

在安装校正模和整形模时，调节压力机的闭合高度需特别慎重。在调整时，应使上模随滑块到下止点位置时既能压实制件，又不发生硬性冲击或卡住现象。因此，当上模在压力机的上下位置粗略地调整后，在凸模和凹模的上、下平面之间垫入一块等于或略厚于毛坯厚度的垫片，用调节压力机连杆长度的方法用手扳动飞轮（或用微动按钮），直到滑块能正常地通过下止点而无阻滞或卡住现象为止。这样就可以固定下模，取出垫片进行试冲。试冲合格后再将紧固件拧紧。

三、冷冲压模的调试

1．概念

模具的试冲与调整简称为调试。冷冲压模安装在压力机上后，要通过试冲对制件的质量和模具的性能进行综合考查及检测，对在试冲中出现的各种问题要进行全面、认真的分析，找出产生的原因，并对冷冲压模进行适当的调整与修正，以最终得到质量合格的制件。

2．目的

（1）检查及验证模具所生产的制件在形状精度、尺寸精度、表面质量、毛刺等方面是否符合设计要求。可以发现模具设计与制造中存在的问题，以便对原设计、加工与装配中的工艺缺陷加以改进和修正，制出合格的制件。

（2）检查及验证该模具在卸料、脱模、定位、推顶件和安全生产方面是否可靠，能否进行生产性使用。

（3）检查及验证冲压工艺流程是否合理。通过试模与调整，能初步提供产品的成型条件和工艺规程。

（4）检查及验证所采用的设备是否合理，包括冲压力是否足够，模具能否顺利地安装到设备上使用。

（5）试模及调整后可以确定前一道工序毛坯的准确尺寸。

（6）在试模中了解模具的综合情况，为模具设计和制造部门提供反馈信息，以便改进模具结构和制造工艺不合理的地方。

（7）验证模具质量及精度，作为交付生产的依据。

（8）为模具投入正常生产做准备。因为在试模中暴露出的各种问题得到解决后，模具才会更趋于完善、合理，才能正式用于生产。

3．技术要求

（1）模具外观

冷冲压模在装配后，应经外观和空载检验合格后才能进行试模。应按冷冲压模技术条件对外观要求进行检验。

（2）试冲材料

试冲材料必须经过检验，并符合技术协议的规定要求。冲裁模允许用材料相近、厚度相同的材料代用；大型冷冲压模的局部试冲允许用小块材料代用；其他试冲材料的代用需经用户同意。

（3）试冲设备

试冲设备必须符合工艺规定，设备精度必须符合有关标准规定要求。

（4）试冲最少数量

小型模具不少于 50 件；硅钢片不少于 200 件；自动冷冲压模连续时间不少于 3 min；贵重金属材料试冲数量根据具体情况而定。

（5）冲件质量

冲件断面应均匀，不允许有夹层及局部脱落和裂纹现象。试模毛刺不得超过规定数值。尺寸公差及表面质量应符合图样要求。

（6）入库

模具入库时，应附带检验合格证和合格的试冲件。试冲件数无规定时，每一工序不少于 10 个。

（7）凸模进入凹模的深度

在安装过程中，冲裁厚度小于 2 mm 时，凸模进入凹模的深度应不超过 0.8 mm。对于硬质合金模具，深度应不超过 0.5 mm。拉深模及弯曲模应采用试冲方法确定凸模进入凹模的深度。试件的壁厚应大于被冲制件的厚度。

（8）凸模与凹模的相对位置

冷冲压模安装后，凸模的中心线与凹模工作平面应垂直；凸模与凹模间隙应均匀。可以用直角尺测量，或利用塞块、试件进行检查。

（9）冲裁件允许的毛刺值见表 5—2—1。

表 5—2—1　　冲裁件允许的毛刺值（参考）　　mm

材料厚度 t / 材料抗拉强度 R_m（MPa）		$t \leq 0.4$	$0.4 < t \leq 0.63$	$0.63 < t \leq 1.00$	$1.00 < t \leq 1.66$	$1.66 < t \leq 2.50$	$t > 2.50$
$R_m \leq 250$	1 级	0.03	0.04	0.04	0.05	0.07	0.10
	2 级	0.04	0.05	0.06	0.07	0.10	0.14
$250 < R_m \leq 400$	1 级	0.02	0.03	0.04	0.04	0.07	0.09
	2 级	0.03	0.04	0.05	0.06	0.09	0.12
$400 < R_m \leq 630$	1 级	0.02	0.03	0.04	0.04	0.06	0.07
	2 级	0.03	0.04	0.05	0.06	0.08	0.10
$R_m > 630$	1 级	0.01	0.02	0.03	0.04	0.05	0.07
	2 级	0.02	0.03	0.04	0.05	0.07	0.09

注：1. 1 级用于较高要求，2 级用于一般要求。

2. 硅钢片用 2 级数值。

4. 步骤

(1) 将模具安装在指定的压力机上。

(2) 用指定的坯料（或板料）在模具上试冲出制件。

(3) 检查制件的质量，并分析其质量缺陷和产生原因，设法修整及解决后，试冲出一批完全符合图样要求的合格制件。

(4) 排除影响生产、安全、质量和操作的各种不利因素。

(5) 根据设计要求，确定模具上某些需经试验后才能确定的工作尺寸（如拉深模首次落料坯料尺寸)，并修正这些尺寸，直到符合要求为止。

(6) 经试模后制定制件生产的工艺规范。

5. 试冲时常见质量问题、 产生原因及解决方法

在通常情况下，仅按照图样加工和装配好的冷冲压模还不能完全满足成品冷冲压模的要求。产品（冲压件）设计、冲压工艺、冷冲压模设计直到冷冲压模制造中任何一个环节的缺陷都将在冷冲压模调试中得到反映，都会影响冷冲压模的质量要求。因此，对冷冲压模进行调试，从试件中发现问题，分析其产生原因并设法加以解决，以保证冷冲压模能冲出合格的制件。

(1) 冲裁模试冲过程中常见质量问题、产生原因及解决方法见表5—2—2。

表5—2—2 冲裁模试冲过程中常见质量问题、产生原因及解决方法

质量问题	产生原因	解决方法
制件毛刺大	(1) 间隙偏小、偏大或不均匀	(1) 若制件剪切面上光亮带过宽，甚至出现两个光亮带和被挤出毛刺时，说明间隙偏小，可用油石研磨凸模（落料模）或凹模（冲孔模)，使其间隙变大，达到合理间隙值 若制件剪切面上光亮带太窄，塌角较大，且整个断面又有很大的倾斜度，产生断裂毛刺时，则表明间隙过大。修复时，对于落料模只能重做一个凸模。对于冲孔模要换凹模，重新装配后调整好间隙 若制件剪切面光亮带宽窄不均匀，且毛刺偏于一边，则表明间隙不均匀，应对凸模和凹模重新调整，使其均匀。如果是局部不均匀，应进行局部修整
	(2) 刃口不锋利	(2) 当凸模刃口不锋利时，会在落料件周边产生大毛刺，使冲孔件产生大圆角；若凹模刃口变钝，则冲孔件孔边产生毛刺，落料件圆角大；若凸模、凹模刃口都变得不锋利，则在冲孔件和落料件产生毛刺。其解决方法是刃磨刃口端面。若因凸模和凹模硬度不足而导致变钝，要重新淬硬

续表

质量问题	产生原因	解决方法
制件毛刺大	(3) 凹模有倒锥	(3) 落料凹模有倒锥，当制件从凹模孔中通过时，制件边缘被挤出毛刺。解决方法是将凹模倒锥修磨掉
	(4) 导柱、导套间隙过大，压力机精度不高	(4) 由于压力机精度不高，或导柱、导套间隙太大，模具上模和下模闭合时使凸模和凹模相对位置变化，导致间隙不均匀，使制件产生毛刺。解决方法是选用精度高的压力机，或更换导柱、导套
凸模和凹模刃口相碰造成啃刃	(1) 凸模、凹模、导柱安装时与模面不垂直	(1) 重新安装凸模、凹模、导柱，并在装配后，进行严格检验，以提高精度
	(2) 平行度误差累积，上模座、下模座、垫板、固定板上面和下面不平行，装配后平行度误差累积，导致凸模、凹模轴线偏斜	(2) 重新装配与检验
	(3) 卸料板、推件板的孔位不正确或歪斜	(3) 装配前对零件进行检查，并卸下修整，重新装配
	(4) 导向件配合间隙大于冲裁间隙	(4) 更换导柱或导套，重新配研后使其配合间隙小于冲裁间隙
	(5) 无导向冷冲压模安装不当，或机床滑块与导轨间隙大于冲裁间隙	(5) 重新安装冷冲压模，或更换精度较高的压力机
制件翘曲不平	(1) 冲裁间隙不合理或刃口不锋利	(1) 选择合理的间隙，用锋利的刃口冲裁，并在模具上增设压料装置或加大压料力
	(2) 落料凹模有倒锥，制件不能自由下落而被挤压变形	(2) 修磨凹模，去除倒锥
	(3) 推件块与制件的接触面积过小，推件时，制件内孔外形边缘的材料在推力作用下产生翘曲变形	(3) 更换推件块，加大其与制件的接触面积，使制件平起平落
	(4) 顶出或推出制件时作用力不均匀	(4) 调整模具，使顶件、推件工作正常

续表

质量问题	产生原因	解决方法
制件内孔与外形相对位置不正常	(1) 单工序模中定位元件位置或尺寸不准确	(1) 重新更换定位元件
	(2) 级进模侧刃尺寸或位置不准确，定距不准确	(2) 当定距侧刃尺寸小于步距时，修整时可将挡料块磨去一些；当侧刃尺寸大于步距时，应将侧刃内边磨去一些，并将挡料块移至靠侧刃一侧，其加大或减小的尺寸应等于制件内孔、外形误差量除以步数
	(3) 定位元件尺寸或位置不准确，如挡料销或挡料块的位置不正确，导正销尺寸过大	(3) 修整或更换定位元件
	(4) 凹模各型孔间的位置不正确，或组装凹模（拼块凹模）时各工位间步距的实际尺寸不一致	(4) 重新安装、调整凹模，保证步距精度
	(5) 导料板与凹模送料中心线不平行，条料送进时偏移中心线，导致制件内孔、外形误差	(5) 修整导料板，使其平行于送料中心线
送料不通畅或卡死	(1) 导料板安装不正确或条料首尾宽窄不等	(1) 根据情况重新安装导料板或修整条料
	(2) 侧刃与导料板的工作面不平行或侧刃与侧刃挡块不密合，冲裁时在条料上形成很大的毛刺或边缘不齐而影响条料的送进	(2) 设法将侧刃与导料板调整平行，消除侧刃挡块与侧刃之间的间隙或更换挡块，使其与侧刃密合
	(3) 凸模与卸料板型孔过大，卸料时使搭边翻转上翘	(3) 更换卸料板，使其与凸模间隙缩小

续表

质量问题	产生原因	解决方法
卸料不正常	（1）模具制造与装配不正确，如卸料板与凸模配合过紧，或因卸料倾斜，装配不当，导致卸料机构不能正常工作	（1）修整卸料装置或重新装配，使其调整得当
	（2）弹性元件（弹簧、橡皮）弹力不足	（2）更换弹性元件（弹簧或橡皮）
	（3）凹模孔与下模卸料孔位置偏移	（3）重新装配凹模，使卸料孔与凹模孔对正
	（4）凹模有倒锥	（4）修磨去掉凹模倒锥
	（5）打料杆或顶料杆长度不够	（5）增加打料杆或顶料杆长度
制件尺寸超差，形状不准确	凸模、凹模形状精度和尺寸精度低	修整凸模和凹模，使其达到形状精度和尺寸精度要求
凹模被胀裂	（1）凹模孔有倒锥	（1）修整凹模孔，使倒锥消除
	（2）凹模孔与下模板漏料孔偏移	（2）重新装配及调整凹模，使凹模孔与下模板漏料孔对正或加大下模板漏料孔
凸模被折断	（1）卸料板倾斜	（1）调整卸料板
	（2）冲裁时产生侧向力	（2）采用侧压板抵消侧压力
	（3）凸模和凹模相互位置发生变化	（3）重新调整凸模和凹模相互位置

（2）弯曲模试冲过程中常见质量问题、产生原因及解决方法见表 5—2—3。

表 5—2—3　　弯曲模试冲过程中常见质量问题、产生原因及解决方法

质量问题	图示	产生原因	解决方法
弯曲零件产生裂纹		（1）弯曲变形区域内存在内应力，即内应力超过材料抗拉强度而产生裂纹	（1）更换塑性好的材料进行弯曲，或在允许的情况下将板料退火后再弯曲

续表

质量问题	图示	产生原因	解决方法
弯曲零件产生裂纹		(2) 在弯曲区域外侧有毛刺，造成该处应力集中而使零件破裂	(2) 减少弯曲变形量或将有毛刺的一边放在内侧进行弯曲
		(3) 弯曲线与板料的纤维方向平行	(3) 改变落料排样，使弯曲线与板料纤维方向互成一定的角度
		(4) 弯曲变形过大（弯曲系数太小）	(4) 分两次弯曲，首次弯曲时采用较大的弯曲半径
		(5) 凸模圆角太小	(5) 加大凸模圆角
弯曲件尺寸和形状不合格	 a) 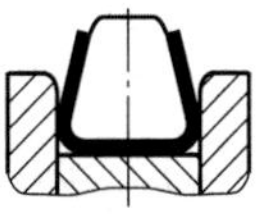 b) 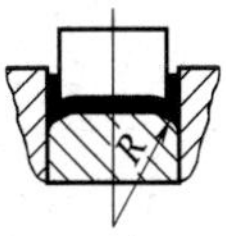 c)	(1) 冲压件产生回弹，造成零件不合格（见图 a)	1) 改变凸模的角度和形状 2) 增大凹模型槽的深度 3) 减小凸模和凹模间隙 4) 增大矫正力，使矫正力集中在变形部分 5) 弯曲前使坯料退火 6) 增大凸模和凹模之间的接触面积 7) V 形弯曲件应减小凸模弯曲角度，即采取“矫枉过正”的方法减少回弹影响 8) 在模具上增设压料装置
		(2) 毛坯定位不可靠（见图 b)	(2) 改用孔定位方法
		(3) 凸模和凹模本身没有加工到尺寸精度，或形状不正确（见图 c)	(3) 修整凸模和凹模形状、尺寸，使其达到要求
弯曲件底面不平	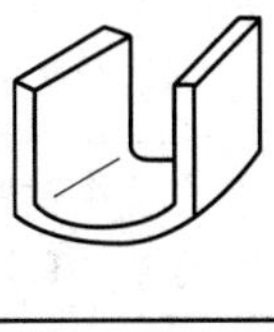	(1) 卸料杆着力分布不均匀，卸料时将制件顶弯	(1) 增加卸料杆数量，使其着力分布均匀
		(2) 压料力不足	(2) 增大压料力

续表

质量问题	图示	产生原因	解决方法
弯曲件表面擦伤或壁部变薄		（1）凹模圆角太小或表面粗糙	（1）加大凹模圆角，抛光
		（2）板料黏附在凹模上	（2）凹模表面镀铬或进行化学处理
		（3）间隙小，弯曲件挤压变薄	（3）加大间隙
		（4）压料装置压力太大	（4）减小压料力
弯曲件出现挠度或扭转		中性层内外变化及收缩、弯曲量不一致	1）对弯曲件进行校正 2）材料弯曲前进行退火 3）改变设计，将弹性变形设计在与挠度方向相反的方向上

（3）拉深模试冲过程中常见质量问题及解决方法见表5—2—4。

表5—2—4　拉深模试冲过程中常见质量问题、产生原因及解决方法

质量问题	图示	产生原因	解决方法
凸缘起皱且零件壁部被拉裂		压边力太小，凸缘部分起皱，无法进入凹模而被拉裂	加大压边力
壁部被拉裂		（1）材料承受的径向拉应力太大	（1）减小压边力
		（2）凹模圆角半径太小	（2）增大凹模圆角半径
		（3）材料塑性差或润滑不良	（3）使用塑性好的材料，进行中间退火或加强润滑
凸缘起皱		（1）凸缘部分压边力太小，无法抵制过大的切向压边力引起的切向变形，因失去稳定而形成皱纹	（1）增大压边力
		（2）材料较薄	（2）适当加大材料厚度
边缘呈锯齿状		毛坯边缘有毛刺	修整落料凹模刃口，使间隙均匀，毛刺减少

续表

质量问题	图示	产生原因	解决方法
制件边缘高低不一致		（1）坯件与凸模和凹模中心线不重合	（1）调整好中心定位，使坯件中心与凹模和凸模中心线重合
		（2）材料厚薄不均匀	（2）选择厚薄均匀的材料
		（3）凸模和凹模圆角不等	（3）修整凸模和凹模圆角半径
		（4）凸模和凹模间隙不均匀	（4）校匀间隙或更换材料
制件底部不平		（1）坯件不平	（1）平整坯件
		（2）顶料杆与坯件接触面太小	（2）改善顶出装置结构
		（3）缓冲器弹力不足	（3）更换弹簧或橡皮
盒形件直壁部分不挺直		角部间隙太小	调整凸模和凹模角部间隙，减小直壁间隙值
制件壁部拉毛		（1）模具工作部分或圆角半径上有毛刺	（1）研磨及修光模具的工作表面和圆角
		（2）坯件表面或润滑剂有杂质	（2）清洁坯件或使用干净的润滑剂
盒形件角部向内折拢，局部起皱	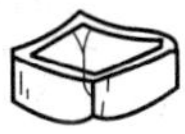	（1）坯件角部压边力太小	（1）加大压边力
		（2）坯件角部面积偏小	（2）增大坯件角部面积
阶梯形制件局部破裂	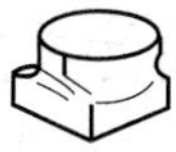	凹模及凸模圆角太小，加大了拉延力	加大凸模与凹模的圆角半径
制件完整但成歪件	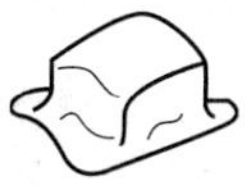	排气不畅或顶料杆顶力不均匀	加大排气孔或调整好顶料杆位置
拉深高度不够	—	（1）坯件尺寸太小	（1）放大坯件尺寸
		（2）拉深间隙太大	（2）调整间隙
		（3）凸模圆角半径太小	（3）加大凸模圆角半径

续表

质量问题	图示	产生原因	解决方法
断面变薄		（1）凹模圆角半径太小	（1）增大凹模圆角半径
		（2）间隙太小	（2）加大凸模和凹模间隙值
		（3）压边力太大	（3）减小压边力
		（4）润滑不当	（4）坯件涂上合适的润滑剂后再冲压
制件底部被拉脱		凹模圆角半径太小，使坯件处于切断状态	加大凹模圆角半径
制件口边缘折皱		（1）凹模圆角半径太小	（1）增大凹模圆角半径
		（2）压边圈不起压边作用	（2）调整压边圈结构，加大压边力
锥形件斜面或半球形件腰部起皱		（1）压边力太小	（1）增大压边力或采用拉延肋
		（2）凹模圆角半径太大	（2）减小凹模圆角半径
		（3）润滑剂过多	（3）减少润滑剂或加厚坯件
盒形件角部破裂		（1）凹模圆角半径太小	（1）加大凹模圆角半径
		（2）间隙太小	（2）加大凸模和凹模间隙
		（3）变形程度太大	（3）增加拉深次数
拉深高度太大	—	（1）坯件尺寸太大	（1）减小坯件尺寸
		（2）拉深间隙太小	（2）加大拉深间隙
		（3）凸模圆角半径太大	（3）减小凸模圆角半径
零件拉深后壁厚与高度不均匀		（1）凸模与凹模不同轴，向一面偏斜	（1）调整凹模和凸模位置，使其间隙均匀
		（2）定位不正确	（2）调整定位零件
		（3）凸模不垂直	（3）调整凹模和凸模的垂直度
		（4）压边力不均匀	（4）调整压边力
		（5）凹模形状不对	（5）更换凹模

续表

质量问题	图示	产生原因	解决方法
制件壁厚不均匀，拉深高度不等	—	(1) 凹模和凸模不同轴 (2) 间隙不均匀 (3) 凸模安装不垂直 (4) 压边力不均匀 (5) 坯件定位不正确	调整定位，校匀模具间隙或重新安装及调整模具
制件周边鼓凸	—	拉力不足	(1) 增设压料装置 (2) 减小凹模圆角半径 (3) 减小间隙值
制件底面凹陷	—	(1) 模具无排气孔或排气孔太小、堵塞	(1) 扩大模具排气孔
		(2) 顶料杆与制件接触面积太小	(2) 修整顶料装置
制件表面拉伤及拉毛	—	(1) 凹模圆角半径太小	(1) 加大凹模圆角半径
		(2) 间隙不均匀或太小	(2) 加大间隙并调整均匀
		(3) 坯件润滑剂有杂质	(3) 使用干净的润滑剂

(4) 精密冲裁模试冲过程中，常见质量问题、产生原因及解决方法见表5—2—5。

表5—2—5　精密冲裁模试冲过程中常见质量问题、产生原因及解决方法

质量问题	图示	产生原因	解决方法
冲裁面的表面质量不好		(1) 凹模型孔表面太粗糙	(1) 提高凹模型孔表面质量
		(2) 凹模圆角半径太小	(2) 加大凹模圆角半径
		(3) 压边圈压力不合适	(3) 调整压边圈压力
		(4) 坯件太硬	(4) 对坯件退火
产生撕裂		(1) 压边圈压力太小	(1) 加大压边圈压力
		(2) 凹模圆角半径太小或不均匀	(2) 加大凹模圆角半径并修整均匀
		(3) 坯件不合适	(3) 将坯件退火或更换新材料
		(4) 工作间距、边距太小	(4) 加大送进长度或带料宽度
		(5) 压边圈高度太小	(5) 增大压边圈高度

续表

质量问题	图示	产生原因	解决方法
冲裁面断开		冲裁间隙太大	重做新凸模，使间隙变小
冲裁面产生斜度		(1) 凹模圆角半径太大	(1) 重磨凹模，减小圆角半径
		(2) 凹模固定不牢，产生松动	(2) 重新装配及紧固凹模
冲裁面歪斜		冲裁间隙太小	重磨凸模，使间隙加大
冲裁面呈波浪形，制件有暗伤	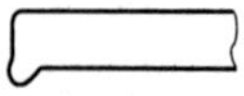	(1) 凹模圆角半径太大	(1) 重磨凹模，使圆角半径变小
		(2) 冷冲压模间隙太小	(2) 重磨凸模，加大间隙值
冲裁面呈波浪形并有撕裂		(1) 凹模圆角半径太大	(1) 重磨凹模，减小圆角半径值
		(2) 冷冲压模间隙太小	(2) 重磨凸模，以加大间隙值
零件毛刺太大		(1) 冲裁间隙太小，凸模刃口变钝	(1) 重磨凸模，使间隙加大；磨端面及凹模，使刃口锋利
		(2) 凸模进入凹模太深	(2) 调整凸模和凹模咬合深度，使其合适
制件一边有撕裂，一边有波浪形暗伤	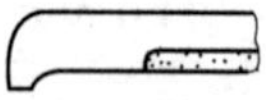	(1) 冷冲压模间隙不均匀	(1) 调整间隙
		(2) 凸模与导板间隙太大，不合适	(2) 调整凸模与导板间隙
		(3) 凸模和凹模装配中心线不对中	(3) 重新装配
制件有塌角	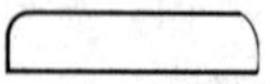	(1) 凹模圆角半径太大	(1) 磨削凹模，重新修整圆角
		(2) 反向压力太小	(2) 加大反向压力

续表

质量问题	图示	产生原因	解决方法
制件不平		(1) 反向压力太小	(1) 加大反向压力
		(2) 带料上有油污	(2) 去除油污
制件纵向弯曲		带料上有内应力	调直带料及校直零件本身
制件发生扭曲变形		(1) 坯件本身有内应力	(1) 设法消除内应力，重新排样
		(2) 顶件器、顶料杆位置不均匀，或接触零件面积小，顶件器歪斜	(2) 多加顶料杆或重新调整顶出装置
制件损坏	—	(1) 带料被卡住	(1) 检查模具，使其送料通畅
		(2) 模具内导销或其他零件使制件损坏	(2) 改进模具结构
		(3) 制件互相碰坏，制件不能及时排出模外	(3) 利用压缩空气将制件及时排出模外

四、使用冷冲压模时的注意事项

在冷冲压试冲中能否正确使用冷冲压模，对于冷冲压模的使用寿命、工作的安全性、制件的质量等有很大影响。在使用冷冲压模时应注意以下几点：

1. 安装冷冲压模的压力机必须有足够的刚度、强度和精度。在冷冲压模安装前须将压力机预先调整好，即应仔细检查制动器、离合器和压力机操纵机构等工作部分是否正常。

2. 冷冲压模安装及固定时应采用专用的压板、螺钉、螺母和压块，不能用替代品。要将模具底面和工作台面擦拭干净，不应有废屑、废渣。

3. 用压块将下模紧固在工作台面上时，其紧固用的螺栓拧入螺孔中的长度应不小于螺栓直径的 2 倍，压块应平行于工作台面，不能倾斜。

4. 在冷冲压模安装后进行调整时，对于冲裁厚度在 2 mm 以内的，凸模进入凹模的深度不能超过 0.8 mm；对于硬质合金制成的凸模和凹模，应不超过 0.5 mm。对于拉深模，调整时可以用试件先套在凸模上，当其全部进入凹模内时才能将下模固定，以防损坏冷冲压模，其试件的厚度最好等于制件厚度的1.2～1.4倍。

5. 安装后的冷冲压模，所有凸模中心线都应与凹模平面垂直，否则会使刃口啃坏。

6. 冷冲压模在使用一段时间后应定期进行检查，刃磨刃口，每次刃磨时的刃磨量不应太大，一般为0.05～0.10 mm，刃磨后应用油石进行修整。使用过程中应经常对导柱、导套进行润滑。

7. 对于冷冲压模所使用的板料可进行少许润滑，以减少磨损。

8. 冲压过程应防止叠片冲压，以防损坏冷冲压模。

9. 在冲压过程中应随时注意检查刃口状况，若发现有微小裂纹或啃刃，应停机维修。

技能训练

一、落料、冲孔、翻边成型复合模的安装

1. 训练要求

如图5—2—7所示的模具为落料、冲孔、翻边成型复合模，在模具的一次冲压中可加工出如图5—2—8所示的防尘盖。现安装该复合模，要求通过技能训练熟悉压力机的选用与操作方法；掌握制件材料的性能与选用方法；掌握复杂复合模（级进模）的安装及拆卸步骤、方法和注意事项。

2. 工作准备

（1）模具结构及材料分析

由模具结构图5—2—7可知，该模具采用中间滚珠模架，主要由上模座，下模座，冲孔凸模，冲孔、翻边凸凹模，翻边、成型、落料凸凹模，成型凹模，落料凹模，定位拉料板，卸料环等主要零件组成。卸料装置的上卸料采用刚性卸料装置，下卸料采用橡皮作为弹性元件的弹性装置。

冲孔凸模，冲孔、翻边凸凹模，翻边、成型、落料凸凹模，成型凹模（见图5—2—9），落料凹模等采用Cr12钢，淬火后硬度为58～62HRC。

（2）模具工作原理分析

模具工作时，将条料放入定位拉料板6中定位，上模下行，冲孔凸模9首先进行冲孔，下模继续下行时，翻边、成型、落料凸凹模11与冲孔、翻边凸凹模14进行翻边，同时在下模橡皮2的作用下，成型凹模15与翻边、成型、落料凸凹模11对工件进行初步成型。当滑块下行到一定距离时，兼起落料凸模作用的件11与落料凸凹模13对工件落料。滑块运行到下止点，对工件进行整形。

（3）加工设备的选用

根据加工要求，本课题选用的加工设备为JL21—250型开式普通压力机。表5—2—6所列为JL21—250型开式普通压力机技术参数。

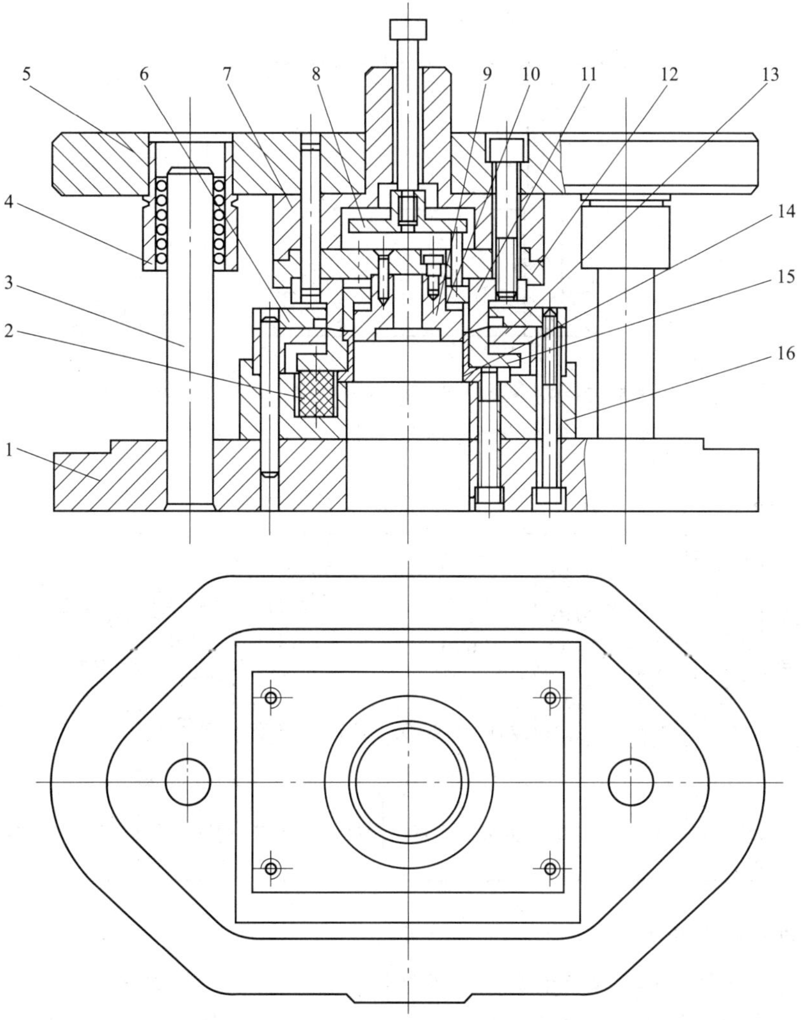

图 5—2—7 落料、冲孔、翻边成型复合模的结构

1—下模座 2—橡皮 3—导柱 4—导套 5—上模座 6—定位拉料板 7—模柄 8—顶板 9—冲孔凸模 10—卸料环 11—翻边、成型、落料凸凹模 12—接板 13—落料凸凹模 14—冲孔、翻边凸凹模 15—成型凹模 16—固定板

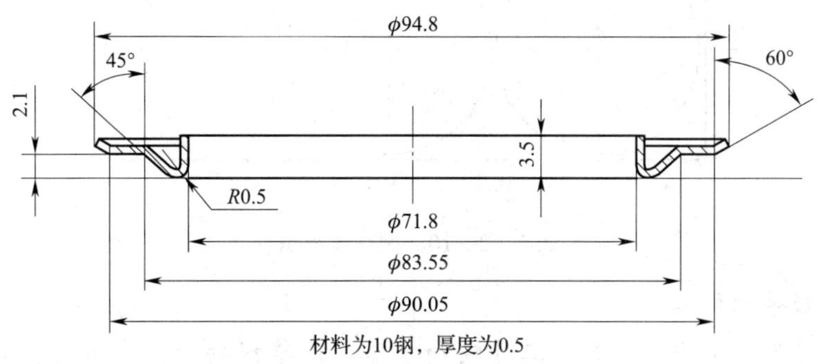

图 5—2—8 防尘盖零件图

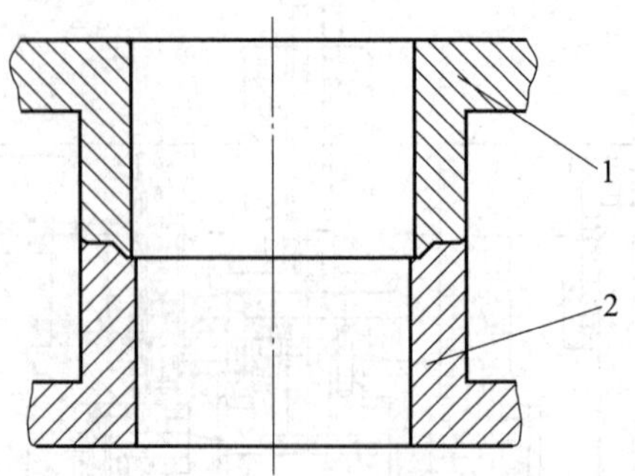

图 5—2—9　翻边、成型、落料凸凹模和成型凹模
1—翻边、成型、落料凸凹模　2—成型凹模

表 5—2—6　　JL21—250 型开式普通压力机技术参数

公称力（kN）	滑块行程（mm）	行程次数（次/min）	最大装模高度（mm）	装模高度调节量（mm）	工作台尺寸（mm）		滑块底面尺寸（mm）		模柄孔尺寸（mm×mm）	立柱间距离（mm）	机床工作台尺寸（mm×mm）
					前后	左右	前后	左右			
2 500	200	25～35	430	120	800	1 400	650	850	ϕ70×90	960	440×580

（4）制件材料的确定

被加工的材料每次送进一个步距，经冲制后得到一个完整的冲压工件。用于复合冲裁模的材料一般采用长条状的板材。制件材料的性质、种类、牌号、厚度均应符合图样要求，如图 5—2—10。

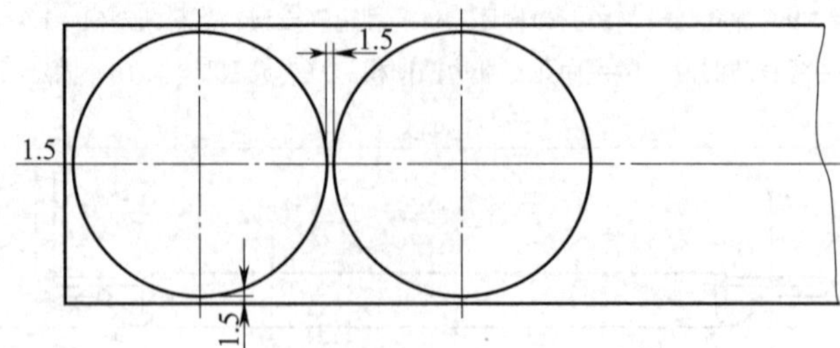

图 5—2—10　制件排样图

（5）穿戴劳动护具

穿好工作服、工作鞋，戴上工作帽和手套。严禁挽袖子，穿拖鞋、高跟鞋、裙子。

(6) 检查

1) 检查安全操作工具或安全装置是否完好，工件布置是否符合工作要求，工位器具是否完好、齐全。

2) 检查设备技术状态，看主要螺钉有无松动，模具有无裂纹。

3) 检查润滑系统是否有润滑油。

4) 开动压力机前，检查压力机周围是否有机修人员。

(7) 清理

清理工作台上及工作地面周围的一切废料和杂物，并将模具、工作台擦拭干净。

(8) 开机试车

通过上述过程进行确认后，方可开机试车，并通过试车检查机床离合器、制动器、脚踏开关是否灵活、可靠。

3. **安装步骤**

(1) 开动压力机，使压力机滑块上升到上止点。

(2) 把模具吊装到压力机工作台面规定的位置上，用压力机行程尺检查压力机滑块底面至冷冲压模上平面之间的距离是否大于压力机行程。必要时，调节滑块高度，以保证该距离大于压力机行程。

(3) 调整模具位置，用手或撬杆扳动压力机飞轮（或用微动按钮）使滑块慢慢靠近上模，并将模柄对准滑块孔，滑块缓慢下移，直至滑块底面紧贴上模座上平面。然后左右交替拧紧紧固螺钉，将上模紧固在滑块上，并将下模初步固定在压力机工作台面上（不拧紧螺钉）。

(4) 调节连杆长度，将滑块稍向上调一点，以免顶死冷冲压模。然后开动压力机，使滑块上升到上止点，在导柱、导套及各润滑部位加注润滑油，再开动压力机，让滑块空行程移动数次，再把滑块降到下止点停止。

(5) 拧紧下模的安装螺栓（对称交错进行），再开动压力机使滑块上升到上止点位置。检查冷冲压模工作部分有无异物。然后开动压力机，使滑块空行程运行数次，检查导柱、导套配合情况。若发现导柱不垂直或与导套配合不合适，则应拆下冷冲压模进行修理。

(6) 送入条料进行试冲，根据试冲情况逐步调节滑块所需的高度。

(7) 调节压力机上推料螺栓到适当的高度，使推料杆能正常工作。

(8) 调整卸料、推件与顶件装置的位置和压力，直到能冲出合格制件为止。

4. **注意事项**

(1) 操作时应精神集中，注意滑块运行方向。

(2) 严禁用楔块等物嵌入按钮压脚踏开关进而销住操纵机构。

(3) 滑块下行时，操作人员的手不能停留在危险区域。

(4) 在滑块运行过程中，不准将手扶在推料杆、导柱、冷冲压模等危险区域。

(5) 禁止两坯件重叠冲压，以免损坏机床和模具。

(6) 从冷冲压模中取出卡入的制件或废料时，要用工具而不能用手抠取，而且要把脚从脚踏开关上移开，必须在飞轮停止后再进行操作。

(7) 每加工一个零件，脚或手要离开操纵机构，以免在取料、送料时发生事故。

(8) 按工艺要求使用手工工具，如用电磁吸具、镊子、空气吸盘、钳子、钩子送料或取料，以防发生事故。

(9) 安装模具时必须将压力机的电气开关调到手动位置，然后将滑块移到下止点，高度必须正确。严禁使用脚踏开关。

(10) 结束工作前要关闭电源开关。对于有缓冲器的压力机，要放出缓冲器内的空气，关闭气阀，在模具工作部位涂上润滑油。

5. 评分标准

复合模安装评分表见表 5—2—7。

表 5—2—7　　复合模安装的评分表

序号	考核项目	配分	评分标准	实测记录	得分
1	图样分析	5	具备模具结构基本知识及识图能力		
2	检查冷冲压模和压力机技术状态	5	明确冷冲压模各项安装条件、模具质量要求、压力机技术状态		
3	开机，清理安装面	5			
4	吊装	10			
5	滑块至下止点	10			
6	紧固上模，初步固定下模	20	操作熟练，目的明确		
7	开机找正，固定下模	10			
8	润滑及试冲	15			
9	调整推料螺栓及卸料装置	10			
10	安全文明生产	10	违反安全操作规程扣 1～10 分		
总分					

二、落料、冲孔、翻边成型复合模的调试

1. 训练要求

（1）调试要求

1）模具试冲工件的数量应不少于200件。

2）制件的尺寸精度和表面质量等均应符合图5—2—8规定的技术要求。

3）符合模具交付生产使用的要求。做好记录，保存样件并交付使用。

（2）掌握压力机的安全操作规程。

（3）了解压力机的技术参数。

（4）熟悉并掌握复杂复合模（级进模）的调试步骤、方法及注意事项。

2. 训练过程

（1）准备工作

1）试模前首先必须对设备的油路、水路和电路进行检查，并按规定保养设备，然后对模具进行一次全面的检查。检查无误后才能安装在机器上，并做好开机准备。

2）坯件应具有良好的塑性及光洁、平整、无缺陷的表面状态，其厚度公差符合国家标准要求；同时，检查制件材料的性能与牌号、试件厚度，均应符合图样要求。

3）成型设备方面检查公称压力、滑块行程、闭合高度、闭合高度调节量等是否符合要求。

4）模具结构方面检查模具的安装与制件的脱模有无问题，定位是否可靠，导向是否灵活、稳定、准确等。

5）在开始试模时，为了安全，原则上选择在空载或点动情况下进行。

（2）调试方法

1）闭合高度的调整方法。模具要保持正常使用必须调整好闭合高度，而这项工作是在模具的上模和下模安装到压力机上后进行的。对于冲孔、落料、弯曲、拉深等工序所采用的具有不同功能的模具，其闭合高度的调整值是不完全相同的。

①对于冲孔模、落料模等冲裁模具，应使模具闭合高度调整到使凸模刃口进入凹模深度约1 mm。

②对于弯曲模，凸模进入凹模的深度与所弯制件的形状有关，一般凸模应全部进入凹模或进入凹模一定深度，将弯曲件压至成型为止。

③对于拉深模，其闭合高度的调整应重点考虑两个问题：一是应使凸模必须完全进入凹模；二是应使开模后制件能顺利地从模具中卸下。

对于各种不同的压力机，其闭合高度都有一个可调范围，其数值等于压力机最大闭合高度与最小闭合高度之差。

2）凸模和凹模刃口的调整。冷冲压模的上模和下模之间的相对位置应正确，保证上模和下模的工作零件（凸模或凹模）相互吻合。

3）凸模和凹模间隙的调整。凸模和凹模间隙要均匀，对于有导向零件的冷冲压

模，其调整比较方便，只要保证导向件运动顺利而无发涩现象即可保证间隙值；对于无导向零件的冷冲压模，可以在凹模刃口周围衬以纯铜皮或硬纸板进行调整，也可以用透光法或塞尺测试法在压力机上进行调整。直到上模和下模的凸模、凹模相互对中且间隙均匀后，用螺钉固定在压力机上进行试冲。

4）凸模进入凹模深度的调整。冲裁模凸模和凹模间隙合适时，凸模进入凹模的深度要适当，不可过深或过浅，对于冲薄料、间隙小的模具尤其要注意。可利用压力机的连杆长度进行调节，以冲出合适的零件为准。在图 5—2—7 所示落料、冲孔、翻边成型复合模的调试中，凸模进入凹模型腔的深度要根据产品的要求逐步调整，不能一步到位，要经过多次冲压（每次冲压均必须在条料未经冲压的位置上），逐步调整凸模进入凹模的深度，最终调整至符合产品尺寸精度的要求。

多工序冲裁复合模的凸模进入凹模的深度应以完成切口工序为准，如图 5—2—11a、b 所示。负间隙冷冲压模的凸模在冲裁完成时不应对凹模有撞击，如图 5—2—11c 所示。

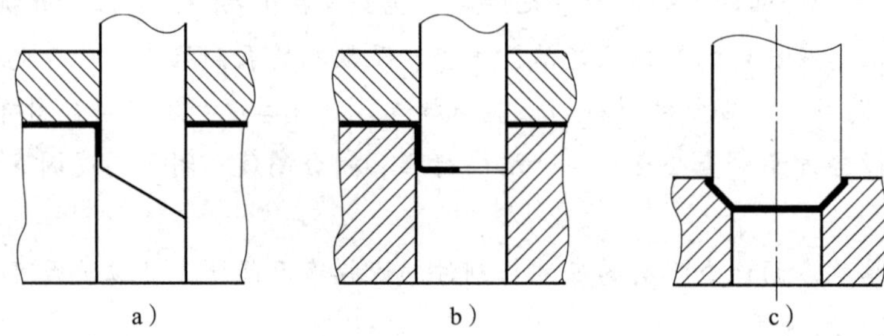

图 5—2—11　凸模进入凹模的深度

5）间隙调整。整体间隙过小时，应根据实际情况增大凹模尺寸或减小凸模尺寸；对于局部间隙过小处，复杂形状由钳工研磨及修光放大间隙，圆孔可用研磨棒局部研磨。间隙过大时，一般应更换凸模或凹模。

6）定位装置的调整

①试模过程中条料送进困难或卡死而无法正常冲压时，需检查双侧导板间尺寸是否符合图样要求。同时，还要调整双侧导板的平行度至符合技术要求。

②检查条料是否首尾宽窄不等或料宽超差。

③检查定位销、定位块、定位杆是否定位稳定且符合定位要求。假如位置不合适或形状不准确，在调整时应进行修整，必要时要更换定位零件。

7）卸料系统的调整

①检查卸料板（顶件器）的形状是否与冲件形状一致。

②卸（顶）料弹簧和橡皮弹性体弹力应足够大。

③卸料板（顶件器）的行程要足够大。

④凹模刃口应无倒锥，以便于卸件。

⑤漏料孔和出料槽应畅通无阻。

(3) 注意事项

1) 试模材料的性能与牌号、坯件厚度均应符合图样要求。

2) 冷冲压模用试模材料的宽度应符合图样工艺要求。

3) 试模用的条料在长度方向一定要保持平直。

4) 模具在所需要的设备上试模时一定要紧固，不可松动。

5) 在试模前，首先要对模具进行一次全面检查，检查无误后才能安装于机器上。

6) 模具各活动部位在试模前或试模中要加润滑油。

(4) 评分标准

复合模调试评分表见表5—2—8。

表5—2—8 复合模调试评分表

序号	考核项目	配分	评分标准	实测记录	得分
1	调试的目的与内容	10	熟悉考核要求的内容		
2	冷冲压模调试的技术要求	15			
3	冷冲压模调试要点	20	操作熟练，目的明确，保证安全		
4	卸料系统的调整	20			
5	冲裁件常见问题处理	20	能熟练解决存在的问题		
6	完全文明生产	15	违反安全操作规程扣1~15分		
总分					

课题三 复杂冷冲压模具的修理与维护

一、冷冲压模具的修理

在试冲或生产过程中，对可能产生的各种缺陷要仔细分析，找出产生缺陷的原因。如果是由模具在制造或生产过程中的损耗、损坏等因素造成的，则要对模具进行适当的调整与修理。

同时，冷冲压模在使用一段时间后会出现各种故障和问题，从而影响冲压生产的正常进行，甚至造成冷冲压模的破坏或导致安全事故。为了保证冷冲压模安全、可靠地工作，必须重视模具的维护工作。

1. 修理的原则与步骤

冷冲压模在使用过程中，如果发现主要部件损坏或失去使用精度时，应进行全面检修。

（1）原则

1）冷冲压模零件的更换一定要符合原图样规定的材料牌号和各项技术要求。

2）检修后的冷冲压模一定要进行试冲和调整，直到冲出合格的制件后方可交付使用。

（2）步骤

1）冷冲压模检修前要用汽油或清洗剂清洗干净。

2）对于清洗后的冷冲压模，按原图样的技术要求检查损坏部位的损坏情况。

3）根据检查结果编制修理方案卡片，卡片上应记录冷冲压模名称、模具号、使用时间、冷冲压模检修原因及检修前的制件质量、检查结果及主要损坏部位、检修方法及修理后能达到的性能要求。

4）按修理方案卡片上规定的修理方案拆卸损坏部位。拆卸时可不拆的零部件尽量不拆，以减少重新装配时的调整和研配工作。

5）拆下损坏的零部件后按修理方案卡片进行修理。

6）安装及调整。

7）对重新调整后的模具进行试冲，检查故障是否排除，制件质量是否合格，直至故障完全排除并冲出合格制件后方能交付使用。

2. 造成修理的原因

生产中造成冷冲压模修理的原因很多，具体见表5—3—1。

表5—3—1　造成冷冲压模修理的原因

冷冲压模损坏部位及特征		产生原因
冷冲压模工作零件表面磨损	冲裁过程中的磨损	（1）模具凸模和凹模间隙过小或过大，且不均匀 （2）凸模和凹模工作部分润滑不良 （3）凸模和凹模材料选择不当或热处理不当 （4）所冲材料性能超过所规定的范围或表面有锈斑、杂质，并且表面不平，厚薄不均匀 （5）冷冲压模本身结构设计不合理 （6）压力机设备精度较差 （7）模具安装不当或紧固螺钉松动 （8）操作者使用不当

续表

<table>
<tr><th colspan="2">冷冲压模损坏部位及特征</th><th>产生原因</th></tr>
<tr><td rowspan="2">冷冲压模工作零件表面磨损</td><td>弯曲、拉深过程中的磨损</td><td>(1) 由于材料在凹模内滑动，引起凸模和凹模表面有划痕和磨损，并且一般情况下凹模的磨损比凸模严重
(2) 拉深模压边力不足或压边力不均匀
(3) 材料厚薄不均匀或表面有灰砂，润滑油不干净
(4) 凸模和凹模之间间隙过小
(5) 模具的缓冲（气垫）系统顶件力不足，弹簧或橡皮块弹力不够
(6) 凸模和凹模镶块选材不当，淬火硬度不够
(7) 拉深件起皱，部分材料变硬或弯曲件变形不均匀</td></tr>
<tr><td>模具其他部位的磨损</td><td>(1) 定位零件长期使用，零件之间相互摩擦而造成磨损，使定位不准确
(2) 导柱与导套、斜楔与滑块、上滑块和下滑板之间、送料机构等导向部位，由于长期使用及相对运动次数增加而产生磨损
(3) 连续模的挡料块和导板由于与条料之间产生摩擦，在长期使用后磨损</td></tr>
<tr><td rowspan="4">冷冲压模工作零件裂损</td><td>操作方面造成的裂损</td><td>(1) 制件放偏，没有定好位置就开始冲裁，造成凸模偏载
(2) 制件或板料影响导向部分，造成导向失灵
(3) 叠料冲压或违章操作
(4) 制件或废料未及时排出，又送到刃口部位
(5) 异物遗忘在工作部位，没有及时清除或来不及移开就操作</td></tr>
<tr><td>模具安装方面造成的裂损</td><td>(1) 因起吊不慎将模具摔裂；闭合高度调整不当将下模压裂；打杆横梁螺钉调得过低，将卸料器顶裂
(2) 垫板（块）挡住了下模座的出废料孔，使废料排不出去而造成凹模胀裂
(3) 安装时异物（如工具、垫木、垫块等）未清理干净或未及时发现而开始工作，将工作部件挤裂
(4) 连杆螺钉未紧固就进行生产或压板螺钉紧固不牢靠</td></tr>
<tr><td>模具设计、制造方面造成的裂损</td><td>(1) 模具结构设计不合理，如凹模出现倒锥，或由于结构上的应力集中、强度不够而导致模具受力后自行裂损
(2) 凹模排料孔不通畅，如有台肩，排件或排废料受阻，造成凹模胀裂
(3) 模具加工及热处理质量不符合要求
(4) 连续自动或多工位级进模工作不稳定，造成制件重叠，将凹模胀裂</td></tr>
<tr><td>制件材料造成的裂损</td><td>(1) 材料性能超出标准
(2) 材料厚薄不均匀，超差过大</td></tr>
</table>

3. 常用修理方法

（1）冷冲压模的临时修理

冷冲压模在使用中会产生一些小故障。修理时不必将模具从压力机上拆下，可切断电源后直接在压力机上进行修理。这样修理模具既省工时又不延误生产，一般称为临时修理。冷冲压模的临时修理主要包括以下内容：

1）利用储备的易损件更换已损坏的零件。储备的易损件包括两种：一种是通用的标准件，如内六角圆柱头螺钉、销钉、模柄、弹簧、橡皮弹性体等；另一种是冷冲压模易损件，如凸模、凹模及定位装置等。这些易损件应记录在冷冲压模管理卡片上，以备查用。

2）用磨石刃磨已变钝的凸模和凹模刃口。凸模和凹模刃口磨损较小时，一般不必将模具卸下，可用几种不同规格的磨石加煤油直接在刃口面上沿同一方向来回研磨，直到刃口光滑、锋利为止。

3）紧固松动的螺钉，更换失效的卸料弹簧与橡皮弹性体。

4）紧固松动的凸模。

（2）更换新零件

模具经过检查后，若发现有损坏的零件无法修复或难以修复，则应更换新零件。对于标准件，可直接购买后更换；对于非标准件，则应重新加工后更换。

（3）扩孔修理

当各种杆的配合孔因滑动而磨损时，可通过扩大孔径与相应的杆径配合修理。

（4）镶件修理

利用铣床或线切割等加工方法将需修理的部位加工成凹坑或通孔，然后用一个镶件嵌入凹坑或通孔中以达到修理的目的。

（5）增生修理

当型腔面的局部因加工过程失误或其他原因出现损坏，且采用焊接、镶件修理又不适宜时，可采用增生修理，如图 5—3—1 所示。

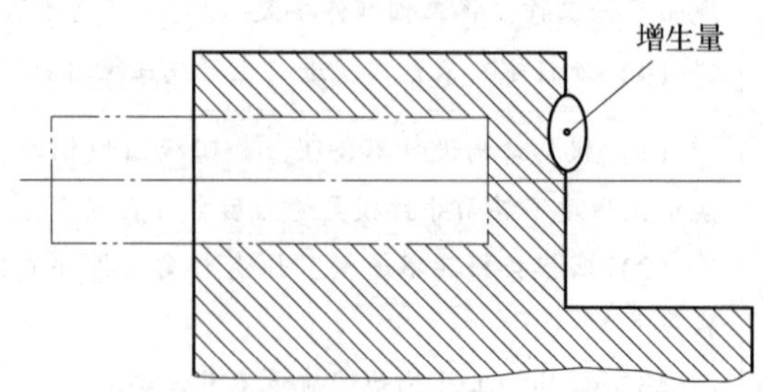

图 5—3—1　增生修理

1）在离型腔 3 ~ 5 mm 处钻孔，再把销子插入孔内。

2）在加热待修整部位的同时用锤子敲击销子，使其局部增生，长出亏缺的部分。

3）进行修整，达到修理的要求。

4）最终将插入孔内的销子焊牢。

（6）螺孔和销钉孔的修理

模具中有许多螺孔和销钉孔，如果出现螺孔中的螺纹滑牙、销钉孔损坏或位置不合适等现象，应尽量修复，以延长模具使用寿命。常用的螺孔和销钉孔修理方法及特点见表5—3—2。

表5—3—2　　螺孔和销钉孔的修理方法及特点

修理项目	图示	修理方法	特点
螺孔损坏		第一种方法：扩孔修理法。将损坏的螺孔扩大，改成直径较大的螺孔后重新选用相应的螺钉	优点：修理方便，牢固可靠 缺点：所有螺孔通孔包括沉头孔等需重新加工，比较麻烦
	镶嵌柱塞	第二种方法：镶嵌柱塞法。将损坏的螺孔扩大成圆柱状，镶嵌柱塞，然后再重新按原位置和尺寸大小加工螺孔。要求镶嵌的柱塞与孔不但成过盈配合，而且当螺钉旋入螺孔时柱塞不能跟着转	优点：不需更换新螺钉，也不需扩孔或锪孔 缺点：比较费时
销钉孔损坏		第一种方法：扩大直径修理法。将损坏的销钉孔直径扩大（包括销钉穿过的其他板件上的孔也相应扩大），保证新销钉与孔形成合理配合	优点：精度较高，牢固可靠 缺点：与该销钉孔对应的孔均要重新加工，比较麻烦

续表

修理项目	图示	修理方法	特点
销钉孔损坏	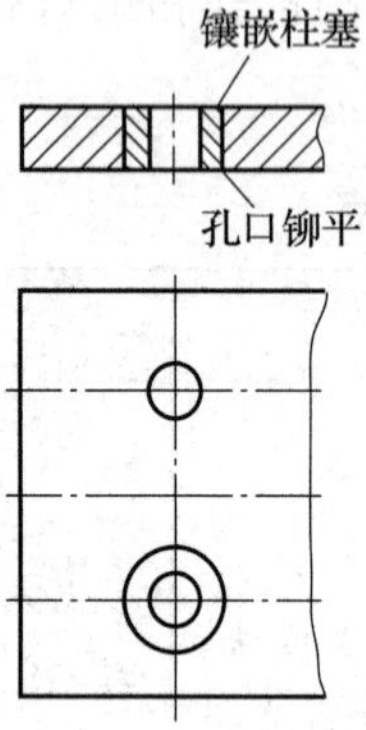 镶嵌柱塞 孔口铆平	第二种方法：镶嵌柱塞法。即将损坏的销钉孔扩大后压入柱塞，然后在两端铆接或旋入螺纹柱塞，再按原位置和尺寸大小加工销钉孔	优点：不需更换新销钉，其他板件上不需扩孔或锪孔，易保证新销钉与孔形成合理配合。只需修理销钉孔损坏的板件，其他板件上的销钉孔不用修理 缺点：比较费时
		第三种方法：更换销钉法。对于有些销钉孔稍偏大的情况，可以直接换用直径合适的销钉	此方法适用于销钉孔磨损大的情况

(7) 定位零件的修理

定位零件的损坏原因及修理方法见表5—3—3。

表5—3—3　　定位零件的损坏原因及修理方法

修理部位	损坏原因	修理方法
定位销、定位钉、定位板	长期磨损或定位板螺钉、销钉松动使定位不准	(1) 更换新的定位钉，重新调整后使用 (2) 再次调整或紧固螺钉、销钉，使其定位准确 (3) 定位销钉孔因磨损逐渐变大或变形，要用直径稍大的钻头扩孔或锪孔后，嵌镶镶套再修整其定位位置
连续模中的导料板及侧刃挡块	由于长期磨损或条料的冲击使位置发生变化，影响冲裁质量	修理时，把其从冷冲压模上卸下进行检查。如发现挡块松动，要重新调整或紧固合适后再使用。如导料板磨损严重，应在磨床上将其磨平后再调整位置继续使用。如果局部磨损，可以补焊、磨平后继续使用

(8) 冲裁模凸模和凹模的修理

1) 凸模和凹模刃口的修磨。凸模和凹模刃口磨损较大或有崩裂现象时，应拆卸凸模和凹模，用平面磨床磨削。

2) 凸模和凹模间隙不均匀的修理。若冷冲压模间隙不均匀，会使制件产生单边毛刺或局部产生第二光亮带，严重时会使凸模和凹模相“啃”，造成较大的事故。凸模和凹模间隙不均匀的原因及修理方法见表 5—3—4。

表 5—3—4 凸模和凹模间隙不均匀的原因及修理方法

原因	修理方法
导向装置刚度和精度低，未起导向作用，使凸模和凹模发生偏移，引起凸模和凹模间隙不均匀	一般情况下更换导向装置；有时对导柱和导套也进行修理，方法是给导柱和导套镀铬，镀铬前，导柱和导套的配合表面要磨光。镀铬后按原来导柱和导套的配合间隙研配导柱。研配后，在导柱与导套的配合表面上涂上机油，把上模座板下模座板合在一起，使导柱通过上模座板的导套压在模板上，这样可以保证导柱和导套对上模座板、下模座板的垂直度
凸模和凹模定位圆柱销松动，失去定位作用，使凸模和凹模移动，造成凸模和凹模间隙不均匀	首先把凸模和凹模刃口对正，使间隙恢复到原来的均匀程度，然后用螺钉紧固，再把原来的销钉孔直径用铰刀扩大 0.1～0.2 mm，重新装配圆柱销，使模具精度恢复到原来的要求

3) 更换小直径的凸模。在冲压过程中，由于板料在水平方向的错动，直径较小的凸模容易折断，可重新更换新的凸模，但换好的凸模固定板组件要用磨床磨削刃口面，直到与更换的凸模保持同一尺寸为止。

(9) 电镀修理

电镀主要用于模具中需提高表面光亮度、增加硬度及耐腐蚀性要求的凹模或型芯零件。电镀的方法有很多，应用在模具方面的主要有电镀铬法和化学镀镍法。

(10) 采用表面渗氮处理

对于腐蚀和龟裂较严重的情况，可以对模具表面进行渗氮处理，以提高模具表面的硬度和耐磨性。渗氮基体的硬度应为 35～43HRC。

(11) 焊接修复

焊接是修补模具开裂和亏缺部分的一种常用方法。在焊接前，应了解被焊模具的材质，并用机械加工的方法去除表面缺陷。焊接时，模具与焊条一起预热，当表面和心部温度一致后，在保护气体（常用氩气）下进行焊接修复。焊后再进行型腔的修整和精加工。模具焊后还应进行回火，以消除焊接应力。

二、冷冲压模具的维护与保养

冷冲压模的日常维护非常重要，它不但能保证冷冲压模安全、可靠地工作，也能延长模具的使用寿命。维护与保养工作应贯穿在模具的使用、维修及保管各环节中，具体内容见表5—3—5。

表5—3—5　　冷冲压模的维护与保养

项目	内容
模具使用前的准备工作	（1）对照工艺文件检查所使用的模具是否正确，规格、型号是否与工艺文件统一 （2）操作者应使自己了解所用模具的使用性能、方法和结构特点、动作原理 （3）检查所使用的设备是否合理，如压力机的行程、开模距、压射速度等是否与所使用的模具配套 （4）检查所用的模具是否完好，使用的材料是否合适 （5）检查模具的安装是否正确，各紧固部位是否有松动现象 （6）开机前工作台和模具上的杂物是否清除干净，以防开机后损坏模具或出现安全隐患
模具使用过程中的维护与保养	（1）模具在开机后，首件必须认真检查合格后再开始生产，若不合格，应停机检查原因 （2）遵守操作规程，防止乱放、乱碰、违规操作 （3）模具工作时应随时检查，发现异常立即停机修整 （4）定时对模具各滑动部位进行润滑，防止不规范操作
模具的拆卸	（1）模具使用后，要按正常操作程序将模具从机床上卸下，绝对不能乱拆、乱卸 （2）拆卸后的模具要擦拭干净，并涂油防锈 （3）模具吊运要稳妥，应慢起、轻放 （4）对模具加工的最后几个制件进行检查，确定是否需要检修 （5）确定模具技术状态，使其完整，及时送入指定地点保管
模具的检修与试模	（1）根据技术鉴定状态定期进行检修，以保证良好的技术状态 （2）检修要按工艺要求进行 （3）检修后要进行试模，重新鉴定技术状态
模具的存放	存放的地点要通风良好、干燥

技能训练

冷冲压模的修理与维护

一、训练要求

在图 5—2—7 所示落料、冲孔、翻边成型复合模的冲裁过程中，制件常出现的问题是毛刺局部增大、翻边表面出现划痕。现对其进行维修，解决相关问题。

二、工作准备

1. 工作前的准备

(1) 按装配图明细栏将需更换的标准件和各零件的图样准备好。

(2) 修配前应熟悉各种设备的工作原理和操作方法，以及所修配模具的使用性能、使用方法、结构特点和动作原理等，以防发生事故。

2. 设备及工具、量具、刃具准备

维修用的设备及工具、量具、刃具见表 5—3—6。

表 5—3—6　　维修用的设备及工具、量具、刃具

项目	名称及图示	用途
使用设备	压力机	能供一般小型冷冲压模冲裁、压弯及拉深用
	手动压力机	用于小型制件模具的调整，导柱和导套的压入、压出
	0.5 kN 齿条式手动压力机	用于小型零件的压入、压出以及备件的压印锉修
	手推起重小车	用于模具运输及搬运
工具	撬杠	主要用于开启模具

续表

项目	名称及图示	用途
工具	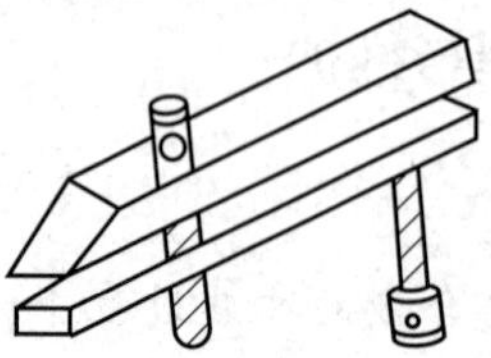 卡钳	夹持零件
	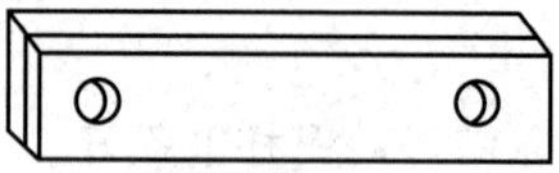 样板夹	夹持样板，配作模具
	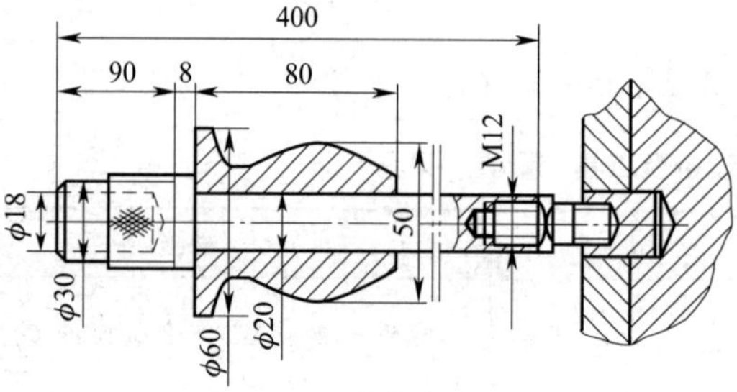 退销棒与拔销器	用于取、装圆柱销
	铜锤、铜棒	用于调整冷冲压模间隙及相互位置，导柱、导套、模柄的压入及压出
	内六角螺钉扳手	取出或拧紧螺钉
切削工具	细纹整形锉	5～12 支的组锉，用于锉修成型
	油石	各种规格型号的油石，粒度在F100～F200之间，用于修磨零件
	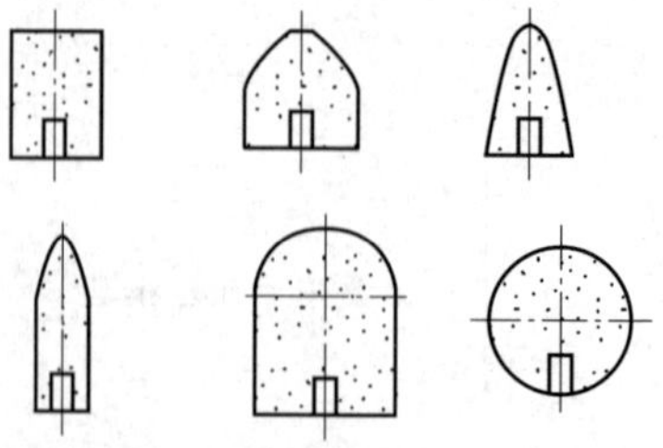 砂轮磨头	粒度为 F40、F60、F80，用于修磨零件

续表

项目	名称及图示	用途
切削工具	抛光轮	布、皮革、毛毡三种，用于抛光零件
	砂布	粒度为 F46、F80、F120、F180，用于抛光零件
量具	游标卡尺、游标高度尺、万能角度尺、塞规、半径 1 mm 以上半圆样板	划线、测量及检验

另外，应熟悉各种设备的工作原理及操作方法，以及所修配模具的使用性能、使用方法、结构特点及动作原理等，以防发生事故。

三、修理与维护过程

1. 分析修理原因

制件出现毛刺的原因：间隙偏大或不均匀；刃口不锋利或凸模和凹模刃口局部崩刃。

制件翻边表面出现划痕的原因：翻边、拉深凸模和凹模工作表面有拉毛或拉伤的痕迹；有金属颗粒黏附在工作表面。

2. 修理

(1) 卸模

转动压力机飞轮，使滑块下降，上模和下模处于完全闭合状态；松开压力机的夹紧螺母，使滑块与模柄松开；将滑块上升至上止点位置，使其离开上模；卸开下模压紧螺栓及压块，将冲模移出压力机的工作台面。

(2) 检查

经检查，落料凹模和冲孔凸模固定板螺钉与销钉无松动、移位。但落料凹模刃口局部有崩刃现象，冲孔凸模刃口有轻微磨损；翻边、拉深凸模工作表面有拉伤的痕迹，凹模有金属颗粒黏附在工作表面。

(3) 修理过程

1) 把落料凹模拆下，在平面磨床上刃磨刃口，把有崩刃的位置磨去即可；冲孔凸模可先用粒度为 F100 的磨石蘸煤油顺着一个方向对刃口进行手工刃磨，然后换 F200

的磨石刃磨，直到刃口光滑、锋利为止。

2）用粒度为F60的砂轮磨头修磨翻边、拉深凸模和凹模工作表面，去除黏附的金属微粒和表面损伤痕迹，然后用不同粒度的砂布、抛光轮或油石抛光。在打磨和抛光时，应使凸模和凹模圆角与工作面、型腔表面连接处圆滑过渡、无棱边。

3．试模与验证

把修磨好的零件装配好，在压力机上重新安装与调试，试冲200～400件，制件尺寸和形状均符合图样要求，模具使用正常，便可投入生产或入库存放。

4．维护

（1）模具从压力机上卸下后修理时，应按正常操作程序从机床上卸下，绝对不能乱拆、乱卸。

（2）修理时，应严格遵守操作规程，严禁违规操作；模具零件不要随意摆放，以免碰伤或刮花。

（3）模具使用完毕，应把模具表面擦拭干净并涂上防锈油，导柱、导套注入润滑油并入库放置，模具底面不得与地面直接接触，需垫上木块，并保持地面清洁、干燥，以防模具底面锈蚀。

四、注意事项

1．模具在使用期内应定期进行维护及检修，维修人员应仔细观察模具的损坏部位、损坏的特征和损坏的程度；同时，应了解该模具的结构、动作原理及制造和使用方面的情况，最后分析损坏的原因和修理方法。

2．制定模具的修理方案时，先分析破损原因，再确定修理方法、具体的修理工艺及根据修理工艺准备必要的专用工具和备件。

3．在对模具进行修理的具体操作过程中，要对模具进行检查，拆卸损坏部位，清洗零件，对于有拉毛的部位要修光，配备及修整损坏的零件，最后重新装配模具。

4．模具修理好后，要采用相应的设备进行试模和调整，再根据试模样件检查及确定修理后的模具质量状况是否将模具原有的缺陷消除了，是否达到正常的使用要求。

五、评分标准

复合模的修理、维护评分表见表5—3—7。

表5—3—7　　复合模的修理、维护评分表

序号	考核项目	配分	评分标准	实测记录	得分
1	工作前准备	5	准备充分		
2	分析制件出现问题的原因	10	分析准确		
3	卸模	20	操作熟练，目的明确		

续表

序号	考核项目	配分	评分标准	实测记录	得分
4	冲压模的维修	25	熟悉考核要求内容，操作熟练，目的明确		
5	试模	20			
6	冲模的维护及保养	10	熟悉冲模的维护及保养方法		
7	安全文明生产	10	违反安全操作规程扣1～10分		
总分					

复杂塑料成型模具的装配、调试与维修

课题一　复杂塑料成型模具的装配

一、复杂塑料成型模具的结构

1. 侧向抽芯模

当制件具有与开模方向不同的内侧孔、外侧孔或侧凹时，除极少数情况可以强制脱模外，塑料模都必须带有侧向抽芯机构。侧向抽芯机构是将成型侧孔或侧凹的零件做成移动的结构，在制件脱模前先将其抽出，然后再从型腔中和型芯上脱出制件。

如图 6—1—1 所示为侧浇口浇注系统定模侧向抽芯模的结构。开模时，定模不动，动模在注射机的作用下后退，滑块（侧抽芯）在斜导柱的作用下一边沿开模方向运动，一边沿侧向运动，其中沿侧向的运动使模具的侧向成型零件脱离倒钩，实现动模外侧抽芯。合模时，斜导柱插入滑块（侧抽芯）的孔内，将滑块推回复位。

2. 三板模

三板模又称双分型面模，模具开模后分成三部分，比两板模增加了一块流道推板，适用于制件的四周不允许有浇口痕迹或投影面积较大、需要多点进浇的场合，这种模具采用点浇口，所以称为细水口模。这种模具结构较复杂，需要增加定距分型机构。三板模的动作如图 6—1—2 所示，其结构如图 6—1—3 所示。

三板模和两板模的主要区别如下：

（1）结构不同

下列结构或零件三板模有而两板模没有：流道推板、定模流道推板的导柱和导套、定距分型机构（保证模具开模顺序及开模距离的机构称为定距分型机构）。

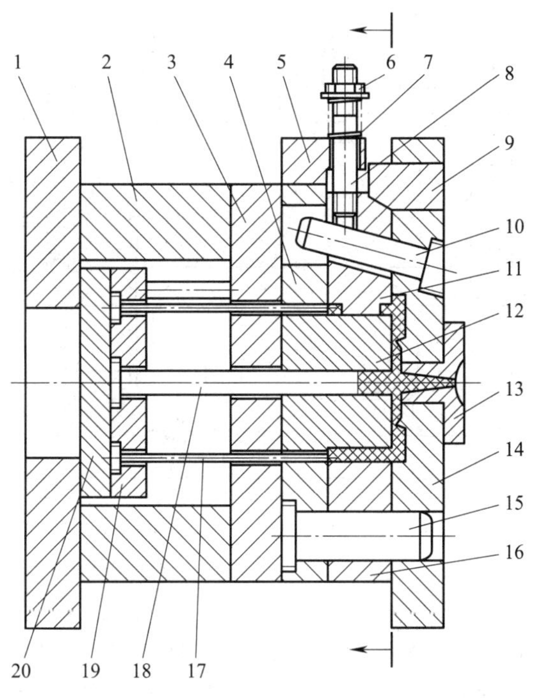

图 6—1—1 侧向抽芯模的结构

1—模具底板 2—方铁 3—支承板 4—动模板 5—挡板 6—螺母 7—弹簧
8—螺栓 9—锲紧块 10—斜导柱 11—滑块 12—型芯 13—定位圈 14—面板
15—导柱 16—定模板 17—推料杆 18—拉料杆 19—推杆固定板 20—推杆底板

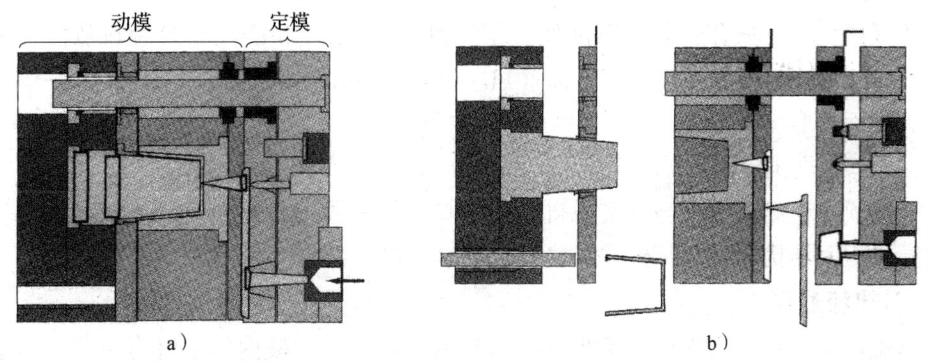

图 6—1—2 三板模的动作

a）填充，保压，冷却 b）开模，推出制件

（2）模具的浇注系统不同

1）三板模可从型腔内任一点进料，常采用点浇口。两板模大多从型腔外侧面进料，常采用侧浇口。当制件较大，一模出一腔，制件的中间有较大的碰穿孔时也可以从内侧面进料。另外，潜伏式浇口也可以从型腔中进料，但进料位置受到限制，不如三板模灵活。

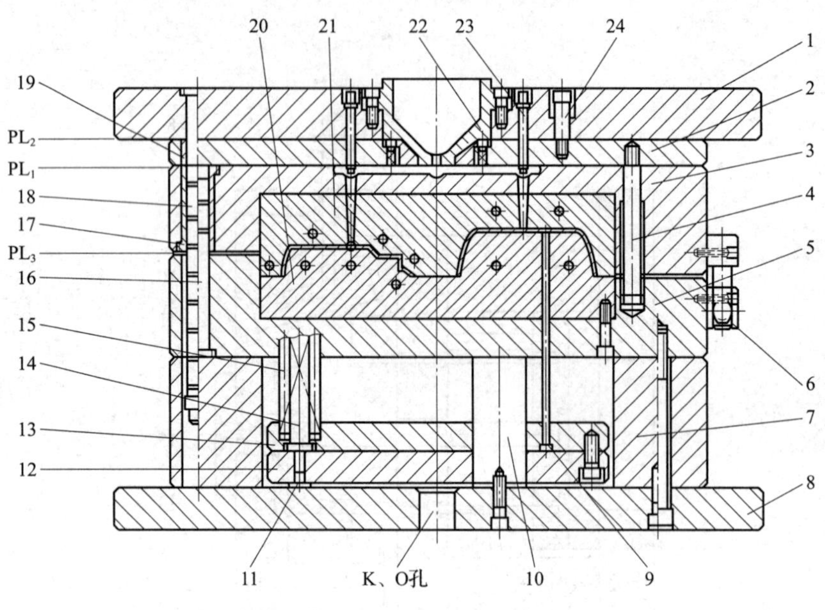

图 6—1—3　三板模的结构

1—面板　2—流道推板　3—定模 A 板　4—A 板拉杆　5—动模 B 板　6—扣基　7—方铁　8—模具底板　9—推杆　10—支承柱　11—限位钉　12—推杆底板　13—推杆固定板　14—复位杆　15—复位弹簧　16—A、B 板导柱　17—带法兰导套　18—流道板导柱　19—直身导套　20—凸模　21—凹模　22—浇口套　23—拉料杆　24—流道板拉杆

2）三板模在生产过程中浇注系统凝料和制件会自动切断分离，便于实现自动化生产，而两板模的浇注系统凝料通常要由人工切除（潜伏式浇口除外）。

（3）分型面不同

两板模生产时只有一个打开的面（即分型面），制件和浇注系统凝料从同一分型面内取出。而三板模生产时有三个面（PL_1、PL_2 和 PL_3）要打开，制件和浇注系统从不同分型面内取出。

（4）动作原理不同

三板模在生产过程中可以实现自动断浇口，模具可以进行全自动生产，制件质量也较高，但因结构较复杂，模具出故障的概率也较高。

3. 热流道模

热流道模又称无流道模，是在传统的两板模或三板式模内的主流道与分流道部位加设加热装置，在注射过程中不断加热，使流道内的塑料始终处于高温熔融状态，塑料不会冷却凝固，也不会形成流道与制件一起脱模，从而达到无流道凝料或少流道凝料的目的。热流道模通过热流道板、热射嘴及其温度控制系统有效控制注射机的喷嘴处到模具型腔之间的塑料流动，使模具在成型时能提高塑料制件的质量，加快模具的生产速度，降低生产成本，制造出尺寸大、结构复杂、精度高的塑料制件。

热流道模是注塑模浇注系统技术的重大革新。在注塑模技术高度发达的日本、美国和德国等国家，热流道注塑模的使用非常普及，所占比例约为 70%。它也是我国注塑模浇注系统未来发展的主要方向。

热流道模的动作如图 6—1—4 所示，其结构如图 6—1—5 所示。热流道浇注系统主要由热射嘴、热流道板、温控电箱组成，如图 6—1—6 所示。热流道系统的加热方式有两种：一种是外加热式，即加热元件在热流道外；另一种是内加热式，即加热元件在热流道内。

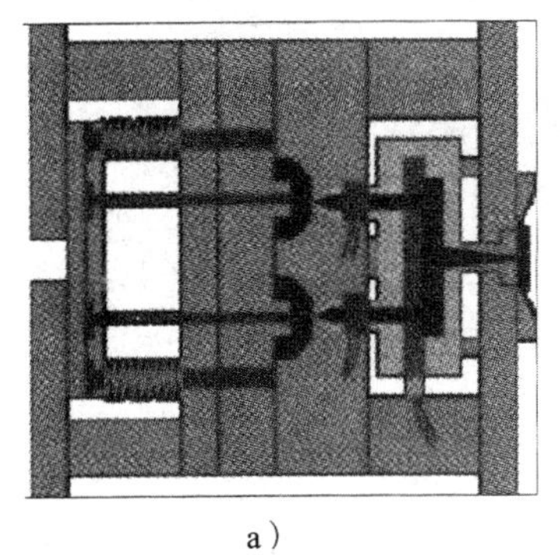

a）

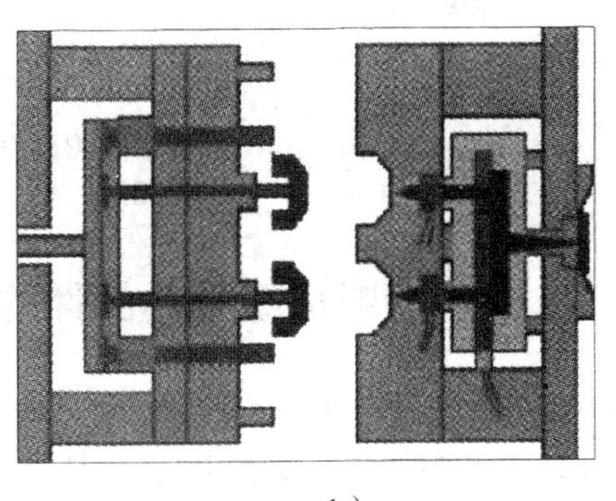

b）

图 6—1—4　热流道模的动作

a）填充，保压，冷却　b）开模，推出制件

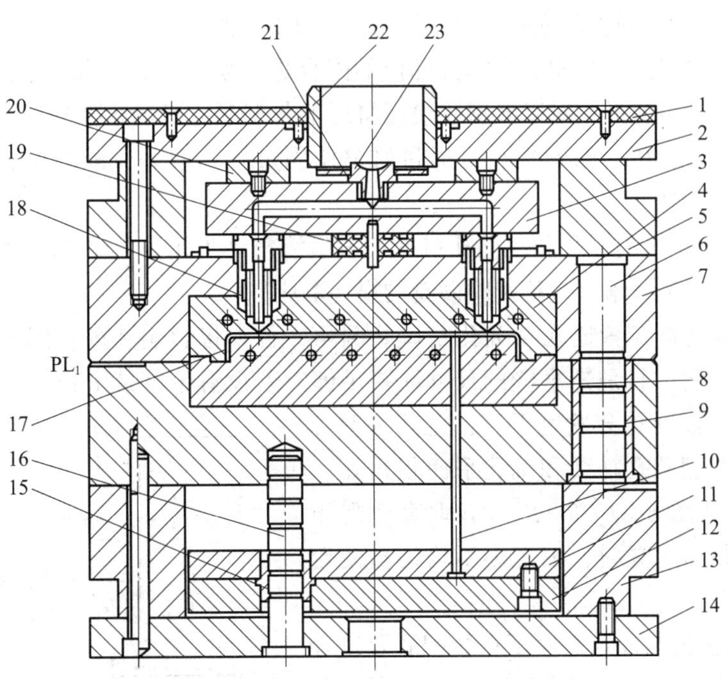

图 6—1—5　热流道模的结构

1—隔热板　2—面板　3—热流道板（定模 A 板）　4—凹模　5—动模 B 板　6—A、B 板导柱　7—A 板　8—凸模　9—导套　10—推杆　11—推杆固定板　12—推杆底板　13—方铁　14—模具底板　15—推杆板导套　16—推杆板导柱　17—制件　18—热射嘴　19—中心隔热垫片　20—隔热垫片　21—垫圈　22—定位圈　23—浇口套

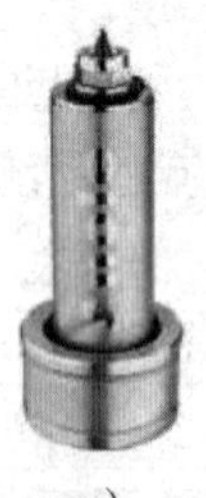
a）

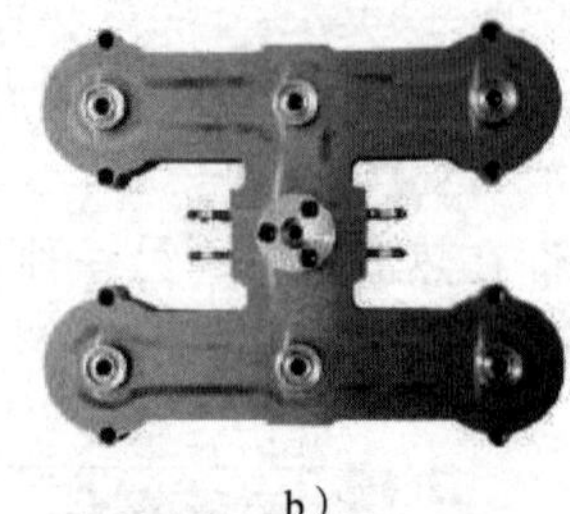
b）

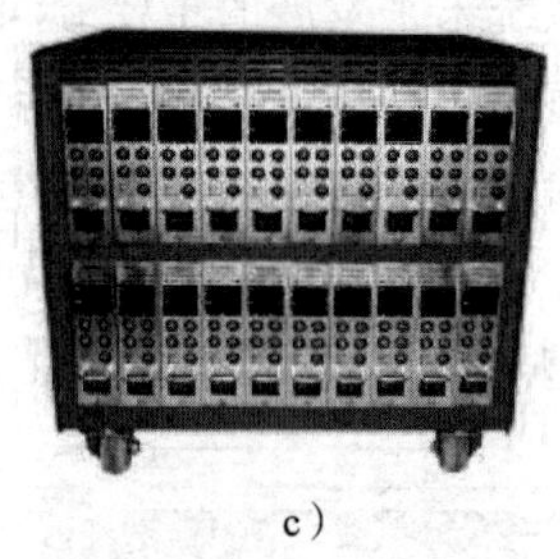
c）

图 6—1—6 热流道浇注系统的组成

a）热射嘴 b）热流道板 c）温控电箱

二、典型塑料成型模具部件的装配

1. 装配技术要求

（1）型芯与固定板装配技术要求

型芯的作用是成型塑料制件的内表面（凸模、型芯和螺纹型芯），塑料制件的质量主要取决于成型零件的质量。因此，不但要保证成型零件的加工质量，而且要保证成型零件的装配质量。

1）型芯与固定板上的通孔一般采用 H7/m6 的过渡配合。

装配时需检查型芯与固定板相关部位的配合是否太紧，如配合太紧，则压入型芯时将使固定板产生变形，对于多型腔模还将影响各型芯之间的位置精度，对于淬硬的零件则容易碎裂。配合过紧时，可通过修整使固定板孔增大或减小型芯，使其满足 H7/m6 的配合要求。

2）型芯固定板的通孔和沉孔孔口处一般呈清角（见图 6—1—7），而型芯上与之对应的配合部位呈圆角（由磨削时砂轮的损耗形成）。

装配前应将固定板通孔与沉孔孔口处倒角，否则将影响装配。同样，型芯台肩上部边缘应倒角，特别是窄缝的尺寸 c 要足够。若没有窄缝或 c 很小，则装配时凸模台肩与固定板沉孔会发生干涉，尤其是型芯台肩的表面与型芯孔轴线和沉孔平面拐角处一般呈直角（见图 6—1—7），如不垂直，则压入固定板至最后位置时，因受力不均匀易使台肩断裂。

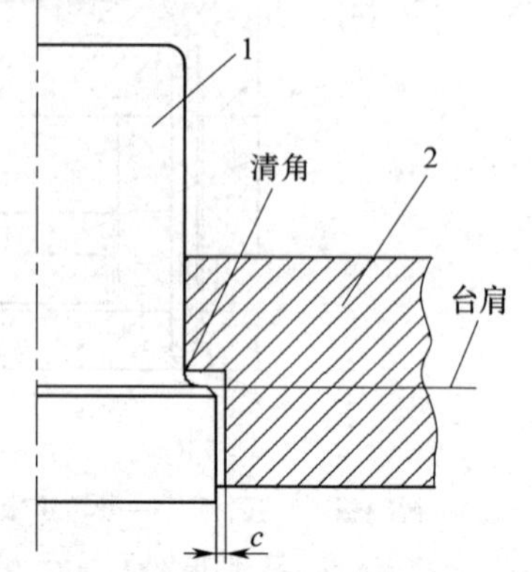

图 6—1—7 型芯与通孔式固定板的装配

1—型芯 2—固定板

3）型芯高度与固定板厚度在装配后要符合设计尺寸要求。若装配时发现型芯台肩高出其固定板的端面，在确认压到底的情况下应将配合端面在平面磨床上磨平。

4）型芯端部四周需修出斜度（斜度部分高度一般在 5 mm 以内，斜度取 10′～20′），如图

6—1—8a 所示，以便于将型芯压入固定板并防止切坏孔壁，图 6—1—8b 所示的型芯已具有导入作用，因此不需修出斜度。

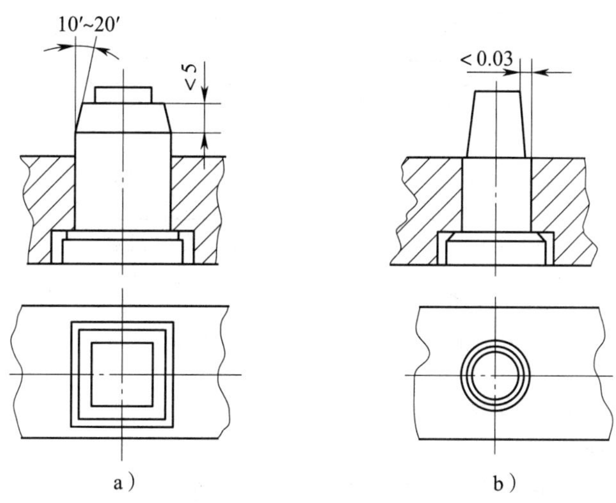

图 6—1—8 型芯端部斜度

对于在型芯上不允许修出斜度的情况，可以将固定板修出斜度，如图 6—1—9 所示，此时取斜度小于 1°，高度小于 5 mm。

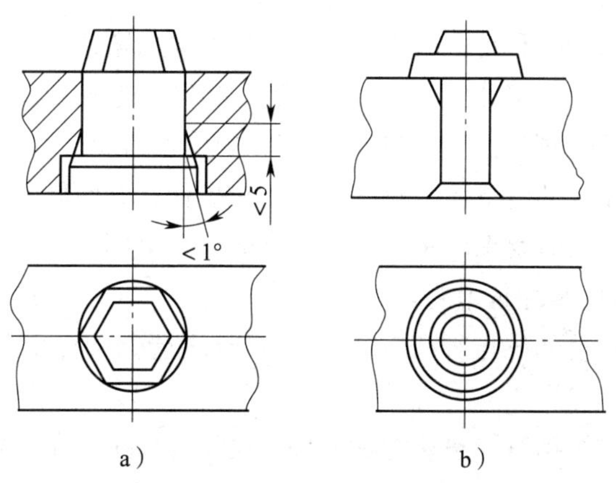

图 6—1—9 固定板的导入斜度

5）对于型芯与固定板配合的尖角部分，可以将型芯角部修成 $R0.3$ mm 左右的圆角；当不允许将型芯修成圆角时，应将固定板的角部用锯条修出清角或窄槽，如图 6—1—10 所示。

6）型芯压入固定板时应保持平稳，压入时宜采用液压机。压入前在型芯表面涂润滑油，固定板放在等高垫块上，型芯导入部分放入固定板孔内后，应测量并校正其垂直度误差，然后缓慢压入。型芯约压入一半时，再测量并校正一次垂直度误差。型芯全部压入后应做最后的垂直度检测。

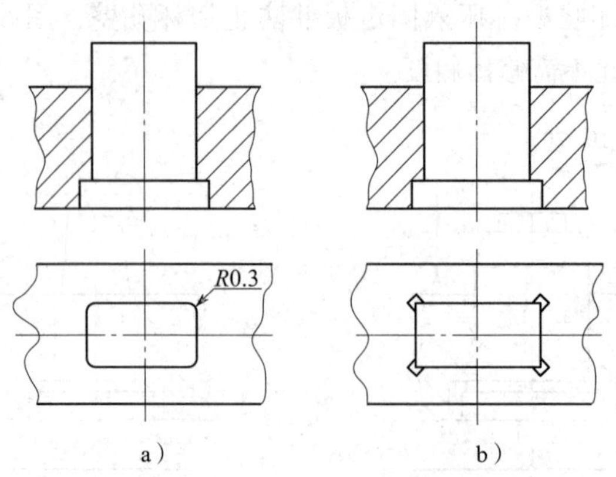

图 6—1—10　尖角配合处的修整

（2）型腔凹模与动模板和定模板装配技术要求

一般注塑模、压注模的型腔结构形式可分为整体式和组合式两类。整体式凹模是指在模板（凹模板）直接加工出型腔的形式，这种凹模结构简单，成型的制件质量较好。但对于形状复杂的凹模，其加工困难，热处理不方便，常用于形状简单的中、小型模具上。组合式凹模由两个以上零件组合而成，组合式凹模简化了复杂凹模的加工工艺，减小了热处理变形，节约了贵重的模具钢。但其装配和调整不方便，有时制件表面存在拼块拼接线的痕迹，主要用于形状复杂的塑料制件。

1）型腔凹模与动模板和定模板镶合后，要求型面上紧密无缝。

2）型腔凹模与模板固定孔为 H7/m6 配合，如配合过紧应进行修磨；否则压入后模板会变形，对于多型腔模具，将影响各型芯间的尺寸精度。

3）型腔凹模的压入端应有压入斜度，以防止挤伤孔壁而影响装配质量。

4）型腔凹模在压入时要保证垂直度在允许的公差范围。

（3）滑块抽芯机构装配技术要求

1）模具上相对滑动部位与所有活动部分应保证位置准确，动作平稳、可靠，不得有歪斜和卡滞现象。

2）合模后滑块应被锁紧，滑块与锁模块的接触面积不少于 3/4。

3）开模后定位准确、可靠，有保护（限位）装置。

（4）楔紧块装配技术要求

1）楔紧块斜面和滑块斜面必须均匀接触。由于在零件加工和装配中有误差存在，因此在装配时需加以修整。一般以修整滑块斜面较为方便，修整后用红丹粉检查接触质量。

2）模具闭合后，保证楔紧块和滑块之间具有锁紧力。其方法为在装配过程中使楔紧块和滑块接触后分型面之间留有 0. 2 mm 的间隙，此间隙可用塞尺检查。

3）在模具使用过程中，楔紧块应保证在受力状态下不向闭模方向松动，也需使楔紧块的后端面与定模在同一平面上。

2. 装配方法

(1) 型芯与固定板的装配

根据注塑模的结构特点及型芯与固定板的不同紧固形式，其装配方法有以下几种。

1) 埋入式型芯与固定板的装配。埋入式型芯的结构如图 6—1—11 所示。固定板沉孔与型芯尾部为过渡配合。固定板沉孔一般均通过立铣加工而成，由于沉孔的形状与型芯尾部形状和尺寸有差异，机械加工后往往不能达到配合要求。因此，在装配前应检查两者尺寸，如有偏差应予以修整，一般修整型芯较为方便。

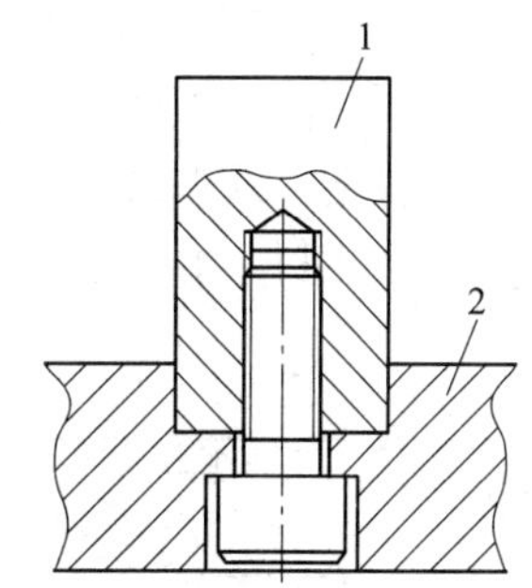

图 6—1—11 埋入式型芯的结构

1—型芯 2—固定板

型芯埋入固定板较深时，可将型芯尾部四周略修斜度。埋入深度在 5 mm 以内时，则不应修斜度；否则将影响固定强度。

在修整配合部分时应特别注意动模和定模的相对位置，修配不当则将使装配后的型芯不能与动模配合。

2) 螺钉固定式型芯与固定板的装配。面积大而高度低的型芯常用螺钉、销钉直接与固定板连接，如图 6—1—12 所示，其装配过程如下：

①在淬硬的型芯 1 上压入实心销钉套 5。

②根据型芯在固定板 2 上要求的位置，将定位块 4 用平行夹头 3 固定于固定板上。

③将型芯上的螺孔位置复印到固定板上，并钻孔、锪孔。

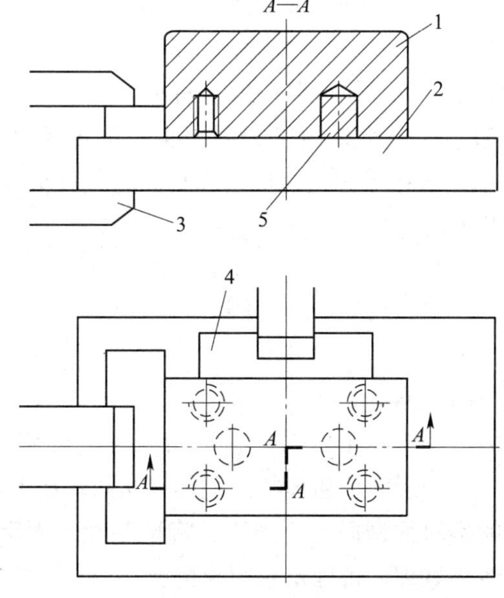

图 6—1—12 大型芯与固定板的装配

1—型芯 2—固定板 3—平行夹头 4—定位块 5—销钉套

④初步用螺钉将型芯紧固，如固定板上已经装好导柱、导套，则需调整型芯，以保证动模和定模的相对位置。

⑤在固定板反面划出销钉位置，并与型芯一起钻、铰销钉孔。

⑥敲入销钉。为便于敲入，可将销钉端部稍微修出锥度，销钉与销钉套的配合长度直线部分仅需 3 ~ 5 mm，这样可便于拆卸型芯。

3）螺纹连接式型芯与固定板的装配。在热固性塑料压塑模中，型芯与固定板常用螺纹连接，如图 6—1—13 所示。

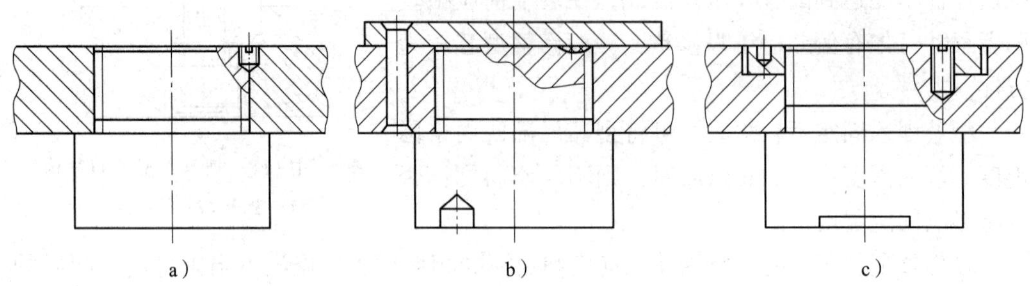

图 6—1—13　螺纹连接式型芯与固定板的定位

a）、c）螺钉定位　b）键定位

型芯与固定板定位时常采用螺钉、销钉或键。如图 6—1—13a、c 所示为用螺钉定位，定位螺孔在型芯位置调整正确后进行攻制，然后取下型芯进行热处理。如图 6—1—13b 所示为用键定位，型芯可在热处理后装配及调整，然后可用磨削或电加工方法加工键槽。

型芯与固定板往往需保持一定的相对位置，例如，型芯形状不对称而固定板为非圆形，又如固定板上需固定几个不对称型芯等。安装螺纹连接式型芯时，当螺纹旋到终点位置时，型芯与固定板的位置往往存在角度偏差，因此必须进行调整。

固定板上仅装一个型芯时，可采用修磨固定板平面或型芯底平面的方法，如图 6—1—14 所示。型芯装上固定板后，先测量型芯与固定板在装配后的偏差角度 α，然后进行固定板 a 面或型芯 b 面的修磨，修磨量 δ 由下式计算：

$$\delta = \frac{\alpha}{360^\circ}t$$

式中　α——偏差角，(°)；

t——连接螺纹的螺距，mm。

采用图 6—1—13c 所示的结构形式时，只需转型芯进行调整，然后用螺钉定位、螺母紧固。这种形式适用于外形为任何形状的型芯以及固定板上固定几个型芯的场合。

对于圆型芯，型芯的不对称型面先不加工，将型芯旋入固定板后，按固定板基准加工型面，然后取下，经热处理后再固定到固定板上。

（2）型腔凹模与动模板、定模板的装配

除简易的压塑模外，一般注塑模、压塑模、压铸模的型腔部分均使用镶嵌或拼块形式。由于镶拼形式很多，现举例说明其装配方法。

型腔凹模和动模板、定模板镶合后，型面上要求紧密无缝，因此，型腔凹模的压入端一般不允许修出斜度，而将导入斜度设在模板上。

1）单件圆形整体型腔凹模的镶入方法。如图 6—1—15 所示，这种型腔凹模镶入模板，关键是型腔形状和模板相对位置的调整及其最终定位。调整的方法有以下几种：

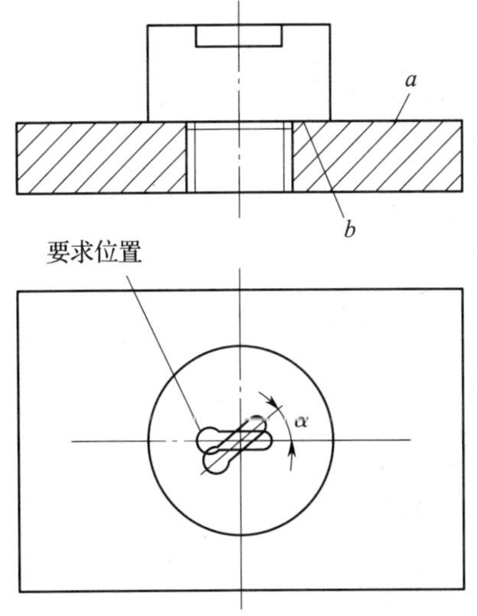

图 6—1—14　型芯与固定板偏差的调整

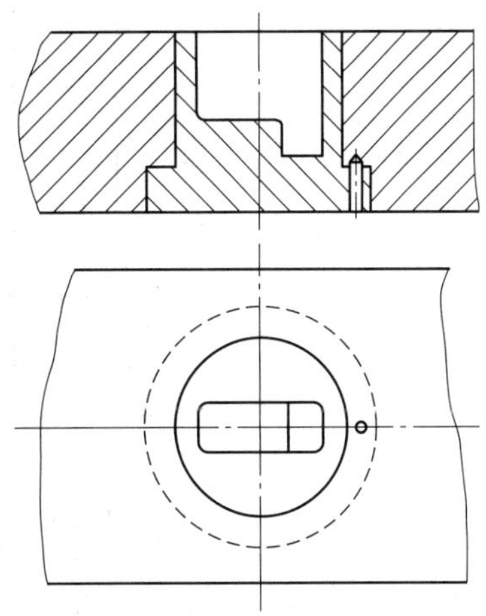

图 6—1—15　单件整体型腔凹模与模板

①部分压入后调整。型腔凹模压入模板极小一部分时即进行位置的调整，可用百分表校正其直线部分。如有位置偏差，可用管钳等工具将型腔凹模旋转至正确位置，然后将其全部压入模板。

②全部压入后调整。将型腔凹模全部压入模板后再调整其位置。但这种方法不能采用过盈配合，一般有 0.01 ~ 0.02 mm 的间隙。位置调整正确后需用定位件定位，防止其转动。

③划线对准法。型腔凹模的位置要求不太高时可用此方法。在模板的上、下平面上划出对准线，在型腔凹模上端面划出相应的对准线并将线引至侧面。型腔凹模放入固定板时以该线为准确定其位置，待全部压入后，还可以从模板上平面的对准线检查型腔凹模的位置。

④光学测量法。如果型腔尺寸太小，或型腔形状复杂而不规则，难以用百分表测量时，可在装配后用光学显微镜进行测量，从目镜的坐标上可清楚地读出几何偏差。调整方法是退出重压或使其转动。

型腔凹模的定位以采用销钉最为方便。型腔凹模台肩上的销钉孔在热处理前完成钻削、铰销，在装配及位置调整后，通过此孔对模板进行复钻与铰销钉孔。

2）多件整体型腔凹模的镶入方法。在同一块模板上需镶入两个以上型腔凹模，且动模板和定模板之间要求有精确的相对位置的情况下，其装配工艺比较复杂。

如图 6—1—16 所示为多件整体型腔凹模与模板，小型芯 2 必须穿入定模镶块 1 的孔中。定模镶块在热处理后，小孔孔距将有所变化，因此，装配的基准应为定模镶块上的孔。装配时，第一步将工艺销钉穿入推块 4 和定模镶块 1 的销钉孔中进行定位。再将型腔凹模 3 套到推块上，用量具测得型腔凹模外形的位置尺寸，这些尺寸便是动模板固定孔修整后应有的实际尺寸。至于小型芯固定板 5 上的孔，待型腔凹模压入板后，放入推块，从推块的孔中复钻得到。

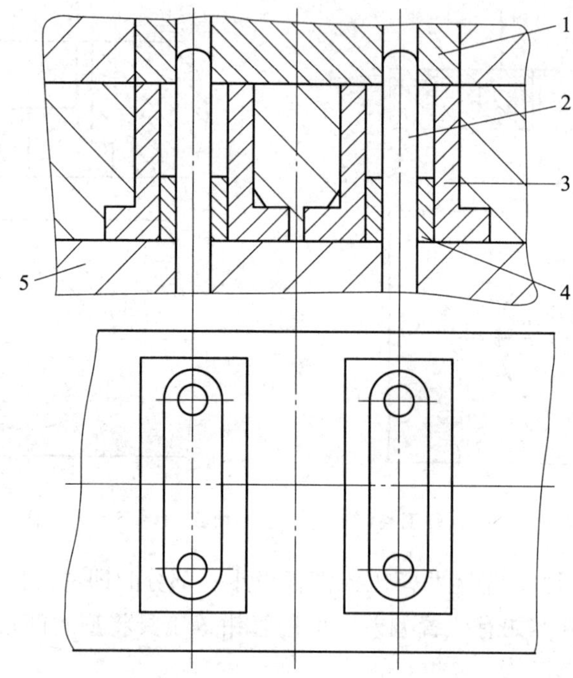

图 6—1—16　多件整体型腔凹模与模板

1—定模镶块　2—小型芯　3—型腔凹模　4—推块　5—小型芯固定板

3）单型腔的型腔拼块镶入方法。压入模板的型腔拼块与模板孔的配合不能太松。压入时应注意平稳，为不使拼块同时进入固定板，压入时应在拼块上放一平垫块。

最突出的问题是拼块的某些部位必须在装配后进行加工，如图 6—1—17 所示拼块上的矩形型腔，由于拼合面在热处理后需修磨，因此，矩形型腔不能在热处理前加工至正确尺寸，往往只能在装配后用电火花加工方法精修。如果拼块型腔调质处理后可达到刀具能加工的硬度，则型腔可在装配后用切削刀具加工至要求的尺寸。

4）多型腔的型腔拼块镶入方法。有时为了减小模具外形尺寸，将几个型腔设在一个镶块上；也有为了防止镶块的热处理变形，或为了便于型腔的冷挤压或电火花加工，而将每个型腔做成一个镶块，如图 6—1—18 所示。这两种形式的镶块，其外形可根据型腔及模板孔的实际尺寸进行修整，以保证型腔在模板上的位置。但模板上的孔在装配前应留有修整余量，以备修整用。

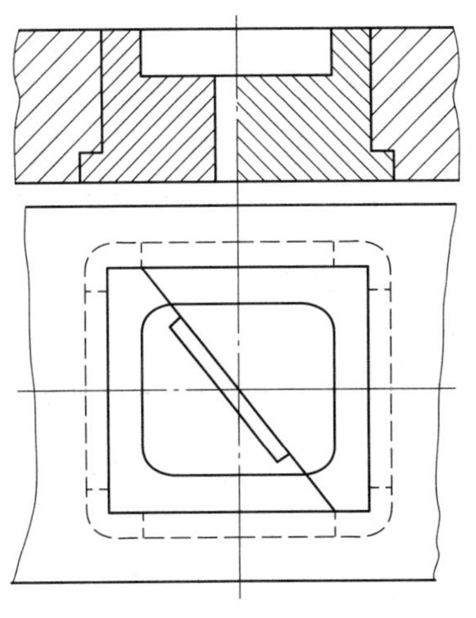
图 6—1—17 单型腔的型腔拼块

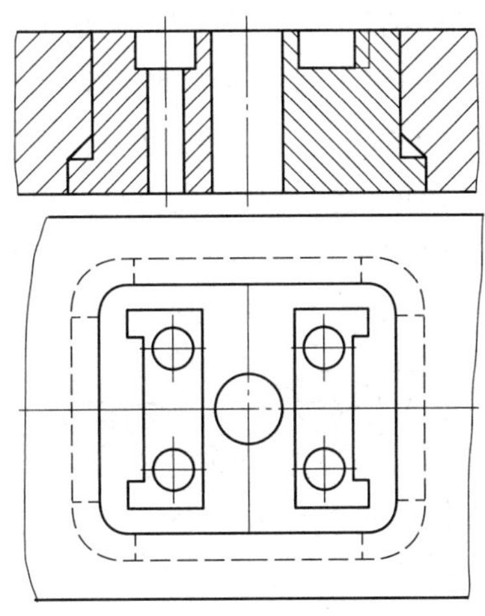
图 6—1—18 多型腔的型腔拼块

5）拼块模框的镶入方法。如图 6—1—19 所示为由拼块镶入模板而组成的模框，拼块的尺寸均可在切削加工时正确控制。但需注意各拼块在拼合后的拼合面间不应存在间隙，以防止模具使用时渗料。因此，在磨削时可用红丹粉检查各拼合面是否密合。加工模板的固定孔时应注意其垂直度。模板孔的加工较多采用压印法。

6）沉坑内拼块型腔的镶入方法。如图 6—1—20 所示为在沉坑内镶入拼块的型腔形式。沉坑只能采用铣削加工而成。当沉坑较深时，由于加工时铣刀的挠度使加工侧面稍具有斜度，形成型腔上口尺寸大、下口尺寸小的现象。由于沉坑侧面修整困难，因此，往往采取修磨两侧拼块的方法，按模板铣出的实际斜度修磨两侧拼块。

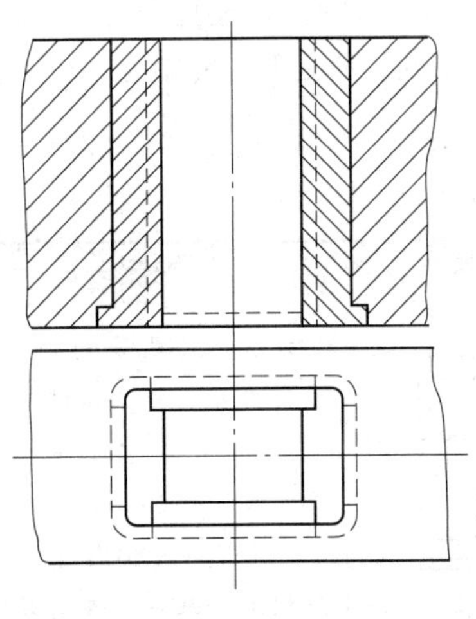
图 6—1—19 拼块模框

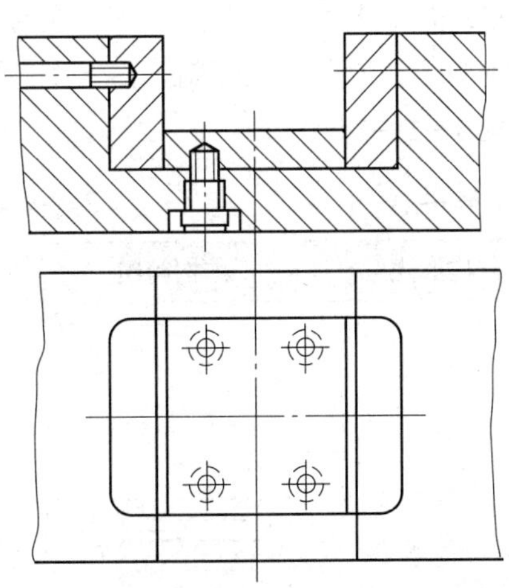
图 6—1—20 沉坑内拼块型腔的镶入

模板上紧定螺钉的通孔应按修磨完成的拼块的实际螺孔位置尺寸在模板上划线钻出，或用复印法找出通孔位置。

（3）滑块抽芯机构的装配

滑块抽芯机构的装配步骤如下：

1）将型腔镶块压入动模板，并将两平面磨削至要求尺寸。滑块的安装以型腔镶块的型面为基准。在加工零件时，型腔镶块和动模板各装配面均留有修整量。因此，要确定滑块的位置，必须先将型腔镶块装入动模板，并将上、下平面修磨正确。修磨时应保证型腔尺寸，如图 6—1—21 所示。修磨 *M* 面时应保证尺寸 *A*。

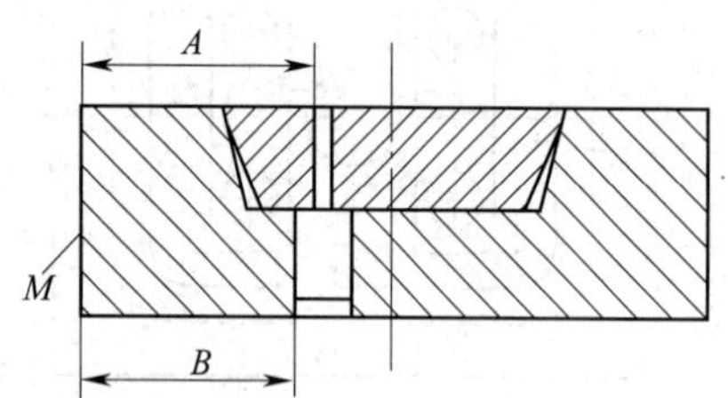

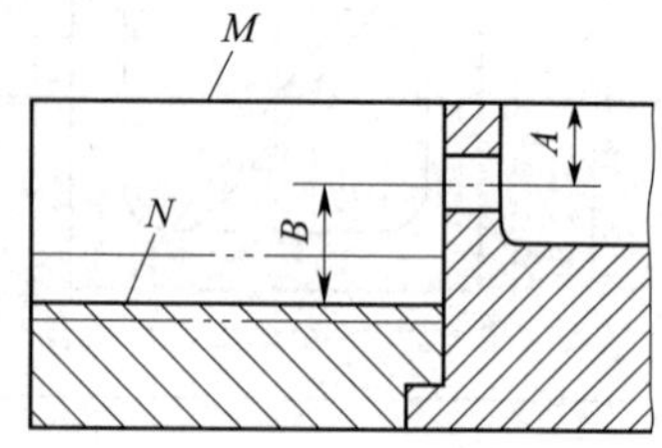

图 6—1—21　以型腔镶块为基准确定滑块槽位置

2）将型腔镶块压出模板，精加工滑块槽。动模板上的滑块槽底面 *N* 取决于修磨后的 *M* 面。在进行动模板零件加工时，滑块槽面与两侧面有修磨余量（滑块槽实际为 T 形槽，在零件加工时 T 形槽未加工）。因此，在 *M* 面修磨正确后将型腔镶块压出，根据滑块实际尺寸配磨或精铣滑块槽。

3）铣 T 形槽。按滑块台肩实际尺寸精铣动模板上 T 形槽。基本上铣削到要求尺寸，最后由钳工修整。如果型腔镶块上也有 T 形槽，则可将型腔镶块镶入后一起铣槽；也可将已铣好 T 形槽的型腔镶块镶入后再单独铣削动模板上的 T 形槽。

4）配制型芯固定孔。固定于滑块上的横型芯往往要求穿过型腔镶块上的孔而进入型腔，并要求型芯与孔配合正确且滑动灵活。为达到这个目的，合理且经济的工艺应是将型芯和型孔相互配制。由于型芯形状与加工设备不同，所采取的配制方法也不同，见表 6—1—1。

表 6—1—1　　滑块型芯与型腔镶块孔的配制

结构形式	结构简图	加工示意图	说明
圆形滑块型芯穿过型腔镶块		a） b）	方法一（见图 a）：测量出尺寸 *a*、*b*；在滑块的相应位置，按测量的实际尺寸镗削型芯安装孔 方法二（见图 b）：利用压印工具压印，在滑块上压出中心孔与一个圆形印。用车床加工型芯孔时可按此圆修正

续表

结构形式	结构简图	加工示意图	说明
非圆形滑块型芯穿过型腔镶块			修正型腔镶块型孔周围的余量。滑块与滑块槽正确配合后，以滑块型芯对型腔镶块的型孔进行压印，逐渐将型孔修正
滑块局部伸入型腔镶块	A A	a	先将滑块和型腔镶块的镶合部分修正到正确的配合，然后测量得出滑块槽在动模板上的位置尺寸，按此尺寸加工滑块槽

5）滑块型芯的装配

①修整型芯端面。如图6—1—22所示为滑块型芯与定模型芯接触的结构。由于零件加工中的累积误差，装配时往往需要修整滑块型芯端面。修磨的具体步骤如下：

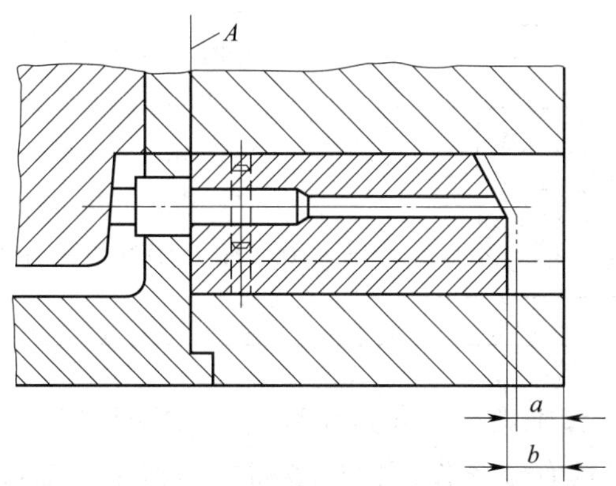

图6—1—22　滑块型芯与定模型芯接触的结构

a. 将滑块型芯端面磨成与定模型芯相应部位一致的形状。

b. 将未装型芯的滑块推入滑块槽，使滑块前端面与型腔镶块的 A 面接触，然后测量出尺寸 b。

c. 将型芯装到滑块上并推入滑块槽，使滑块型芯的前端面与定模型芯接触，然后测量出尺寸 a。

d. 由测量尺寸 a、b 可得出滑块型芯前端面的修磨量。但从装配要求来说，希望滑块前端面与型腔镶块 A 面之间留有0.05～0.1 mm的间隙，因此，实际修磨量应为 $b-a-(0.05\sim0.1)$ mm。

②滑块型芯修磨正确后用销钉定位。

6）楔紧块的装配。楔紧块的装配步骤见表6—1—2。

表6—1—2　　　　楔紧块的装配步骤

<table>
<tr><th>楔紧块的形式</th><th>简图</th><th>装配步骤</th></tr>
<tr><td>螺钉、销钉固定式</td><td></td><td>（1）用螺钉紧固楔紧块
（2）修磨滑块斜面，使其与楔紧块斜面密合
（3）通过楔紧块，对定模板复钻、铰销钉孔，然后装入销钉
（4）将楔紧块后端面与定模板一起磨平</td></tr>
<tr><td>镶入式</td><td></td><td>（1）由钳工修配定模板上的楔紧块固定孔，并装入楔紧块
（2）修磨滑块斜面
（3）将楔紧块后端面与定模板一起磨平</td></tr>
<tr><td>整体式</td><td></td><td rowspan="2">（1）修磨滑块斜面（带镶片式的可先装好镶片，然后修磨滑块斜面），滑块斜面修磨量（见图6—1—23）的计算公式为：
$b=(a-0.2)\sin\alpha$
式中　b——滑块斜面修磨量，mm；
a——闭模后测得的实际间隙，mm；
α——楔紧块的斜度，(°)
（2）修磨滑块，使滑块和定模板之间具有0.2 mm的间隙。两侧均有滑块时，可逐个予以修整</td></tr>
<tr><td>整体镶片式</td><td></td></tr>
</table>

7）镗削斜导柱孔。镗削斜导柱孔是在滑块、动模板和定模板组合的情况下进行的。此时楔紧块对滑块具有锁紧作用，分型面之间留有0.2 mm的间隙，用金属片（厚度为0.2 mm）垫实。一般在立式镗床上进行镗孔。

8）滑块复位定位。开模后滑块复位至正确位置，滑块复位的定位在装配时进行安装与调整。

如图6—1—24所示为用定位板做滑块复位定位。滑块复位的正确位置可通过修整定位板平面得到。复位后滑块后端面一般设计成与动模板外形在同一平面内，由于加工中的误差而导致高低不平时，则可将定位板修磨成台肩形式。

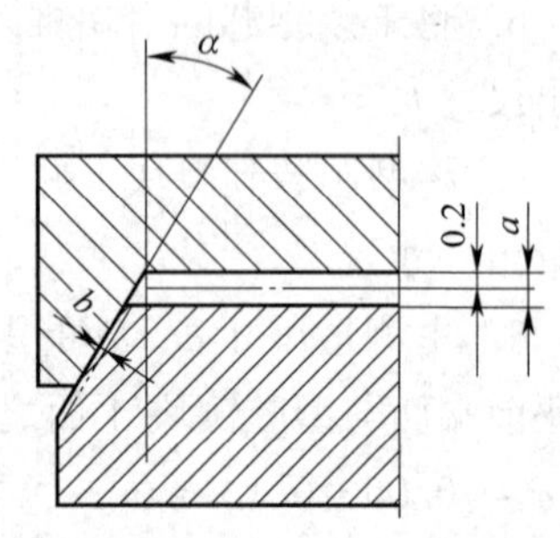

图6—1—23　滑块斜面修磨量

滑块复位采用滚珠定位时（见图6—1—25），装配时需在滑块上钻锥坑。

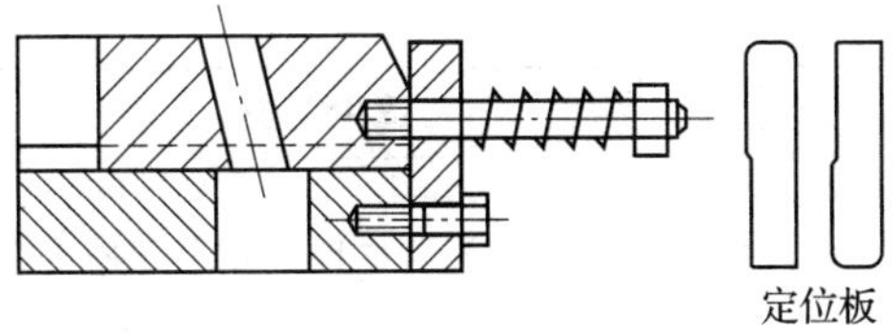

图 6—1—24 用定位板做滑块复位定位

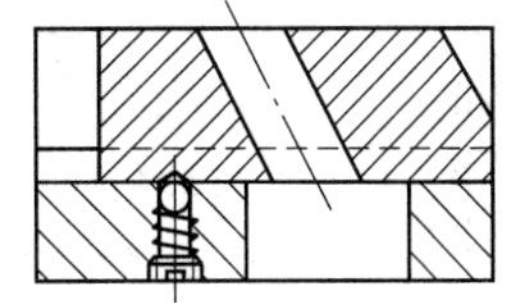

图 6—1—25 用滚珠做滑块复位定位

当模具导柱长度大于斜导柱投影长度时（即斜导柱脱离滑块时，模具导柱和导套尚未脱离），只需在开模至斜导柱脱出滑块处的动模板上划线，以划出滑块在滑块槽内的位置，然后用平行夹头将滑块和动模板夹紧，从动模板上已加工的弹簧孔中复钻滑块锥坑。

当模具导柱较短时，在斜导柱脱离滑块前模具导柱和导套已经脱离，则不能用上述方法确定滑块的位置。此时，必须将模具安装在注射机上进行开模以确定滑块的位置，或将模具安装在特制的校模机上进行开模以确定滑块的位置。

三、侧向抽芯塑料模的总装配

1. 装配技术要求

（1）动模和定模部分的分型面应保持均匀接触，最大间隙应小于 0.015 mm。

（2）闭模后，楔紧块和滑块、滑块拼块和定模拼块必须紧密接触。

（3）定模拼块在限位导柱上必须滑动灵活。

（4）推杆固定板的两侧和模脚的内侧应制成间隙配合。

（5）推杆端面应凸出分型面 0.1 mm，复位杆端面应凹入分型面 0.1 mm。

（6）模具上、下平面的平行度误差应不大于 0.05 mm。

2. 装配方法

构成模具的所有零件的精度是模具装配合格的基础，模具装配图是装配的依据，模具装配的技术条件是验收的依据。在模具装配过程中，并非所有的模具零件合格就一定能装配出合格的模具，装配时既要保证相配零件的配合精度，又要保证零件之间的位置精度，对于有相对运动的零部件，还要满足它们之间的运动精度要求。所以，在装配过程中必须采取相应的工艺措施和装配方法才能保证模具的装配精度。由于模具制造属于单件、小批量生产，在装配工艺上多采用修配法和调整装配法来保证装配精度。模具常用的装配方法、特点及适用范围见表 6—1—3。

表 6—1—3 模具常用的装配方法、特点及适用范围

装配方法	特点	适用范围
完全互换法	在装配时，各配合零件不经修理、选择和调整即可达到装配精度。装配工作简单，对装配工人的技术水平要求不高，易于组织流水作业	装配尺寸链较短的大批大量生产

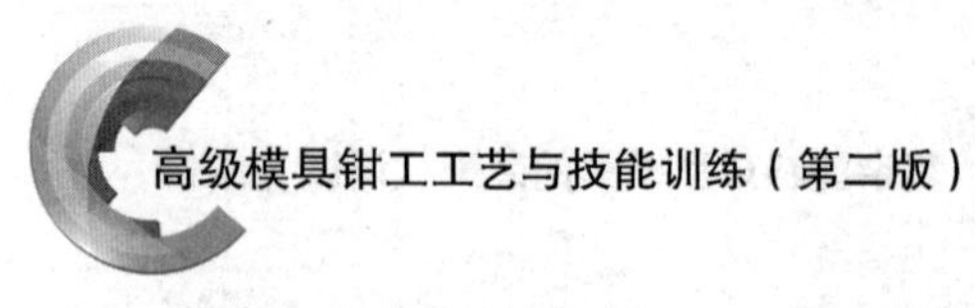

续表

装配方法	特点	适用范围
分组装配法	(1) 每组配合尺寸公差要相等 (2) 分组数不宜过多（4~5组） (3) 不宜用于组成环很多的尺寸链	成批和大量生产中，当产品的装配精度要求很高，致使零件加工困难时
修配装配法	零件的制造公差大，加工容易，零件预留有修配量	单件、小批量生产
调整装配法	零件的制造公差大，加工容易，模具中有可调整的零件或合适的调整件以达到装配精度	单件、小批量生产

3．装配要点

(1) 模具的外露部分应倒钝锐边，安装面应光滑、平整，螺钉头部不能高出安装基面，并无明显毛刺、凹陷及变形现象。

(2) 模具各零件的材料、形状、尺寸、精度、表面粗糙度及热处理要求等均应符合图样要求，各零件的工作表面不允许有损伤。

(3) 模具的所有活动部位均应保证位置正确，配合间隙适当，动作可靠，运动平稳。

(4) 模具上的所有紧固件均应紧固可靠，不得有任何松动现象。

(5) 模具在装配后，动模板沿导柱上下移动时应平稳且无阻滞现象，导柱与导套的配合精度应符合标准要求，且间隙均匀。

(6) 必须保证模具各零件间的相对位置精度，尤其是当一些尺寸与几个零件尺寸有联系时，如分型面的两个平面一定要保证相互平行。

(7) 装配后的动模和定模在合模时必须紧密接触，不得有任何间隙，并应符合图样要求。

(8) 注塑模在合模时定位要准确、可靠，开模出塑件时应畅通无阻。

(9) 闭模后测量抽芯机构的有关零件，如楔紧块和滑块、滑块拼块和定模拼块等，必须确保其接触紧密。

技能训练

侧向抽芯塑料模的装配

一、训练要求

如图6—1—26所示为带侧向抽芯机构的注塑模结构，现对其进行装配。通过技能训练，要求掌握各类型芯与固定板的装配方法；掌握型腔凹模与动模板、定模板的装配方法；掌握滑块与抽芯机构的装配方法；掌握侧向抽芯等复杂注塑模的装配技能。

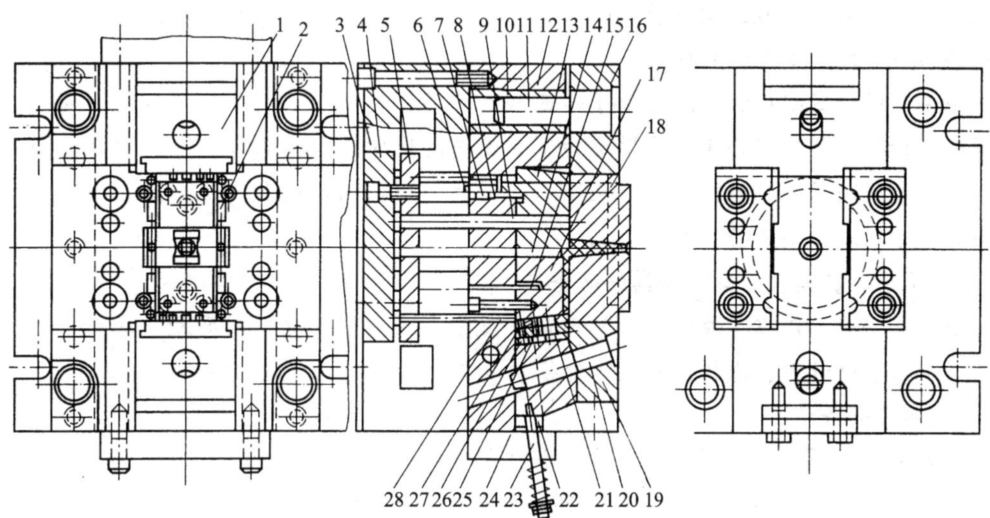

序号	代号	名称	数量	材料	单位质量	总计质量	备注
28		推杆	6	SKD61			
27		滑块拼块	2	P20			
26		型芯	2	420			
25		型芯	4	420			
24		定位板	2	45钢			
23		滑块拉杆	2	S55C			
22		限位垫圈	2	45钢			
20		斜导柱	2	SKD61			
19		楔紧块	2	S55C			
18		浇口套	1	SKD61			
17、21		型芯	各2	420			
16		定模座板	1	45钢			
15		销套	2	45钢			
14		拉杆	1	S55C			
13		定模拼块	2	P20			
12		动模	1	45钢			
11		导柱	4	20钢			
10		导套	4	20钢			
9		复位杆	4	S45C			
8		型芯	4	P20			
7	GB/T 77—2000	紧定螺钉	4				M8×20
6		限位导柱	2	20钢			
5		推杆固定板	1	45钢			
4		推板	1	P20			
3		模脚	2	45钢			
2		矩形推杆	4	H–13			
1		滑块	2	P20			

标记 处数 更改文件名 签字 日期	带侧向抽芯机构的注塑模		单位
设计	图样标记	质量	比例
校核			
审核 日期 设计日期	共 张	第 张	

技术要求

1. 装配时要以分型面较平整或者不易修整的一侧作为基准。
2. 动模和定模水平分型面要进行研合，闭合时应紧密贴合，如有局部间隙，其间隙值应不大于0.03。
3. 导柱和导套与模板孔固定接合面应加工成H7/k6的配合形式，并且对定模的垂直度误差要小于等于0.015。
4. 装拆模具时要注意各零部件的位置，必要时要有一定的配位标志。
5. 装配后进行试模验收，脱模机构不得有干涉现象。

图6—1—26 带侧向抽芯机构的注塑模结构

二、工作准备

1. 模具结构分析

如图6—1—26所示注塑模的装配难度主要在于产品斜面上6个垂直于表面的孔位。为使侧型芯端面与动模型芯具有良好的吻合性，保证型孔贯通而不产生溢边，将侧型芯由水平运动改为斜向运动，以保证型芯端面与动模型芯表面平衡；同时，解决了型芯与滑块的加工及安装困难。

但由于滑块装配后的上表面处于斜面状态，给模具型腔封胶带来了困难，因此在定模上设计了两个定模拼块，其拼块的下表面与滑块的上表面吻合，以达到封胶的目的。这样既解决了型腔封胶问题，又降低了滑块、型芯的制造和装配难度，还解决了成型垂直于斜表面型孔的难题。

2. 工具、量具、刃具、夹具的准备

应准备钻头、铰刀、丝锥、游标卡尺、百分表及表架、游标深度尺、塞尺、平行夹头、磨石、红丹粉、内径千分尺和外径千分尺等。

3. 零件准备

（1）按装配图明细栏将零件备齐，并把各零件锐边倒钝，进行去磁、去锈处理。

（2）按零件图检查各零件的尺寸及表面质量是否符合要求。

4. 装配场地准备

（1）装配场地的温度为常温（20 ±3）℃。

（2）装配场地要干燥，相对湿度为 40% ~60%。

（3）装配场地应装吸尘器，以保持空气清洁。

（4）装配场地应坚实，与振源（如空气锤、大型机床等）的距离最少在 100 m 以上，并设置防振沟。

三、装配步骤

1. 加工导柱、导套孔及台肩沉孔

将辅助定位块（见图 6—1—27）放入动模后合上定模座板，在铣床上加工导柱、导套孔，并加工台肩沉孔。

2. 浇口套、导柱和定模座板的装配（见图 6—1—28）

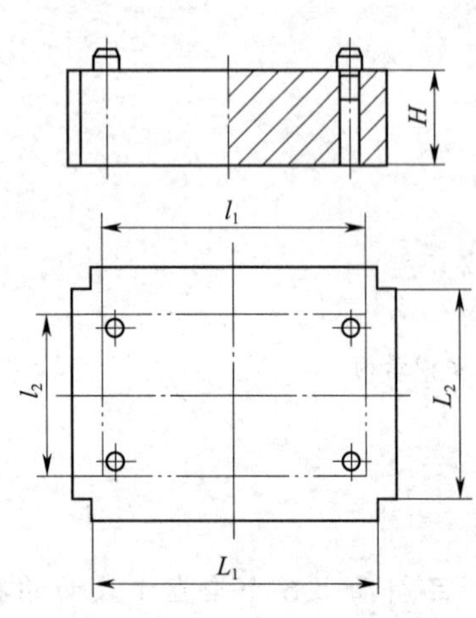

图 6—1—27 辅助定位块

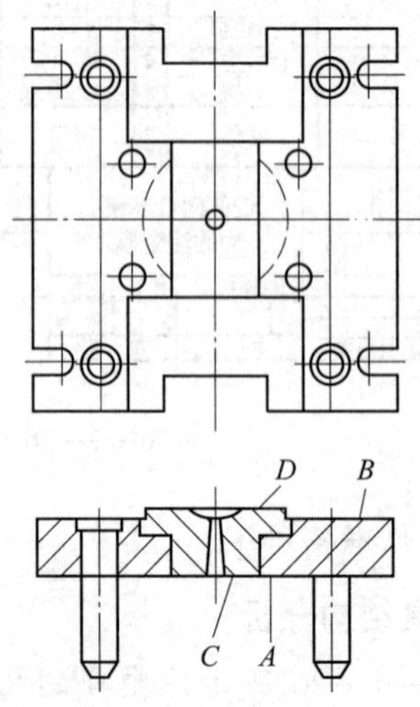

图 6—1—28 浇口套、导柱和定模座板的装配

（1）测量浇口套和定模座板的台肩尺寸，要求 C 面高出 A 面 0.1 mm，D 面高出 B 面 0.03 mm，如果未达到此尺寸要求，则对 A、B、C、D 四个面进行选择性修磨。

（2）将浇口套镀铬后压入定模座板。

（3）清除定模座板、导柱孔内的毛刺，测量两者的台肩尺寸，应使导柱台肩低于沉孔 0.05 mm，如果高出 B 面应予以修磨，然后将导柱压入定模座板内（此工序应与导套压入动模配合进行）。

3. **型芯 17、型芯 8、导套 10 与动模的装配**（见图 6—1—29）

（1）动模的导套孔清除毛刺后，将导柱压入（如台肩高出动模的 B 面，应先修磨）。

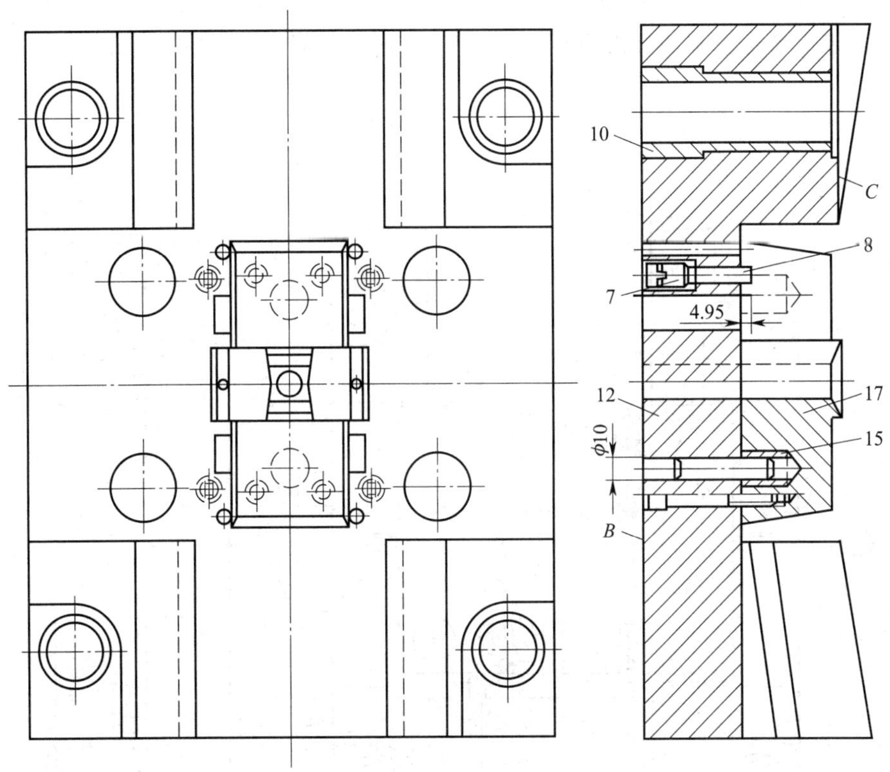

图 6—1—29　型芯、导套与动模的装配

7—紧定螺钉　8、17—型芯　10—导套　12—动模　15—销套

（2）将未钻孔的销套 15 压入型芯 17 中。

（3）以动模十字形孔为基准在动模上划线，初步确定型芯的安装位置。

（4）在型芯 17 的螺孔周围涂红丹粉，按划线复印动模螺钉通孔的位置。

（5）按印痕钻螺钉通孔并加工沉孔。

（6）将型芯 8 装入动模，旋入紧定螺钉 7。

（7）修磨型芯 8 的端面，使其凸出型面的尺寸为 4.95 mm。

（8）将型芯 17 与动模用螺钉初步紧固，调整至十字形孔相对称后做最终紧固。

（9）在 B 面划线，一同钻削、铰削两个直径为 10 mm 的销钉孔。

（10）敲入销钉。

（11）通过型芯 17 复钻动模上的拉杆孔，并一同铰孔。

4. 滑块与动模的装配（见图 6—1—30）

（1）用辅助定位块和辅助板将定模拼块 13 固定于动模的正确位置。

（2）将滑块拼块装入滑块，上、下两平面磨平。

（3）将滑块装入动模导轨，通过修配使其滑动灵活。

（4）修磨 F 面和 B 面，使其分别与 E 面和 C 面同时接触（当尺寸 $X_1 > X$ 时，应予以修磨）。

（5）将滑块退出进行镀铬。

（6）将定模拼块与动模用平行夹头夹紧，通过定模拼块的孔复钻动模上的复位杆孔并铰孔。

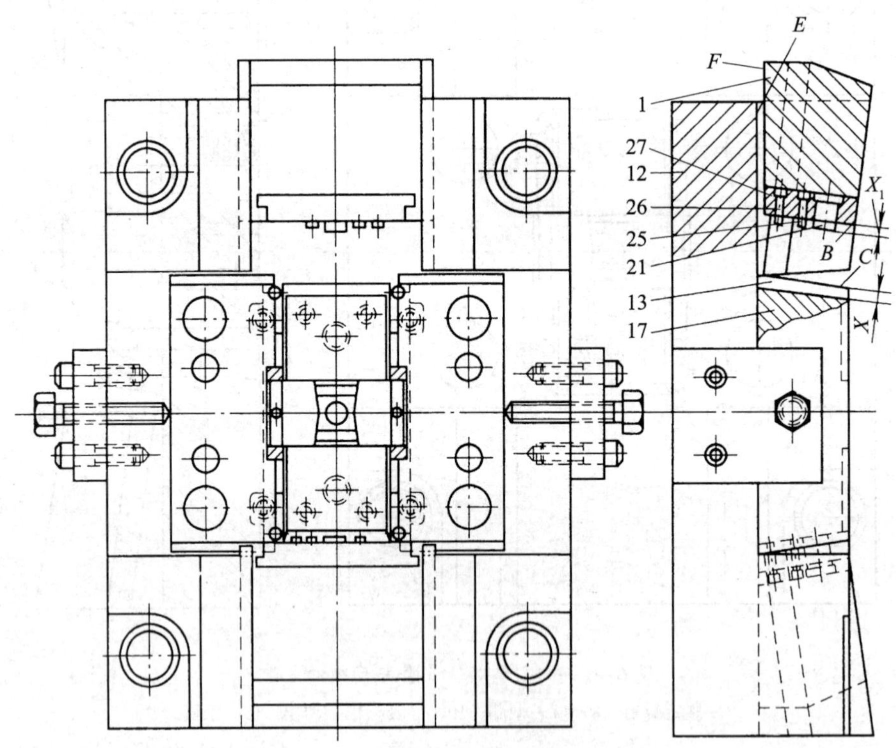

图 6—1—30 滑块与动模的装配

1—滑块 12—动模 13—定模拼块 17、21、25、26—型芯 27—滑块拼块

5. 定模座板的斜面和滑块的修配（见图 6—1—31）

（1）按图 6—1—31 所示位置合模。

（2）用塞尺测量分型面之间的距离。

（3）按测得的间隙第一次修磨定模座板的斜面。

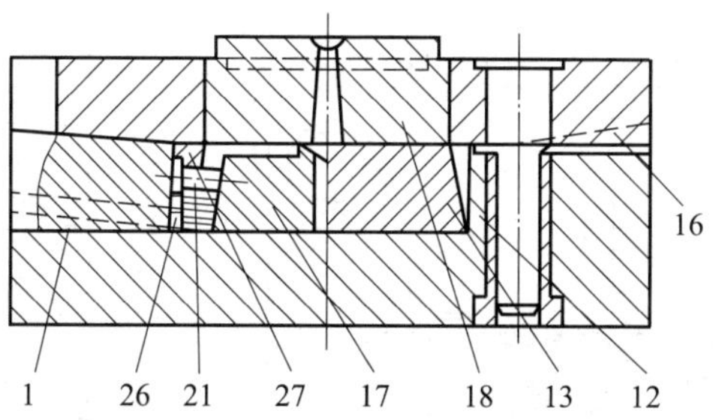

图6—1—31　定模座板的斜面和滑块的修配

1—滑块　12—动模　13—定模拼块　16—定模座板

17、21、26—型芯　18—浇口套　27—滑块拼块

(4) 将滑块1、型芯17、定模拼块13的表面均涂以红丹粉进行合模。

(5) 按红丹粉印痕将分型面修配密合。

6. **楔紧块斜面与滑块的修配**（见图6—1—32）

(1) 将滑块的 A 面和定模座板的 B 面涂上红丹粉，试用楔紧块与此两平面相贴合，若有不贴合处，则修磨楔紧块斜面。

(2) 在 A 面与 B 面紧贴的情况下紧固螺钉。

(3) 修磨 C 面，使 C 面高于 D 面0.05 mm。

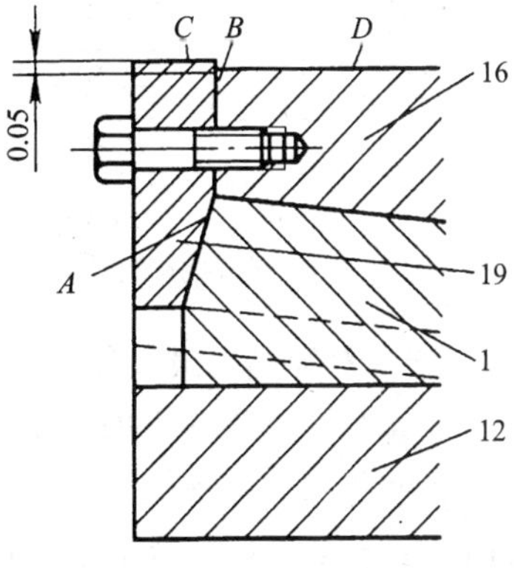

图6—1—32　楔紧块斜面与滑块的修配

1—滑块　12—动模

16—定模座板　19—楔紧块

7. **在定模座板上镗削限位导柱孔**（见图6—1—33）

(1) 将 A 面放在等高垫块上，用压板将模具压紧于机床工作台面上。

(2) 用百分表校正，使导柱孔中心与机床主轴中心重合。

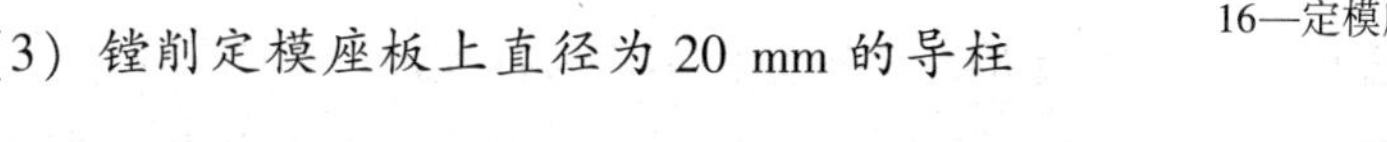

(3) 镗削定模座板上直径为20 mm的导柱孔。

(4) 在反面加工沉孔，保证深度一致。

8. **镗削斜导柱孔**（见图6—1—33）

(1) 将 B 面放在等高垫块上，用压板将模具压紧于机床工作台面上。

(2) 调整机床工作台面的倾斜度，使其等于斜导柱要求的角度。

(3) 按划线找正斜导柱孔中心。

(4) 铣削沉孔，直径为25.5 mm，深度为10 mm。

(5) 按斜导柱孔要求尺寸缩小2 mm，采用钻头预钻。

(6) 镗削销钉孔至要求尺寸。

(7) 卸下模具，取出滑块，将斜导柱入口处倒圆角。

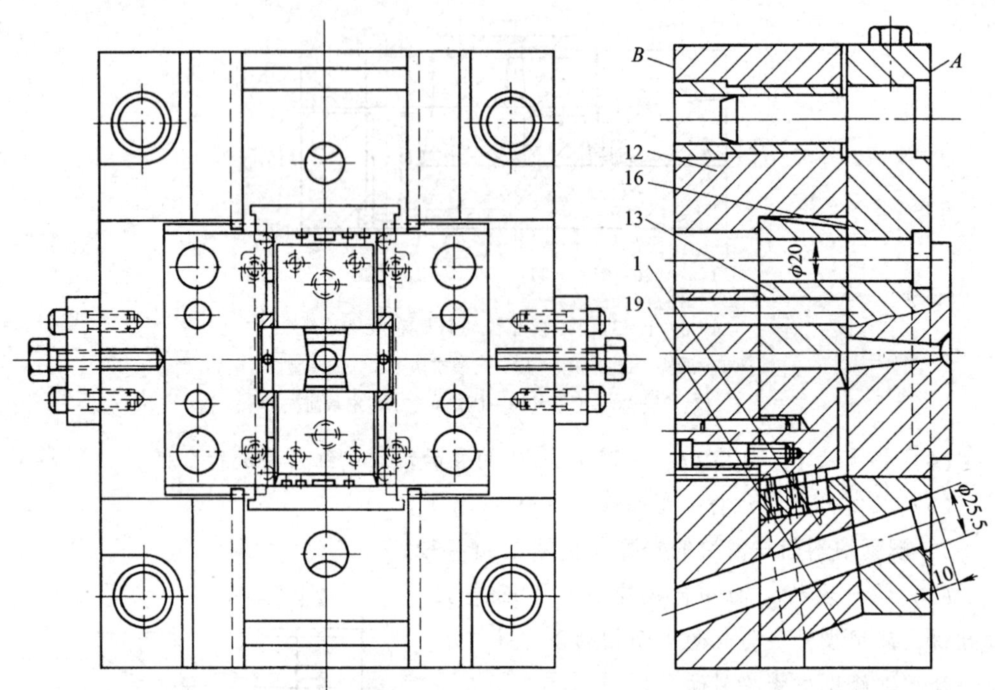

图 6—1—33　镗削限位导柱孔与斜导柱孔

1—滑块　12—动模　13—定模拼块　16—定模座板　19—楔紧块

9．装入斜导柱与限位导柱

（1）将沉孔部分凸出面在工具磨床上局部磨平。

（2）将定模拼块套在限位导柱上，装入垫圈和螺母。

10．安装定位板、限位垫圈和滑块拉杆

（1）测量楔紧块外端面与动模外缘是否平齐。如有误差，应修磨定模板，要求定位板安装后与楔紧块外端面相接触。

（2）修正限位垫圈尺寸，使滑块开模后停留在正确的位置。

（3）以滑块拉杆 23 为基准，紧固定位板螺钉。推动滑块，检查滑块拉杆与定位板是否有卡滞现象。

（4）装上弹簧和螺母。

11．在推杆固定板上复钻推杆、拉杆和复位杆孔

（1）将矩形推杆 2 穿入推杆固定板 5 与动模 12 内。

（2）用平行夹头将推杆固定板与动模夹紧。

（3）通过型芯 17 和动模向推杆固定板复钻推杆、拉杆和复位杆的固定孔。

（4）通过推板复钻并攻螺纹，形成推杆固定板上的螺孔。

12．模脚与动模的装配

（1）将推杆、拉杆、复位杆与推杆固定板、推板、动模装配完毕。

(2) 将模脚上的螺钉通孔和销钉孔加工好（将销钉孔尺寸缩小后预钻）。

(3) 将模脚放于动模底板底面上，使模脚侧面与推杆固定板接触，但应能滑动，然后用平行夹头夹紧。

(4) 通过模脚向动模复钻螺孔和销钉孔。

(5) 拆下平行夹头，将模脚分开，钻、攻螺孔。

(6) 装入模脚，敲入销钉，紧固螺钉。

13. 修正推杆和复位杆的长度

(1) 将推板退至与模脚的台肩相接触。

(2) 测量推杆和复位杆凸出分型面的尺寸。

(3) 将推杆和复位杆拆下并修磨其顶端面，使其达到装配要求。

四、注意事项

1. 型腔凹模和型芯与模板固定孔一般为 H7/m6 配合，如配合过紧，应进行修磨；否则压入后模板要变形，对于多型腔模具，还将影响各型芯间的尺寸精度。

2. 装配前应将影响装配的清角修磨成圆角或倒棱。

3. 型芯和型腔块的压入端应有压入斜度，以防止挤伤孔壁而影响装配质量。

4. 型芯和型腔块在压入时要边压入边检查垂直度，以保证其位置正确。

5. 动模座板、定模座板上的导柱、导套孔要同时加工，这样可保证孔位的一致性。

6. 装配浇口套时应保证其球面半径和孔径与所用注射机球面半径和喷嘴孔径相对应，以免注射成型时在浇口套处形成死角及积存熔料，影响主流道凝料的脱模。

7. 装配复位杆时应保证其顶面在复位状态下与模具分型面平齐或低于分型面 0.1 mm，以便使推出机构回到原来的位置。复位杆一般设置在推板的四周，数量为 2 ~4 个，且长度应一致。

8. 装配过程中若用螺钉固定，为了准确定位，必须在连接件与其固定板的配合平面上一起配作两个销钉孔，敲入销钉，因为螺钉与螺孔为间隙配合，销钉与销钉孔为过盈配合。

五、评分标准

侧向轴抽芯机构注塑模装配评分表见表 6—1—4。

表 6—1—4　　侧向轴抽芯机构注塑模装配评分表

序号	考核项目	配分	评分标准	实测记录	得分
1	装配前的准备	5	能正确识读模具结构图，选择合理的装配方法和装配顺序，准备好必要的标准件（如销钉、螺钉）及装配用的辅助工具等		

续表

序号	考核项目	配分	评分标准	实测记录	得分
2	加工导柱、导套孔及台肩沉孔	5	操作熟练，目的明确，保证精度		
3	浇口套、导柱和定模座板的装配	5			
4	型芯17、型芯8、导套10与动模的装配	5	修磨型芯8的端面，使其凸出型面的尺寸为4.95 mm		
5	滑块与动模的装配	10	操作熟练，目的明确，保证精度		
6	定模座板的斜面和滑块的修配	10	按红丹粉印痕将分型面修配密合		
7	楔紧块斜面与滑块的修配	10	C面高于D面0.05 mm		
8	在定模座板上镗削导柱限位孔	5	镗削定模座板上直径为20 mm的导柱孔，在反面加工沉孔，保证深度一致		
9	镗削斜导柱孔	10	镗削斜导柱孔至要求尺寸		
10	装入斜导柱与限位导柱	5	操作熟练，目的明确，保证精度		
11	安装定位板、限位垫圈和滑块拉杆	5	要求定位板、限位垫圈达到要求		
12	在推杆固定板上复钻推杆、拉杆及复位杆孔	5	操作熟练，目的明确，保证精度		
13	模脚与动模的装配	5			
14	修正推杆和复位杆的长度	5	推杆应高出分型面0.1 mm左右，复位杆应低于分型面0.1 mm左右		
15	安全文明生产	10	违反安全操作规程扣1~10分		
总分					

注：表中件号参见图6—1—26图注。

课题二　复杂塑料成型模具的安装与调试

注塑模设计、加工和装配完毕，为了保证模具和产品的质量，必须把模具安装在注射机上进行调试，所以，调试前正确安装注塑模是一项重要的工作，它直接关系到模具设计是否合理以及模具加工精度和注射制件的质量。

一、常用设备

1. 注射机的常用类型及特征

（1）按外形结构分类

按外形结构不同，注射机可分为立式注射机、卧式注射机和直角式注射机。

1）立式注射机。如图6—2—1所示，注射装置和合模装置的轴线成一直线垂直排列。立式注射机具有占地面积小、模具拆装方便、易于安装嵌件等优点。但制件顶出后需用手工或其他方法取走，不易实现自动化操作。立式注射机重心高，稳定性差，操作和维修也不方便，常用于注射量小的注射产品。

2）卧式注射机。如图6—2—2所示，注射装置和合模装置的轴线成一直线水平排列。卧式注射机具有重心低、稳定性好、便于操作和维修的优点。成型后顶出的制件可自动落下，便于实现自动化操作。但生产镶嵌件的模具较为麻烦，卧式注射机是目前国内外注射机中最基本的类型。

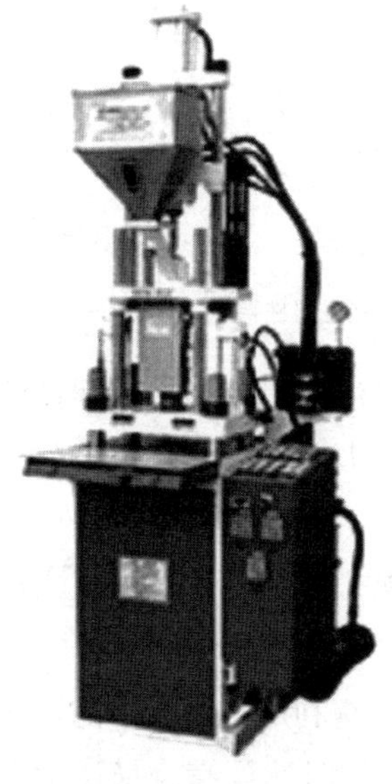

图6—2—1　立式注射机

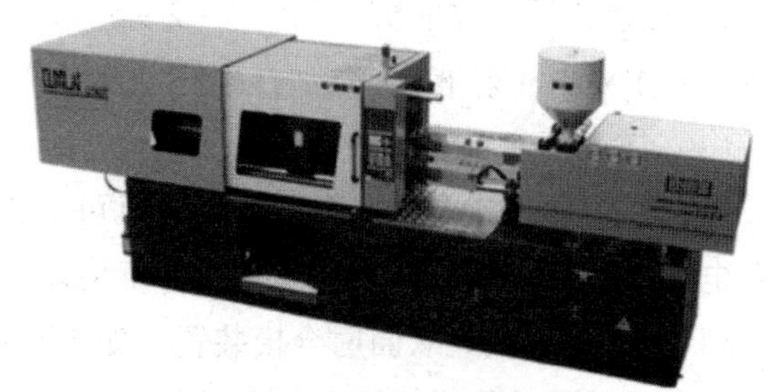

图6—2—2　卧式注射机

3）直角式注射机。如图 6—2—3 所示，注射装置和合模装置的轴线互相垂直排列，其特性介于立式注射机和卧式注射机之间。由于直角式注射机注射时熔料是从模具侧面进入型腔的，特别适用于中心不允许留有浇口痕迹的塑料制件。

图 6—2—3　直角式注射机

（2）按注射装置的结构形式分类

按注射装置的结构形式不同，注射机可分为柱塞式注射机和往复式螺杆注射机。

1）柱塞式注射机。如图 6—2—4 所示，柱塞式注射机使用的是柱塞式注射装置，它主要由料斗 5、加料计量装置、塑化部件（包括料筒 4、分流梭 2、注射柱塞 6 和喷嘴 1 等）、注射液压缸、注射座移动液压缸等组成。

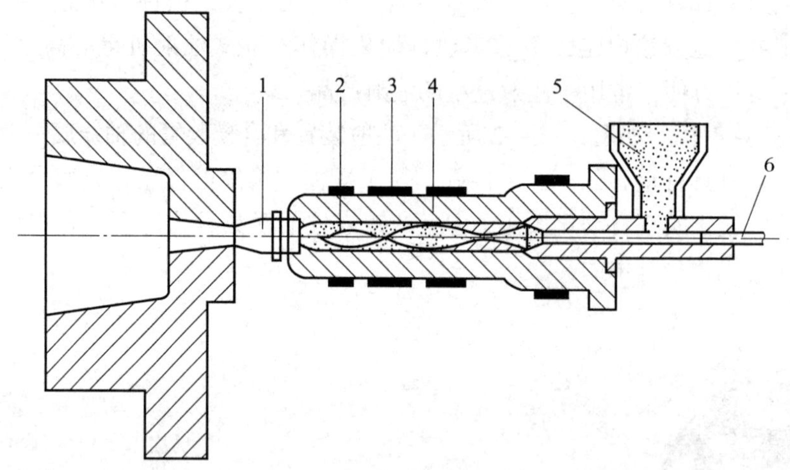

图 6—2—4　柱塞式注射机注射部分

1—喷嘴　2—分流梭　3—加热器　4—料筒　5—料斗　6—注射柱塞

2）往复式螺杆注射机。如图 6—2—5 所示，往复式螺杆注射机使用的是螺杆注射装置，它主要由注射液压缸 5、注射座和注射座移动液压缸、加热装置 2 等组成。

（3）按合模装置的结构形式分类

按合模装置的结构形式不同，注射机可分为液压—机械式注射机、全液压式注射机和电动式注射机。下面分别介绍其合模装置。

1）液压—机械式双曲肘合模装置。如图 6—2—6 所示，它利用一个较小的液压缸通过一套机械联动装置打开和闭合模具。当联动装置在装合位时达到满合模压力，由于是单个小型液压缸，所以运行速度很快。

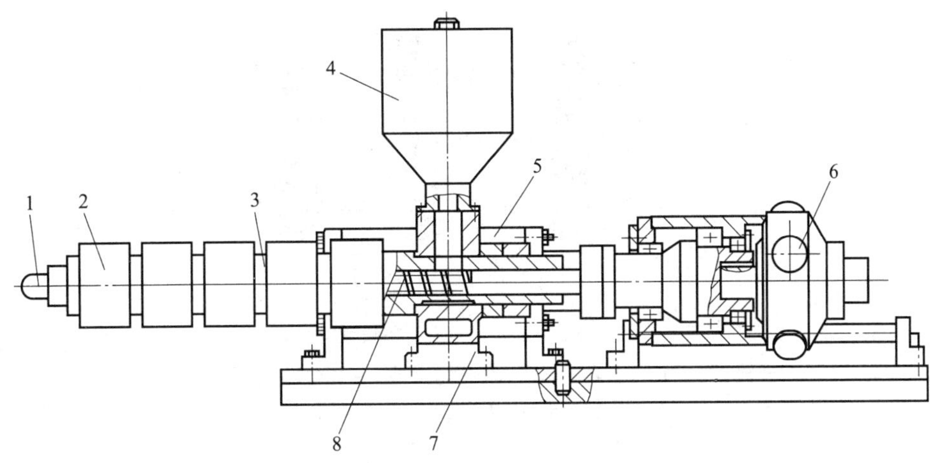

图 6—2—5 往复式螺杆注射机注射部分

1—喷嘴 2—加热装置 3—料筒 4—料斗 5—注射液压缸

6—螺杆驱动液压马达 7—座台 8—螺杆

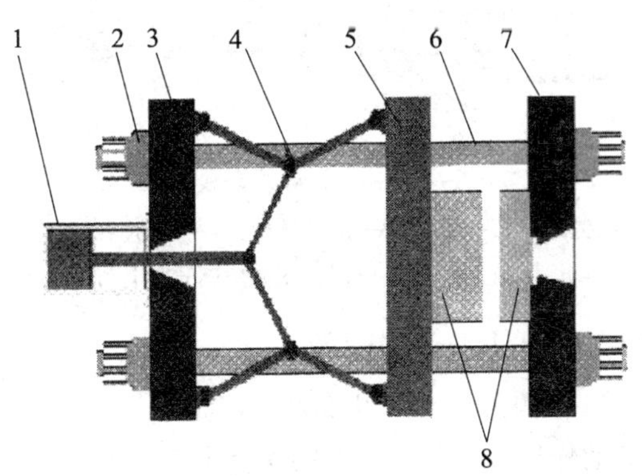

图 6—2—6 液压—机械式双曲肘合模装置

1—锁模液压缸 2—调节螺母 3—后定模板 4—连杆机构

5—移动模板 6—拉杆 7—前定模板 8—模具

2）全液压式合模装置。如图 6—2—7 所示，在打开和闭合模具阶段，它能精确控制合模压力和速度。模板开距大，模具厚度容装范围大，动模板可在任意位置停留，全液压式合模装置可使机器长度减小。其主要缺点是合模速度较慢，这是因为需要时间去达到满吨位的要求。

3）电动式合模装置。电动式注射机合模装置使用交流伺服电动机，配以滚珠丝杠、齿形带、齿轮等元器件驱动各机构。其最根本的特点是所有驱动模块全为电动式，而非传统的液压式。也就是说，在整套设备中没有液压系统，也没有任何液压元器件。电动式合模装置（见图 6—2—8）是目前全电动式注射机的一部分，其注射装置中的各机构（注射、塑化、计量和座台移动等）及合模装置的各机构（开模、合模、锁模、顶出等）全部采用电动机驱动。

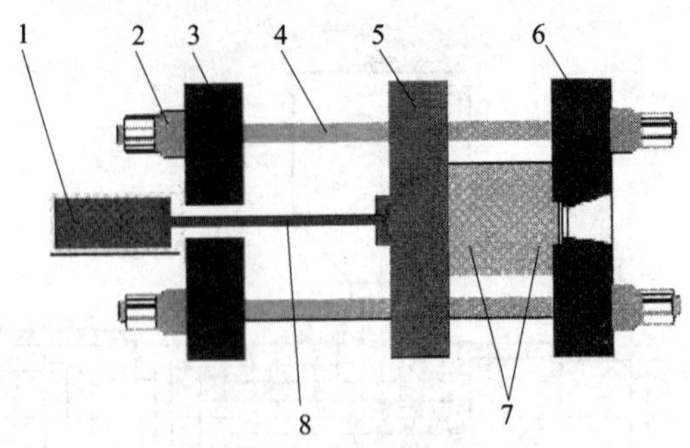

图 6—2—7　全液压式合模装置

1—锁模液压缸　2—调节螺母　3—后定模板　4—拉杆　5—移动模板
6—前定模板　7—模具　8—活塞杆

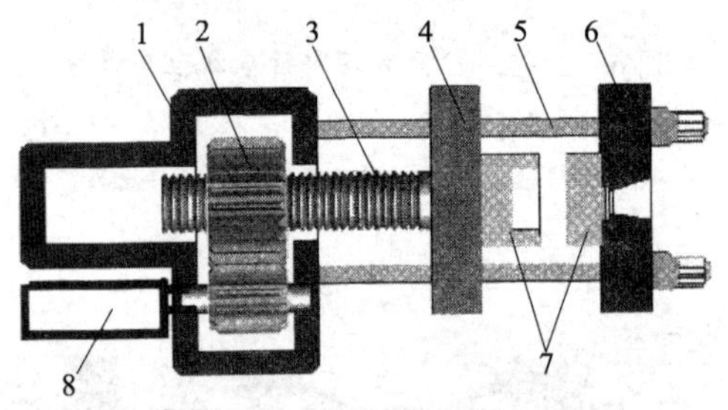

图 6—2—8　电动式合模装置

1—后定模板　2—齿轮　3—滚珠丝杠　4—移动模板　5—拉杆
6—前定模板　7—模具　8—交流伺服电动机

2. 注射机的基本结构和基本动作原理

（1）注射机的基本结构如图 6—2—9 所示。

（2）注射机的基本动作原理如图 6—2—10 所示。

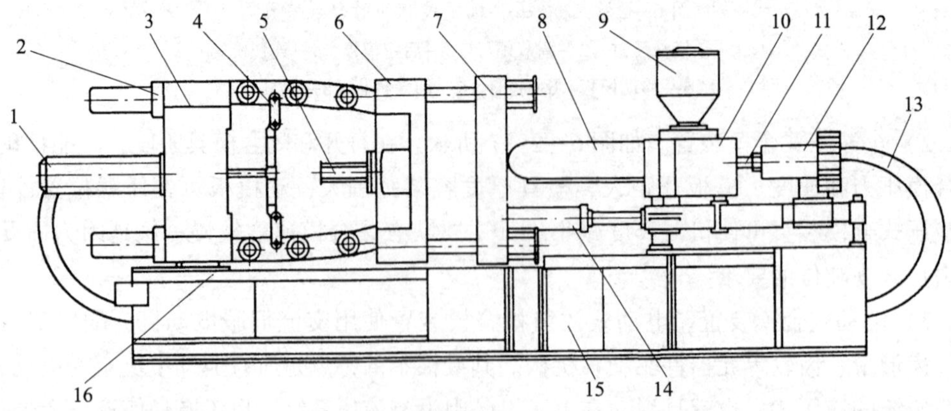

图 6—2—9　注射机的基本结构

1—锁模液压缸　2—调模机构　3—后定模板　4—锁模机构　5—顶出机构　6—移动模板
7—前定模板　8—料筒及加热器　9—料斗　10—注射液压缸　11—螺杆　12—熔胶马达
13—高压软管　14—座台进退液压缸　15—电控箱　16—机架

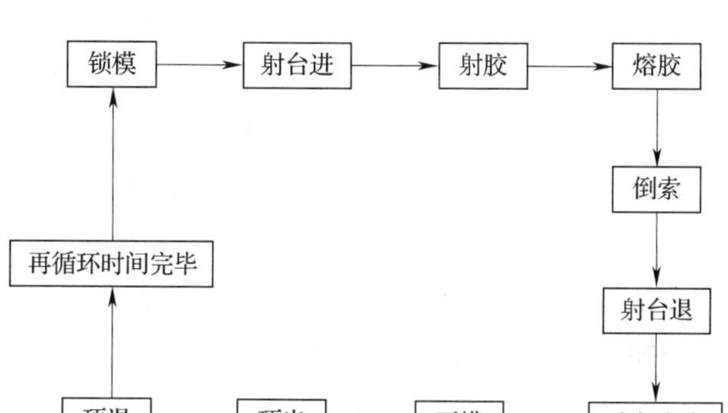

图 6—2—10 注射机的基本动作原理

二、安装与调整

1. 注塑模的安装与调整要求

（1）对注射机的要求

根据模具的要求选择注射机，包括注射机的注射量、锁模力、顶出行程、锁模行程、注射压力、塑化能力等各种技术参数均须满足模具的要求。

（2）对注塑模的要求

包括模具的结构复杂程度，模具各零件的配合要求和技术要求，有无抽芯机构，抽芯方式及所用原料的品种、牌号、产地等。

（3）对安装和调试的要求

包括模具安装前的准备工作（如设备检查、模具检查等）以及技术人员的调试技能程度等。

2. 注塑模的安装方法

（1）安装前准备

1）开机。接通电源，启动注射机，使动模板、定模板处于开启状态。

2）清理杂物。清理模板平面及定位孔和模具安装面上的污物、毛刺等。

（2）吊装模具

模具的吊装分为整体吊装和分体吊装两种方法。小型模具的安装常采用整体吊装。

1）小型模具的安装

①先在机器下面两根导柱上垫好木板，将模具从侧面装入机架间，定模装入定位孔并摆正位置，慢速闭合模板，压紧模具。然后用压板及螺钉压紧定模，初步固定动模。再慢速开启模具，找准动模的位置。在保证开闭模具时平稳、灵活、无卡紧现象后再固定动模。

②利用小型吊车或自制的小型龙门吊车进行模具的吊装，其方法是先把模具吊起，从注射机上面进入模具安装区域，定模的定位圈定位于定模板的定位孔，再慢速闭合模板，初步压紧模具，并固定动模、定模。然后慢速开启模具，找准动模的位置。在

保证开闭模具时平稳、灵活、无卡紧现象后再固定动模、定模。

注意事项：模具压紧应平稳、可靠，压紧面积要大，压板不得倾斜，要对角压紧，压板尽量靠近模脚。注意合模时动模、定模压板不能相撞。

2）大、中型模具的安装。吊装大、中型模具时一般可分为整体吊装和分体吊装两种方法。要根据现场的具体吊装条件确定吊装的方法。

①整体吊装。与小型模具的安装方法相同。应注意：如有侧型芯滑块，则应处于水平方向滑动；如有侧抽芯机构，则模具不能倒装。

②分体吊装。大型模具的安装常用分体吊装法。先把定模从机器上方吊入机器间，调整方位后，将定位圈装入定位孔并放正，压紧定模。再将动模部分吊入，找正动模和定模的导向机构、定位机构后，与定模相合，点动合模，并初步固定动模。然后慢速开合模具数次，确认定模和动模的相对位置已找正无误后，紧固动模。对设有侧型芯滑块的模具，应使滑块处于水平方向滑动。紧固应平稳、可靠，压板要放平，不得倾斜；否则无法压紧模具，安装模具时模具就会落下。

要注意防止合模时动模压板和定模压板及推板和动模板相碰。

3. 注塑模的调整方法

（1）调整模具松紧度

按模具闭合高度、脱模距离调节锁模机构，保证有足够的开模行程和锁模力，使模具闭合后松紧适当。一般情况下，使模具闭合后分型面之间的间隙保持在 0.02 ~ 0.04 mm 之间，既要防止制件严重溢边，又要保证型腔能适当排气。对加热模具，在模具达到预定温度后还需再调整一次。最终调定应在试模时进行。

注意事项：要注意曲肘伸直时应先快后慢，既不轻松又不勉强。

（2）调整推杆顶出距离

模具紧固后，慢速开模，直到动模板到位停止后退，这时把推杆位置调到模具上的推板与模体之间留有 5 ~ 10 mm 的间隙，既要防止顶坏模具，又要能顶出制件，保证顶出距离。开合模具观察推出机构动作是否平稳、灵活，复位机构动作是否协调、正确。

注意事项：顶板不得直接与模体相碰，应留有 5 ~ 10 mm 的间隙。开合模具后，顶出机构应动作平稳、灵活，复位机构应协调、可靠。

（3）校正喷嘴与浇口套的相对位置及弧面接触情况

可将一张纸放在喷嘴与浇口套之间，观察两者接触情况。校正后拧紧注射座定位螺钉，紧固定位。

4. 注塑模的安装与调整过程

（1）准备装模所用工具，如内六角扳手、活扳手、铜棒、锤子等。准备模具，如马模夹、定模部分、动模部分、吊环、顶出机构等。

（2）启动设备，检查机器各动作是否正常，如座台进退、开合模、顶出动作、调模动作、熔胶动作、射胶动作等。

（3）检查模具主要部分连接情况并测量模具高度。

（4）测量动模和定模间的装模厚度是否与模具一致。

（5）调整动模板和定模板间的装模厚度，应略大于模具高度 2 ~5 mm。

（6）检查顶出距离。

（7）起吊模具，使模具定位圈与模板定位孔相配合，用低压、低速慢慢压紧模具。

（8）安装马模夹，调节好马模夹与动模座、定模座的厚度，并检查螺钉是否拧紧。

（9）调节好顶出行程、压力与速度，调好三级锁模速度与压力（快速合模—低压合模—高压锁模），并使曲肘伸直。

（10）调好三级开模压力与速度（慢速开模—快速开模—慢速开模），并开模检查模具型腔。

（11）开模检查定模部分，如凹模等。

（12）连接冷却水管并试水，检查水管连接处、模具冷却水道是否有漏水现象。

三、试模

1. 注射机的基本参数

（1）注射量

注射量是指注射机螺杆在空注射的条件下，注射螺杆一次最大的注射行程所注射的胶量。

注射量在一定程度上反映了注射机的加工能力，标志着能成型的最大塑料制件。因而经常用来当作注射机规格的参数，注射量的一般表示方法有两种，一种是以聚苯乙烯为准，用注射出熔料的质量（单位为 g）来表示；另一种是用注射出熔料的体积（单位为 cm^3）来表示。我国一般采用后一种方法表示。最大注射量的表达式为：

$$Q = \frac{\pi D^2 s}{4}$$

式中 Q——理论最大注射量，cm^3；

D——螺杆的直径，cm；

s——螺杆的最大行程，cm。

这只是一个初步的计算公式，具体的理论最大注射量还要根据螺杆的螺纹深度和宽度来计算。

（2）注射压力

为了克服熔料流经喷嘴、浇道和型腔时的流动阻力，螺杆（或柱塞）对熔料必须施加足够的压力，这种压力称为注射压力。注射压力的大小与流动阻力、制件形状、塑料性能、塑化方式、塑化温度、模具温度、对制件精度要求等因素有关。

（3）注射速度及注射时间

常用的注射速度和注射时间见表 6—2—1。

表 6—2—1　　常用的注射速度和注射时间

注射量（cm^3）	125	250	500	1 000	2 000	4 000	6 000	10 000
注射速度（cm^3/s）	125	200	333	570	890	1 330	1 600	2 000
注射时间（s）	1	1.25	1.5	1.75	2.25	3.01	3.75	5

（4）塑化能力

塑化能力是指单位时间内能塑化的物料量。

（5）锁模力

锁模力是指注射机的合模机构对模具所能施加的最大夹紧力。为了使注射时模具不被熔融塑料顶开，则锁模力应满足：

$$F \geqslant \frac{KPS}{1\ 000}$$

式中　F——锁模力，kN；

K——压力损失的折算系数，一般在 0.4～0.7 之间选取。对黏度低的塑料（如尼龙等）取 0.7，对黏度高的塑料（如聚氯乙烯等）取 0.4。模具温度高时取大值，模具温度低时取小值；

P——注射压力，MPa；

S——制件在模具分型面上的投影面积，cm^2。

成型模具型腔内注射压力 P 的计算比较困难，因为它与熔料的注射压力、黏度、塑化条件及制件形状、模具结构和冷却定型温度有关。所以，这里只能取模具型腔内的平均压力（这个平均压力是个试验数据，即模具型腔内总压力与制件投影面积的比值）来计算注射机的锁模力。

不同塑料注射制件注射成型时模具型腔内的平均压力见表 6—2—2。

表 6—2—2　　不同塑料注射制件注射成型时模具型腔内的平均压力

塑料名称	平均压力（MPa）	塑料名称	平均压力（MPa）
LDPE	10～15	AS	30
MDPE	20	ABS	30
HDPE	35	有机玻璃（PMMA）	30
PP	15	乙酸纤维树脂类塑料（CA）	35
PS	15～20		

不同塑料制件的成型条件与模具型腔内平均压力见表6—2—3。

表6—2—3 不同塑料制件的成型条件与模具型腔内平均压力

成型条件	模具型腔内平均压力（MPa）	制件结构
易于成型制品	25	PE、PP、PS成型壁厚均匀的日用品等
普通制件	30	薄壁容器类原料为PE、PP、PS
物料黏度高	35	ABS、聚甲醛（POM）等精度高的工业用零件
制件精度高	35	ABS、聚甲醛（POM）等精度高的工业用零件
物料黏度特高	40	高精度机械零件

（6）合模装置的基本尺寸

主要包括模板尺寸、拉杆空间的最大距离、模板间最大距离、动模板的行程、模板最大厚度与最小厚度。这些参数规定了机器所加工制件使用的模具尺寸范围，也是衡量合模装置承受能力的参数。

（7）开模、合模速度

目前国内、国际采用先进的液压传动系统，采用先进精密的压力阀和速度阀进行控制，使开模、合模速度大大提高。高速时可以达到25～35 m/min，有的甚至达到60～90 m/min。

2. 试模的目的

试模的目的有两个：一是确定模具的质量；二是取得制件成型工艺基本参数，为正常生产打下基础。

3. 试模的要求

（1）调试后制件的质量必须符合各项技术要求。尺寸精度、表面粗糙度符合图样要求。形状完整、无缺，表面光洁、平滑，无缺陷及弊病，飞翅不得超过规定要求。顶杆残留凹痕不得太深。

（2）通过调试使制件基本符合各项技术要求后，连续成型5～10模次，取得样件。

（3）确保符合模具交付生产使用要求，做好记录，保存样件并交付使用。

4. 试模前的准备工作

（1）准备试模原料

检查试模原料是否符合图样规定的技术要求，原料应进行预热与烘干。

（2）熟悉图样及工艺

熟悉塑件产品图；掌握塑料成型特性、塑件特点；熟悉模具结构、动作原理及操作方法；掌握试模工艺要求、成型条件及正确的操作方法；熟悉各项成型条件的作用及相互关系。

（3）检查模具结构

按图样对模具进行仔细检查。确保无误后才能安装模具，开始试模。

（4）熟悉设备使用方法

熟悉设备结构及操作方法、使用与保养知识；检查设备成型条件是否符合模具应用条件及能力。

（5）准备工具及辅助工艺配件

准备好试模用的工具、量具、夹具；准备一本记录本，以记录在试模过程中出现的异常现象和成型条件变化状况。

5. 注塑模的试模与调整过程

（1）热塑性塑料注塑模的试模与调整过程

1）试模工艺过程如图 6—2—11 所示。

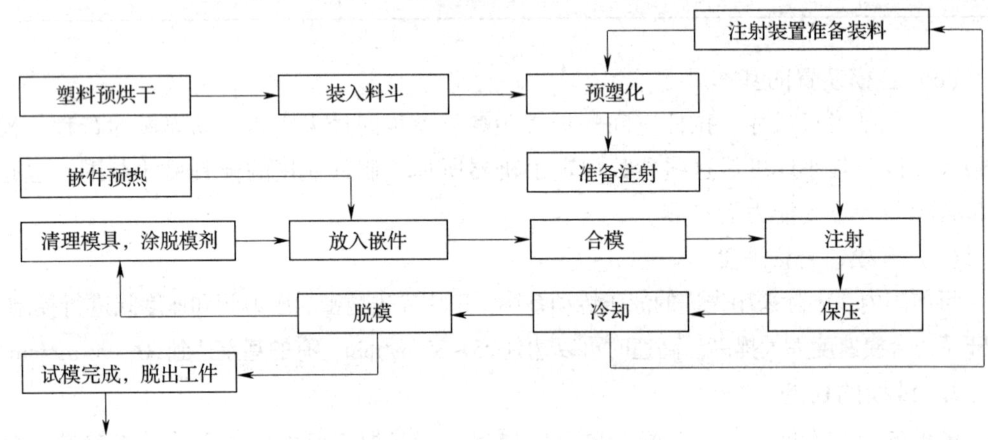

图 6—2—11　热塑性塑料注塑模试模工艺过程

2）注塑模调整要点见表 6—2—4。

表 6—2—4　　　　注塑模调整要点

项目	说　明
选择螺杆及喷嘴	（1）按设备要求根据不同塑料选用螺杆 （2）按成型工艺要求及塑料品种选用喷嘴
调节加料量，确定加料方式	（1）按塑件质量（包括浇注系统耗用量，但不计嵌件）决定加料量，并调节定量加料装置，最后以试模为准 （2）按成型要求调节加料方式 1）固定加料法。在整个成型周期中，喷嘴与模具一直保持接触，适用于一般塑料 2）前加料法。每次注射后，塑化达到要求的注射容量时，注射座后退，直至下一个循环开始再前进，使模具与喷嘴接触进行注射 3）后加料法。注射后注射座后退，进行预塑化工作。待下一个循环开始，再复位进行注射，用于结晶型塑料 （3）对于要来回移动的注射座，应调节定位螺钉，以保证每次正确复位。喷嘴与模具要紧密配合

续表

项目	说　　明
调节锁模系统	装上模具，按模具闭合高度、开模距离调节锁模系统和缓冲装置，应保证开模距离要求。锁模力松紧要适当，开闭模具时要平稳、缓慢
调整顶出装置与抽芯系统	（1）调节顶出距离，以保证正常顶出塑件 （2）对设有抽芯装置的设备，应将装置与模具连接，调节控制系统，以保证动作起止协调，定位及行程正确
调整塑化能力	（1）按成型条件进行调节 （2）调节料筒及喷嘴温度，塑化能力应按试模时塑化情况酌情增减
调节注射压力	（1）按成型要求调节注射压力： $P_{注} = P_{表} d_{缸}^2 / d_{螺}^2$ 式中　$P_{注}$——注射压力，MPa； $P_{表}$——压力表读数，MPa； $d_{缸}$——液压缸活塞直径，cm； $d_{螺}$——螺杆直径，cm （2）按塑件及壁厚调节流量阀，进而调节注射速度
调节成型时间	按成型要求控制注射、保压、冷却时间及整个成型周期。试模时应手动控制，酌情调整各程序时间，也可以调节时间继电器自动控制各成型时间
调节模温及水冷系统	（1）按成型条件调节流水量和电加热器电压，以控制模温及冷却速度 （2）开机前，应打开油泵、料斗及各部分冷却水系统
确定操作次序	装料、注射、闭模、开模等工序应按成型要求调节。试模时用人工控制，生产时用自动及半自动控制

3）试模质量问题、产生原因及解决方法见表6—2—5。

表6—2—5　热塑性塑料注塑模调试过程中常见的质量问题、产生原因及解决方法

质量问题	产生原因	解决方法
制件不满	（1）注射量不够，加料量及塑化能力不足	（1）加大注射量和加料量，提高塑化能力
	（2）塑料粒度不同或不均匀	（2）改用新塑料
	（3）多型腔时进料口平衡不好	（3）修整进料口、使各型腔进料口相同
	（4）喷嘴及料箱温度太低或喷嘴孔径太小	（4）提高喷嘴及料箱温度或更换新的喷嘴

续表

质量问题	产生原因	解决方法
制件不满	（5）注射压力小，注射时间短，保压时间短，螺杆和柱塞退回过早	（5）提高注射压力，延长注射和保压时间
	（6）注射速度太快或太慢	（6）合理控制注射速度
	（7）塑料流动性太大	（7）选择流动性合适的塑料
	（8）飞翅溢料过多	（8）使溢料槽变小
	（9）模具温度低，塑料冷却快	（9）提高模具温度
	（10）模具浇注系统流动阻力大，进料口位置不当并且截面小	（10）修整进料口，加大截面
	（11）排气不当，无冷料井或冷料井设计不合理	（11）增加或修整冷料井，使模具得到有效的排气
	（12）脱模剂过多，型腔中有水分	（12）适当使用脱模剂，清除型腔内水分
	（13）塑料含水分或挥发性物质	（13）塑料在使用前烘干
制件尺寸不稳定	（1）注射机电气或液压系统不稳定	（1）调整注射机，使其电气部分和液压系统稳定、可靠
	（2）模具强度不足，定位杆弯曲、磨损	（2）提高模具强度，更换定位杆
	（3）成型条件（温度、压力、时间）变化，成型周期不一致	（3）控制成型条件，使每一个制件的成型周期稳定、一致
	（4）模具精度不良，活动零件动作不稳定，定位不准确	（4）调整模具，使活动零件动作平稳，定位零件定位准确
	（5）模具合模时时紧时松，易出飞翅	（5）增大锁模力，使合模稳定
	（6）浇口太小，多腔进料口大小不一致，进料不平衡	（6）修整进料口，使其进料合适
	（7）塑料加料量不均匀	（7）控制加料量，每次定量加料
	（8）塑料颗粒不均匀，收缩率不稳定	（8）更换新的塑料
制件有气泡	（1）塑料含水分太大，有挥发性物质存在	（1）更换新塑料或在使用前烘干
	（2）料温高，加热时间长	（2）降低温度，减少加热时间

续表

质量问题	产生原因	解决方法
制件有气泡	(3) 注射压力小	(3) 加大注射压力
	(4) 柱塞或螺杆退回早	(4) 控制柱塞退回时间
	(5) 模具排气不良	(5) 增设冷料井，使其排气良好
	(6) 模具温度低	(6) 提高模具温度
	(7) 注射速度太快	(7) 降低注射速度
	(8) 模具型腔内有水分、油污或脱模剂使用不当	(8) 清除型腔内的水分和油污，合理使用脱模剂
制件产生凹痕、塌坑或气泡	(1) 进料品太小或数量不够	(1) 加大进料口截面积，或增加进料流动数量
	(2) 塑件设计不合理，壁太厚或薄厚不均匀	(2) 改进塑件设计，或在壁厚处增设工艺型孔
	(3) 进料口位置不当，不利于供料	(3) 改进进料口位置
	(4) 料温和模温高，冷却时间短，易产出凹痕	(4) 降低料温和模温，增加冷却时间
	(5) 模温低，易出真空泡	(5) 提高模温
	(6) 注射压力小，速度慢	(6) 加大注射压力和速度
	(7) 注射保压时间短	(7) 延长保压时间
	(8) 加料及供料不足	(8) 加大供料量
	(9) 熔料流动不良，溢料多	(9) 减小溢流槽面积
制件有溢边	(1) 分型面密合不严，有间隙；型腔和型芯部分滑动零件间隙过大	(1) 调整模具，使分型面密合；减小型腔、型芯部分滑动零件的间隙值
	(2) 模具强度或刚度低	(2) 重新修整模具，提高强度和刚度
	(3) 模具各支承面平行度精度低	(3) 重修模具，使各支承面间互相平行
	(4) 模具单向受力或安装时没有被压紧	(4) 重新安装模具
	(5) 注射压力大，锁模力不足或锁模机构不良；注射机定模板和动模板不平行	(5) 减小注射压力，增大锁模力，重新调整注射机
	(6) 塑件投影面积超过注射机所允许的塑制面积	(6) 更换大容量的注射机

续表

质量问题	产生原因	解决方法
制件有溢边	（7）塑料流动性太大，料温和模温高，注射速度快	（7）更换塑料，重新调整注射速度，降低料温和模温
	（8）加料量大	（8）减少加料量
制件表面或内部产生明显的细缝	（1）料温和模温低	（1）提高料温和模温
	（2）注射速度慢，注射压力小	（2）提高注射速度，加大注射压力
	（3）进料口位置不当，进料口数量多或浇注系统流程长、阻力太大或料温下降太快	（3）调整进料口和浇注系统
	（4）模具冷却系统设计不合理	（4）改变冷却系统，使其冷却均匀
	（5）塑件薄，嵌件过多或薄厚不均匀，使塑料在薄壁处汇合出现熔接不良	（5）重新改进塑件设计，使其符合工艺要求
	（6）嵌件温度太低	（6）嵌件在使用前应预热
	（7）塑料流动性差	（7）更换流动性好的塑料
	（8）模具型腔内有水，润滑剂、脱模剂太多	（8）清除模具型腔内水分，适量使用润滑剂、脱模剂
	（9）模具排气不良	（9）增设排气冷却槽，使其充分排除气体
	（10）纤维填料分布及融合不均匀	（10）改善填料，使其分布均匀
制件表面出现银丝及波纹	（1）料温、模温、喷嘴温度低	（1）提高料温、模温和喷嘴温度
	（2）注射压力小，注射速度慢	（2）提高注射压力，加快注射速度
	（3）冷料井设计不合理，里面有冷料未清除	（3）改善冷料井，清除冷料
	（4）塑料流动性差	（4）更换流动性好的塑料
	（5）模具冷却系统设计不合理	（5）修整模具冷却系统
	（6）浇注系统流程长、截面积小，进料口尺寸、形状、位置不对，使融料流动受阻；冷却快，出现波纹	（6）改进浇注系统，并使截面积加大
	（7）塑件壁薄，投影面积大，形状复杂	（7）改变塑件设计，使其符合工艺要求
	（8）供料不足	（8）加大供料量
	（9）流道曲折、狭窄、表面粗糙	（9）修整流道，通过抛光使其表面光洁

续表

质量问题	产生原因	解决方法
制件表面沿流动方向产生银白色针状条纹或片状云母纹（水痕）	（1）塑料温度太高，模具温度也高	（1）降低料温、模温
	（2）塑料含水分及挥发物	（2）烘干塑料
	（3）注射压力太小	（3）加大注射压力
	（4）塑料中含有气体、排气不良	（4）改善排气系统
	（5）流道进料口小	（5）加大进料口
	（6）模具型腔有水，润滑剂和脱模剂使用太多	（6）清除模具内水分，合理使用润滑剂和脱模剂
	（7）模温低，注射压力小，注射速度慢。使熔料填充慢，冷却快，易形成银白色或白色反射光的薄层（常有冷却痕）	（7）提高模温，加大注射压力，提高注射速度
	（8）熔料从薄壁流入厚壁时膨胀汽化，挥发物与模具表面接触液化成银丝	（8）改善塑件设计，使厚壁和薄壁均匀过渡，符合工艺要求
	（9）配料不当，混入异物或不熔料，发生分层脱离	（9）配料时注意纯度
制件翘曲或变形	（1）冷却时间不够，模温高	（1）延长冷却时间，降低模温
	（2）塑件形状设计不合理，薄厚不均匀，强度不足；嵌件分布不合理，预热不足	（2）重新修改塑件，使其符合工艺设计要求
	（3）进料口位置不合理，尺寸小；料温、模温低，注射压力小，注射速度快；保压补缩不足，冷却和收缩不均匀	（3）加大进料口或改变其位置，合理安排注射工艺规程
	（4）动模和定模温差大，冷却不均匀，造成变形	（4）合理控制模温，使动模和定模温度均匀
	（5）塑料塑化不均匀、供料不足或过量	（5）定量供料
	（6）冷却时间短，出模太早	（6）合理控制出模时间
	（7）模具强度不够，易变形，精度低，定位不可靠，磨损厉害	（7）修整或重装模具
	（8）进料口位置不合理，塑料直接冲击型芯，两侧受力不均匀	（8）调整及改变进料口位置
	（9）模具顶出机构受力不均匀，顶杆位置布置不合理	（9）调整顶出机构，使其作用力均匀

续表

质量问题	产生原因	解决方法
制件产生裂纹	（1）顶出机构不合理，顶出力分布不均匀	（1）调整模具顶出机构，使其受力均匀，动作可靠
	（2）模温太低或模具受热不均匀	（2）提高模温，并使其各部位受热均匀
	（3）冷却时间过长或过快	（3）合理控制冷却时间
	（4）脱模剂使用不当	（4）合理使用脱模剂
	（5）嵌件不干净或预热不够	（5）预热嵌件、清除表面杂物
	（6）型腔脱模斜度小，有尖角或缺口，容易产生应力集中	（6）改善塑件设计或修整型腔脱模斜度
	（7）成型条件不合理	（7）改善塑件成型条件并严格控制
	（8）进料口尺寸过大或形状不合理	（8）改进进料口尺寸及形状
	（9）塑料混入杂质	（9）使用干净的塑料，清除杂质
	（10）填料分布不均匀	（10）合理使用填料，搅拌均匀
制件表面产生黑点、黑条或沿制件表面有炭状烧伤现象	（1）料筒清洗不干净或混有杂物	（1）清洗料筒，检查塑料有无杂质并及时清除
	（2）模具排气不良或锁模力太大	（2）合理修整模具排气系统，减小锁模力
	（3）塑料中或型腔表面有可燃性挥发物	（3）清理型腔表面，应无杂物和水分存在
	（4）塑料受潮，水解变黑	（4）使用前烘干塑料，去除水分
	（5）染色不均匀，有深色物或颜料变质	（5）合理配料
	（6）塑料分解变质	（6）采用新材料
制件色彩不均匀或变色	（1）颜料质量不好、搅拌不均匀或塑化不均匀	（1）更换颜料，搅拌均匀，使其与塑料一起塑化
	（2）型腔表面有水分、油污或脱模剂过多	（2）清理型腔内的水分和油污，合理使用脱模剂
	（3）塑料或颜料中混入杂质	（3）更换新材料
	（4）结晶度低或塑件壁厚不均匀，影响透明度，造成色彩不均匀	（4）改善塑件工艺

续表

质量问题	产生原因	解决方法
脱模困难	（1）型腔表面粗糙	（1）抛光型腔
	（2）型腔脱模斜度小	（2）修理型腔，加大脱模斜度
	（3）模具镶块处缝隙太大	（3）重新修整模具，使其密合
	（4）型芯无进气孔	（4）增设进气孔
	（5）模具温度太高或太低	（5）调节模具温度
	（6）成型时间不合理	（6）控制成型时间
	（7）顶杆太短	（7）加长顶杆长度
	（8）拉料杆失灵	（8）修理拉料杆
	（9）型腔变形大，表面有伤痕造成脱模困难	（9）修整型腔并抛光
	（10）活动型芯脱模不及时	（10）修整活动型芯，确保其及时脱模
	（11）塑料发脆，收缩大	（11）更换塑料
	（12）塑件工艺性差，不易从模具中脱出	（12）重新设计塑件，使其符合工艺要求
制件黏模	（1）浇道斜度不对，没有使用脱模剂	（1）改进浇道斜度，使用脱模剂脱模
	（2）同一塑料不同类别相混或塑化不均匀，混入异物易黏模	（2）使用干净的塑料，清除异物
	（3）料温、模温、喷嘴温度低，喷嘴与浇口套不吻合或夹料	（3）提高料温、模温和喷嘴温度，使喷嘴与浇口套吻合
	（4）拉料杆失灵	（4）更换拉料杆
	（5）模具表面粗糙	（5）抛光型腔表面
	（6）冷却时间短	（6）增加冷却时间
	（7）浇道及主流道连接部分强度低，浇道直径偏大	（7）提高浇道强度或更换新浇道
制件透明度低	（1）模温、料温均低，熔料与型腔表面接触不良	（1）提高模温、料温
	（2）模具型腔表面粗糙，有水分或油污	（2）抛光及清洁模具表面
	（3）脱模剂使用太多	（3）合理使用脱模剂

续表

质量问题	产生原因	解决方法
制件透明度低	（4）料温太高，使塑料分解变质	（4）降低料温
	（5）塑料有水分和杂质	（5）烘干塑料，清除杂质
制件表面不光洁、发乌、有伤痕	（1）型腔表面不光洁、粗糙	（1）镀铬、抛光
	（2）型腔内有杂质、水分或油垢	（2）注射前每次都要清理型腔
	（3）脱模剂使用太多或选用不当	（3）合理选用及使用脱模剂
	（4）塑料含水分及挥发物质	（4）烘干塑料
	（5）塑料及颜料分解、变质、流动性差	（5）更换塑料
	（6）料温、模温均低，注射速度慢	（6）改善工艺条件
	（7）模具排气不良，熔料中有气体	（7）修整模具排气系统
	（8）注射速度快，进料口小，使熔料汽化，呈乳白色薄层	（8）降低注射速度，加大进料口
	（9）供料不足，塑化不良	（9）合理定量供料，提高塑化能力
	（10）塑料混入异物	（10）更换塑料
	（11）脱模斜度小	（11）加大脱模斜度
	（12）料温、模温忽高忽低	（12）合理控制料温、模温
	（13）操作时擦伤表面	（13）按操作工艺操作

（2）热固性塑料注塑模的试模与调整过程

1）试模工艺过程如图 6—2—12 所示。

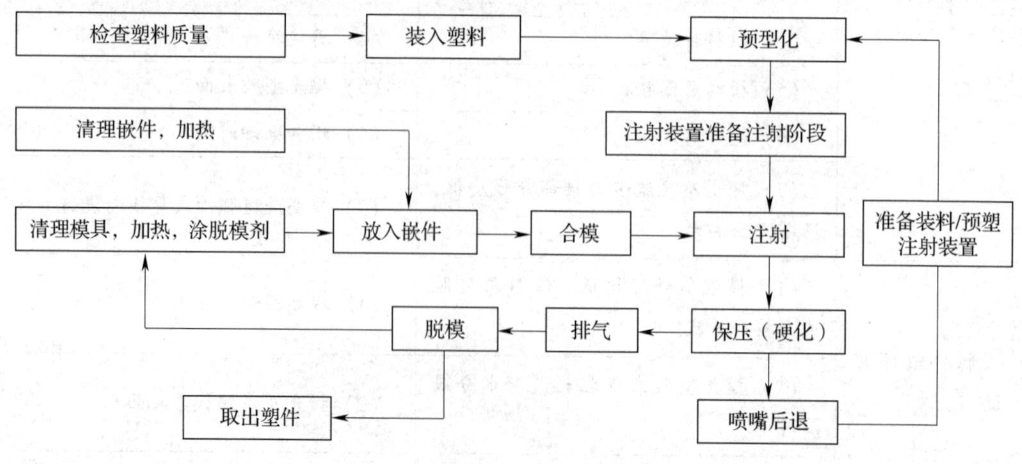

图 6—2—12　热固性塑料注塑模试模工艺过程

2）注塑模调整要点。热固性塑料注塑模试模前注射机的调整与热塑性塑料注射机的调整基本相同，其主要区别在于：

①料筒由水加热，水温由调节电热器自动控制；料温也必须严格控制。

②螺杆和喷嘴一般采用类似加工硬聚氯乙烯塑料的形式，必须严格控制喷嘴温度，孔径比模具浇口套的孔径略小并做成外大内小的锥孔，以便于拉出喷嘴孔处的硬化料。

③模具应加热。在注射时必须严格控制模温，一般采用电加热器并自动控制。

④采用液压式锁模机构。必要时可按成型要求进行排气操作。

⑤为防止喷嘴部分塑料过早硬化，宜取后加料方式。

3）试模质量问题、产生原因及解决方法见表6—2—6。

表6—2—6　热固性塑料注塑模调试过程中常见的质量问题、产生原因及解决方法

质量问题	产生原因	解决方法
制件尺寸、形状不符合图样要求	（1）模具设计、制造不良，导致结构、形状、尺寸不对	（1）重新加工、修整模具，使其符合要求
	（2）加料量过多或过少	（2）定量加料
	（3）上模和下模模温过高或模温不均匀	（3）调整模温，使其均匀、合适
	（4）冷却及保压时间太短	（4）合理控制冷却及保压时间
	（5）嵌件位置设计不合理及塑件相邻厚度变化太大	（5）调节嵌件位置及合理设计塑件，使其符合工艺要求
	（6）塑件收缩不稳定	（6）重新更换塑料
嵌件变形或易脱落	（1）嵌件未预热或包层太薄	（1）重新设计嵌件结构及模具结构。在使用前嵌件一定要预热
	（2）嵌件安装与固定形式不合理	（2）调整嵌件安装与固定方式
	（3）嵌件与模具安装孔隙过大或过小	（3）合理调整嵌件与模具型孔间隙
	（4）嵌件尺寸不对或模具使嵌件直接受压	（4）调整模具结构，减小模具对嵌件的压力
	（5）脱模时嵌件脱落	（5）改进脱模结构，使嵌件不会由于脱模而变形
	（6）成型压力过大	（6）调整机床，减小压力
制件飞翅太厚	（1）模具闭合不严、间隙大或排气槽太深	（1）修磨上模和下模，调节模具闭合间隙，使其配合严密，减小排气槽深度
	（2）模具强度低，发生变形	（2）提高模具强度

续表

质量问题	产生原因	解决方法
制件飞翅太厚	（3）加料量太多	（3）减少加料量
	（4）成型压力大，闭模力太小	（4）减小成型压力，加大闭模力
	（5）压力机工作台面不平，模具承压面之间不平行	（5）调整压力机工作台面，重新装配模具，使承压面之间相互平行
	（6）模具工作型面、分型面之间不平行	（6）调整上模和下模工作面，使其平行且接合严密
制件黏模，难以脱模	（1）塑料含水分及挥发物太多，缺少润滑剂	（1）塑料在压制前要烘干，压制时增涂润滑剂
	（2）用料过多，成型压力太大	（2）调整成型压力，定量供料
	（3）脱模机构顶杆太短或动作不灵活，顶杆被卡住	（3）调整脱模机构，加强灵活和可靠性
	（4）型腔脱模斜度太小或表面粗糙	（4）加大脱模斜度，抛光型腔表面
	（5）模温不均匀，上模和下模模温相差太大	（5）调节模温，使上模和下模均匀一致
制件表面起泡	（1）成型温度太低，形成两面鼓起的气泡；成型温度太高，形成面积较小的气泡	（1）合理控制温度，最好采用自动控制机构
	（2）塑料含水分及挥发性物质多	（2）塑料在压制前要烘干
	（3）保压时间短	（3）增加保压时间
	（4）成型压力小，模具排气不良	（4）加大成型压力，改进模具排气机构及操作方法
	（5）模具表面有挥发性物质，或使用脱模剂不当	（5）清理模具表面，合理使用脱模剂
制件表面灰暗及有斑点	（1）塑料内含有杂质或油类物质	（1）选用优质塑料
	（2）模具型腔表面粗糙	（2）抛光模具型腔
	（3）型腔表面不干净，有油污、杂质和残渣	（3）每次压制前都要清理模具表面，或用压缩空气吹走杂尘
	（4）压制温度太高，造成色泽不均匀	（4）降低压制温度
	（5）使用的脱模剂有杂质或用量太大	（5）更换适当的脱模剂，要加放适量
制件产生挠曲变形或尺寸发生变化	（1）保温时间太短	（1）增加保温时间
	（2）塑料含水分及挥发物太多	（2）压制前要烘干塑料
	（3）塑料收缩率太大	（3）更换收缩率小的塑料
	（4）脱模机构设计不合理，顶出受力不均匀	（4）调整脱模机构，使其受力均匀

续表

质量问题	产生原因	解决方法
制件产生挠曲变形或尺寸发生变化	（5）塑件工艺性差，厚壁和薄壁变化较大	（5）改进塑件工艺性，重新制作模具
	（6）嵌件位置不合理	（6）在成品允许的情况下改变嵌件位置，重新制作模具
	（7）模温低，保温时间短	（7）提高模温，增加保温时间
	（8）上模和下模温差太大	（8）调整模温，使其均匀
制件表面凸、凹或产生皱纹和波纹	（1）排气时间掌握不对，如排气时间过长	（1）调整排气时间
	（2）模具表面不干净、脱模剂太多	（2）清理模具型腔表面、减少脱模剂用量
	（3）模温太低，或压制速度太快，出现流痕	（3）提高模温，降低压制速度
	（4）模温太高，或压力小及压制速度太慢，出现皱纹	（4）降低模温，提高压制速度和压力
	（5）塑料含水分过多、流动性太大，产生波纹	（5）压制前烘干塑料，选用流动性小的材料
	（6）型腔表面有凹坑或凸起，表面粗糙	（6）修整型腔表面，并进行抛光或镀铬

6. 注塑模调试注意事项

（1）调试注塑模时，要对模具结构和产品结构了解清楚，否则无法进行参数的设定。

（2）要认真了解产品所用原料的性能与特点，正确把握产品参数的设定。

（3）当产品出现各种缺陷时，要冷静地进行分析，绝不能随意乱调各种工艺参数，否则产品会出现更多的问题。

（4）温度、压力、时间、速度调整要合理，避免使用高温度、高压力、高速度，防止不安全因素引发的事故。

技能训练

螺纹盖注塑模的安装与调试

一、训练要求

螺纹盖注塑模装配图如图 6—2—13 所示，现对其进行安装与调试。通过技能训练，要求掌握注射机的安全操作规程；熟悉注塑模安装前的准备工作；掌握典型热流道模的安装与调试方法、步骤及注意事项。

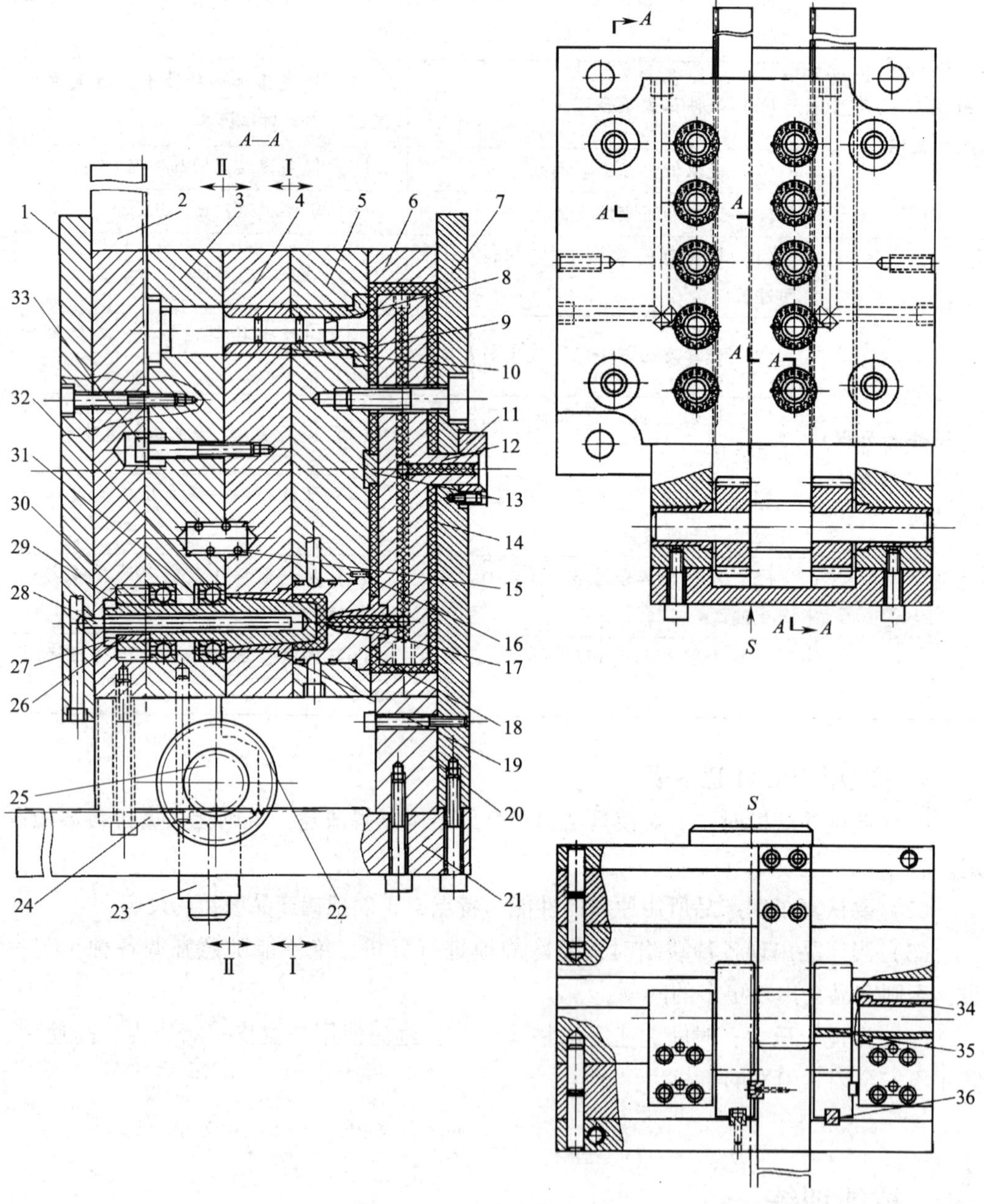

图 6—2—13　螺纹盖注塑模装配图

1—动模座板　2—动模齿条　3—型芯固定板　4—模板　5—型腔固定板　6—加热支承板　7—定模座板　8—导柱　9—定模导套　10—动模导套　11—定位圈　12—加热板　13—承压垫板　14—绝热板　15—弹簧　16—防转销　17—浇口套　18—型腔镶件　19—止转芯套　20—角铁　21—定模齿条　22—齿轮 B　23—齿条座　24—轴承座　25—带轴齿轮　26—键　27—止动螺母　28—冷却管　29—螺纹型芯　30—齿轮 A　31—止推垫圈　32—轴承　33—定距螺钉　34—轴衬　35—齿轮键　36—横导轨

二、模具安装前工作准备

1. 模具工作原理分析

螺纹盖如图 6—2—14 所示，是一个带内螺纹的盖体。为适应大批量生产，本模具设计为一模 10 腔，采用外热式热流道系统，型腔排成双列，借助齿轮齿条传动机构脱开螺纹，生产效率比较高。由于是多型腔及联动机构，模具结构复杂，因此，对模具安装、调试及维修均有较高的要求。

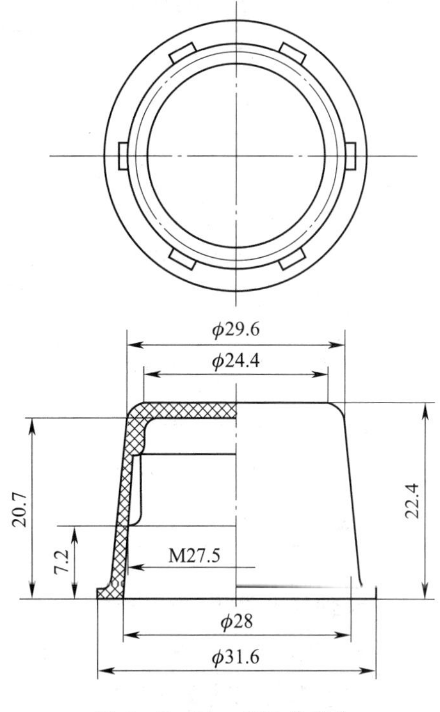

图 6—2—14　螺纹盖塑件

开模时 Ⅰ—Ⅰ 分型面首先分型，制件留在动模螺纹型芯29 上。同时，定模齿条21 带动带轴齿轮25 旋转，其上的两个齿轮 B 22 同时驱动动模齿条2，与动模齿条 2 啮合的齿轮 A 30（共 10 个）同步旋转，齿轮 A 又与螺纹型芯 29 之间用键 26 连接，因此螺纹型芯旋转。制件下面设有 6 处小的长方孔可用于止转，长方孔的型芯做在止转芯套 19 上。在脱开螺纹的过程中，弹簧 15 向上推模板 4，模板 4 上的止转芯套 19 保持与制件接触，使制件止转。一旦制件脱离型芯，定距螺钉 33 即对模板 4 限位。

2. 设备选用

根据要求，选用 SD150 型注射机。SD150 型注射机采用高可靠性、高刚度、高适应性的锁模机构，一线式单缸注射，超大长径比螺杆注射系统，以及全进口液压件比例控制液压系统，具有注射精密、性能稳定的优点。SD150 型注射机主要技术参数见表 6—2—7。

表 6—2—7　　SD150 型注射机主要技术参数

主要参数	数值
螺杆直径（mm）	38、45、52
理论注射容积（cm^3）	180、255、340
实际注射量（g）	160、230、305
注射压力（MPa）	243、174、130
塑化能力（g/s）	21、25、29
螺杆长径比	25. 5、21. 5、18. 6

续表

主要参数	数值
注射速率（g/s）	82、115、153
射台推力（kN）	100
射台行程（mm）	380
喷嘴半径（mm）	15
锁模力（kN）	1 500
锁模行程（mm）	390
拉杆有效间距（mm × mm）	400 × 400
容模量（mm）	220 ~ 450
顶出行程（mm）	120
顶出力（kN）	45

3. 制件材料选用

根据产品的要求，制件材料为 PE（聚乙烯）。

4. 熟悉有关工艺文件资料

根据图样弄清楚本注塑模的基本结构、模具结构特点及工作原理，熟悉相关的工艺文件及所用注射机的主要技术参数。

5. 准备装模所用工具

装模用工具主要包括内六角扳手、活动扳手、铜棒和锤子等。

6. 检查模具

检查模具成型零件、浇注系统的表面粗糙度以及有无伤痕和塌陷；检查模具连接螺钉是否拧紧；检查各运动零件的配合、起止位置是否正确，运动是否灵活。

7. 检查安装条件

检查模具的脱模距离是否符合注射机的顶出行程，注射机安装槽（孔）位置是否合理，是否与注塑模相适应。

8. 检查设备的油路、水路及电器能否正常工作

9. 检查吊装设备

检查吊装模具的设备是否安全、可靠，工作范围是否满足要求。

10. 清理杂物

清理模板平面及定位孔、模具安装面上的污物和毛刺等。

三、安装步骤

1. 接通电源，启动注射机，使动模板、定模板处于开启状态。
2. 检查开模动作、合模动作、顶出动作及其他动作是否正常。

3. 调整动模板、定模板间的距离，使其在闭合状态下比模具闭合高度大 1 ~2 mm。初学者可用钢直尺测量动模板和定模板的距离、模具高度，有自动调模控制系统的注射机可直接设定模具高度。

4. 起吊模具，应注意安全，不要站在模具下面，要与模具保持一定的距离。

5. 将模具放在注射机动模板和定模板之间，应根据模具的大小和现场吊装条件选择吊装形式。

6. 将模具的浇口套定位圈对准注射机前定模板的中心孔（定位孔）。

7. 查看定位后的模具情况，确保模具的定模座板紧贴注射机模板。

8. 关好安全门，然后进行低压、低速合模，并压紧模具。

9. 用低压、低速压紧模具，观察模具是否压紧（可用手轻轻摇动模具并观察），关闭电动机。

10. 安装码模夹，并压紧模具的动模和定模固定板（注意掌握好压紧力度），注意码模夹要压平、压实。

11. 检查模具装好后的状态，注意再次确认螺钉的松紧程度。

12. 了解水路特点，接装冷却水管，并通水试用，再开模。

13. 开模后，了解凸模、凹模结构特点，检查模具内部是否有杂物。

14. 检查凹模，并了解其结构特点。

15. 调整脱模距离并检查顶杆上是否有油污。

16. 调整好模具分型面的松紧程度（0.02 ~0.04 mm），设定基本参数，初步设置成型参数，并试制产品。

17. 成型周期完毕，开模并顶出产品，检查产品是否有缺陷，并逐步调试出合格的产品。

四、安装注意事项

1. 模具压紧应平稳、可靠，压紧面积要大，压板不得倾斜，要对角压紧，压板尽量靠近模脚。

2. 吊装模具时应注意安全，两人以上操作时必须互相呼应，统一行动。

3. 要注意防止合模时动模压板、定模压板以及推板、动模板相碰。

4. 顶板不得直接与动模板相碰，应留有 5 ~10 mm 间隙。

5. 开合模具后，顶出机构应动作平稳、灵活，复位机构应协调可靠。

6. 安装调温、控温装置以控制温度，电路系统要严防漏电。

7. 注意安全，试机前一定要将工作场地清理干净。

五、模具调试前工作准备

1. 模具外观及结构检查

（1）模具闭合高度、安装于机床的各配合尺寸、顶出形式、开模距、模具工作要求等要符合所选定设备的技术条件。

（2）为便于安装及搬运，应有起重孔或吊环。模具外露部分的锐边要倒钝。

（3）各种接头、阀门、附件、备件应齐备。模具要有合模标记。

（4）成型零件、浇注系统表面应光洁，无塌坑及明显伤痕。

（5）各滑动零件配合间隙要适当，无卡住及紧涩现象。活动要灵活、可靠。起止位置的定位要正确，各镶嵌件、紧固件要牢固，无松动现象。

（6）模具要有足够的强度，工件受力要均匀，模具稳定性良好。

（7）加料室和柱塞高度要适当，凸模（或柱塞）与加料室配合间隙应合适。

（8）工作时互相接触的承压零件（如互相接触的型芯、凸模与挤压环、柱塞与加料室）之间应用适当的间隙及合理的承压面积、承压形式，以防止工作时零件直接发生挤压。

2. 模具空运转检查

（1）合模后各承压面（分型面）之间不得有间隙，接合要严密。

（2）活动型芯、顶出和导向部位运动及滑动要平稳，动作要灵活，定位及导向要正确。

（3）锁紧零件要安全可靠，紧固件不松动。

（4）开模时顶出部分应保证顺利脱模，以方便取出塑件及浇注系统废料。

（5）齿条、齿轮联动机构动作平稳、顺畅。

（6）冷却水要通畅，不漏水，阀门控制要正常。

（7）电加热系统无漏电现象，安全可靠。

（8）各气动、液压控制机构动作要正常。

（9）各附件齐全，工作状况良好。

六、调试步骤

1. 设定注射机重要参数

PE 塑料的注射工艺参数见表 6—2—8。

表 6—2—8　　PE 塑料的注射工艺参数

工艺参数	规格	工艺参数	规格
模具温度	30 ~ 40℃	注射压力	70 ~ 105 MPa
喷嘴形式	直通式	保压压力	30 ~ 40 MPa
喷嘴温度	200 ~ 230℃	注射时间	1 ~ 3 s
料筒前段温度	190 ~ 210℃	保压时间	1 ~ 2 s
料筒中段温度	—	冷却时间	10 ~ 15 s
料筒后段温度	185 ~ 200℃	成型周期	20 ~ 30 s

2．调节锁模系统

按模具闭合高度、开模距离调节锁模系统和缓冲装置，应保证开模距离符合要求。锁模力松紧要适当，开闭模具时要平稳、缓慢。

3．调整顶出装置

调节顶出距离，以保证顺利顶出塑件。

4．调节加料量，确定加料方式

（1）按塑料质量（包括浇注系统耗用量）决定加料量并调整定量加料装置，最后以试模为准。

（2）按成型要求调节加料方式。

（3）注射座需来回移动时应调节定位螺钉，保证正确复位。喷嘴与模具要紧密配合。

5．调整塑化能力

（1）调节螺杆传递距离，按成型条件进行调节。

（2）调节料筒及喷嘴温度，塑化能力应按试模时的塑化情况酌情增减。

6．调节注射压力及注射速度

（1）按成型要求调节注射压力。若填不满应增大注射压力，若飞翅很多则应降低注射压力。

（2）按塑件的壁厚，用调节阀调节流量来控制注射速度。

7．调节成型时间

按成型要求控制注射时间、保压时间、冷却时间和整个成型周期。试模时应手动控制，酌情调整各程序时间，也可调节时间继电器自动控制各成型时间。

8．调节模温及水冷系统

（1）按成型条件调节流水量和电加热器电压，以控制模温及冷却速度。

（2）开机前应打开油泵、料斗及各部位冷却系统。

9．确定操作程序

试模时用人工控制调整好操作程序，正常生产用自动及半自动控制。

10．调试模具

（1）调整好齿条齿轮传动等联动机构，以保证多腔同步脱螺纹顺利进行。

齿条齿轮传动的特点是把直线运动转化为旋转运动，它的两种运动形式如图6—2—15所示。齿条不动，齿轮旋转并直线移动（见图6—2—15a）；齿条直线移动，齿轮旋转（见图6—2—15b）。

现把定模齿条固定在定模上，故在开模时定模齿条不动，而与之相啮合的带轴齿轮25旋转并随动模一起直线移动（见图6—2—15a）。与带轴齿轮25同轴的两个齿轮B 22同时驱动两动模齿条2直线移动（见图6—2—15b），齿条2的相邻侧面也加工成齿条，使同时啮合的齿轮30（共10个）同步旋转，从而实现了自动脱螺纹。因此，本模具调试的主要任务是三次齿轮齿条传动，以保证多腔脱螺纹同步进行。

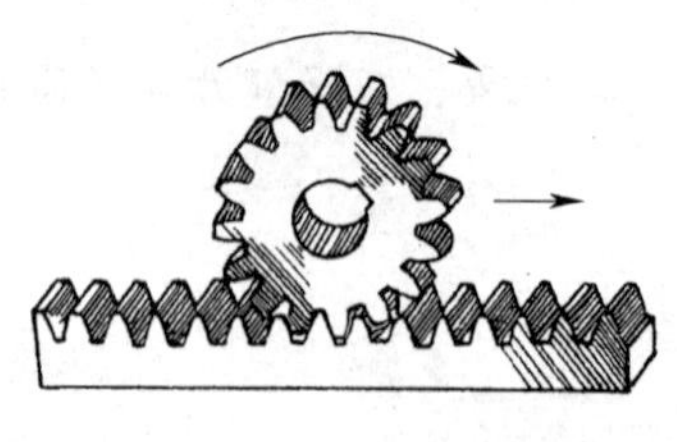
a）

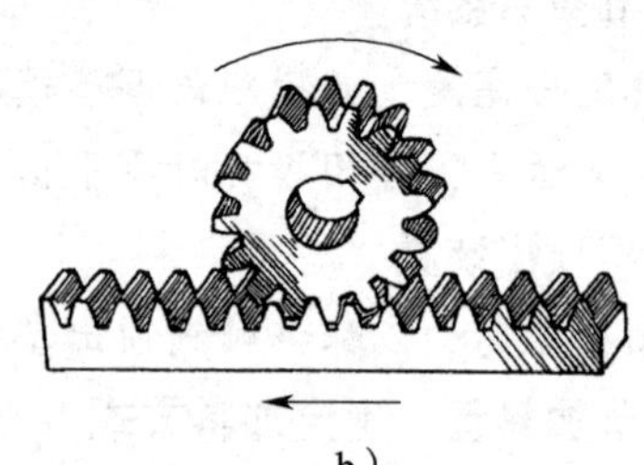
b）

图 6—2—15　齿条齿轮传动

（2）设定及调整外热式热流道系统工艺参数。

按照试模记录进行工艺参数的设定，如需进一步调整则可按压力、时间、温度的先后顺序进行逐步变动和调试，以达到能正常生产出合格制件的最终要求。

七、调试注意事项

1. 调试前，应了解清楚所用原料性能和工艺特点，以免在设定各参数时出现较大差异。

2. 调试时，根据产品结构特点设定温度，尽量采用阶梯温度。温度变化要均匀，且勿过冷、过热。

3. 每次注射前都要检查型腔内是否有漏掉的嵌件或其他杂物，并保持型腔内清洁。适当使用脱模剂，不要用得太多。

4. 制件卸出后，一定要对型腔进行清理，一般用压缩空气吹除或用木制小刮刀、专用工具清理残料及杂物，不能刮伤型腔表面。

5. 制件出现缺陷时，及时找出产生缺陷的原因，并逐步调整压力、速度、时间等基本参数，直到产品合格为止。

八、评分标准

螺纹盖注塑模安装与调试评分表见表 6—2—9。

表 6—2—9　　螺纹盖注塑模安装与调试评分表

序号	考核项目	配分	评分标准	实测记录	得分
1	检查注塑模、注射机技术状态	5	明确注塑模各项安装条件、模具安装要求、注射机技术状态		
2	吊装模具	5	操作熟练，目的明确		
3	安装定模	5			
4	安装动模	5			

续表

序号	考核项目	配分	评分标准	实测记录	得分
5	安装冷却水管及调温和控温装置	5	操作熟练，目的明确		
6	设定注射机重要参数	10			
7	调节锁模系统	3			
8	调整顶出装置	4			
9	调节加料量，确定加料方式	5			
10	调整塑化能力	3			
11	调节注射压力及注射速度	5			
12	调节成型时间	5			
13	调节模温及水冷系统	5			
14	确定操作程序	5			
15	调整齿条齿轮传动等联动机构	10			
16	处理塑件常见问题	10	能熟练解决存在的问题		
17	安全文明生产	10	违反安全操作规程扣1～10分		
总分					

课题三　复杂塑料成型模具的修理与维护

一、塑料成型模具的修理

1. 塑料成型模具的检修原则和步骤

塑料成型模具在使用过程中，如果发现主要部件损坏或失去使用精度时，应进行全面检修。

（1）检修原则

1）塑料成型模具零件的更换一定要符合原图样规定的材料牌号和各项技术要求。

2）检修后的塑料成型模具一定要重新试模和调整，直到生产出合格的制件后方可交付使用。

（2）检修步骤

1）模具检修前要用汽油或清洗剂清洗干净。

2）将清洗后的模具按原图样的技术要求检查损坏部位的损坏情况。

3）根据检查结果编制修理方案卡片，卡片上应记载以下内容：模具名称、模具号、使用时间、模具检修原因及检修前的制件质量、检查结果及主要损坏部位、修理方法及修理后能达到的性能要求。

4）按修理方案卡上规定的修理方案拆卸损坏部位。拆卸时，可以不拆的尽量不拆，以减少重新装配时的调整和研配工作。

5）将拆下的已损坏零部件按修理卡片进行修理。

6）装配及调整修理好的零部件。

7）将重新调整后的模具进行试模，检查故障是否排除以及制件质量是否合格，直至故障完全排除并试制出合格制件后方能交付使用。

2. 模具的临时修理

模具在使用中会发生一些小故障，修理时不必将模具从注射机上卸下来，可切断电源后直接在注射机上进行修理。这样修理模具既省工时又不延误生产，一般称为临时修理。模具的临时修理主要包括以下内容：

（1）利用储备的易损件更换已损坏的零件。储备的易损件包括两种：一是通用的标准件，如内六角螺钉、销钉、模柄、弹簧和橡皮等；另一种是冷冲压模易损件，如凸模、凹模及定位装置等，这些易损件应记录在冷冲压模管理卡上，以备查用。

（2）紧固松动的螺钉，更换失效的顶出弹簧。

（3）紧固松动的模具零件。

（4）更换新的顶杆、复位杆等。

3. 注塑模修理的常用方法

（1）堆焊法

堆焊法是采用低温氩弧焊、手工电弧焊等方法在需要修复的部位进行堆焊，然后再进行修整，它主要用来修理局部损坏或需要补缺的地方。当采用手工电弧焊时，应对焊接的周围进行整体预热（40～80℃）与局部性预热（100～200℃），以防止焊接时局部成为高温区而容易产生裂纹和变形等缺陷。此外，为了提高焊接的熔接性能，被焊处在堆焊前，整体上最好加工出深 5 mm 左右的凹坑或在中心钻个孔等，如图 6—3—1 所示。还要防止操作时火花飞溅到其他部位，尤其是型腔表面要避免在焊接时出现新的损伤。

（2）镶件法

镶件法是利用铣削或线切割等加工方法将需修理的部位加工成凹坑或通孔，然后用一个镶件嵌入凹坑或通孔内达到修理的目的。这种方法不仅在模具修理中得到应用，而且更多地在模具设计时满足结构上的需要，如为了便于加工及降低零件成本而广泛地采用镶件。它不像焊接那样会产生变形的缺点，但由于镶件拼缝会在制件上留有痕迹，此外，要进行镜面抛光或花纹加工时，虽然镶件与镶体的材料相同，但仍容易在表面产生不同状况。

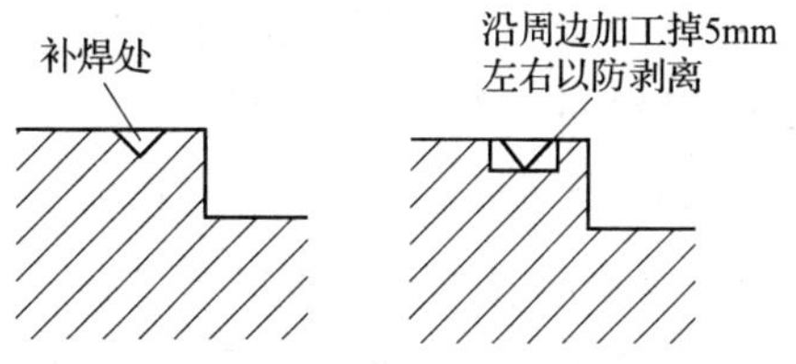

图 6—3—1 需补焊部位铣削出沟槽

（3）扩孔法

当各种杆的配合孔因滑动而磨损时，可扩大孔径，采用相应大的杆径与之配合进行修理。

（4）凿捻法

如图 6—3—2 所示，当模具的型面局部有浅而小的伤痕时（见图 6—3—2a），可以利用小锤子和錾子在离型腔部位 2 ~ 3 mm 处进行凿捻，使型腔表面的某一部分变形而增高（见图 6—3—2b），通过修光达到修理的目的（见图 6—3—2c）。

（5）增生法

当型腔面的局部因加工过程失误或其他原因出现损坏，而又不适宜采用焊接法、镶件法或凿捻法修理的情况下，可以采用增生法进行修理。如图 6—3—3 所示为在离型腔部分 3 ~ 5 mm 处钻个孔，再把销子插入孔内，在加热修整的同时，用锤子敲击销子，使其局部增生，长出亏缺的料，然后再进行修整，从而达到修理的要求。采用此法要注意增生量和敲击力不要过大，否则容易产生裂纹。插入孔内的销子最后应焊牢或用螺钉固定住。

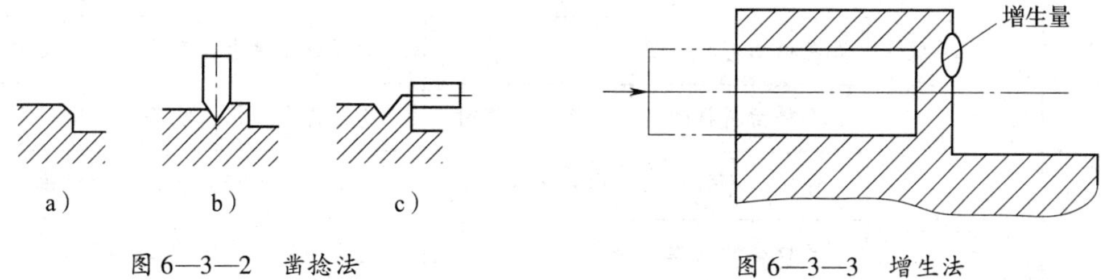

图 6—3—2 凿捻法

图 6—3—3 增生法

（6）电镀法

电镀在模具上主要用于提高表面质量、硬度、耐腐蚀性，以满足型腔和型芯的要求。电镀作为模具修理的一种方法，只适用于为了使整体塑件壁厚适当变小的场合，这是由于型腔或型芯通过电镀后，其表面会产生一层薄镀层，从而达到减小塑件壁厚的目的。

电镀的方法有许多种，应用在模具方面主要有电镀铬和化学镀镍。

1）电镀铬。电镀铬包括只为了取得美观和光泽效果的装饰铬与镀硬铬两种。装饰铬一般先在钢件表面镀铜（层厚约 20 μm）、镀镍（层厚为 10 μm）后再镀铬（层厚为 0. 5 μm 左右）。镀硬铬时一般不进行底层处理，镀层厚度可达 5 ~ 80 μm。注塑模中镀层厚度常用 100 ~ 125 μm，镀层的硬度可达 60HRC 以上。

2）化学镀镍。化学镀镍是一种不使用电而把工件浸渍在金属溶液中进行化学镀的方法，一般镀层厚度为 125 μm，误差在 10% 以下。

二、 塑料成型模具的维护与保养

1. 维护与保养要领

（1）合理、正确、规范地进行成型生产。

（2）及时、正确、规范地进行模具的维护与保养。

2. 维护与保养内容见表 6—3—1

表 6—3—1　　维护与保养内容

序号	检验部位	检验内容	检验确认
1	成型零件	型芯及镶件的形状、尺寸、表面粗糙度	是否良好，有无磨损、变形
		型腔、型芯及镶件的相互装配位置、状态、间隙	是否正确，是否符合要求
2	浇注系统	主流道、分流道、浇口整个流路	是否畅通，有无变形、凹凸
		主流道、分流道、浇口道、浇口的表面粗糙度	是否影响塑料的流动
		浇口的形状、位置	是否符合要求，有无磨损、变形
		冷料拉料杆的类型、形状、尺寸	是否符合要求，能否拉住冷料
		分流道冷料自动推出机构	功能是否完好，能否自动推出
		浇口套的内锥孔和外径	是否腐蚀、产生凹凸或间隙过大
3	导柱、导套	导柱、导套的尺寸精度	是否符合要求，有无磨损
		导柱、导套的配合间隙	是否良好，配合间隙是否过大
4	推出系统	推出系统的推出动作	是否平衡、灵活及符合要求
		推杆、推管、中心杆的尺寸精度	是否符合要求，有无磨损

续表

序号	检验部位	检验内容	检验确认
4	推出系统	推杆、推管、中心杆与型芯的配合间隙	是否良好，配合间隙是否过大
		推出系统导柱与导套的配合间隙	是否符合要求，有无磨损
		复位杆与动模板的配合间隙	是否符合要求，有无磨损
5	分型面	分型面和分模面（平面、台阶、斜面、曲面）	是否磨损，有无压伤痕迹
		分型面和分模面的间隙	是否合理，是否会产生溢边
6	动模板、定模板、支承模板	动模座板、支承板推管孔、推管孔内表面	是否堵塞，与推管、推杆的配合是否良好
		动模座板，支承板推杆孔、台阶推杆孔间隙	台阶推杆是否能顺利过膛
		动模座板、定模座板和支承板的形状、尺寸精度	本身是否变形
		动模座板、定模座板和支承板上各连接螺孔的内螺纹	是否损坏（滑牙）
7	冷却系统	冷却水孔通路	是否畅通
		冷却水孔通路的冷却效果	水道中是否产生污垢，影响冷却
		水管管接头	是否完好，有无渗漏或滑牙
8	其他	型腔、型芯、分型面的末端排气孔	是否设置排气孔，排气孔大小是否合适
		各部件的敲打痕迹	有无敲打痕迹，是否影响塑料制件质量
		模具安装面的方向	是否与号码顺序相符
		吊环螺孔与吊环	是否牢固、完好

续表

序号	检验部位	检验内容	检验确认
8	其他	安装连接件（拉板、拉杆、限位钉、定位圈、聚氨酯套、阻尼销、螺钉、支承杆、限位螺钉等）	是否紧固，调整是否合适
		模具附件（拉板、螺钉套、螺钉等）	是否齐全，若不全立即补缺
		推板回程确认开关	是否稳定、可靠
		入库前（或现阶段暂不生产）的处理	是否已清洗和喷洒过防锈剂

3. 维护与保养周期见表 6—3—2

表 6—3—2　　注塑模的维护与保养周期

序号	检查项目	每天	15 天	1 个月	3 个月	6 个月至 1 年
1	喷嘴是否松动					○
2	模具型腔面是否渗水	○				
3	鉴定螺钉是否松动			○		
4	顶杆是否弯曲，磨损、咬死		○			
5	检查滑动型芯动作及导柱、导套加油			○		
6	脱模动作是否协调	○				
7	模具表面质量				○	
8	模具拆卸后检查（检查内容包括各零部件的表面防锈，内模镶件、密封件、孔、销的磨损情况，溢料飞翅、冷却水垢及其他多余杂物的清理等）					○

4. 模具使用时的注意事项

（1）模具在使用过程中温度变化要均匀，切忌过冷、过热。

（2）卸件时要细心，以防刮伤模具表面。每次压制前都要检查型腔内是否有漏掉的嵌件或其他杂物，并保持型腔内清洁。拆卸模具冷却水管时应由下至上，以免模具型腔内进水。

（3）制件卸出后，一定要对型腔进行清理，一般用压缩空气吹除或用木制小刮刀、专用工具清理残料及杂物，绝不能刮伤型腔表面。

（4）模具用过一段时间后，要定期检查型腔及模具底面的废弃物。

（5）适当使用脱模剂，不要用得太多。

（6）模具的滑动部位（如导柱、导套等）应定时润滑。

技能训练

复杂塑料成型模的修理与维护

一、训练要求

在图6—2—13所示螺纹盖注塑模的注射过程中，常出现的问题是部分塑料充填不满及脱模困难等，现对其进行修理，解决模具故障，并对其进行维护与保养。

二、工作准备

1. 修理前应熟悉各种设备的工作原理、操作方法以及材料的工艺性能。
2. 熟悉模具的使用性能、使用方法、结构特点及动作原理等，以防发生事故。
3. 设备及工具、量具、刃具准备见表6—3—3。

表6—3—3　修理用的设备及工具、量具、刃具

序号	项目	名称	用途
1	设备	SD150型注射机	注塑模试模专用
		0.5 kN齿条式手动压力机	用于小型零件的压入、压出以及制（备）件的压印锉修
		吊装车	卸模时吊起模具用
		起重小车	模具运输及搬运用

续表

序号	项目	名称	用途
2	一般工具	撬杠	主要用于开启模具
		卡钳	用于夹持零件
		样板夹	用于夹持样板，配作模具
		铜锤、铜棒	用于开模、合模及调整相互位置，内模镶件的压入与压出
		内六角圆柱头螺钉扳手 1 套	用于取出或拧紧螺钉
3	切削工具	细纹整形锉 1 套	用于锉修成型
		油石	各种型号的磨石，粒度在 F100 ~ F200 之间，用于修磨零件
		砂轮磨头	粒度为 F40、F60、F80，用于修磨零件
		抛光轮	布、皮革、毛毡三种，用于抛光零件
		砂布	粒度为 F40、F80、F120、F180，用于零件抛光
4	量具	塞尺、红丹粉	测量及检验用

三、修理与维护步骤

1. 分析故障原因，确定修理方法

模具故障原因分析及修理方法见表 6—3—4。

表 6—3—4　　模具故障原因分析及修理方法

故障现象	原因分析	修理方法
部分塑料充填不满	浇注系统不平衡	修整流道和浇口
脱模困难	型腔表面粗糙，模具温度不当	抛光型腔，调整模具温度

2. 制定修理方案

(1) 根据模具的故障原因，修理方案为小修。

(2) 制定修理工艺，并根据修理工艺准备必要的修理专用工具。

3. 修理过程

(1) 卸模

1) 用手动或点动使注塑模动模和定模处于完全闭合状态，但不能合得太紧。

2) 用吊装车或龙门架吊装车吊起模具，确保松紧适度。

3) 关闭电动机，使注射机处于停机状态，然后松开模具夹持块上的紧固螺栓及紧定螺钉。

4) 启动电动机，将开模压力调低、速度调慢，慢慢开模，使注塑模脱离注射机的动模板、定模板。然后将模具吊离注射机，放置在指定地点，完成卸模的全部工作。

(2) 检查

1) 开模后检查浇注系统。经检查，发现流道畅通，浇口无磨损、变形，但左右两边各有一个浇口被凝料堵塞。

2) 检查型腔。经检查，发现型腔完整、无缺损，圆角圆滑过渡，脱模斜度合理，但型腔不够光滑，表面较粗糙。

(3) 修理

1) 拆卸型腔固定板，用半圆形整形锉把堵在浇口处的凝料清理干净。

2) 用整形锉把浇口锉大 0.5 mm 左右，用磨石修磨平整，然后依次用粒度为 F80、F120、F180 的砂布抛光浇口。

3) 依次用粒度为 F40、F60、F80 的砂轮磨头修磨各型腔表面，使型腔表面光滑、平整。

4) 用抛光轮把型腔表面抛光，使表面粗糙度 $Ra \leq 0.4$ μm。

4. 试模与验证

把修配好的型腔固定板清理干净，重新装配好，在注射机上重新安装与调试，调试时把模具温度略微调高至 40 ~ 50℃，注塑 80 ~ 100 件，制件外观、尺寸和形状均符合图样要求，模具使用正常，便可投入生产或入库存放。

5. 模具的维护与保养

(1) 模具吊运要稳妥，即慢起、轻放。

(2) 模具从注射机上卸下来修理时，应按正常操作程序从机床上卸下，绝对不能乱拆、乱卸；拆卸后的模具要擦拭干净，并涂缓蚀剂。

(3) 修理时应严格遵守操作规程，严禁违规操作；模具零件不要随意摆放，以免碰伤或刮花。

(4) 修理后要进行试模，重新鉴定技术状态。

(5) 模具使用完毕，应把模具表面擦拭干净并涂上缓蚀剂。对于表面质量要求较高的型腔表面，擦拭时应使用涤纶布或丝网布，不要手直接触摸。

(6) 滑动部位适时、适量加注润滑剂。导柱、导套、顶杆、复位杆等动配合零件以及齿轮、齿条等自动卸螺纹机构要适时擦洗并加注润滑剂，保证这些活动件运动灵活，防止紧涩咬死。

(7) 模具入库存放时应按企业管理标准化的规定对模具进行编号，刻写在模具外形的指定部位，并在专用库房内进行存放和保管。严禁将模具放置在室外，避免风吹雨淋、日晒雪浸。

(8) 存放模具的库房应满足通风良好、干燥等条件，货架不宜过高，货架上可铺设木板或塑料板。严禁将模具与碱性、酸性、盐类物质或化学药剂存放在一起。

四、注意事项

1. 认真了解模具结构，找出问题原因和所在位置。

2. 在拆卸、装配或修理过程中不能野蛮操作。

3. 认真制定修理方案，不要在修理过程中找原因。

4. 在修理过程中，为防止损坏其他模具零件，要采取必要的保护措施。

5. 根据材料特点和模具精度选择正确的修理方法，防止因反复修理而使模具精度下降。

6. 认真做好模具的维护与保养工作，做到定时、定期保养及维护。

五、评分标准

复杂注塑模的修理与维护评分表见表 6—3—5。

表 6—3—5　　复杂注塑模的修理与维护评分表

序号	考核项目	配分	评分标准	实测记录	得分
1	工作前准备	5	准备充分		
2	模具故障原因分析	10	分析正确		
3	制定修理方案	5	方案合理		
4	拆卸模具	10	操作熟练，目的明确		
5	检查模具缺陷	5			
6	修理	20			

续表

序号	考核项目	配分	评分标准	实测记录	得分
7	试模与验证	15	操作熟练，目的明确		
8	模具的维护与保养	10			
9	安全文明生产	20	违反安全操作规程扣1～20分		
总分					